化学灌浆材料相关标准汇编

建筑材料工业技术监督研究中心
长江水利委员会长江科学院 编
苏州中材非金属矿工业设计研究院有限公司

中国建材工业出版社

图书在版编目(CIP)数据

化学灌浆材料相关标准汇编/建筑材料工业技术监督研究中心，长江水利委员会长江科学院，苏州中材非金属矿工业设计研究院有限公司编. --北京:中国建材工业出版社，2021.3

ISBN 978-7-5160-2379-2

Ⅰ.①化… Ⅱ.①建… ②长… ③苏… Ⅲ.①化学灌浆—灌浆材料—标准—汇编—中国 Ⅳ.①TU755.6-65 ②TU528.53-65

中国版本图书馆 CIP 数据核字(2021)第 030341 号

化学灌浆材料相关标准汇编

Huaxue Guanjiang Cailiao Xiangguan Biaozhun Huibian

建筑材料工业技术监督研究中心
长江水利委员会长江科学院　编
苏州中材非金属矿工业设计研究院有限公司

出版发行：中国建材工业出版社
地　　址：北京市海淀区三里河路1号
邮　　编：100044
经　　销：全国各地新华书店
印　　刷：北京雁林吉兆印刷有限公司
开　　本：889mm×1194mm　1/16
印　　张：30
字　　数：800千字
版　　次：2021年3月第1版
印　　次：2021年3月第1次
定　　价：300.00元

本社网址：www.jccbs.com，微信公众号：zgjcgycbs

编 委 会

前　言

化学灌浆(chemical grouting)是将一定的化学材料、无机或有机材料配制成真溶液，用灌浆泵等压送设备将其灌入地层或缝隙内，使其扩散、胶凝或固化，以增强地层强度，降低地层渗透性，防止地层变形和对混凝土构筑物地基裂缝进行修补的技术。

我国化学灌浆技术已有60多年的发展历史，成功地研发、生产与应用了水玻璃灌浆材料、环氧树脂灌浆材料、聚氨酯灌浆材料和丙烯酸盐灌浆材料等四大灌浆材料，广泛地应用于水利、水电、建筑、化工、铁道、地铁、桥梁等工程，为我国基础设施与城乡建设做出了重大贡献。

化学灌浆材料在国际上仅有技术资料、产品说明书等，没有产品和试验方法标准，我国也是如此。有的产品有企业标准，但大多数生产与应用企业凭多年来积累的生产与施工经验使用化学灌浆材料。检查材料与工程质量一是工程竣工后进行水压试验，检查是否渗透、漏水；二是从已竣工的工程上钻取岩芯试样，进行抗渗、抗压强度等试验。国内没有统一的产品标准和试验方法标准，严重影响产品和工程的质量管理，不利于化学灌浆材料在我国的推广使用。

标准是衡量产品质量的技术依据，标准试验方法是测定产品质量统一的技术平台。21世纪初，在生产与应用企业的提议与推动下，在中国水利学会化学灌浆分会的大力支持下，建筑材料工业技术监督研究中心、长江水利委员会长江科学院与苏州中材非金属矿工业设计研究院有限公司组织有关生产与应用企业、科研设计院所、质检机构等在总结多年来我国化学灌浆材料生产与使用实践经验，汲取有关科研成果，在调查研究、试验验证的基础上，制定了JC/T 1041—2007《混凝土裂缝用环氧树脂灌浆材料》、JC/T 2037—2010《丙烯酸盐灌浆材料》、JC/T 2041—2010《聚氨酯灌浆材料》、JC/T 2379—2016《地基与基础处理用环氧树脂灌浆材料》和JC/T 2536—2019《水泥-水玻璃灌浆材料》等五项行业标准，由发展改革委、工业和信息化部批准发布实施。这些标准的制定填补了我国标准的空白，为发展我国化学灌浆材料、保证和提高材料与工程质量做出了积极的贡献。

为了更好地贯彻与实施化学灌浆材料行业标准，使生产、应用、设计、施工、质检机构、市场销售等了解新标准，贯彻新标准，按新标准组织生产、设计、施工和监管工程质量，标准主编单位决定汇编出版《化学灌浆材料相关标准汇编》一书。

本书内容包括三个部分：第一部分：化学灌浆材料行业标准及相关文件；第二部分：规范性引用文件(部分)；第三部分：企业介绍。本书引用的标准均为国家标准、建材行业标准的原文，由于发布部门、发布年限的不同，对于“黏”“粘”的使用不统一。本书汇编时按原文排版，没有另作修改。由于标准制修订的时间跨度较大，有的规范性引用文件现已修订，原引用标准是否适用于现行的产品标准，还是选择采用新修订的标准，应分析、比较新旧标准文本内容，向标准主管部门、起草单位和质检机构等反映和征询。

由于编者水平有限和编辑时间仓促，书中错误与不当之处在所难免，请读者不吝指正。

编　者

2021年1月

前言

目　录

第一部分　化学灌浆材料行业标准及相关文件

第二部分　规范性引用文件

第三部分　企业介绍

第一部分

化学灌浆材料行业标准及相关文件

ICS 91.100.50
Q 24
备案号:20877—2007

JC

中华人民共和国建材行业标准

JC/T 1041—2007

混凝土裂缝用环氧树脂灌浆材料

Epoxy grouting resin for concrete crack

2007-05-29 发布 2007-11-01 实施

中华人民共和国国家发展和改革委员会 发布

前　言

本标准是根据混凝土工程裂缝修补的要求，总结生产与使用实践的经验，在试验验证基础上制定的。

标准的附录A为规范性附录。

本标准由中国建筑材料工业协会提出。

本标准由全国水泥制品标准化技术委员会归口。

本标准负责起草单位：建筑材料工业技术监督研究中心、长江水利委员会长江科学院、上海地铁咨询监理科技有限公司。

本标准参加起草单位：中国建筑材料检验认证中心、中科院广州化灌工程有限公司、湖南省水利水电勘测设计研究总院、广州市金科化灌有限公司、中国水电基础局有限公司、广州科化防水防腐补强有限公司、杭州国电水利电力工程有限公司、上海遂星工贸有限公司、上海先特涂装工程有限公司、广东灌浆岛路桥新技术发展有限公司、武汉昌辉科技开发有限公司、广州市台实防水补强有限公司。

本标准主要起草人：杨斌、魏涛、桑义、李运北、李珍、邝健政、乔渊、陈斌、饶明、陈松。

本标准委托长江水利委员会长江科学院负责解释。

本标准为首次发布。

混凝土裂缝用环氧树脂灌浆材料

1 范围

本标准规定了适用于混凝土裂缝用环氧树脂灌浆材料的术语和定义、分类、一般要求、技术要求、试验方法、检验规则、标志、包装、运输与储存等。

本标准适用于修补混凝土裂缝用的环氧树脂灌浆材料。

2 规范性引用文件

下列文件中的条款通过本标准的引用而成为本标准的条款。凡是注日期的引用文件，其随后所有的修改单(不包括勘误的内容)或修订版均不适用于本标准，然而，鼓励根据本标准达成协议的各方研究是否可使用这些文件的最新版本。凡是不注日期的引用文件，其最新版本适用于本标准。

GB/T 2568—1995　树脂浇铸体拉伸试验方法

GB/T 2569—1995　树脂浇铸体压缩试验方法

GB/T 2794—1995　胶粘剂粘度测定方法(旋转粘度计法)

GB 7124—1986　胶粘剂拉伸剪切强度测定方法

GB/T 13354—1992　液态胶粘剂密度测定方法　重量杯法

GB/T 16777—1997　建筑防水涂料试验方法

GB 18445—2001　水泥基渗透结晶型防水材料

DL/T 5150—2001　水工混凝土试验规程

3 术语和定义

下列术语和定义适用于本标准。

3.1

环氧树脂灌浆材料　epoxy grouting resin

指以环氧树脂为主剂加入固化剂、稀释剂、增韧剂等组分所形成的A、B双组分商品灌浆材料。A组分是以环氧树脂为主的体系，B组分为同化体系。

3.2

可操作时间　operable time

从环氧树脂灌浆材料浆液两组分混合起，用旋转粘度计测定其粘度并开始计时，当粘度到达200mPa·s时，从混合至此时所经历的时间间隔为可操作时间。

3.3

浆液性能　slurry properties of grouting material

指环氧树脂灌浆材料浆液的粘度、密度和可操作时间。

3.4

固化物力学性能　mechanical properties of cured epoxy resin grouting materials

指环氧树脂灌浆材料浆液同化物的力学性能。

4 分类

4.1 类型

环氧树脂灌浆材料(代号EGR)按初始粘度分为低粘度型(L)和普通型(N)。

4.2 等级

环氧树脂灌浆材料按固化物力学性能分为Ⅰ、Ⅱ两个等级。

4.3 标记

产品按下列顺序标记：产品代号、类型、等级和标准号。

示例：粘度为普通型 N、等级Ⅰ、混凝土裂缝用环氧树脂灌浆材料。标记为：

EGR NI JC/T 1041—2007

5 一般要求

本标准包括的产品不应对人体、生物与环境造成有害的影响，所涉及与使用有关的安全与环保要求，应符合我国相关标准和规范的规定。

6 技术要求

6.1 外观

A、B组分均匀，无分层。

6.2 物理力学性能

环氧树脂灌浆材料浆液性能与固化物性能应符合表 1、表 2 的规定。

表 1 环氧树脂灌浆材料浆液性能

序号	项目		浆液性能	
			L	N
1	浆液密度/g/cm^3	>	1.00	1.00
2	初始粘度/mPa·s	<	30	200
3	可操作时间/min	>	30	30

表 2 环氧树脂灌浆材料固化物性能

序号	项目			固化物性能	
				Ⅰ	Ⅱ
1	抗压强度/MPa		≥	40	70
2	拉伸剪切强度/MPa		≥	5.0	8.0
3	抗拉强度/MPa		≥	10	15
4	粘接强度	干粘接/MPa	≥	3.0	4.0
		湿粘接[a]/MPa	≥	2.0	2.5
5	抗渗压力/MPa		≥	1.0	1.2
6	渗透压力比/%		≥	300	400
[a] 湿粘接强度：潮湿条件下必须进行测定。					
注：固化物性能的测定试龄期为 28d。					

7 试验方法

7.1 试样

单项试验的最少抽样数量应符合表 3 的规定。做几项试验时，如确能保证试样经一项试验后不致影响另一项试验的结果，可用同一试样进行几项不同的试验。

表 3 单项试验抽样数量

序号	试验项目	取样数量/g
1	浆液密度	1000
2	初始粘度	500
3	可操作时间/20℃	500
4	抗压强度	1000
5	拉伸剪切强度	500
6	抗拉强度	2000
7	粘接强度	500
8	抗渗性能	2000

7.2 外观

分别目视观察 A、B 组分外观。

7.3 浆液密度

按 GB/T 13354—1992，测定浆液 A、B 组分混合后的密度，计算结果精确到 0.01g/cm^3。

7.4 浆液粘度

按 GB/T 2794—1995，分别测定浆液 A、B 组分混合后的初始粘度，计算结果精确到 1mPa·s。

7.5 浆液可操作时间

从浆液 A、B 组分混合起，按 GB/T 2794—1995 测定其可操作时间，精确到 5min。

7.6 抗压强度

按 GB/T 2569—1995 测定其抗压强度，试件尺寸采用 2cm×2cm×2cm 立方体，计算结果精确到 1MPa。

7.7 拉伸剪切强度

按 GB 7124—1986 测定拉伸剪切强度，计算结果精确到 0.1MPa。

7.8 抗拉强度

按 GB/T 2568—1995 测定抗拉强度，计算结果精确到 1MPa。

7.9 粘接强度

7.9.1 试件

按照 DL/T 5150—2001 水工混凝土试验规程 7.1“水泥砂浆室内拌和方法制备砂浆”。按照 GB/T 16777—1997 第 6 章制备“8”字形砂浆块。采用强度等级为 42.5 的水泥。水泥：中砂：水：减水剂的质量比为 1：2：0.3：0.006。在(20±3)℃的水中养护至 28d。试件的抗拉强度应适当高于浆材的粘接强度。每组试件六块。

7.9.2 试验器具

a) 拉力试验机：试件的预计破坏荷载宜在拉力试验机全量程的 20%～80%；

b) 砂浆“8”字模具：按 GB/T 16777—1997 中的图 2；

c) “8”字模水泥砂浆块：按 GB/T 16777—1997 中的图 3。

7.9.3 试验步骤

将准备进行粘接试验的水泥砂浆“8”字形试件拉断，勿损伤断裂面。干粘接为水泥砂浆块从水中取出后，在室温下放置 2d；湿粘接为水泥砂浆块从水中取出后，用抹布把游离水抹去，即可进行粘接。试验前，在断裂面均匀涂抹浆液，厚度控制在(0.5～0.7)mm，根据产品的不同可一次涂刷，也可分几次涂刷，涂刷后迅速将试件按原件在断裂处对接好，用橡皮箍紧，放在温度为(20±3)℃、相对湿度 50%～70%的试验室内养护 28 d，作抗拉粘接试验，加荷速度为 100N/s。

7.9.4 结果计算

结果计算按式(1),精确至0.01MPa。

$$\sigma=\frac{P}{S} \qquad \cdots\cdots (1)$$

式中:

σ——粘接强度,单位为兆帕(MPa);

P——断裂荷载,单位为牛顿(N);

S——受拉面积,单位为平方毫米(mm^2)。

粘接强度以六个试件为一组,每组试件中剔除最大、最小两个值,取剩余四个试件的算术平均值为粘接强度的试验结果,结果精确到0.1MPa。

7.10 抗渗性能

按GB 18445—2001中6.2.8进行。

7.10.1 金属试模

圆台形试件,上底直径70mm、下底直径80mm、高30mm。

7.10.2 试验设备

砂浆渗透仪。

7.10.3 砂浆试件的制备

砂浆制备、试件成型与养护按DL/T 5150—2001中7.1"水泥砂浆室内拌和方法"、7.5"水泥砂浆抗压强度试验"进行。每组为六个试件。砂与水泥的比为3∶1,水灰比为0.65～0.70,并以砂浆试件在(0.3～0.4)MPa压力下透水为准确定配合比。每组试验制备六个试件,脱模后放入(20±3)℃的水中养护至7d。

7.10.4 涂膜抗渗试件的制备

至龄期后,取出试块待表面晾干后,将待测浆液按生产厂指定的比例配好,混合后搅拌10min。在试件的上口表面(背水面)均匀涂抹混合好的试样,涂膜厚度在0.5～0.6mm。将制备好的抗渗试件放在温度为(20±3)℃、相对湿度50%～70%的试验室内养28d。

7.10.5 试验步骤

至龄期后,用密封材料密封装入渗透仪中进行试件的抗渗试验。水压从0.2MPa开始,恒压2h后增至0.3MPa,以后每隔1h增加0.1MPa。当六个试件中有三个试件出现渗水时,即可停止试验,记下当时水压。抗渗压力为每组六个试件中四个未出现渗水时的最大水压力,结果精确到0.1MPa。若加压至1.6MPa恒压1h仍未透水,应停止试验。

7.10.6 结果计算

渗透压力比按式(2)计算,结果精确至1%。

$$P_r=\frac{P_t}{P_c}\times 100 \qquad \cdots\cdots (2)$$

式中:

P_r——渗透压力比,单位为百分数(%);

P_t——涂层砂浆的抗渗压力,单位为兆帕(MPa);

P_c——基准砂浆的抗渗压力,单位为兆帕(MPa)。

8 检验规则

8.1 检验分类

产品检验分出厂检验和型式检验。

8.1.1 **检验项目**

出厂检验项目包括：外观、初始粘度、可操作时间、抗压强度和抗拉强度。

型式检验项目包括第六章所有的技术要求。

8.1.2 **型式检验**

有下列情况之一时应进行型式检验：

a) 新产品投产或产品定型鉴定时；

b) 正常生产条件下每年至少进行一次；

c) 产品主要原材料、配比或生产工艺有重大变更；

d) 出厂检验结果与上次型式检验有较大差异时；

e) 国家技术监督检验机构提出要求时。

8.2 **组批**

同一类型、同一等级的10t为一批，不足10t时亦作为一个批。

8.3 **抽样**

试样应随机抽取。抽取后按A、B组分分别充分混合，每批抽取不小于8kg。一份用作试验；一份密封保存三个月备用。

8.4 **判定规则**

经检验环氧树脂灌浆材料产品各项试验结果均符合标准规定时为合格。若其中有一项性能指标不符合标准，允许用备份样对该项复验。复验结果符合标准，则判该批产品合格；若复验结果仍不符合标准，则判该批产品不合格。

9 标志、包装、运输与储存

9.1 **标志**

产品出厂说明书与包装上应清楚表明：生产厂名、地址、标记、净质量、生产日期与贮存期；防火、防晒、防撞。

9.2 **包装**

产品用铁皮桶或塑料桶密封包装，包装上应有符合9.1的标志。

9.3 **运输**

本产品运输中避免火种、受热及剧烈冲击和包装破损，不准倒置包装桶，运输时应轻拿轻放。

9.4 **储存**

本产品储存于干燥通风处。贮存期自生产之日起计算。

附　录　A
（规范性附录）
劳动安全与环境保护

A.1　浆液的配制

A.1.1　配浆工人必须配戴好劳保用品，包括防护眼镜、胶手套等。

A.1.2　配浆的四周严禁存在火源。

A.2　劳动安全与环境保护

A.2.1　施工人员应穿戴工作服，防护手套、眼镜、口罩及胶鞋，保护眼睛与皮肤不受浆液伤害。盛浆容器应密封加盖，随用随盖。浆液拌制及灌注宜在密闭设备中进行。

A.2.2　施工场所应通风良好，严禁饮食和吸烟。

A.2.3　废弃浆液必须加入固化剂使其固化，并找合适地点掩埋，严禁随意倾倒。

A.2.4　施工人员应按国家有关劳保规定享受保健待遇。

JC/T 1041—2007 《混凝土裂缝用环氧树脂灌浆材料》行业标准编制说明

根据发展改革委员会办公厅发改办工业〔2005〕739 号文发出的《2005 年行业标准项目计划的通知》,《混凝土衬砌裂缝注浆用环氧树脂浆材》行业标准已列入国家计划,该项目由建筑材料工业技术监督研究中心、长江水利委员会长江科学院、上海地铁咨询监理科技有限公司负责组织有关科研单位、质检机构与生产企业等参加起草。

混凝土裂缝是较普遍、常见的病害之一,特别是渗水的混凝土裂缝,严重影响到工程结构的耐久性,为此迫切需求混凝土裂缝修补材料。环氧树脂灌浆材料是用得最多的防渗补强灌浆材料,具有粘度低、渗透性好、机械强度高等优点,目前国内外已有许多企业生产系列的环氧树脂灌浆材料。采用环氧树脂浆材修补混凝土裂缝,已有几十年的历史,应用技术趋于成熟,但环氧树脂灌浆材料国内外目前还没有统一的产品标准,影响其推广使用。一些生产厂制定了产品企业标准,在检验产品质量、保证混凝土裂缝处理工程质量中发挥了积极的作用。但各生产厂受地域性影响,试验方法不统一,技术指标不同,妨碍产品的进一步推广使用。因此制定混凝土裂缝注浆用环氧树脂浆材行业标准非常有必要。

《混凝土衬砌裂缝注浆用环氧树脂浆材》计划任务下达后,标准负责起草单位于 2005 年 5 月 28 日至 29 日在湖北武汉召开了行业标准第一次工作会议,参加会议的有该种材料的生产、科研设计、使用与建设等 17 个单位的代表 28 人。会上交流了混凝土裂缝注浆用环氧树脂浆材的生产、应用情况,讨论了标准的内容,制定了工作方案,安排了工作进度,成立了行业标准起草小组,落实了分工。

会后,开展了调研和试验验证工作,在调研和试验验证工作的基础上,提出了《混凝土裂缝注浆用环氧树脂浆材》行业标准讨论稿和编制说明。2006 年 3 月 24 日至 25 日在湖南长沙召开第二次行业标准会议。会议主要内容为:汇报第一阶段试验验证情况与试验结果;讨论标准意见征求意见稿及编制说明;安排下一阶段试验验证及调研工作。会上确定了标准征求意见稿和编制说明,并发送全国有关生产企业、建设单位、施工设计部门、科研单位、质检机构等广泛征求意见。

2006 年 8 月 21 日至 22 日在河北秦皇岛市北戴河召开了第三次行业标准工作会议。在会上汇报了第二阶段试验验证与征求意见的情况,根据返回的意见及试验验证结果进行了讨论,对标准征求意见稿进行了修改,提出了《混凝土裂缝用环氧树脂灌浆材料》行业标准送审稿等有关文件,提交标准审查会审查。2006 年 12 月 21 日至 22 日全国水泥制品标准化技术委员会在江苏南京召开了二届四次年会,审查通过了《混凝土裂缝用环氧树脂灌浆材料》行业标准,建议作为标准报批稿尽快上报主管部门批准发布。

一、编制依据

目前,国外还没有查到有关混凝土裂缝用环氧树脂灌浆材料的标准,国内有些生产企业有企业标准。但环氧树脂灌浆材料在混凝土裂缝修补中的应用很多,如以各大城市轨道交通、地铁建设、水工混凝土建筑物、桥梁等为例,混凝土裂缝系较普遍的质量通病,严重影响到工程结构的耐久性。对混凝土裂缝的处理大多采用环氧树脂灌浆材料。

采用环氧树脂基料灌浆材料,已有几十年的历史,应用技术趋于成熟,但材料目前没有统一的标准,现场施工无法有效管理,急需规范和标准。

制定的依据:

(1)根据试验验证并参考了部分环氧树脂灌浆材料生产厂家的企业标准和实际应用情况编制了《混凝土裂缝用环氧树脂灌浆材料》行业标准。

(2)在试验方法上采用了现行的国家标准和行业标准,以保证标准中技术指标的准确性、科学性与可比性。

二、编制说明

1 标准名称

下达计划的标准名称为《混凝土衬砌裂缝注浆用的环氧树脂浆材》。在第一次工作会议上，对标准名称进行了充分的讨论，根据当时环氧树脂浆材的生产和应用情况，达成一致共识，删除“衬砌”，标准名称改为：《混凝土裂缝注浆用环氧树脂浆材》，以扩大标准的适用范围。在第三次会议上，根据返回的意见，将“注浆”改为目前通用的“灌浆”，将标准名称改为《混凝土裂缝用环氧树脂灌浆材料》。

2 范围

本标准适用于工厂生产的混凝土裂缝处理用环氧树脂灌浆材料，而不适用于工地现场配制的用于混凝土裂缝修补的环氧树脂灌浆材料。

3 术语和定义

术语和定义是对标准中所有名词的释义。本标准对环氧树脂灌浆材料、可操作时间、浆液性能、固化物性能进行定义和说明。

4 分类

不同企业生产的环氧树脂灌浆材料其浆液初始粘度和固化物力学性能有很大差别，按初始粘度把环氧树脂灌浆材料分为低粘度型和普通型，按固化物力学性能分为Ⅰ、Ⅱ两个等级。

5 一般要求

本标准包括的环氧树脂灌浆材料不仅要满足工程修补的使用要求，而且应满足环保与安全使用要求，本标准原则上提出，该产品“不应对人体、生物与环境造成有害的影响，所涉及与使用有关的安全与环保要求，应符合我国相关标准和规范的要求。”同时，提出了附录A(规范性附录)劳动安全与环境保护，以引起警示。

目前，国产低粘度环氧树脂灌浆材料中一般掺有中等毒性的糠醛和基本无毒的丙酮作为活性稀释剂。今后，为符合环保要求，可用糠醛转化物来生产灌浆材料。生产企业应加强研发，使产品朝此方向发展。

6 技术要求

环氧树脂灌浆材料包括A、B两组分，其外观是分别观察A、B组分，而性能是混合后浆液的物理性能和固化物的力学性能。

6.1 外观

环氧树脂灌浆材料A、B两组分液体是否均匀、是否分层是体现灌浆材料质量稳定性最直观的表现。因此要求A、B两组分液体必须均匀、无分层。

6.2 浆液物理性能

浆液性能的试验项目有：浆液密度、初始粘度、可操作时间。

(1)浆液密度：规定温度下浆液单位体积的质量。是计算混凝土裂缝灌入量的依据。国内外环氧树脂灌浆材料浆液的密度均大于1.00g/cm^3，符合本标准规定的密度大于1.00g/cm^3 的要求。

(2)初始粘度：粘度是流体内部阻碍其相对流动的一种特性。从一定意义上讲，粘度越小，流动越好，是影响浆液可灌性的重要性能指标。国内几家主要科研单位和企业，如北京水科院、华东院、广化所、长江科学院等单位生产的环氧树脂浆材浆液的初始粘度均小于30mPa·s，初始粘度试验验证的结果如表1、表2所示。

表 1 初始粘度检测结果(一)

样品编号	混合后的初始粘度（mPa・s）	样品编号	混合后的初始粘度（mPa・s）
A1	73	A6	17
A2	11	A7	69
A3	20	A8	9
A4	183	A9	188
A5	17	A10	15

表 2 初始粘度检测结果(二)

样品编号	混合后的初始粘度（mPa・s）	样品编号	混合后的初始粘度（mPa・s）
B1	111	B8	6
B2	15	B9	175
B3	24	B11	10
B4	175	B12	158
B6	173	B13	21
B7	64	B14	8

综合国内外生产厂的企业标准、产品说明书和应用情况及本次试验验证的结果，本标准规定：初始粘度小于 30mPa・s 为低粘度型，初始粘度小于 200mPa・s 为普通型，对于初始粘度大于 200mPa・s 而其他指标均符合标准的产品，其应用可与用户协商，并在商品订购合同中注明。本次试验验证的 22 个样品，有 12 个属于低粘度型产品，有 10 个属于普通型产品。

(3)可操作时间：环氧树脂浆液的反应是逐步聚合反应，浆液的粘度随时间的延长而增大，从而使可灌性降低，因此必须测定可操作时间。本标准规定从环氧树脂浆材浆液两组分混合起，用旋转粘度计测定其粘度并开始记时，当粘度到达 200mPa・s 时，从混合至此时所经历的时间间隔为可操作时间。由试验验证结果可知(图 1、图 2、图 3)，各厂均符合本标准的要求。

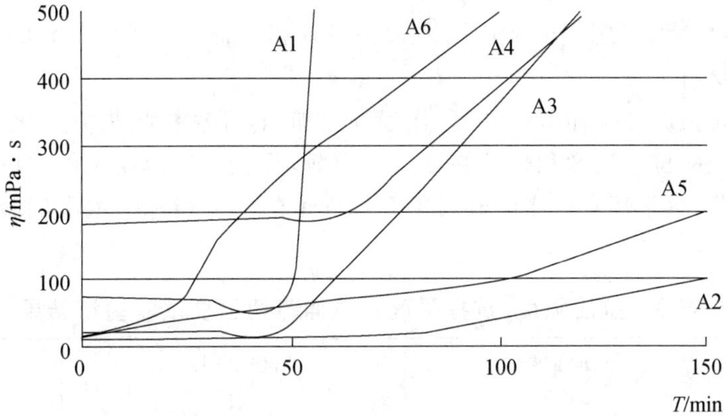

图 1 环氧树脂灌浆材料粘度-时间变化(一)

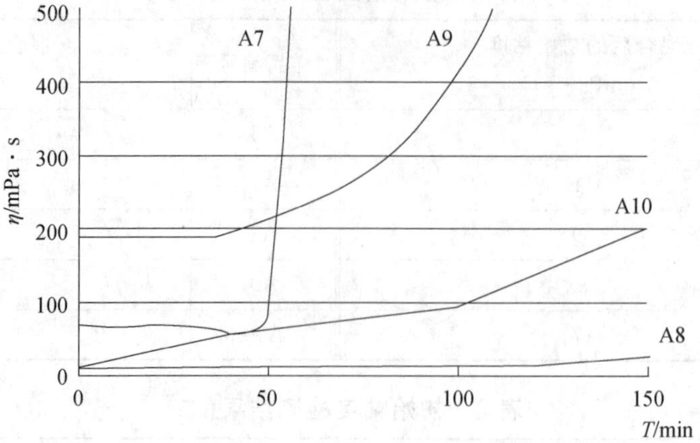

图 2 环氧树脂灌浆材料粘度-时间变化(二)

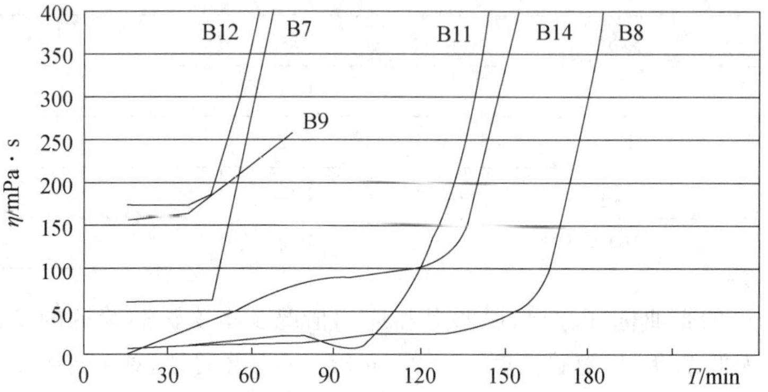

图 3 环氧树脂灌浆材料粘度-时间变化(三)

6.3 固化物力学性能

环氧树脂浆液固化物力学性能测定，不仅是评价环氧树脂灌浆材料本身力学性能优劣的必要手段，而且是评价混凝土裂缝灌浆处理好坏的客观依据，是质量控制必不可少的，同时也是环氧树脂灌浆材料研制、开发、生产与应用中最基本的测试项目。固化物力学性能的测试项目有：抗压强度、拉伸剪切强度、抗拉强度、粘接强度和抗渗性。根据试验验证结果，并结合部分生产厂家的企业标准和产品说明书的数据，按固化物力学性能分为Ⅰ、Ⅱ两个等级，以便设计和施工部门了解材料的力学性能，根据不同的处理对象选择合适的材料。

(1)抗压强度、抗拉强度和拉伸剪切强度：作为补强加固，环氧树脂浆液固化后其抗压强度、抗拉强度必须分别大于混凝土的抗压强度和抗拉强度。拉伸剪切强度：是指胶接件在单位面积上所能承受平行于胶接面的最大负荷，它是环氧树脂灌浆材料胶接强度的主要指标。本次试验验证这几个指标的试验结果如表 3 所示。

表 3 抗压强度、抗拉强度和拉伸剪切强度试验验证结果

送样编号	抗压强度(MPa)	抗拉强度(MPa)	拉伸剪切强度(MPa)
A1	92	45	7.6
A2	40	12	6.1
A3	40	14	4.7

表 3(续)

送样编号	抗压强度 (MPa)	抗拉强度 (MPa)	拉伸剪切强度 (MPa)
A4	86	15	7.0
A5	39	17	8.1
A6	60	35	10.8
A7	92	66	10.2
A8	51	9	8.4
A9	72	23	8.9
A10	42	16	7.6
B1	103	37	—
B2	48	3	—
B3	40	10	—
B4	78	18	—
B6	50	15	—
B7	94	54	8.5
B8	65	6	5.4
B9	72	20	7.5
B11	41	12	6.6
B12	50	29	9.6
B13	55	7	—
B14	59	6	7.8

从表 3 可以看出各生产厂家的产品其抗压强度、抗拉强度和拉伸剪切强度差别很大，结合部分生产厂家的企业标准和产品说明书的数据，按固化物力学性能分为Ⅰ、Ⅱ两个等级。本标准规定：对于Ⅰ类其抗压强度≥40MPa；抗拉强度≥10MPa；拉伸剪切强度≥5MPa。对于Ⅱ类其抗压强度≥70MPa；抗拉强度≥15MPa；拉伸剪切强度≥8MPa。

从试验验证结果可知：22 个样品，对于抗压强度这项指标，1 个样品没有达到标准要求，其余全达到标准要求，其中 13 个样品达到Ⅰ级，8 个样品达到Ⅱ级；对于抗拉强度这项指标，有 5 个样品没有达到标准要求，其余全达到标准要求，其中 4 个样品达到Ⅰ级，13 个样品达到Ⅱ级；对于拉伸剪切强度这项指标，由于样品的原因，做了 16 个样品的试验验证，其中 1 个样品没有达到标准要求，其余全达到标准要求，其中 8 个样品达到Ⅰ级，7 个样品达到第Ⅱ级。

(2)粘接强度：不管混凝土裂缝是否干、湿，注入的环氧树脂浆液必须与混凝土粘接牢固，且满足工程使用要求。本标准规定：对于Ⅰ类其干粘接强度≥3.0MPa，湿粘接强度≥2.0MPa。对于Ⅱ类其干粘接强度≥4.0MPa，湿粘接强度≥2.5MPa。本次试验粘接强度验证的结果如表 4 所示。

表 4 粘接强度试验验证结果

样品编号	干粘接强度 (MPa)	湿粘接强度 (MPa)
A1	8.3	5.5
A2	3.7	3.1
A3	3.3	2.6
A4	5.2	2.2
A5	5.0	3.8
A6	3.5	3.0
A7	5.2	3.2
A8	2.7	1.8
A9	3.7	2.0
A10	3.2	2.6
B1	>6.3	—
B2	>4.8	—
B3	>5.4	—
B4	>4.6	—
B6	3.8	—
B7	>4.8	2.9
B8	>4.8	1.7
B9	>3.9	2.1
B11	>4.4	2.1
B12	>4.1	2.9
B13	3.9	—
B14	>4.2	2.6

从试验验证结果可知，对于干粘接强度 22 个样品中，有 1 个未达到标准，有 8 个达到Ⅰ级，有 13 个达到Ⅱ级。对于湿粘接强度 16 个样品中，有 2 个未达到标准，有 5 个达到Ⅰ级，有 9 个达到Ⅱ级。

(3)抗渗性能：许多生产厂企业标准和产品说明书没有此项指标，但环氧树脂浆材除具有良好的力学性能指标外，还应具有防渗性，满足混凝土抗渗性要求。根据试验验证结果，本标准规定：对于Ⅰ类其抗渗压力≥1.0MPa，渗透压力比≥300%。对于Ⅱ类其抗渗压力≥1.2；渗透压力比≥400%。试验验证结果参见表 5。

表 5 抗渗性能试验验证结果

样品编号	抗渗压力 (MPa)	渗透压力比 (%)
A1	1.3	433
A2	1.0	333
A3	1.2	400
A4	1.3	433
A5	1.2	400
A6	1.2	400
A7	1.3	433
A8	1.0	333
A9	1.3	433
A10	1.2	400
B1	1.4	467
B2	1.1	367
B3	1.2	400
B4	1.2	400
B6	1.1	367
B7	1.4	467
B8	1.0	333
B9	1.4	467
B11	1.1	367
B12	1.1	367
B13	0.9	300
B14	1.0	333

从试验验证结果可知，对于抗渗压力，22 个样品中，1 个样品没有达到标准要求，其余全达到标准要求。其中 8 个样品达到Ⅰ级，13 个样品达到Ⅱ级。对于渗透压力比，22 个样品中，全部达到标准要求，其中 9 个样品达到Ⅰ级，13 个样品达到Ⅱ级。

通过长江水利委员会长江科学院与中国建筑材料检验验证中心两次对 22 个试样的验证，有 14 个试样能达到标准送审稿的规定，合格率为 63.6%；不合格的是 8 个，为 26.4%。不合格项是外观 B 组分分层、抗拉强度、拉伸剪切强度等，而且集中在个别生产企业。因此，总体上来说本标准规定的技术要求在满足修补工程质量要求下，在国内生产企业中是可以执行的。

7 试验方法

7.1 外观

采用目视观察。观察 A、B 两组分的均匀性。

7.2 浆液粘度

按 GB/T 2794 胶粘剂粘度测定方法(旋转粘度计法)，测定浆液 A、B 组分混合后的初始粘度。

7.3 浆液密度

按 GB/T 13354 液态胶粘剂密度测定方法——重量杯法，测定浆液 A、B 组分混合后的密度。

7.4 浆液可操作时间的测定

从浆液 A、B 组分混合起，按 GB/T 2794 胶粘剂粘度测定方法用旋转粘度计测定其粘度并开始记时，当粘度达到 200mPa·s，此时所花的时间为可操作时间。

7.5 抗拉强度

按 GB/T 2568 树脂浇铸体拉伸试验方法测定。

7.6 剪切强度

按 GB 7124 胶粘剂拉伸剪切强度测定方法测定。

7.7 抗压强度的测定

按 GB/T 2569—1995 树脂浇铸体压缩试验方法测定，试样尺寸采用 2cm×2cm×2cm 的立方体。

7.8 粘接强度的测定

参考 GB/T 16777—1997 建筑防水涂料试验方法 6（“8”字模法）测定其粘接强度。

按照 DL/T 5150—2001 水工混凝土实验规程 7.1“水泥砂浆室内拌和方法制备砂浆”。按照 GB/T 16777—1997 建筑防水涂料试验方法 6 制备“8”字形砂浆块，强度等级为 42.5 的水泥。水泥：中砂：水：减水剂的质量比为 1：2：0.3：0.006。在（20±3）℃的水中养护至 28d。试件的抗拉强度应适当高于浆材的粘接强度。每组试件六块。

试验器具：拉力机实验机；砂浆“8”字模具：按 GB/T 16777—1997 中的图 2；“8”字模水泥砂浆块：按 GB/T 16777—1997 中的图 3。

试验步骤：将准备进行粘接试验的水泥砂浆“8”字形试件拉断，勿损伤断裂面。干粘接为水泥砂浆块从水中拿出后，要在室温下放置 2 天；湿粘接为水泥砂浆块从水中拿出后，用抹布把游离水抹去，即可进行粘接。试验前，在断裂面均匀涂抹浆液，厚度控制在（0.5～0.7）mm，根据产品的不同可一次涂刷，也可分几次涂刷，涂刷后迅速将试件按原件在断裂处对接好，用橡皮箍紧，放在温度为（20±3）℃、相对湿度 50%～70%的试验室内养护 28d，作抗拉粘接试验，加荷速度为 100N/s。

本标准制备的“8”字模水泥砂浆块抗拉强度应高于浆材的粘接强度，在实际测试过程中，若发生水泥砂浆试块断裂，则浆材的粘接强度应大于测定值。

7.9 抗渗性能的测定

参照 GB 18445—2001 水泥基渗透结晶型防水材料 6.2.8 抗渗性的测定方法进行。

金属试模：圆台形试件，上底直径 70mm、下底直径 80mm、高 30mm。

砂浆的制备按 DL/T 5150—2001 水工混凝土实验规程中 7.1“水泥砂浆室内拌和方法”进行；试件的成型、养护与 DL/T 5150—2001 水工混凝土实验规程中 7.5“水泥砂浆抗压强度实验”相同。每组为六个试件。砂与水泥的比为 3：1，水与水泥的比为 0.68，并以砂浆试件在（0.3～0.4）MPa 压力下透水为准，确定水灰比。每组试验制备六个试件，脱模后放入（20±3）℃的水中养护至 7d。

取出试块待表面晾干后，将待测浆液按生产厂指定的比例配好，混合后搅拌 10min。在试件的上口表面（背水面）均匀涂抹混合好的试样，保证涂膜厚度在（0.5～0.6）mm。将制备好的抗渗试件放在温度为（20±3）℃、相对湿度 50%～70%的试验室内养护 28d。

至龄期后，用密封材料密封装入渗透仪中进行试件的抗渗试验。水压从 0.2MPa 开始，恒压 2h 后增至 0.3MPa，以后每隔 1h 增加 0.1MPa。当六个试件中有三个试件出现渗水时，即可停止实验，记下当时水压。抗渗压力为每组六个试件中四个未出现渗水时的最大水压力。若加压至 1.6MPa 恒压 1h 仍未透水，应停止实验。

8 检验规则

8.1 检验分类

产品检验分出厂检验和型式检验。

8.1.1 检验项目

出厂检验项目包括:外观、初始密度、可操作时间、抗压强度和抗拉强度。

型式检验项目包括表1所有的性能指标。

8.1.2 型式检验

有下列情况之一时应进行型式检验:

a)新产品投产或产品定型鉴定时;

b)正常生产条件下每年至少进行一次;

c)产品主要原材料、配比或生产工艺有重大变更时;

d)出厂检验结果与上次型式检验有较大差异时;

e)国家技术监督检验机构提出要求时。

8.2 组批

同一类型、同一级的每10t为一批,不足10t时亦作为一个批。

8.3 抽样

试样应随机抽取,可连续抽取,也可分段抽取。抽取后按A、B组分分别充分混合,每批抽取不小于8kg。一份用作试验;一份密封保存三个月,以备有疑问时交国家指定的检验机构进行复验或仲裁。

8.4 判定规则

经检验环氧树脂灌浆材料产品各项试验结果均符合标准规定时为合格。若其中有一项性能指标不符合标准,允许用备份样对该项复验。复验结果符合标准,则判该批产品合格;若复验结果仍不符合标准,则判该批产品不合格。

9 标志、包装、运输与储存

9.1 标志

桶上应清楚表明:生产厂名、标记、净含量、生产日期与贮存期。

9.2 包装

产品用铁皮桶或塑料桶盛装,包装上应注明贮存期。

9.3 运输

本产品运输中避免火种,受潮、受热及剧烈冲击和包装破损,不准倒置包装桶,运输时应轻拿轻放。

9.4 储存

本产品储存于干燥通风处。贮存期自生产之日起计算。

JC/T 1041—2007 《混凝土裂缝用环氧树脂灌浆材料》行业标准试验验证报告(1)

1 前言

受《混凝土裂缝用环氧树脂灌浆材料》行业标准起草小组的委托，长江水利委员会长江科学院和中国建筑材料检验认证中心共同承担了混凝土裂缝用环氧树脂灌浆材料的试验验证工作。第一次试验验证工作共收到六家单位送来的样品，第二次试验验证工作共收到四家单位的样品。

根据《混凝土裂缝用环氧树脂灌浆材料》行业标准第一次工作会议精神，环氧树脂灌浆材料试验验证检测内容主要为：

(1)物理性能：①外观；②密度；③粘度；④可操作时间；

(2)力学性能：①抗压强度；②抗拉强度；③抗渗性能；④拉伸剪切强度；⑤粘接强度(干湿粘接)。

2 试样

第一次试验验证工作共收到六家单位送来的样品。这六家单位为：上海遂星工贸有限公司，中国水电基础局有限公司，杭州国电水利电力工程有限公司，上海麦斯特建材有限公司，长江科学院，广州金科化灌有限公司。

第二次试验验证工作共收到四家单位的样品。这四家单位为：上海遂星工贸有限公司，中国水电基础局有限公司，上海麦斯特建材有限公司，长江科学院。

第一次试验验证按 A1、A2、A3、A4、A5、A6 分别代表六家送样单位的样品；第二次试验验证按 A7、A8、A9、A10 分别代表四家送样单位的样品。

3 试验方法

同试验验证报告(2)。

4 试验验证结果及分析

4.1 外观

目视观察，样品试验验证结果见表 1。

表 1 环氧树脂灌浆材料的外观

样品编号	A 组分	B 组分
A1	无色透明液体	浅红色液体
A2	棕褐色液体	深棕色液体、分层
A3	棕褐色液体	深棕色液体
A4	无色透明液体	琥珀色液体
A5	棕褐色液体	橙红色液体
A6	棕褐色液体	浅绿色液体
A7	无色透明液体	棕红色液体
A8	棕红色液体	深棕色液体、有一点分层

表 1(续)

样品编号	A 组分	B 组分
A9	无色透明液体	琥珀色液体
A10	棕褐色液体	深棕色液体

从表 1 可以看出,10 个样品的环氧树脂灌浆材料有 2 个的 B 组分有分层现象,其余的都是均匀液体。符合标准送审稿外观性能指标的有 8 个样品,合格率为 80%,有 2 个样品 B 组分有分层现象,不合格率占 20%。

4.2 浆液密度

按 GB/T 13354—1992 液态胶粘剂密度测定方法——重量杯法,测定浆液 A、B 组分混合后的密度。样品浆液密度试验验证检测结果见表 4。

从表 4 可以看出,10 个样品环氧树脂灌浆材料的浆液密度均大于 1.00g/cm^3,都符合标准送审稿浆液密度性能指标,样品试验验证检测结果的合格率为 100%。

4.3 浆液初始粘度

按 GB/T 2794—1995 胶粘剂粘度测定方法(旋转粘度计法),分别测定浆液 A 组分、B 组分以及浆液 A、B 组分混合后的初始粘度(所用设备为 NDJ-3 旋转粘度计)。样品浆液初始粘度试验验证检测结果见表 4。

从表 4 可以看出,10 家单位环氧树脂灌浆材料的 A、B 组分混合后的初始粘度都符合标准送审稿初始粘度性能指标,合格率为 100%,其中达到 L 型的有 6 个(60%),N 型 4 个(40%)。

4.4 可操作时间

按 GB/T 2794—1995 胶粘剂粘度测定方法(旋转粘度计法),从浆液 A、B 组分混合起,用旋转粘度计测定其粘度并开始记时,当粘度超过 200mPa・s 时,此时所经历的时间为可操作时间。试验验证检测结果见表 2 和图 1、图 2。

表 2 环氧树脂灌浆材料 A、B 组分混合后的粘度变化

样品编号	混合						
A1	时间(min)	0	10	20	30	50	65
	粘度(mPa・s)	73	70	69	70	87	—
	现象	—	—	—	发热	烫手	初凝
A2	时间(min)	0	40	60	80	100	110
	粘度(mPa・s)	11	13	16	22	45	—
	现象	—	发热	—	—	—	发热
A3	时间(min)	0	30	50	120	—	—
	粘度(mPa・s)	20	24	34	500	—	—
	现象	发热	烫手	发热	—	—	—
A4	时间(min)	0	20	45	65	120	—
	粘度(mPa・s)	183	190	191	207	493	—
	现象	—	—	—	微热		—
A5	时间(min)	0	30	60	90	105	—
	粘度(mPa・s)	17	46	70	90	103	—
	现象	—	发热	—	—	—	—

表 2(续)

样品编号	混　合						
A6	时间(min)	0	15	25	35	60	—
	粘度(mPa·s)	17	40	73	179	316	—
	现象	温度高,浆材沸腾			—	—	—
A7	时间(min)	0	10	20	30	50	60
	粘度(mPa·s)	69	66	71	71	86	—
	现象	—	—	—	发热	烫手	初凝
A8	时间(min)	0	40	136	166	206	—
	粘度(mPa·s)	9	11	17	33	676	—
	现象	—	—	—	发热	发热	—
A9	时间(min)	0	20	40	80	105	145
	粘度(mPa·s)	188	190	195	293	466	958
	现象	—	—	—	—	微热	发热
A10	时间(min)	0	30	60	90	105	—
	粘度(mPa·s)	15	46	70	90	103	—
	现象	—	—	发热	发热	发热	—

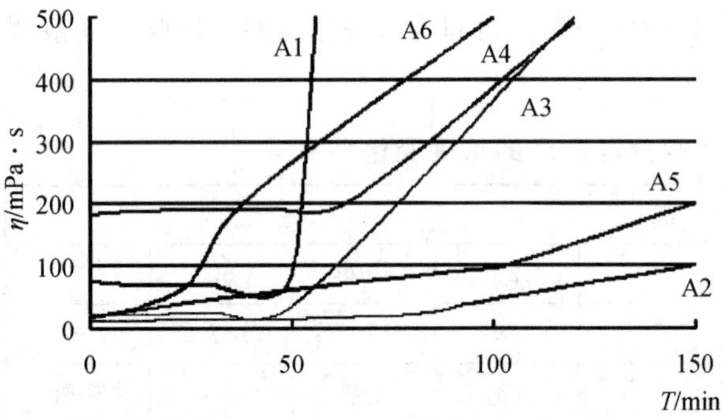

图 1　环氧树脂灌浆材料粘度-时间变化(一)

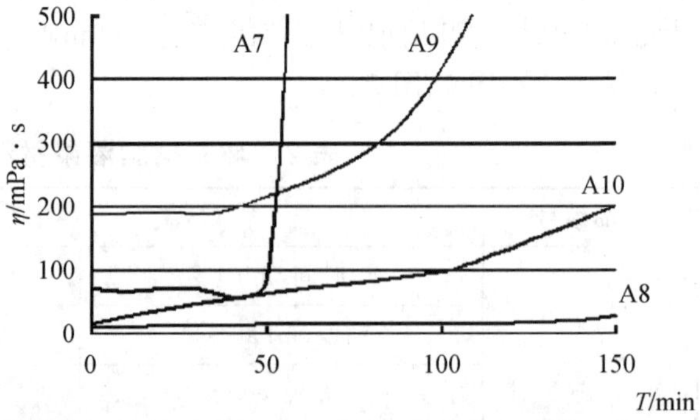

图 2　环氧树脂灌浆材料粘度-时间变化(二)

从表 2 及图 1 和图 2 可以看出,各个样品环氧树脂灌浆材料的粘度变化和粘度值各不相同,而且差别比较大。但都符合标准送审稿可操作时间的性能指标,合格率为 100%。

4.5　抗压强度

按 GB/T 2569—1995《树脂浇铸体压缩试验方法》,制备边长为 2cm 的立方体试件,测定其抗压强度。样品抗压强度试验验证检测结果见表 4。

从表 4 可以看出,10 个样品环氧树脂灌浆材料固化物的抗压强度值有 9 个符合标准送审稿抗压强度的性能指标,合格率为 90%,其中达到Ⅰ型的有 5 个(50%);Ⅱ型的有 4 个(40%)。

4.6　拉伸剪切强度

按 GB 7124—1986《胶粘剂拉伸剪切强度测定方法》测其剪切强度。样品拉伸剪切强度试验验证检测结果见表 4。

从表 4 可以看出,10 个环氧树脂灌浆材料的剪切强度值差别较大,符合标准送审稿拉伸剪切强度的性能指标的有 9 个,合格率为 90%;不合格率占 10%,其中达到Ⅰ型的有 4 个(40%);Ⅱ型的有 5 个(50%)。

4.7 抗拉强度和断裂伸长率

按 GB/T 2568—1995《树脂浇铸体拉伸试验方法》测定其抗拉强度和断裂伸长率。样品抗拉强度和断裂伸长率试验验证检测结果见表 3 和表 4。

表 3 断裂伸长率测试结果

样品编号	A7	A8	A9	A10
断裂伸长率(%)	1.81	0.62	0.64	1.21

从表 4 可以看出,10 个样品中有 9 个环氧树脂灌浆材料固化物的抗拉强度都符合标准送审稿的性能指标,合格率为 90%,其中达到Ⅰ型的有 2 个(20%);Ⅱ型的有 7 个(70%)。

4.8 粘接强度

按 GB/T 16777—1997《建筑防水涂料试验方法》第 6 章("8"字模法)。样品粘接强度试验验证检测结果见表 4。

从表 4 可以看出,10 个样品氧树脂灌浆材料的粘接强度值差别较大,有 9 个样品干粘接强度值符合标准送审稿的性能指标,合格率 90%,其中达到Ⅰ型的有 5 个(50%);Ⅱ型的有 4 个(40%);有 9 家湿粘接强度值符合标准送审稿的性能指标,合格率为 90%,其中达到Ⅰ型的有 2 个(20%);Ⅱ型的有 7 个(70%)。

4.9 抗渗性能

参照 GB 18445—2001 水泥基渗透结晶型防水材料 6.2.8 抗渗性能的测定方法进行。样品抗渗性试验验证检测结果见表 4。

从表 4 可以看出,10 个样品的抗渗压力都符合标准送审稿的性能指标,合格率为 100%;渗透压力比都符合标准送审稿性能指标,合格率为 100%,其中抗渗压力和渗透压力比达到Ⅰ型的有 2 个(20%);Ⅱ型的有 8 个(80%)。

5 结语

5.1 试验验证共有 10 个样品,根据试验验证结果分析,有 6 个样品达到标准送审稿的要求,其中有 2 个 L1,3 个 NⅠ,1 个 NⅡ,合格率 60%。不合格样品 4 个,其中有 A2 是外观不合格(B 组分分层);A3 是拉伸剪切强度不合格;A4 是抗压强度不合格;A8 是外观不合格(B 组分分层)、抗拉强度、干湿粘接强度均不合格。不合格率 40%。

5.2 由于环氧树脂灌浆材料全国没有统一的产品标准,试验方法也不统一,企业标准指标多少不一,生产企业根据用户需要与不同工程要求生产,原材料来源、产品配方与制备工艺等均不一致,因此,制定行业标准时,用统一的试验方法对来自不同生产企业提供的样品进行试验时,出现相当大的差异是可以理解的。用统一的技术要求去衡量产品质量,有的达到标准,"合格",有的达不到标准,"不合格",这是很自然的。

5.3 生产不合格产品的企业,通过选择原材料,合理调整产品配方和制备工艺等措施,可以生产符合本标准的合格产品。

5.4 试验验证结果表明:本标准送审稿所提出的各项技术指标在我国环氧树脂灌浆材料生产企业中是可行的,产品标准与试验方法的统一为我国环氧树脂灌浆材料的生产与使用提供了一个比较与判定产品质量的平台。

表 4 试验验证结果统计及分析

编号	浆液性能						固化物性能														判定	
	外观	浆液密度(g/cm³) >	初始粘度(mPa·s) <		可操作时间(min) >		抗压强度(MPa) ≥		拉伸剪切强度(MPa) ≥		抗拉强度(MPa) ≥		粘接强度(MPa)				抗渗压力(MPa) ≥		渗透压力比(%) ≥		类型	等级
													干粘接		湿粘接							
			L	N	L	N	Ⅰ	Ⅱ	Ⅰ	Ⅱ	Ⅰ	Ⅱ	Ⅰ	Ⅱ	Ⅰ	Ⅱ	Ⅰ	Ⅱ	Ⅰ	Ⅱ		
本标准	均匀、无分层	1.00	30	200	30		40	70	5.0	8.0	10	15	3.0	4.0	2.0	2.5	1.0	1.2	300	400		
A1	合格	1.06		73	50			92	7.6			45		8.3		5.5		1.3		433	N	Ⅰ
A2	B组分分层	1.01	11		100		40		6.1		12		3.7			3.1	1.0		333		L	不合格
A3	合格	1.06	20		50		40		4.7(不合格)		14		3.3			2.6		1.2		400	L	不合格
A4	合格	1.03		183	45			86	7.0			15		5.2	2.2			1.3		433	N	Ⅰ
A5	合格	1.04	17		105		39(不合格)			8.1		17		5.0		3.8		1.2		400	L	不合格
A6	合格	1.08	17		35		60			10.8		35	3.5			3.0		1.2		400	L	Ⅰ
A7	合格	1.05		69	50			91		10.2		66		5.2		3.2		1.3		433	N	Ⅱ
A8	B组分有一点分层	1.01	9		166		51			8.4	9(不合格)		2.7(不合格)		1.8(不合格)		1.0		333		L	不合格
A9	合格	1.05		188	40			72		8.9		23	3.7		2.0			1.3		433	N	Ⅰ
A10	合格	1.04	15		105		42		7.6			16	3.2			2.6		1.2		400	L	Ⅰ
试验共计/个	8(80%)	10(100%)	6(60%)	4(40%)	10(100%)		5(50%)	4(40%)	4(40%)	5(50%)	2(20%)	7(70%)	5(50%)	4(40%)	2(20%)	7(70%)	2(20%)	8(80%)	2(20%)	8(80%)		

注:试样共计一栏按类型、等级分别统计达到此指标的个数,( )内计算百分比,如试样 10 个,达到 L 型的 5 个,则表示 5(50%);Ⅰ级 4 个,则表示 4(40%)。

JC/T 1041—2007 《混凝土裂缝用环氧树脂灌浆材料》行业标准试验验证报告(2)

1 前言

受《混凝土裂缝用环氧树脂灌浆材料》行业标准起草小组的委托,中国建筑材料检验认证中心承担了参标试验样品的测试分析和试验验证工作,旨在为产品的各项技术指标提供科学数据,并给出明确、合理的试验方法,实现对产品主要性能指标的客观评价,为行业标准制定提供技术依据。

第一阶段样品试验验证工作中,共收集各生产企业环氧树脂浆料样品6个,依照技术要求对各样品的物理性能包括外观、浆液密度、浆液粘度、聚合体粘接强度、拉伸剪切强度、抗压强度和抗渗性能采取多种方法分别进行了测试。第二阶段复验验证工作共收集各生产企业环氧树脂浆料样品6个,在第一阶段工作基础上,按确定的试验方法进行了补充试验,对标准中技术要求包括外观、浆液密度、浆液粘度、可操作时间、粘接强度、拉伸剪切强度、抗压强度和抗渗性能进行样品试验,同时增加环氧树脂固化体积收缩率和氨释放量测试项目,现将两个阶段的试验过程和测试结果进行总结分析,为标准的编制提供参考。

2 试样

第一次试验验证工作共收到环氧树脂浆材样品6份,均为A、B双组分配装,试验样品编号为B1、B2、B3、B4、B6、B13,提供样品的企业分别为上海遂星工贸有限公司、中国水电基础局有限公司科研所、浙江华东特种材料工程有限公司、上海麦斯特建材有限公司、广州市金科化灌有限公司和广州科化防水防腐补强有限公司。

第二次试验验证工作共收到环氧树脂浆材样品6份,均为A、B双组分配装,试验样品编号为B7、B8、B9、B11、B12、B14,提供样品的企业分别是上海遂星工贸有限公司、中国水电基础局有限公司科研所、上海麦斯特建材有限公司、浙江华东特种材料工程有限公司、广州市金科化灌有限公司和广州科化防水防腐补强有限公司。

3 试验方法

3.1 外观

目视观察。看A、B组分是否均匀,有无分层现象。

3.2 浆液密度

3.2.1 标准依据

GB/T 13354—1992《液态胶粘剂密度测定方法(重量杯法)》。

3.2.2 仪器设备

QBB比重杯:37mL;

恒温箱:能保持(20±1)℃;

天平:感量为0.001g;

温度计:(0~50)℃,分度1℃。

3.2.3 试验方法

(1)准备足以进行三次试验的胶粘剂样品;

(2)用挥发性溶剂清洗比重杯并干燥,称取其质量精确至0.001g,记录为M_1;

(3)把搅拌均匀的胶粘剂试样装满比重杯,然后将盖子盖紧,并使溢流口保持开启。随即用挥发性

溶剂擦去溢出物;

(4)将盛有胶粘剂试样的比重杯置于恒温箱中,使试样恒温至(20±1)℃;

(5)用溶剂擦去溢出物,然后称量装有试样的比重杯,精确至0.001g,记录为M_2。

(6)将每个胶粘剂样品测试三次,以三次数据的算术平均值作为试验结果。

3.2.4 结果表示

浆液的密度按下式计算:

$$\rho=\frac{M_2-M_1}{37} \qquad (1)$$

式中:

ρ——浆液密度,单位为克每立方厘米(g/cm^3);

M_1——空比重杯的质量,单位为克(g);

M_2——装满胶粘剂试样的比重杯质量,单位为克(g);

37——比重杯容量,单位为立方厘米(cm^3)。

3.3 浆液粘度

3.3.1 标准依据

GB/T 2794—1995《胶粘剂粘度的测定》,测试A、B组分混合后的初始粘度。

3.3.2 仪器设备:

NDJ-1型旋转粘度计;

恒温箱,能保持(20±1)℃;

温度计,分度为0.1℃;

容器,直径不小于6cm,高度不低于11cm。

3.3.3 试验方法

(1)选择适宜的转子和转速,使读数在刻度盘的20%~80%范围内;

(2)试验时保证试样均匀无气泡,将盛有试样的容器放入恒温箱中,使试样温度与试验温度平衡,并保持试样温度均匀;

(3)将转子垂直浸入试样中心部位,并使液面达到转子液位标线;

(4)开动旋转粘度计,读取旋转时指针在圆盘上不变时的读数;

(5)每个试样测定三次。

3.3.4 结果表示

取三次试样测试中最小的一个读数值,取有效位三位,以mPa·s表示。

3.4 浆液可操作时间

从浆液A、B组分混合起,按GB/T 2794测定其粘度并开始计时,在20℃环境下,当粘度达到200mPa·s时,所经历的时间间隔为可操作时间。

3.5 抗压强度

3.5.1 依据标准

GB 2569—1995《树脂浇铸体压缩性能试验方法》。

3.5.2 仪器设备

CDT305微机控制电子压力试验机。

3.5.3 试验方法

(1)配样。按照预定的环氧树脂固化系统进行样品配制,并将各组分搅拌均匀。

(2)浇铸。在2cm×2cm×2cm立方体试模中进行浇铸,浇铸在室温(15~30)℃、相对湿度小于75%下进行,在整个操作过程中要尽量避免产生气泡,可采用真空脱泡或振动法脱泡。

(3)固化。浇铸后将模子在试验室室温条件下放置,待样品固化可以脱模后小心脱膜,防止试样表面损伤和产生划痕等缺陷,然后敞开放在一个平面上,在室温下放置30d(包括试样加工时间)。

(4)将试样在温度(23±2)℃、相对湿度(50±5)%标准环境条件下放置24h后进行测试。浇铸体在测试前,用偏振光对内应力进行测试。如有内应力,予以消除。

(5)测试前,试样需经严格检查,试样应平整、光滑、无气泡、无裂纹、无明显杂质和加工损伤等缺陷。

(6)在电子压力试验机上进行试验。将试验编号,测量试样任意3处的宽度和厚度,取算术平均值。试样测量尺寸准确到0.01mm。

(7)安放试样,使试样的中心线与上、下压板中心线对准,确保试样端面与压板表面平行。开动试验机,按(1.0~2.0)kN/s速度施加均匀连续载荷,直至破坏或达到最大载荷,读取破坏荷载或最大荷载。

(8)有失稳和端部挤压破坏的试样,应予作废。每组有效试样不少于6个,同批有效试样不足6个时,应重作试验。

3.5.4 结果表示

压缩强度按下式计算。

$$\sigma_c=\frac{P}{F}=\frac{P}{b\cdot h} \quad \cdots\cdots (2)$$

式中:

σ_c——压缩强度,单位为兆帕(MPa);

P——破坏荷载(或最大荷载),单位为牛顿(N);

F——试样横截面积,单位为平方毫米(mm^2);

b——试样宽度,单位为毫米(mm);

h——试样厚度,单位为毫米(mm)。

计算每组试样的算术平均值 $\overline{X}$,取三位有效数字。计算每组试样的标准偏差 S,取两位有效数字。

$$S=\sqrt{\frac{\sum_{i=1}^{n}(x_i-\overline{X})^2}{n-1}} \quad \cdots\cdots (3)$$

式中:

x_i——每个试样的性能值;

n——试样数。

3.6 拉伸剪切强度

3.6.1 依据标准

GB 7124—1986《胶粘剂拉伸剪切强度测定方法》。

3.6.2 仪器设备

电子拉力试验机。

3.6.3 试验方法

(1)制样。标准试样的搭接长度是(12.5±0.5)mm,金属片的厚度是(2.0±0.1)mm。试样的搭接长度或金属片的厚度不同对试验结果会有影响。胶接用的金属片表面应平整,不应有弯曲、翘曲、歪斜等变形。金属片应无毛刺,边缘保持直角。胶接时,金属片的表面处理、胶粘剂的配比、涂胶量、涂胶次数、晾置时间等胶接工艺以及胶粘剂的固化温度、压力、时间等均按胶粘剂的使用要求进行。制备试样都应使用夹具,以保证试样正确地搭接和精确地定位。切割已胶接的平板时,要防止试样过热,应尽量避免损伤胶接缝。

(2)除非另有规定,试样的停放时间和试验环境应符合下列要求。试样制备后到试验的停放时间为30d。试验应在温度为(23±2)℃的环境中进行。仲裁试验或对温度、湿度敏感的胶粘剂应在温度为(23±2)℃、相对湿度为45%~55%的环境中进行。

对仅有温度要求的测试,测试前试样在试验温度下停放时间不应少于半小时;对有温度、湿度要求的测试,测试前试样在试验环境下的停放时间一般不应少于16h。

(3)试验步骤。用量具测量试样搭接面的长度和宽度,精确到0.05mm。

把试样对称地夹在上、下夹持器中,夹持处至搭接端的距离为(50±1)mm,开动试验机,在(5±1)mm/min内,以稳定速度加载。记录试样剪切破坏的最大负荷。记录胶接破坏的类型(内聚破坏、粘附破坏、金属破坏)。

3.6.4 结果表示

对金属搭接的胶粘剂拉伸剪切强度按下式计算:

$$\tau = P/(B \cdot L) \qquad \cdots\cdots (4)$$

式中:

τ——胶粘剂拉伸剪切强度,单位为兆帕(MPa);

P——试样剪切破坏的最大负荷,单位为牛顿(N);

B——试样搭接面宽度,单位为毫米(mm);

L——试样搭接面长度,单位为毫米(mm)。

试验结果以拉伸剪切强度的算术平均值表示。取三位有效数字。

3.7 抗拉强度

3.7.1 依据标准

GB/T 2568—1995《树脂浇铸体拉伸性能试验方法》。

3.7.2 仪器设备

电子伺服万能试验机。

3.7.3 试验方法

(1)配样。按照预定的环氧树脂固化系统进行样品配制,并将各组分搅拌均匀。

(2)浇铸。在图1模具中进行浇铸,浇铸在室温(15~30)℃、相对湿度小于75%下进行,在整个操作过程中要量避免产生气泡,可采用真空脱泡或振动法脱泡。

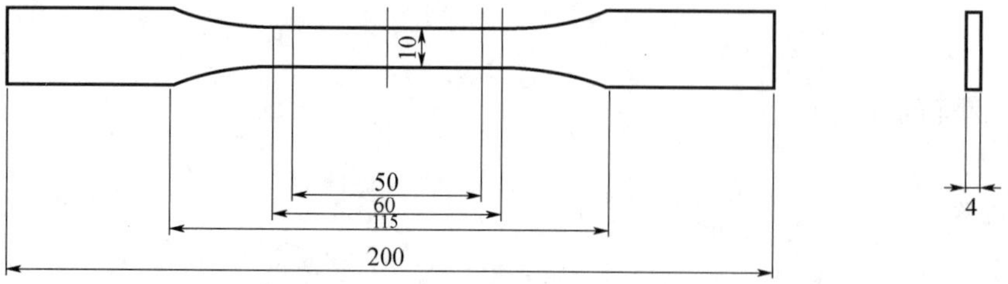

图1 模具

(3)固化。浇铸后将模子在试验室室温条件下放置待样品固化可以脱模后小心脱膜,防止试样表面损伤和产生划痕等缺陷,然后敞开放在一个平面上,在室温下放置14d(包括试样加工时间)。

(4)将试样在温度(23±2)℃、相对湿度(50±5)%标准环境条件下放置24h后进行测试。浇铸体在测试前,用偏振光对内应力进行测试。如有内应力,予以消除。

(5)测试前,试样需经严格检查,试样应平整、光滑、无气泡、无裂纹、无明显杂质和加工损伤等缺陷。

(6)将试验编号,测量试样标距内任意3处的宽度和厚度,取算术平均值。试样测量尺寸不大于10mm时的,准确到0.02mm,10mm及以上的,准确到0.05mm。

(7)夹持试样,使试样的中心轴线与上、下夹具的对准中心线一致。测定拉伸强度时,试验速度设为(2~10)mm/min,按规定速度均匀连续加载,直至破坏,读取破坏荷载值。

(8)若试样断在夹具内或圆弧处,此试样作废,另取试样补充。同批有效试样不足5个时,应重作试验。

3.7.4 结果表示

拉伸剪切强度按下式计算:

$$\sigma_t = \frac{P}{b \cdot h} \quad \cdots\cdots (5)$$

式中：

σ_t——拉伸剪切强度，单位为兆帕(MPa)；

P——破坏荷载(或最大荷载)，单位为牛顿(N)；

B——试样宽度，单位为毫米(mm)；

H——试样厚度，单位为毫米(mm)。

计算每组试样的算术平均值 $\overline{X}$ ，取三位有效数字。计算每组试样的标准偏差 S，取两位有效数字。

$$S = \sqrt{\frac{\sum_{i=1}^{n}(x_i - \overline{X})^2}{n-1}} \quad \cdots\cdots (6)$$

式中：

x_i——每个试样的性能值；

n——试样数。

3.8 粘接强度

3.8.1 依据标准

GB/T 16777—1997《建筑防水涂料试验方法》。

3.8.2 仪器设备

电动抗折机：加荷速度 10N/s；

“8”字形金属模具。

3.8.3 试验方法

(1)用基准水泥、中砂和水按质量比 1∶2∶0.4 配成砂浆，在“8”字形金属模具中灌入配好的砂浆捣实抹平；

(2)养护 24h 后脱模，将“8”字砂浆块在水中养护至 7d 后取出晾干备用；

(3)干粘接为水泥砂浆从水中拿出后，要在室温下放置 2d，湿粘接为水泥砂浆从水中拿出后在室温下放置 10min 后，用抹布把游离水抹去，即可进行粘接；

(4)将水泥砂浆“8”字形试件用抗折机拉断，勿损伤断裂面，在断裂面涂刷 0.5～0.7mm 的环氧树脂浆液，涂刷后将试件按原状态在断裂处对接好，用橡皮筋箍紧，在试验室条件下放置一定龄期；

(5)待环氧树脂浆液完全干透后，将试件在标准试验条件下放置 2h，试验前先将试验机安装成单杠杆式，并调整零点，然后把试件置于试验机的夹具中，启动试验机至试件拉断为止，记下此时的读数。

3.8.4 结果表示

粘接强度以六个试件为一组，试件的粘接强度按下式计算，准确至 0.01MPa。

$$\sigma = \frac{P}{A} \quad \cdots\cdots (7)$$

式中：

σ——粘接强度，单位为兆帕(MPa)；

P——断裂荷载，单位为牛顿(N)；

A——受拉面积，单位为平方毫米(mm^2)。

粘接强度以六个试件为一组，每组试件中剔除最大、最小两个值，取剩余四个试件的算术平均值件为粘接强度的试验结果。

3.9 抗渗性能

3.9.1 依据标准

GB 18445—2001《水泥基渗透结晶型防水材料》。

3.9.2 仪器设备

ZKS-B0 型砂浆渗透试验仪。

3.9.3 试验方法

(1)制备基准水泥砂浆抗渗试块。以基准砂浆试块(水泥∶砂∶水=1∶3∶0.68)在(0.3～0.4)MPa 压力下渗水为准,确定砂浆水灰比。用上口直径 70mm,下口直径 80mm,高 30mm 的截头圆锥带底金属试模成型基准试件,成型后用塑料布将试件盖好静停。脱模后放入(20±2)℃的水中养护至 7d。

(2)至龄期后将抗渗试块取出晾干,将待测浆液按生产厂指定的比例配好,混合后将环氧树脂浆液涂刷在抗渗试件的上表面,保证涂刷的环氧树脂膜层表干后有(0.5～0.6)mm 的厚度,放置于试验室条件下养护一个月待环氧树脂膜层干透。

(3)将试块用密封材料密封后装入渗透仪中进行抗渗试验,水压从 0.2MPa 开始,保持 2h,增至 0.3MPa,以后每隔 1h 增加水压 0.1MPa,当六个试件中有三个试件端面呈现渗水现象时,即可停止试验,记下当时水压。若加压至 1.6MPa 恒压 1h 仍未渗水,应停止试验。砂浆透水压力为每组六个试件中四个未出现渗水时的最大水压力。

3.9.4 结果表示

渗透压力比按下式计算,精确至 1%:

$$P_r = \frac{P_t}{P_c} \times 100 \quad \cdots\cdots\cdots\cdots\cdots\cdots\cdots\cdots (8)$$

式中:

P_r——渗透压力比,单位为百分数(%);

P_t——涂层砂浆的抗渗压力,单位为兆帕(MPa);

P_c——基准砂浆的抗渗压力,单位为兆帕(MPa)。

3.10 氨释放量的测定

3.10.1 依据标准

GB 18588—2001《混凝土外加剂中释放氨的限量》。

3.10.2 试验原理

从碱性溶液中蒸馏出氨,用过量硫酸标准溶液吸收,以甲基红-亚甲基兰混合指示剂为指示剂,用氢氧化钠标准滴定溶液滴定过量的硫酸。

3.10.3 试验方法

3.10.3.1 试样的处理

固体试样需在干燥器中放置 24h 后测定。分别称取两份各约 5g 的试样,精确至 0.001g,放入两个 300mL 烧杯中,加入 20mL 水和 10mL 盐酸溶液,搅拌均匀,放置 20min 后过滤,收集滤液至 500mL 玻璃蒸馏器中,控制总体积 200mL,备蒸馏。

3.10.3.2 蒸馏

在备蒸馏的溶液中加入数粒氢氧化钠,以广泛试纸试验,调整溶液 pH>12,加入几粒防爆玻璃珠。准确移取 20mL 硫酸标准溶液于 250mL 量筒中,加入 3～4 滴混合指示剂,将蒸馏器馏出液出口玻璃管插入量筒底部硫酸溶液中。检查蒸馏器连接无误并确保密封后,加热蒸馏。收集蒸馏液达 180mL 后停止加热,卸下蒸馏瓶,用水冲洗冷凝管,并将洗涤液收集在量筒中。

3.10.3.3 滴定

将量筒中溶液移入 300mL 烧杯中,洗涤量筒,将洗涤液并入烧杯。用氢氧化钠标准滴定溶液回滴过量的硫酸标准溶液,直至指示剂由亮紫色变为灰绿色,消耗氢氧化钠标准滴定溶液的体积为 V_1。

3.10.3.4 空白试验

在测定的同时,按同样的分析步骤、试剂和用量,不加试料进行平行操作,测定空白试验氢氧化钠标准滴定溶液消耗体积 V_2。

3.10.4 **结果表示:**

环氧树脂灌浆料样品中释放氨的量,以氨(NH_3)质量分数表示,按下式计算:

$$X_{氨}=\frac{(V_2-V_1)c\times 0.01703}{m}\times 100 \tag{9}$$

式中:

$X_{氨}$——环氧树脂浆材释放氨的量,单位为质量分数(%);

c——氢氧化钠标准溶液浓度的准确数值,单位为摩尔每升(mol/L);

V_1——滴定试料溶液消耗氢氧化钠标准溶液体积的数值,单位为毫升(mL);

V_2——空白试验消耗氢氧化钠标准溶液体积的数值,单位为毫升(mL);

0.01703——与 1.00mL 氢氧化钠标准溶液[c(NaOH)=1.000mol/L]相当的以克表示的氨的质量;

m——试料质量的数值,单位为克(g)。

取两次平行测定结果的算术平均值为测定结果。两次平行测定结果的绝对差值大于 0.01%时,需重新测定。

4 试验结果与分析

4.1 外观

表 1 环氧树脂试验样品外观观测结果

样品编号	样品外观描述	固化后状态描述
B1	A 组分无色透明液状/B 组分浅琥珀色液状	浅黄色透明固态
B2	A 组分深色液状/B 组分深棕色液状,有沉淀现象	棕色不透明固态
B3	A 组分琥珀色液状/B 组分深棕色黏稠状	棕色不透明固态
B4	A 组分透明无色液状/B 组分深琥珀色黏稠状	黄色透明固态
B13	A 组分棕色液状/B 组分浅棕色液状	棕色不透明固态
B6	A 组分棕褐色液状/B 组分无色液状	棕色不透明固态
B7	A 组分无色透明液状/B 组分浅琥珀色液状	浅黄色透明固态
B8	A 组分棕红色液状/B 组分深棕色黏稠状,有沉淀分层现象	棕色不透明固态
B9	A 组分透明无色液状/B 组分深琥珀色黏稠状	黄色透明固态
B11	A 组分浅棕色液状/B 组分深棕色液状	棕色不透明固态
B12	A 组分棕褐色液状/B 组分浅绿色液状	黑棕色不透明固态
B14	A 组分棕色液状/B 组分浅棕色液状	棕色不透明固态

从表 1 可以看出 6 家企业 12 个样品中有 2 个样品的 B 组分有分层现象,其余样品为均匀不分层性状。该项指标符合标准要求的有 10 个样品,合格率为 83%;不符合标准要求的有 2 个样品,不合格率为 17%。

4.2 浆液密度

从表 2 可知,12 个样品的浆液密度值均大于 1.00g/cm^3,该项指标样品的检测结果均符合标准的要求,合格率为 100%。

4.3 浆液粘度和可操作时间

从表 2 可知,环氧树脂 12 个样品 A、B 组分混合后的浆液初始粘度值均符合标准要求,合格率为 100%;其中属于 L 型的样品有 6 个,属于 N 型的样品有 6 个,各占 50%。

表 2　试验验证结果统计及分析

编号	浆液性能						固化物性能															判定	
	外观	浆液密度(g/cm³) ≥	初始粘度(mPa·s) <		可操作时间(min) ≥		抗压强度(MPa) ≥		拉伸剪切强度(MPa) ≥		抗拉强度(MPa) ≥		粘接强度(MPa) 干粘接		粘接强度(MPa) 湿粘接		抗渗压力(MPa) ≥		渗透压力比(%) ≥		类型	等级
			L	N	L	N	Ⅰ	Ⅱ	Ⅰ	Ⅱ	Ⅰ	Ⅱ	Ⅰ	Ⅱ	Ⅰ	Ⅱ	Ⅰ	Ⅱ	Ⅰ	Ⅱ		
本标准	均匀、无分层	1.00	30	200	30		40	70	5.0	8.0	10	15	3.0	4.0	2.0	2.5	1.0	1.2	300	400		
B1	合格	1.11	—	111	—		—	103	—	—	—	37	—	>6.3	—	—	—	1.4	—	467	N 型	—
B2	有分层现象	1.06	15	—	—		48	—	—	—	3(不合格)	—	—	>4.8	—	—	1.1	—	367	—	L 型	(不合格)
B3	合格	1.07	24	—	—		40	—	—	—	10	—	—	>5.4	—	—	—	1.2	—	400	L 型	—
B4	合格	1.06	—	175	—		—	78	—	—	—	18	—	>4.6	—	—	—	1.2	—	400	N 型	—
B13	合格	1.08	21	—	—		55	—	—	—	7(不合格)	—	3.9	—	—	—	0.9(不合格)	—	300	—	L 型	(不合格)
B6	合格	1.10	—	173	—		50	—	—	—	—	15	3.8	—	—	—	1.1	—	367	—	N 型	—
B7	合格	1.10	—	64	60		—	94	—	8.5	—	54	—	>4.8	—	2.9	—	1.4	—	467	N 型	Ⅱ级
B8	有分层现象	1.06	6	—	175		65	—	5.4	—	6(不合格)	—	—	>4.8	1.7(不合格)	—	1.0	—	333	—	L 型	(不合格)
B9	合格	1.06	—	175	50		—	72	7.5	—	—	20	3.9	—	2.1	—	—	1.4	—	467	N 型	Ⅰ级
B11	合格	1.07	10	—	125		41	—	6.6	—	12	—	—	>4.4	2.1	—	1.1	—	367	—	L 型	Ⅰ级
B12	合格	1.09	—	158	40		50	—	—	9.6	—	29	—	>4.1	—	2.9	1.1	—	367	—	N 型	Ⅰ级
B14	合格	1.07	8	—	135		59	—	7.8	—	6(不合格)	—	—	>4.2	—	2.6	1.0	—	333	—	L 型	(不合格)
试验共计/个	10(83%)	12(100%)	6(50%)	6(50%)	6(100%)		8(67%)	4(33%)	4(67%)	2(33%)	2(17%)	6(50%)	3(25%)	9(75%)	2(33%)	3(50%)	6(50%)	5(42%)	7(58%)	5(42%)	—	—

1. 试样共计一栏按类型、等级分别统计达到此指标的个数，(　　)内计算百分比。
2. 粘接强度中“>”表示非粘接面破坏。

测定可操作时间,第一批未测定,第二批试样 6 个样品,均符合本标准,合格率为 100%。

4.4 抗压强度

从表 2 可知,环氧树脂 12 个样品的抗压强度全部符合标准技术要求,合格率为 100%;其中达到Ⅰ级要求的样品有 8 个,占 67%;达到Ⅱ级要求的样品有 4 个,占 33%。

4.5 拉伸剪切强度

从表 2 可知,环氧树脂第二批 6 个样品的拉伸剪切强度全部符合标准技术要求,合格率为 100%;其中达到Ⅰ级要求的样品有 4 个,占 67%;达到Ⅱ级要求的样品有 2 个,占 33%。

4.6 抗拉强度

从表 2 可知,抗拉强度试验 8 个环氧树脂样品符合标准技术要求,合格率为 67%;4 个环氧树脂样品抗拉强度不符合标准技术要求,不合格率为 33%;其中达到Ⅰ级要求的样品有 2 个,占 17%,达到Ⅱ级要求的样品有 6 个,占 50%。

4.7 粘接强度

粘接强度第一次试验验证采取“8”字模和正方块两种试验方法,因正方块试验方法测试数据较分散,经第二次工作会议讨论第二次试验验证确定为“8”字模试验方法。

从表 2 可知,12 个环氧树脂样品全部符合干粘接强度试验标准要求,合格率为 100%;其中达到Ⅰ级要求的样品有 3 个,占 25%,达到Ⅱ级要求的样品有 9 个,占 75%。湿粘接强度试验中 5 个环氧树脂样品符合标准要求,合格率为 83%;1 个样品不符合要求,不合格率为 17%;其中达到Ⅰ级要求的样品有 2 个,占 33%,达到Ⅱ级要求的样品有 3 个,占 50%。

4.8 抗渗性能

从表 2 可知,抗渗性能试验 11 个环氧树脂样品符合标准技术要求,合格率为 92%;1 个环氧树脂样品抗拉强度不符合标准技术要求,不合格率为 8%;其中达到Ⅰ级要求的样品有 6 个,占 50%,达到Ⅱ级要求的样品有 5 个,占 42%。

渗透压力比试验 12 个环氧树脂样品全部符合标准技术要求,合格率为 100%;其中达到Ⅰ级要求的样品有 7 个,占 58%;达到Ⅱ级要求的样品有 5 个,占 42%。

4.9 氨释放量

环氧树脂常用固化剂如脂肪族胺类、芳香族胺类和各种胺改性物、有机酸及其酸酐、树脂类固化剂等,其刺激性气味均比较浓重,影响人的身体健康,现在虽然也开发了一些改性胺类固化剂,毒性有所降低,但固化速度慢,价格高,限制了其应用。

氨通常经呼吸道为人体所吸收,可引起神经系统、呼吸系统、消化系统、免疫系统等损害。氨对人体健康的损害与接触水平有关,当室内空气中每立方米含有 0.3mg 时就感觉有异味和不适;0.6mg 时可引起眼结膜刺激;1.5mg 时可引起呼吸道黏膜刺激、咳嗽、流泪等不良反应;高浓度时,还可引起头晕、头痛、恶心、胸闷、气喘和肝脏等多系统的损害。因此对于环氧树脂灌浆液固化后的氨释放量的测定具有必要意义。

表 3 环氧树脂试验样品氨释放量性能试验结果

样品编号	氨释放量 (%)
B7	0.041
B8	0.046
B9	0.046
B11	0.049
B12	0.077
B14	0.002

从表 2 可知,6 个环氧树脂样品氨释放量值均小于 0.1%,符合行业相关标准要求。

4.10 固化线性收缩率

一般树脂固化时的收缩率通常用体积收缩率或线性收缩率表示,在实际测试过程中由于存在表面张力和边界作用,使得液态树脂充满的厚度很难确定,而且树脂固化后的长、宽、厚度都有所减小,边界不很规则,因此考虑采用线性收缩率的测试方法对于环氧树脂浆液固化收缩进行表征。

借鉴 ASTM D2566－79,Linear shrinkage of cured thermosetting casting resins during cure 中线收缩率的测试方法,同时考虑到消除不规则变形,提高试验的可操作性,将试验方法进行改造。

用一根内径 6mm 的玻璃管,内壁涂一层脱模剂,将树脂从上端注入,高度 100mm,并套上挡光罩,将上端 100mm 高的液态树脂挡光,将样品放入装有 500W 紫外灯的固化箱内,并且与灯管平行。打开光源,缓慢旋转样品(即玻璃管),待未挡光部分的树脂基本固化后,去掉挡光罩,使所有树脂完全固化。取出固化的样品,待冷至室温后用千分表测其实际长度,因为此方法是旋转样品,故而紫外光照射均匀,树脂固化均匀,且由于挡光罩挡住的部分液态树脂可以不断地补充已固化部分,所以此方法可以消除不规则变形。如果不加挡光罩,树脂固化后在样品的上端较深的凹液面,严重影响测量的准确性。用自行设计和制作的装置测量树脂固化线性收缩率,消除了树脂固化时的不规则变形带来的误差,实验证明,装入一半高度(即 50mm)的树脂,固化后收缩量也刚好是装满树脂(即 100mm)的收缩量的一半,即线性收缩量随装入树脂的量的增加按比例增加,而线性收缩率是一致的。这种方法操作简便,准确性比较高,是树脂线性收缩率测定的简便有效的方法。

线性收缩率用下式表示:

$$线性收缩率－(L_1-L_2)/L_1\times100\% \qquad \cdots\cdots (10)$$

式中:

L_1——环氧树脂浆材固化前的长度,mm;

L_2——环氧树脂浆材固化后的长度,mm。

对六个样品固化环氧树脂浆液线性收缩率的检测结果如表 4 所示。

表 4 环氧树脂试验样品固化线性收缩率试验结果

样品编号	装 100mm 样固化后长度(mm)	线性收缩率(%)	装 50mm 样固化后长度(mm)	线性收缩率(%)
B7	97.88	2.02	48.97	2.06
B8	98.10	1.90	49.03	1.94
B9	98.33	1.67	49.18	1.64
B11	98.26	1.74	49.14	1.72
B12	98.11	1.89	49.06	1.88
B14	97.55	2.45	48.79	2.42

从表 4 可知,六个环氧树脂样品线性收缩率在 1.5%～2.5%之间,50mm 试样与 100mm 试样试验结果有良好的相关性。

5 结语

建材行业标准《混凝土裂缝用环氧树脂灌浆材料》参标试验验证样品为 6 家企业 12 个样品,经过第一阶段和第二阶段试验验证工作,样品各项性能试验验证测试结果与标准送审稿中的技术要求符合性详见表 2。

5.1 总体上看,参加标准试验验证的六家企业 12 个样品中,符合标准送审稿技术要求的有 8 个样品,合格率为 67%;不符合技术要求的有 4 个样品,不合格率为 33%。第一批样品中,因未测定可操作时间、拉伸剪切强度与湿粘接强度，不能对其进行全面评定；第二批6个试样中，合格4个，不合格2个；合格的试样中，1个LⅠ，2个NⅠ，1个NⅡ。

不符合标准的试样中，主要是外观、抗拉强度、湿粘接强度等不合格，而且集中于个别企业的产品。

5.2 由于环氧树脂灌浆材料全国没有统一的产品标准，试验方法也不统一，企业标准指标多少不一，生产企业根据用户需要与不同工程要求生产，原材料来源、产品配方与制备工艺等均不一致，因此，制定行业标准时，用统一的试验方法对来自不同生产企业提供的样品进行试验时，出现相当大的差异是可以理解的。用统一的技术要求去衡量产品质量，有的达到标准，“合格”；有的达不到标准，“不合格”；是很自然的。

5.3 生产不合格产品的企业，通过选择原材料，合理调整产品配方和制备工艺等措施，可以生产符合本标准的合格产品。

5.4 环氧树脂中氨释放量与固化线性收缩率，虽进行了试验，由于试验量较少，试验数据较少，本次标准暂不列入，下次修订时，再行考虑。

5.5 试验验证结果表明：本标准送审稿所提出的各项技术指标在我国环氧树脂灌浆材料生产企业中是可行的，产品标准与试验方法的统一为我国环氧树脂灌浆材料的生产与使用提供了一个比较与判定产品质量的平台。

JC/T 1041—2007 《混凝土裂缝用环氧树脂灌浆材料》行业标准调研报告

根据发展改革委办公厅发改办工业〔2005〕739号文，发出的《2005年行业标准项目计划的通知》，“混凝土砌衬裂缝注浆用环氧树脂浆材”行业标准编制已列入国家计划。2005年5月30日至31日，负责起草单位建筑材料工业技术监督研究中心、长江水利委员会长江科学院、上海地铁咨询监理科技有限公司在湖北省武汉市召开了第一次工作会议。会上讨论了标准内容、工作方案，成立了行业标准起草小组，筹集了经费，共有11家公司参加编制工作。随即开始了对材料生产、工程应用、质量控制及相关检测的状况调研及送样试验验证工作。2006年3月24日至25日在湖南省长沙市召开了第二次工作会议，总结汇报调研及试验验证工作的情况，讨论与确定了“混凝土裂缝用环氧树脂灌浆材料”行业标准的征求意见稿，会后发至国内生产、科研、应用、质检等单位广泛征求意见。2006年8月21至22日在河北省秦皇岛市北戴河召开了第三次工作会议，讨论与确定了“混凝土裂缝用环氧树脂灌浆材料”行业标准的送审稿及有关文件。现将该行业标准编制的调查研究工作报告如下。

1 前言

发改办工业〔2004〕1825号文《国家发展改革委办公厅关于2005年行业标准计划编制工作的通知》，为进一步做好行业标准计划编制工作，现将编制2005年行业标准项目计划的有关事项通知如下：(摘要)

编制原则：

(1)重点突出、科学合理，按照科学发展观的要求，体现当今技术进步、经济发展与对标准需求相适应的原则。

(2)协调一致、系统配套，体现结构合理、层次分明，标准间互相协调、互为补充的原则。

(3)贯彻落实“采标”方针，不断提高我国行业标准化水平，体现积极采用国际标准和国外先进标准的原则。

(4)突出加入世贸组织后行业急需制定的标准，体现与国际接轨的原则。

(5)根据行业发展需要，积极制定行业标准，体现行业标准为行业服务的宗旨。

编制重点：

(1)优先编制有利于实施行业规划、产业政策，推动行业技术进步、技术创新，引导行业结构调整、结构优化、产业升级、老工业基地改造，资源节约、保护环境，推进新型工业化，市场准入、规范市场经济秩序的标准。

(2)突出做好高新技术推广应用和科研成果产业化，推动产业升级、促进新型工业化的标准制定。

(3)建立产品安全保障体系所需的标准。

(4)行业规划中确定的重点产品、重大装备及先进设计、工艺等技术标准。

(5)采用国际标准和国外先进标准。

(6)行业标准复审需要修订的标准。

1.1 GB 50208—2002 地下防水工程质量验收规范，第7-2节的补足。即规范第7-2-2条规定了混凝土衬砌裂缝注浆材料采用环氧树脂基料浆材，但材料标准系缺项。

1.2 以武汉市质量技术监督局企业标准，编号：QB 420100/9240—2001 武汉长江工程技术公司企业标准(Q/WCG012001)为蓝本，组织同类产品研究、生产、国外产品代理单位，联合编制行业标准。

1.3 地下工程质量控制的迫切需求。

1.3.1 以各大城市轨道交通、地铁建设为例，混凝土裂缝系较普遍的质量通病，严重影响到工程结构的耐久性。对混凝土裂缝修补材料有迫切需求。

1.3.2 三峡工程采用环氧树脂基料浆材作岩基加固、混凝土裂缝补强等应用有丰富、成套的经验；另如上海地铁1号线，采用环氧树脂基料浆材，修补圆形区间隧道的道床与混凝土衬砌之间裂缝，已有近十年的历史，应用技术趋于成熟。

2 我国化学灌浆技术的发展

化学灌浆“Chemical Grouting”是将一定的化学材料，无机或有机材料，配制成真溶液，用化学灌浆泵等压送设备将其灌入地层或缝隙内，使其扩散、胶凝或固化，以增加地层强度、降低地层渗透性、防止地层变形和进行混凝土建筑物裂缝修补的一项地基处理和混凝土修补技术。即化学灌浆是化学与工程相结合，应用化学科学和化学灌浆材料解决地基和混凝土缺陷处理，加固补强、防渗堵漏，保证工程的顺利进行或借以提高工程质量的一项工程技术。

我国化学灌浆技术经过50多年来的发展，已经取得了相当成绩，国外常用化学灌浆材料品种，我国基本上都已开发出来，而且灌浆材料品种开发中还有一些独创。化学灌浆技术已在国内水电、建筑、交通和采矿等四大部门得到推广应用，解决了许多工程难题。

2.1 无公害灌浆材料的开发

2.1.1 无毒催化剂的研制。环氧树脂灌浆材料粘接强度高、稳定性好，因此是固结灌浆最常用的灌浆材料。该灌浆材料毒副作用主要来自所采用的固化剂和溶剂。在过去的近20年中，对环氧灌浆材料胺类固化剂的降低毒性研究已取得一些成果，国内生产出的T31、810、X-89、CD等毒副作用较低的一批改性胺类固化剂，对环氧灌浆材料的推广应用起了较好作用，今后还应朝这个方向继续努力。

2.1.2 无溶剂型灌浆材料的开发。环氧树脂一般粘度较大，制成化学灌浆材料要添加有机溶剂，但很多有机溶剂不但气味难闻，而且具有毒副作用(如糠醛)，添加后往往会产生环境问题。因此，人们在研究无毒作用环氧固化剂的同时，也展开了无溶剂型环氧灌浆材料的研制。无溶剂型环氧灌浆材料的研究将得益于环氧树脂工业的发展，国内一些化工厂生产的低分子量环氧树脂粘度仅20～25mPa·s，这对今后无溶剂环氧化学灌浆材料的发展开辟了较好的前景。

2.1.3 水做介质的化学灌浆材料的研制。水做介质，不用有机溶剂，对化学灌浆材料的无公害化是很有益的。过去已开发的为数不多的水溶性聚氨酯灌浆材料，今后在水溶性环氧灌浆材料等的开发上将会有较为理想的进展。

2.2 与工程要求相适应的灌浆材料开发

2.2.1 新型高亲润、高渗透性化学灌浆材料的研究。目前我们虽然已有了一些高渗性的化学灌浆材料，解决了不少工程难题，但所用溶剂和固化剂多半都有毒副作用，不符合环境标准，对工程地基微细裂隙、断层破碎带和泥化夹层及混凝土微细裂隙的处理仍有探索新型高亲润、高渗透性、无毒副作用化学灌浆材料的必要。这很大程度取决于表面活性剂和活性稀释剂体系的研究进展。

2.2.2 弹性化学灌浆材料的开发。在工程伸缩缝止水和混凝土活缝、变形缝补强灌浆中需要具有弹性的化学灌浆材料。应加强对弹性环氧的研究，提高质量，消除毒副作用，以适应工程建设之需。

2.3 耐久性灌浆材料的开发

耐久性概念含义较广，它包括耐水、耐酸碱、耐气候、耐紫外光、耐冻融和干湿循环、耐磨蚀、耐微生物作用(霉)等方面。加入纳米材料对已有灌浆材料进行改性，如环氧树脂加进纳米材料改性的化学灌浆材料研究项目已获得水利部基金资助，这将提升环氧灌浆材料耐久性等多方面性能。

2.4 化学灌浆行业标准、规程、规范的制定

化学灌浆行业是一个亟待规范的行业，管理落后、体制落后的弊端已日渐凸显。至今国家还没有制定化学灌浆材料的国家标准，行业标准和地方标准都没有，绝大多数企业也没有制定自己的企业标准；虽然个别行业对某种化学灌浆材料制定过施工规范，但没有国家制定的设计规范、施工规范和验收规范，设计单位无规可依；国家建设行政主管部门还没有建立化学灌浆施工企业和专业人员的准入制；国

家建设行政主管部门没有制定化学灌浆工程的定额标准，建设方为降低投资拼命压价，施工方为确保自己的利益，采用低价低质材料甚至偷工减料已不是个别现象。

3 国内化学灌浆市场的年需求量

2005年11月在阳江举行了“首届中国化学灌浆论坛”，来自全国22个省市，包括水电、交通、建筑、化工、院校、科研、设计院所等14个方面120多位代表出席了会议。中国水利学会化灌分会主任蒋硕忠介绍，化学灌浆技术特别适用于工程建设中的基础加固、堵漏止水、帷幕防渗和裂缝修补四个方面，其应用领域遍布水电、建筑、采矿和交通四个行业。

化学灌浆行业市场究竟有多大？中国水利学会化灌分会曾就某些局部用浆量调查统计来推测市场规模。该分会对2004年沿海八城市12家化学灌浆企业销售和使用的水玻璃、聚氨酯、环氧树脂、丙烯酸盐四种灌浆材料量作了粗略统计，总销售价超过1亿元。若以通常灌浆材料消耗花费只占化学灌浆工程总花费(包括钻孔、灌浆材料、设备劳务、管理及税费)的1/5算(一般是1/3～1/10)，则推测出化学灌浆市场约有5亿元。事实上，这仅是所了解的少数城市中仅12家企业的不完全统计。仅广东一个省就有近百家化学灌浆企业，扩展到全国应是翻数番，预计起码是几十亿元的市场规模。

4 环氧树脂浆材的研发历程

我国在化学灌浆材料方面的研究是从20世纪50年代开始的，当时针对长江三峡工程基础加固和混凝土裂缝处理的要求，国家科委立项，由长江科学院、中科院广化所等部门对环氧树脂和甲基丙烯酸甲酯类材料进行了研究，很快取得了成果。这些灌浆材料在我国的水利部门(如三峡、葛洲坝、龙羊峡、丹江口、陈村、凤滩、万安等水利枢纽)得到了广泛的应用，解决了许多工程中的难题，从而推进了化学灌浆材料的研究。在处理软弱夹层及断层破碎带的化学灌浆材料方面，广东化学研究所、水科院和长江科学院作了大量的研究工作。如长江科学院开发研制的CW系列灌浆材料是在环氧-糠醛-丙酮等化学灌浆材料的基础上，结合目前我国化学工业的发展水平，优选了国内最新的产品。在环氧树脂方面，选择了低粘度的环氧；在稀释剂方面，对稀释剂进行了预反应和改性，从而改善了灌浆材料的稳定性；在固化剂方面，优选了目前适合于水中固化的高分子胺类，增加了固化剂的韧性，使固化体系无毒；在表面活性剂方面，选择了能够提高浆液渗透性的反应表面活性剂，使浆液有更好的渗透性。三峡大坝采用CW环氧浆材处理F1096软弱夹层及断层破碎带的水泥-化学复合灌浆技术，堪称国际上处理低渗透性软弱岩土地层的先进技术。

中国科学院广州化学所先后成功研制了三代高渗透性的环氧系列灌浆材料。青海龙羊峡大坝采用中化-798环氧浆材处理G4伟晶岩劈裂带也堪称国际上处理低渗透性软弱岩土地层的先进技术。

最近几年我国科研工作者利用高分子领域中比较先进的技术——互穿聚合物网络技术(简称IPN)和高分子合金技术研究出一些独创的新的灌浆材料，如甲氰凝和环氧-聚氨酯互穿网络灌浆材料。

目前国内常用的化学灌浆材料按其性能与用途大致分为两大类，共有六大品种系列和上百种品牌产品。第一类是防渗止水型，包括水玻璃、丙烯酸盐、聚氨酯和木质素浆材四大品种系列。第二类是补强加固型，包括环氧树脂与甲基丙烯酸甲酯灌浆材料两大品种。环氧树脂灌浆材料又可分为非活性稀释剂、活性稀释剂及呋喃树脂三大品种。国内主要环氧树脂灌浆材料品牌及研发单位见表1，进入中国市场的国外环氧树脂灌浆材料品牌及代理商见表2。

表1 国内主要环氧树脂灌浆材料品牌及研发单位

环氧树脂灌浆材料品牌	研发单位
SK-1	中国水利水电科学研究院(北京)
中化-798	中科院广州化学研究所

表 1(续)

环氧树脂浆材品牌	研发单位
中化-798-3(KH-3)	广州科化防水防腐补强有限公司
CW 系列	长江委长江科学院(武汉)
HK-G	杭州国电水利电力工程有限公司(原华东院科研所)
JX	中国水电基础局有限公司科研所(天津)
801	湖南省水电设计院科研所(长沙)
SJK-02	广州市金科化灌有限公司
TS 系列	广州市台实防水补强有限公司

表 2 进入中国市场的国外环氧树脂灌浆材料品牌及代理商

环氧树脂灌浆材料品牌	代理商
Denepox 40(比利时)	上海遂星工贸有限公司
MC-DUR(德国)	上海先特涂装工程有限公司
INJECTION RESIN LPL(德国)	上海麦斯特建材有限公司
Sikadur 752(瑞士)	水利部小浪底咨询有限公司

随着我国基础建设事业的发展,化学灌浆材料的应用量逐年增加。根据 2004 年沿海八城市 12 家单位粗略统计,用量达 6635t,见表 3。

表 3 2004 年沿海八城市 12 家单位粗略统计

灌浆材料种类	用量(t)
水玻璃	4000
聚氨酯	2200
环氧树脂	420
丙烯酸盐	15

三峡工程近几年防渗堵漏和地基加固应用各种化学灌浆材料约 570t,见表 4。

表 4 三峡工程化灌材料应用概况

灌浆材料品种	用途	用量(t)
CW 环氧树脂	地基加固	320
LW+HW 聚氨酯	止水堵漏	180
丙烯酸盐	防渗帷幕	70

5 隧道及地下工程防水堵漏工法

《土木建筑上海市市级工法》(1990—1996年度)一书中，编有“隧道防水堵漏工法”。

该工法在上海地铁1号线区间隧道、延安东路越江隧道、打浦路越江隧道、金山石化总厂进排水隧道等大型工程上得到应用，达到了止水、防水的目的，取得了较好的社会效益和经济效益。其中列有“环氧树脂浆料”的工程应用方法。该工法的要点如下。

5.1 特点

防水堵漏工法能有效解决地下工程中混凝土结构的接缝、施工缝、变形缝、蜂窝麻面及混凝土收缩裂缝等渗漏水，止水、防水效果显著。利用特殊的工艺、材料可对混凝土裂缝进行补强。

5.2 适用范围

适用于各种地下工程的防水、堵漏施工，如人防地下室、地下通道、地下车库等工程的防水堵漏。

5.3 工艺原理

防水堵漏工法所采用的基本原理是化学灌浆。化学灌浆就是利用手工或机械手段，在压力作用下，将特制的化学灌浆材料灌入到建筑物结构裂隙中，使灌浆材料在裂隙中凝固，以达到充填裂隙和止水的目的。

5.4 柔刚结合防水堵漏工艺

防水堵漏工艺程序为：打毛、切割、剔槽；抽管、嵌缝、抹面、注浆。

5.4.1 割缝、剔槽：用金刚石锯片混凝土切割机切割，切割宽度4～5cm，沟深5～6cm，然后用冲击电钻剔槽，最后用电铲和人工精修成5～6cm深的沟槽。

5.4.2 抽管、嵌缝：采用ϕ14mmPVC胶管作模，双快水泥或其他快凝水泥压管封缝，进行抽管作业，最后留出引水注浆管。

5.4.3 抹面

抹面防水可按五层抹面防水做法实施，也可采用氯丁胶聚合物砂浆抹面。抹面完成后要浇水养护3～4d。

5.4.4 注浆

首先用手揿式注浆泵向引水管压水，然后再压注化学灌浆材料。待浆液固化后，用小刀割掉预埋引水管，再用双快水泥封闭。

5.5 防水堵漏材料

5.5.1 封缝材料

5.5.2 嵌缝材料

5.5.3 化学灌浆材料

化学灌浆材料种类繁多，常用的为水溶性聚氨酯、油溶性聚氨酯、环氧树脂灌浆材料；化学灌浆材料固结体要有一定抗压抗拉强度，耐久性、稳定性好。

5.6 质量要求

防水堵漏质量首先要满足委托方要求，大型的隧道、地下车站、泵站等防水堵漏经施工后的渗漏量应符合国家规范所规定的渗漏量。施工中要及时做好隐蔽工程验收工作。

5.7 机械设备：冲击电锤、冲击电钻、空气压缩机、风镐、齿轮注浆泵等。

5.8 施工安全

5.9 劳动组织

以小型施工队为好，通常由5～8名施工人员组成。其中需配备1名中等专业技术人员，进行灌浆材料的配制。施工小队中还应配有电工、机修工各1名。

6 国内生产及工程应用状况

表 5 环氧树脂浆材生产情况调查表

企业名称	最早生产年份	产品类型	设备生产能力
中科院广州化学研究所	1979	中化 798	200t/年
广州科化防水防腐补强有限公司	2005	KH-3	500t/年
长江委长江科学院材料结构所(武汉)	2000	CW	200t/年
杭州国电水利电力工程有限公司(原华东院科研所)	1996	HK	200t/年
中国水电基础局有限公司科研所(天津)	1983	JX	200 吨/年
湖南省水电设计院科研所	1980	801	100t/年
广州市金科化灌有限公司	1999	SJK-02	500t/年
广州市台实防水补强有限公司	1998	TS	500t/年
中国水利水电科学研究院(北京)	—	SK-E 系列改性环氧浆材	—

表 6 环氧树脂浆材工程使用情况调查表

工程名称	使用部位	使用产品名称	使用面积(m^2)与使用量(t)	竣工时间	质量状况
青海龙羊峡	G4 伟晶岩劈裂带	中化-798	—	—	—
三峡大坝	F1096 软弱夹层及断层破碎带	CW 环氧树脂浆材	—	—	—
黑龙江尼尔基水利枢纽主坝	沥青混凝土心墙底梁裂缝	环氧树脂浆材	29 条裂缝，分布于 28 块底梁中	2003 年 4 月	压水检查裂缝中已密实充填环氧树脂浆固结体
四川金康水电站	厂房底板裂缝	JX 系列环氧树脂浆材	共处理裂缝 75.6 延米，耗浆 512.41L(平均单耗 6.78L/m)	2004 年 8 月	劈裂抗拉强度检查，高于设计要求
山东四女寺水利枢纽	闸基混凝土裂缝	JX 系列环氧树脂浆材	—	—	钻孔取样检查，缝内浆液结石充填饱满
上海地铁 1 号线车站	上海地铁黄陂路站站厅层顶板裂缝	中化-798	—	2003 年 6 月	—
上海地铁 1 号线区间隧道(人民广场至黄陂路)	混凝土道床与隧道衬砌脱开的间隙	中化-798	—	2002 年 2 月	—
上海地铁 1 号线漕宝路地铁车站上体馆车站	侧墙、顶板产生混凝土收缩裂缝	—	每个车站约处理 2000m	1996 年	经验收质量达优良，止水率达 99.9%

表 6(续)

工程名称	使用部位	使用产品名称	使用面积(m^2)与使用量(t)	竣工时间	质量状况
上海人民广场地下变电站(直径为60m,深约20m)	混凝土收缩产生裂缝	—	共处理1000多米的渗水缝	1990年	质量达到了优良
上海黄浦江打浦路越江隧道	隧道变形使管片接缝开裂漏水	—	隧道长2736m	1990年	经过4个月堵漏施工,达到止水防水的目的
厦门酿酒厂高粱酒车间	大型预制钢筋混凝土屋面板折断补修	环氧双液浆	—	1983年	经历20年效果良好
天津龙王庙大桥	预制T形梁裂缝及其缺陷	环氧双液浆	—	1990年	效果良好
三峡大坝	F215断层	CW环氧树脂浆材	—	—	—
三峡工程	基础化灌加固	环氧树脂浆材	—	—	—
三峡工程	永久船闸混凝土层面缝	CW环氧树脂浆材	—	—	—
湖北江汉航线船闸	新城船闸上下闸首裂缝	CW环氧树脂浆材	—	—	—
武汉江汉五桥	边墩混凝土裂缝	CW环氧树脂浆材	—	—	—
三峡坝河口重件码头	钻孔灌注桩的裂缝	CW环氧树脂浆材	—	—	—
李家峡大坝	坝肩的F32扭曲性断层	中化-798	—	—	—
万家寨引黄河水工程	坝基水平剪切带	中化-798	—	—	—
广州地铁	公园前站	中化-798YDS	—	—	—
厦门海沧大桥	混凝土裂缝补强灌浆	EFN系列弹性环氧补强固结浆材	—	—	—
山东聊城王堤口引黄渡槽	渡槽A盖梁两端严重断裂裂缝	SK-E系列改性环氧浆材	裂缝灌浆64m	1995年	满足设计要求
黄岩永宁江闸	破损闸门修复	环氧浆材	6号7号闸门	1999年7月	质量良好达预期目的
浙江天荒坪抽水蓄能电站	下库面板裂缝	SK-G环氧浆材	大于0.3mm的裂缝	—	控制了大坝渗漏,处理效果明显
小浪底工程泄洪系统	洞室混凝土裂缝	Sikadur 752 环氧浆材	132条450m,渗水裂缝39条,156m	—	裂缝灌浆后效果良好,满足工程运行要求
杭州某印刷公司两层框架结构楼	楼板裂缝	HK-KG-10低粘度快固化环氧浆材	建筑面积6000m^2,裂缝总长570m,缝宽0.1～1.0mm不等	—	修补后地坪达到了补强要求,同时验收

表 6(续)

工程名称	使用部位	使用产品名称	使用面积(m^2)与使用量(t)	竣工时间	质量状况
龙羊峡水电站	下游坝面裂缝	HK-KG-10 低粘度快固化环氧浆材	裂缝总长 900m,缝宽 2mm 以上约 50m;宽 1~1.5mm 裂缝 400~500mm;0.1~1.0mm 约 200~300mm	—	满足了设计要求
温州平阳某污水池	不均匀沉降产生裂缝	HK-KG-10 低粘度快固化环氧浆材	裂缝总长 150m,缝宽 0.05~2mm 不等	—	满足工程运行要求,至今运行良好
四川省向家坝水电站	大坝基础Ⅲ2 类岩体固结灌浆	SK-E 系列改性环氧浆材	—	—	物探结果分析,达期望效果
三峡工程	永久船闸北坡第五级竖井周边围岩	CW 环氧树脂浆材	—	—	—
三峡工程	升船机上闸首基础 F548 断层加固	CW 环氧树脂浆材	—	—	—
三峡工程	永久船闸基础 F1050 断层加固	CW 环氧树脂浆材	—	—	—
湖南江垭水利枢纽工程	江垭大坝 7、8 坝段坝基间溶蚀带加固	环氧树脂浆材	—	—	—
湘江株洲航电枢纽工程	堰体裂缝处理	环氧树脂浆材	1 号~11 号机堰体裂缝共计 18 条,总长 165.7m	2005 年	随机表面凿开检测,灌浆效果良好
河南洛阳某电厂	调节水库大坝渗漏水的灌浆治理	水泥-化学(环氧树脂浆材)复合灌浆	—	—	—
山东泰安抽水蓄能电站	主厂房岩壁吊车梁裂缝	HK-G 低粘度环氧树脂浆材	裂缝 139 条,总长 315m,其中灌浆缝长 149m	2003 年 6 月	满足工程要求,达预期效果
三峡工程	左岸厂房 11~14 号坝段引水压力钢管底部回填灌浆	CW 环氧树脂浆材	总注入量 6.5t	2004 年 3 月	用敲击法检查,除 11 号坝段钢管有约 2 立方米脱空不密实外,其他均充填密实
湖南洞庭湖地区	水利工程补修	环氧树脂浆材	—	—	—
小浪底工程	某回水池顶梁裂缝	EF-325 环氧双组分浆材	裂缝总计 45 条,总长 73.28m,缝宽 0.19~0.62mm 不等	1999 年	裂缝理论总容积 5.08L,实际裂缝进浆量 8.29L,浆液富余系数 63%
广州市六榕塔	塔体裂缝	中化-798HY 改性环氧浆材	灌入环氧浆材 6168.08kg	2000 年 7 月	达到了塔体补强加固目的
湖南洪江水电站大坝	8 号 9 号坝段水平层面缝防渗补强	MS-HY 环氧浆材	灌注总浆量 10372L	2002 年 6 月	压水试验合格率 100%,满足设计要求
广州某中学教学楼	结构梁裂缝补强	YDS 改性环氧浆材	补强加固面积 150 平方米	1999 年	竣工三年无异常变化,正常使用

表 6(续)

工程名称	使用部位	使用产品名称	使用面积(m^2)与使用量(t)	竣工时间	质量状况
广州某公司龙湖仓库	牛腿、梁裂缝	改性环氧浆材及碳纤维加固	—	2000 年	经 2 年观测，加固效果良好
广州珠江隧道	隧道混凝土贯穿性裂缝	中化-798	—	1990 年	达到原设计技术指标

7 《地下防水工程质量验收规范》的衬砌裂缝注浆条文

7.1 注浆工程章节中衬砌裂缝注浆的基本内容释义

本规范“衬砌裂缝注浆”专指采用化学注浆的方法，对钢筋混凝土衬砌裂缝进行渗漏水治理的施工质量控制。

防水混凝土结构出现宽度小于 2mm 的裂缝应选用化学注浆，注浆材料宜采用环氧树脂、聚氨酯、甲基丙烯酸甲酯等浆液；宽度大于 2mm 的混凝土裂缝要考虑注浆的补强效果，注浆材料宜采用超细水泥、改性水泥浆液或特殊化学注浆。

7.2 衬砌裂缝注浆的技术立法着眼点

7.2.1 明确了适用的工程对象

钢筋混凝土衬砌裂缝的渗漏水治理。

7.2.2 按防水混凝土裂缝宽度选用浆材

防水混凝土结构出现宽度小于 2mm 的裂缝应选用化学注浆，注浆材料宜采用环氧树脂、聚氨酯、甲基丙烯酸甲酯等浆液；宽度大于 2mm 的混凝土裂缝要考虑注浆的补强效果，注浆材料宜采用超细水泥、改性水泥浆液或特殊化学注浆。

7.2.3 对裂缝注浆所选用水泥的细度作了规定

7.2.4 规定了 5 条衬砌裂缝注浆过程质量控制具体内容

规范第 7.2.4 条规定了衬砌裂缝注浆过程质量控制的要求：

(1)浅裂缝应骑槽粘埋注浆嘴，必要时沿缝开凿“V”槽并用水泥砂浆封缝。

(2)深裂缝应骑缝钻孔或斜向钻孔至裂缝深部，孔内埋设注浆管，间距应根据裂缝宽度而定，但每条裂缝至少有一个进浆孔和一个排气孔。

(3)注浆嘴及注浆管应设于裂缝的交叉处、较宽处及贯穿处等部位；对封缝的密封效果应进行检查。

(4)采用低压低速注浆，化学注浆压力宜为 0.2～0.4MPa，水泥浆灌浆压力宜为 0.4～0.8MPa。

(5)注浆后待缝内浆液初凝而不外流时，方可拆下注浆嘴并进行封口抹平。

7.3 衬砌裂缝注浆质量验收的主控项目和一般项目

主控项目：

(1)注浆材料及其配合比必须符合设计要求。

检验方法：检查出厂合格证、质量检验报告、计量措施和试验报告。

(2)注浆效果必须符合设计要求。

检验方法：渗漏水量测，必要时采用钻孔取芯、压水(或空气)等方法检查。

一般项目：

(1)钻孔埋管的孔径和孔距应符合设计要求。

检验方法：检查隐蔽工程验收记录。

(2)注浆的控制压力和进浆量应符合设计要求。

检验方法:检查隐蔽工程验收记录。

8 国内外环氧树脂灌浆材料厂商的牌号及主要物理力学性能汇集

1. 牌号:Denepox40 (环氧树脂灌浆材料)
混合比率(A/B):质量比 100/30
生产厂:比利时 de neef conchem 公司
经销商:上海遂星工贸有限公司

表 7 Denepox40 产品性能指标

项目	指标	检测标准
干混凝土的粘接强度(N/mm^2)	6.0	GB 16777—1997
湿混凝土的粘接强度(N/mm^2)	3.6	JC/T 894—2001
抗压强度(MPa)	90	GB 2569—1981
抗拉强度(MPa)	60	GB 2568—1981
断裂延伸率(%)	<10	—
密度(g/cm^3)	1.1	ASTM D-638
粘度(25℃)(mPa·s)	75	—
操作时间(100g,25℃)(min)	80	—
使用最低温度(℃)	10	—

注:1. 固化时间为 7d(25℃)。
2. A 组分粘度(25℃)为 125mPa·s+25mPa·s。
3. B 组分粘度(25℃)为 25mPa·s+5mPa·s。

2. 牌号:MC-DUR 1264KF(环氧树脂灌浆材料)
混合比率(A/B):质量比 3/1
生产厂:德国 MC-Bauchemie 公司
经销商:上海先特涂装工程有限公司

表 8 MC-DUR 1264KF 产品性能指标

项目	指标
抗压强度(N/mm^2)	85
抗拉强度(N/mm^2)	35
密度(g/cm^3)	1.07
粘度(25℃)(mPa·s)	95
操作时间(100g,25℃)(min)	57
玻璃化温度(℃)	51
储存期(月)	>12

3. 牌号:Sikadur 752(环氧树脂灌浆材料)
混合比率(A/B):质量比 2/1
生产厂:瑞士 Sika 公司
应用单位:水利部小浪底咨询有限公司

表 9 Sikadur 752 产品性能指标

项目	指标
干混凝土的粘接强度(MPa)	3
抗压强度(MPa)	64
抗拉强度(MPa)	27
抗弯强度(MPa)	40
密度(g/cm^3)	1.08
粘度(25℃)(mPa・s)	180

4. 牌号:INJECTION RESIN LPL(环氧树脂灌浆材料)

混合比率(A/B):体积比 1.35/1

生产厂:德国 degussa. 公司

经销商:上海麦斯特建材有限公司

表 10 INJECTION RESIN LPL 产品性能指标

项目	指标
干混凝土的粘接强度(MPa)	大于混凝土抗拉强度
抗压强度(N/mm^2)	50
抗拉强度(N/mm^2)	>12
抗弯强度(N/mm^2)	30
密度(g/cm^3)	1.05～1.09
粘度(25℃)(mPa・s)	350
开罐寿命(1L 包装,25℃)(min)	>150
使用最低温度(℃)	5
热变形温度(℃)	60

注:养护时间为 7d(ASTM D695)。

5. 牌号:路得 EP-01(环氧树脂灌浆材料)

生产厂:台湾路得公司

经销商:上海路得建材国际贸易有限公司

表 11 路得 EP-01 产品性能指标

项目	指标
抗压强度(MPa)	60
粘着强度(MPa)	12
抗折强度(MPa)	25
邵氏硬度	＞55
粘度(25℃)(mPa·s)	180

注：1. A 组分粘度为 600～1300mPa·s。
2. B 组分粘度为 100～500mPa·s。

6. 牌号：CW 系环氧类灌浆材料
研制生产单位：长江科学院(材料结构所、长江工程技术公司)
企业标准号：QWCG01-2001
企业标准备案号：QB420122/9240-2001(登记日期 2001 年 11 月 5 日)
企业标准发证单位：武汉市质量技术监督局

表 12 CW 系环氧类灌浆材料 A 液的基本技术要求

项目	指标
外观	红褐色
粘度(mPa·s)	≤15
密度(g/cm^3)	1.05±0.05
储存期	一年内无沉淀

表 13 CW 系环氧类灌浆材料 B 液的基本技术要求

项目	指标
外观	红褐色
粘度(mPa·s)	＜800
胺值(mgKOH/g)	400～550

表 14 CW 系环氧类灌浆材料的技术要求

项目	指标
粘度(mPa·s)	＜20
密度(g/cm^3)	1.05±0.05
胶凝时间(h)	8～100
砂浆“8”字模粘接抗拉强度/(MPa)(龄期 2 个月)	＞3.0
纯聚合体的抗压强度/(MPa)(龄期 1 个月)	＞30
模拟灌浆 0.3mm 的混凝土的劈拉强度/(MPa)(龄期 1 个月)	湿缝＞2.0 有水缝＞2.0

7. 牌号:中化-798-Ⅲ高渗透改性环氧化学灌浆材料(KH-3)

研制生产单位:广州科化防水防腐补强有限公司

企业标准号:Q/(J)KH 00—2004

表 15 中化-798-Ⅲ高渗透改性环氧化学灌浆材料(KH-3)物理性能指标

项目	单位	指标		
		1号	0号	7号
净含量负偏差	—	符合《定量包装商品计量监督规定》	符合《定量包装商品计量监督规定》	符合《定量包装商品计量监督规定》
比重(20℃)*	g/mL	1.03±0.02	1.10±0.02	1.07±0.02
初始粘度(20℃)*	mPa·s	2.63±0.05	5.35±0.05	3.40±0.05
终凝时间(35℃)*	h	≤96	≤10	≤72

注:指在包装密封良好状态下的测试数值。

表 16 中化-798-Ⅲ高渗透改性环氧化学灌浆材料(KH-3)力学性能及防水能力(胶砂体*)

项目	单位	指标
抗压强度	MPa	≥60
抗拉强度	MPa	≥7
剪切强度	MPa	≥20
粘接强度	MPa	≥6/≥5
抗压系数**	%	≥0.9
透水压力比***	%	≥300

注:1. *胶砂体是化灌材料和砂按 1L:1.75kg 的比例混合而成,砂为 120 目的石英砂。

2. **抗压系数=冻融循环后的抗压强度/冻融循环前的抗压强度×100。

3. ***透水压力比=受压试件的透水压强/基准试件的透水压强×100。

8. 牌号:1015-1 ZHK 改性环氧系列化学灌浆材料

研制生产单位:武汉作舟固结补强工程有限公司

9. 牌号:808 水利工程专用环氧胶

双组分混合比率(A/B):质量比 3:1

研制生产单位:长沙市化工研究所

表 17 808 水利工程专用环氧胶产品性能指标

项目	指标
抗压强度(25℃)(MPa)	85.2
抗拉强度(25℃)(MPa)	35.3
水下粘接强度(25℃)(MPa)	26.5

10. 牌号:QL-18 型改性环氧化学灌浆液
双组分混合比率(A/B):质量比 100∶7～10
研制生产单位:广东中山青龙防水有限公司

表 18 QL-18 型改性环氧化学灌浆液主要技术指标

项目		指标
外观		棕色液体
粘度(25℃)(mPa·s)		30～83.6
纯胶体抗压强度(MPa)		58.5～118.3
纯胶体抗拉强度(MPa)		14.7～24.5
固砂体抗压强度(MPa)		41.7～68.6
劈裂抗拉强度	湿缝(MPa)	3.00～4.00
	干缝(MPa)	3.5～4.5

11. 牌号:TS 系列环氧树脂灌浆材料
研制生产单位:广州市台实防水补强有限公司
企业标准号:Q/GZ TS05—2002

表 19 TS 系列环氧树脂灌浆材料主要技术指标

项目		指标
外观		棕黄色液体
粘度(Pa·s)		$\geqslant 10\times10^{-3}$
固化时间(h)		≤48
抗压强度(MPa)		≥58
抗拉强度(MPa)		≥15
粘接强度(MPa)	干粘	≥1.9

12. 牌号:中化-798 环氧树脂灌浆材料
研制生产单位:中科院广州化学研究所

表 20 中化-798 环氧树脂灌浆材料性能指标

浆材型号	渗透能力(cm/s)	起始粘度(mPa·s)	抗压强度(MPa)	抗拉强度(MPa)	剪切强度(MPa)
中化-798 浆材	$K=10^{-6}\sim10^{-8}$	5.4～12.5	50～80	10～20	10～40
400Ⅵ系列浆材	(表观粘度≤0.1mm)	2.15	43～60	6～9	18～27
YDS 系列浆材	$K=10^{-6}\sim10^{-8}$	2～10	50～100	2～14	49～56

13. 牌号:JX 系列化学浆液
研制生产单位:中国水电基础局有限公司科研所(天津)

表 21 JX 系列化学浆液主要性能指标

编号	比重	浆液粘度(mPa·s)	固化时间(h:min)	抗压强度(28d)(MPa)	抗拉强度(90d)(MPa)	弹性模量(两年)(GPa)
1	1.035	6.0	40:20	19.3	2.74	2.4
2	1.037	6.1	31:30	20.5	2.84	2.6
3	1.040	6.2	25:50	21.2	2.96	2.7
4	1.068	16.8	27:00	41.3	6.39	5.3
5	1.070	17	18:30	42.1	6.41	5.4

14. 牌号:HK-G 系列环氧灌浆材料
研制生产单位:杭州国电水利电力工程有限公司(原华东院科研所)

表 22 主要性能指标

项目	指标
粘度(25℃)(mPa·s)	10～15
凝固时间	在数十分钟至数十小时内可任意调节
抗压强度(MPa)	40.0～80.0
抗折强度(MPa)	9.0～15.0
抗拉强度(MPa)	5.4～10.0
粘接强度(MPa)	2.4～6.0

15. 牌号:801 环氧浆材

研制生产单位:湖南省水电设计研究院(长沙)

16. 牌号:CW1、CW4

研制生产单位:长江科学院

工程应用:三峡工程基础加固

表 23 三峡工程基础加固用的 CW 系环氧化学灌浆材料主要性能

配方编号		CW1	CW4
浆液界面张力(环法)(20℃,mN/m)**	配浆毕	34.38	—
	1h	36.11	—
浆液接触角(20℃,°)(接触物均为花岗岩)**	配浆毕	7.1	—
	配浆毕(接触面湿)	0.0	—
	1h	10.6	—
20℃粘度(mPa·s)		14	14
聚合物密度(c/cm³)		1.12	1.10
胶凝时间(h)		26	65
砂浆“8”字模粘接抗拉强度(MPa)(龄期两个月)	干养护	>3.5	>3.5
	湿养护	>3.5	>3.5
三峡花岗岩试块粘接劈拉强度(MPa)(龄期一个月)	干养护	3.5	4.7
纯聚合体的抗压强度(MPa)(龄期一个月)	干养护	47.8	33.0
固结标准砂强度(MPa)(龄期一个月)	干养护	59.2	36.2
	湿养护	44.0	32.2
纯聚合体的变形模量(GPa)(龄期三个月)	干养护	0.93;0.83;0.67	—
	水下养护	0.81;0.87;0.88	—
纯聚合体的变形模量(GPa)(龄期一年)	干养护	1.61;1.88;1.73	—
	水下养护	1.62;1.27;1.73	—

表 23（续）

配方编号		CW1	CW4
固结石英粉变形模量（GPa）（龄期一个月）	干养护	10.64；9.47；9.07	—
	水下养护	8.79；8.24；8.07	—
固结石英粉变形模量（GPa）（龄期一年）	干养护	11.73；11.50	—
	水下养护	11.04；11.17	—
	有水	2.5	2.6

注：* * 相同条件下水的表面张力 72.53mN/m，接触角 39°。

9 调查研究结论和建议

9.1 20 世纪 80 年代以来，我国环氧树脂灌浆材料以牌号为中化-798（中科院广州化学研究所）、CW 系列（长江科学院）、HK 系列（原华东水利水电勘测设计院）等为代表的产品，取得大量的工程应用，列入本报告的近五十余项。

9.2 国外同类产品进入中国市场的有比利时的 De Neef 公司牌号 Denepox 40（上海遂星工贸有限公司代理）、德国 MC-Bauchemie 公司牌号 MC-DUR 1264KF（上海先特涂装工程有限公司代理）、德国 Degussa 公司牌号 INLECTION RESIN LPL（上海麦斯特建材有限公司）等近十家公司产品。因环保性能好，占有一定市场份额，工程应用范围不断增加。

9.3 参加本标准编制的材料生产单位，多数都有自己的企业标准，其中较完善的文本：

企业标准号 QWCG 01—2001（长江科学院材料结构所），企业标准备案号 QB 420122/9240—2001（登记日期 2001 年 11 月 5 日），企业标准发证单位为武汉市质量技术监督局。各企业标准，为行业标准的制定，奠定了基础。

9.4 国内环氧树脂灌浆材料的基础化工原材料与国外有一定的差距。因此，最终产品的色泽、气味明显不同。这一差距，就使市场上国内外产品的价格差增大。国内生产厂，有待技术创新，改善自己产品的环保性能。

参考文献

［1］第八届化学灌浆会议论文专辑［C］. 长江科学院院报，2000，(6).

［2］全国基岩与混凝土裂缝化学灌浆处理学术研讨会论文集［C］. 中国科学院广州化学研究所主办《广州化学》，2002，27.

［3］第十次全国化学灌浆会议论文集［C］. 湖南大学学报（自然科学版增刊），2004，31.

［4］蒋硕忠．我国化学灌浆技术发展与展望［J］. 长江科学院院报，2003(5).

［5］中国水利学会化学灌浆分会．中国化学灌浆的现状与未来——首届中国化学灌浆论坛论文集［M］. 武汉：长江出版社，2005.

［6］熊厚今．岩土工程化学［M］. 北京：科学出版社，2001.

［7］薛绍祖．地下建筑工程防水技术［M］. 北京：中国建筑工业出版社，2003.

（本篇由上海地铁咨询监理科技有限公司　薛绍祖、郑宁山、王宁执笔）

ICS 91.100.50
Q 24
备案号:30066—2011

JC

中华人民共和国建材行业标准

JC/T 2037—2010

丙烯酸盐灌浆材料

Acrylate grout

2010-11-22 发布 2011-03-01 实施

中华人民共和国工业和信息化部 发布

前　言

本标准按照 GB/T 1.1—2009 给出的规则起草。

本标准由中国建筑材料联合会提出并归口。

本标准负责起草单位：建筑材料工业技术监督研究中心、长江水利委员会长江科学院、北京朗巍时代科技有限责任公司。

本标准参加起草单位：中国建筑材料检验认证中心、中科院广州化灌工程有限公司、比利时迪尼夫建筑化学公司上海代表处、无锡市宾王化工厂、湖南省水利水电勘测设计研究总院、广州市金科化灌有限公司、中国水电三局勘测设计研究院。

本标准主要起草人：杨斌、李晓鄂、李珍、刘佳、何月巍、邝健政、谭日升、骆晓腾、陈斌、张毅、屈高见、饶明、陈松。

本标准委托长江水利委员会长江科学院负责解释。

本标准为首次发布。

丙烯酸盐灌浆材料

1 范围

本标准规定了丙烯酸盐灌浆材料的术语和定义、分类、一般要求、技术要求、试验方法、检验规则以及标志、包装、运输及贮存等。

本标准适用于水利、采矿、交通、工业及民用建筑等领域的防渗堵漏以及软弱地层处理的丙烯酸盐灌浆材料。

2 规范性引用文件

下列文件对于本文件的应用是必不可少的。凡是注日期的引用文件，仅注日期的版本适用于文件。凡是不注日期的引用文件，其最新版本(包括所有的修改单)适用于本标准。

GB/T 4472 化工产品密度、相对密度测定通则

GB/T 10247 粘度测量方法

GB/T 17671—1999 水泥胶砂强度检验方法(ISO 法)

GB/T 18173.3—2002 高分子防水材料 第 3 部分:遇水膨胀橡胶

GB/T 50123—1999 土工试验方法标准

SL 352 水工混凝土试验规程

3 术语和定义

下列术语和定义适用于本标准。

3.1

丙烯酸盐灌浆材料 acrylate grout

以丙烯酸盐单体水溶液为主剂加入适量交联剂、促进剂、引发剂、水和/或改性剂制成的双组分或多组分均质液体灌浆材料。

3.2

浆液 grout

丙烯酸盐灌浆材料各组分混合后未胶凝的液体。

3.3

凝胶时间 gel time

从丙烯酸盐灌浆材料各组分全部混合开始至形成不可流动的凝胶体所需的时间。

3.4

抗挤出破坏比 hydraulic slope of resisting squeezed out

丙烯酸盐灌浆材料固化物单位长度上承受的不被挤出破坏的水压力。

4 分类

4.1 类型

丙烯酸盐灌浆材料(代号 AG)按固化物物理性能分为Ⅰ型和Ⅱ型。

4.2 标记

产品按以下顺序标记:产品代号、类型、标准编号。

示例：Ⅰ型丙烯酸盐灌浆材料，标记为：

AG Ⅰ JC/T 2037—2010

5 一般要求

本标准包括的产品不应对人体、生物与环境造成有害的影响，所涉及与生产、使用有关的安全与环保要求，应符合我国相关国家标准和规范的规定。当产品用于饮用水及灌溉等工程时，应达到实际无毒级。

6 技术要求

6.1 丙烯酸盐灌浆材料浆液性能

丙烯酸盐灌浆材料浆液的物理性能应符合表1的规定。

表1 浆液物理性能

序号	项目	技术要求
1	外观	不含颗粒的均质液体
2	密度[a]/(g/cm^3)	生产厂控制值±0.05
3	粘度/(mPa·s) ≤	10
4	pH值	6.0～9.0
5	凝胶时间/s	报告实测值
a 生产厂控制值应在产品包装与说明书中明示用户。		

6.2 丙烯酸盐灌浆材料固化物物理性能

丙烯酸盐灌浆材料固化物物理性能应符合表2的规定。

表2 固化物物理性能

序号	项目	技术要求	
		Ⅰ型	Ⅱ型
1	渗透系数/(cm/s) <	1.0×10^{-6}	1.0×10^{-7}
2	固砂体抗压强度/kPa ≥	200	400
3	抗挤出破坏比降 ≥	300	600
4	遇水膨胀率/% ≥	30	

7 试验方法

7.1 试验设备与材料

7.1.1 旋转粘度计应符合 GB/T 10247 的规定，最小分度值为 0.1mPa·s。

7.1.2 材料试验机的最大荷载以(1～2)kN 为宜，试件的预计破坏荷载宜在试验机全量程的(20～80)%，示值误差不大于标准值的±1%。

7.1.3 变水头渗透装置应符合 GB/T 50123—1999 的规定。

7.1.4 砂浆渗透仪量程为(0～1.0)MPa，准确度等级 1.5 级。

7.1.5 电子天平：最大称量 200g，精度 0.001g。

7.1.6 密度计分度值为 0.01g/cm^3。

7.1.7 酸度计测量范围 pH(0～14)，分辨率 0.01。

7.1.8 标准砂应符合 GB/T 17671—1999 的规定。

7.2 试样

单项试验的最少取样数量应符合表 3 的规定。进行多项试验时,若能保证试样经一项试验后不致影响另一项试验的结果,可用同一试样进行几项不同的试验。

表 3 单项试验取样数量

序号	试验项目	取样数量/g
1	浆液密度	1000
2	浆液粘度	1000
3	浆液凝胶时间	500
4	固砂体抗压强度	500
5	渗透系数	2000
6	抗挤出破坏比降	200
7	遇水膨胀率	200

7.3 外观

目视观察。

7.4 密度

标准试验条件为:温度(23±2)℃。按 GB/T 4472 中密度计法测定。

7.5 粘度

标准试验条件为:温度(23±2)℃。按 GB/T 10247 中旋转粘度计法测定。

7.6 pH 值

按 SL 352 中水质分析 pH 值测定方法测定。

7.7 凝胶时间

以秒表记录时间。从丙烯酸盐灌浆材料各组分按配比全部混合按下秒表开始计时,同时用玻棒搅拌浆液使之均匀,当浆液经反应失去流动性时再次按下秒表,秒表读数即为丙烯酸盐灌浆材料的凝胶时间。

7.8 渗透系数

7.8.1 试验步骤

渗透系数试验为每组六个试件。按 GB/T 50123—1999 渗透试验方法进行。将配制的丙烯酸盐灌浆材料浆液倒入环刀,使浆液在环刀中形成固化物并静置 1d 后,将装有固化物的环刀安装到渗透容器中,按变水头渗透试验方法进行渗透试验。

在进行渗透试验前应将装有固化物的环刀用保鲜膜包裹,以防止固化物干燥收缩。

7.8.2 试验结果处理

渗透系数按公式(1)计算:

$$k_T = 2.3 \frac{aL}{A(t_2 - t_1)} \lg \frac{H_1}{H_2} \qquad \cdots\cdots (1)$$

式中：

k_T——试样的渗透系数，单位为厘米每秒(cm/s)；

a——变水头管截面积，单位为平方厘米(cm^2)；

L——渗径即试样高度，单位为厘米(cm)；

H_1——起始水头，单位为厘米(cm)；

H_2——终止水头，单位为厘米(cm)；

A——试件的横截面积，单位为平方厘米(cm^2)；

t_1，t_2——分别为测读水头的起始和终止时间，单位为秒(s)；

2.3——ln 和 lg 的换算系数。

以六个试件测定值的算术平均值作为该组试件的试验结果。当六个试件的最大值或最小值与平均值的差超过 2×10^{-n} 时，以中间四个测定值的算术平均值作为该组试件的试验结果。如符合偏差要求的测定值少于四个，应重新取样进行试验。

7.9 固砂体抗压强度

7.9.1 试模

采用内径 40mm，高度 100mm 的金属试模，成型的固砂体为直径 40mm、高 100mm 的圆柱体。

7.9.2 试验步骤

固砂体抗压强度试验每组六个试件。先将混合均匀的标准砂装入试模中，装砂时使标准砂表面略超过试模顶面，然后将配制好的浆液(浆液凝胶时间控制在 30min±10min 为宜)从砂的顶部慢慢灌入砂中，待顶部可见浆液溢出时停止灌浆。待浆液凝胶后沿试模边缘抹平表面并将表面用保鲜膜覆盖养护，24h 后拆模并进行抗压强度测定。抗压强度试验在拆模后 4h 内完成。进行抗压强度试验时应保持加荷连续且无冲击，加荷速率为试件压缩变形率不大于 1%/min，且试件压缩至破坏时间不小于 2min。

7.9.3 试验结果处理

固砂体抗压强度按公式(2)计算(准确至 1kPa)：

$$\sigma = \frac{P}{A} \times 1000 \qquad \cdots\cdots (2)$$

式中：

σ——抗压强度，单位为千帕(kPa)；

P——破坏荷载，单位为牛顿(N)；

A——试件承压面积，单位为平方毫米(mm^2)。

以六个试件测定值的算术平均值作为该组试件的试验结果。当六个试件的最大值或最小值与平均值的差超过 20%时，以中间四个测定值的算术平均值作为该组试件的试验结果。如符合偏差要求的测定值少于四个，应重新取样进行试验。

7.10 抗挤出破坏比降

7.10.1 试验步骤

抗挤出破坏比降试验每组三个试件。将直径为 0.3mm、长度为 5cm 的玻璃毛细管放入配制好的浆液中，使浆液吸入玻璃管，待浆液凝胶后取出玻璃管。静置 1d 后，先用环氧树脂将充满固化物的玻璃毛细管试件密封安装到试模(见图 1)中，再将试模与砂浆渗透仪相连，使毛细管的一端接通水源开始加压，自 0.1MPa 开始，按每级 0.05MPa 升压，每级压力持续 2h 进行试验，直到在玻璃毛细管的另一端观察到固化物被挤出或渗水为止，记录此时的水压力，以三个试件被挤出的水压力最小值为该组试件的挤出压力。且三个试件的最大值与最小值相差不得超过 0.1MPa，否则应重做试验。

单位:mm

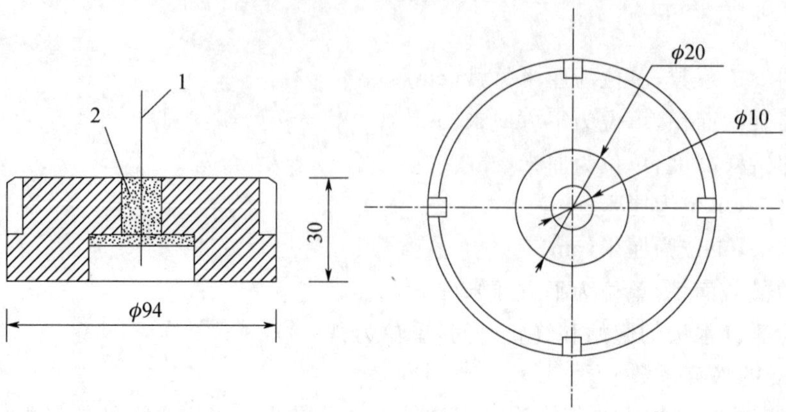

1——试件;

2——密封材料

图1 试模示意图

7.10.2 试验结果处理

抗挤出破坏比降按公式(3)计算:

$$i=\frac{(P-0.05)\times 10^{4}}{5} \quad\cdots\cdots(3)$$

式中:

i——抗挤出破坏比降;

P——挤出压力,单位为兆帕(MPa);

5——试件长度,单位为厘米(cm);

10^4——单位换算系数,单位为厘米每兆帕(cm/MPa)。

7.11 遇水膨胀率

7.11.1 试验步骤

按GB/T 18173.3—2002附录A的规定测定。将配制好的浆液装入内径为10mm的塑料管中,待浆液在塑料管中形成凝胶并固化,1d龄期时取出固化物,切割成长度为50mm的试件,每组三个试件。测定1d龄期试件初始值后,将试件置于装有蒸馏水的容器中浸泡使其自由膨胀。浸泡过程中应保持水面超过试件表面,不同配比的试件不得置于同一容器中浸泡。从浸泡开始每天进行一次测定,直至前后两次测定的体积膨胀率相差不超过1%或浸泡时间满7d为止。

7.11.2 试验结果处理

遇水膨胀率按公式(4)计算,精确至1%:

$$\Delta V=\frac{[m_3-(m_4-m_0)]-[m_1-(m_2-m_0)]}{m_1-(m_2-m_0)}\times 100 \quad\cdots\cdots(4)$$

式中:

ΔV——遇水膨胀率,单位为百分率(%);

m_1——浸泡前试件在空气中的质量,单位为克(g);

m_2——浸泡前试件和网篮在蒸馏水中的总质量,单位为克(g);

m_3——浸泡后试件在空气中的质量,单位为克(g);

m_4——浸泡后试件和网篮在蒸馏水中的总质量,单位为克(g);

m_0——网篮在蒸馏水中的质量,单位为克(g)。

取三个试件结果的算术平均值为试验结果。

8 检验规则

8.1 检验分类

检验分为出厂检验与型式检验。

8.1.1 出厂检验

出厂检验试验项目为浆液性能、渗透系数与固砂体抗压强度。

8.1.2 型式检验

型式检验项目包括本标准第6章所有的技术要求。有下列情况之一时应进行型式检验：

a)新产品投产或产品鉴定时；

b)正常生产条件下每年至少进行一次；

c)产品主要原材料、配比或生产工艺有重大变更时；

d)出厂检验结果与上次型式检验有较大差异时。

8.2 组批

每5t为一批，不足5t时作一批计。

8.3 取样

取样应随机从一批产品的10个以上不同部位抽取，每批取样总量不小于12kg，每组分充分混合后均分为两等份，一份用作试验，一份密封保存三个月，备用。

8.4 判定规则

经试验的丙烯酸盐灌浆材料各项技术指标均符合本标准第6章规定时，则判该批产品合格；若有两项技术指标不符合标准规定时，则判该批产品不合格。若其中仅有一项不符合标准规定，允许重新取样对不合格项进行复验。若复验符合标准规定时，则判为合格；否则判为不合格。

9 包装、标志、运输及贮存

9.1 包装

产品宜采用塑料桶盛装。

9.2 标志

产品外包装上应标明产品名称、生产厂名、产品标记、密度生产厂控制值、使用方法及安全注意事项、生产日期或批号、贮存期。

9.3 运输及贮存

本产品为水性溶液，为非易燃易爆物品，可按正常运输方式运输。

本产品应贮存于阴凉干燥处。贮存期自生产之日起开始计算，至少为半年。

JC/T 2037—2010 《丙烯酸盐灌浆材料》行业标准编制说明

1 任务来源

《丙烯酸盐灌浆材料》行业标准制定项目列入发展改革委发改办工业〔2007〕1415 号文件下达的《2007 年行业标准项目计划的通知》中，由建筑材料工业技术监督研究中心与长江水利委员会长江科学院负责组织有关科研设计单位、生产企业与质检机构等参加起草。

2 国内外发展情况

丙烯酸盐灌浆材料是不含颗粒成分的低分子溶液，与环氧树脂灌浆材料和聚氨酯灌浆材料比较，它具有粘度低、可以灌入细微裂隙、胶凝时间可以准确控制的特点，丙烯酸盐灌浆材料固化物强度比环氧灌浆材料和聚氨酯灌浆材料要低，但固化物具有渗透系数低、抗挤出能力强等优点，是一种优良的防渗灌浆材料。

丙烯酸盐灌浆材料是在 20 世纪 40 年代，由美国海军与马萨诸塞工科大学在军事方面首次试用于加固地基的材料。日本于 1953 年前后才着手研究和应用。当时由于丙烯酸还不能大量生产，来源有困难，未能广泛应用。近年来，日本的丙烯酸酯年产量已达数万吨、丙烯酸价格较廉且容易得到，所以此类材料在日本已被推广使用。商品名称谓“阿隆 A-系的灌浆材料”即属此类。丙烯酸盐用作灌浆材料初期使用的是丙烯酸钠、丙烯酸钙，现在使用的 AC-400 是由丙烯酸钙、丙烯酸镁单体和少量的次甲基双丙烯酰胺以及三乙醇胺、过硫酸铵、水组成的混合物。我国研究丙烯酸盐作为灌浆材料始于 20 世纪 70 年代，首先是广州化学研究所对高浓度的丙烯酸盐浆液作了一些室内试验；80 年代中期水利水电科学研究院用丙烯酸镁作灌浆材料进行过室内和现场试验，称之为 AC-MS 灌浆材料；90 年代前后长江科学院开展了丙凝无毒替代品的研究，开发出毒性更低的丙烯酸钙镁混合盐，并在万安水电站和三峡工程坝基防渗中成功应用。目前我国已有许多单位研究和生产丙烯酸盐灌浆材料，并在许多工程的防渗处理中得到成功应用。

目前国内外还没有统一的丙烯酸盐灌浆材料产品标准，一些国内外生产厂仅制定了产品企业标准和说明书。

3 制定标准的意义

丙烯酸盐灌浆材料在我国已有 20 多年的研发与生产使用历史，该材料可用于水利、铁道、地下建筑的防渗堵漏、软弱地层的基础稳定处理以及钻孔护壁等方面。作为一种优良的防渗灌浆材料，同时具有良好的灌浆和环保性能，已成功在三峡、万安、水布垭等水利工程中应用，应用技术趋于成熟。由于目前国内外还没有统一的丙烯酸盐灌浆材料产品标准，检验产品质量往往以生产厂说明书为依据，虽然在保证工程质量中起到一定的作用，但各生产厂受地域性影响，试验方法不统一，技术指标不同，使现场施工无法有效的管理，妨碍产品的进一步推广使用，因此制定丙烯酸盐灌浆材料行业标准非常有必要，对确保工程质量具有重要意义。

4 标准制定的原则

(1)根据验证试验并参考部分丙烯酸盐灌浆材料生产厂家的企业标准和实际应用情况制定了《丙烯酸盐灌浆材料》行业标准。

(2)在试验方法上采用现行的国家标准和行业标准，对没有现行国内标准可依的个别性能参照国外工业发达国家的标准试验方法，以保证标准中技术指标的准确性、科学性与可比性。

5 标准的编制过程

《丙烯酸盐灌浆材料》行业标准计划任务下达后，标准负责起草单位于 2007 年 11 月 28 日在湖北省武汉市召开了第一次行业标准工作会议，参加会议的有该种材料的科研设计、生产与施工企业、质检机构等 17 个单位的代表 33 人。与会代表对标准负责起草单位提出的《丙烯酸盐灌浆材料》行业标准讨论稿进行了研究和讨论，交流了丙烯酸盐灌浆材料的研发、生产与应用情况，会议安排了调研与试验验证工作，制定了工作计划，成立了行业标准起草小组，落实了分工。

第一次行业标准工作会议后，采用函调方式对丙烯酸盐灌浆材料的生产及使用情况进行调查（表 1）。从反馈的调查表来看，不同生产厂家的丙烯酸盐灌浆材料的浆液和固化物物理性能存在一定差异。从使用情况来看虽说用量不是很大，但基本上都是用于国家重点工程。由于丙烯酸盐灌浆材料具有优良的可灌性及其固化物的优良防渗性能，往往成为工程中特殊情况下必选的灌浆材料，因此丙烯酸盐灌浆材料具有显著的社会效益。

表 1 丙烯酸盐灌浆材料生产及使用情况

生产及使用年代	产量(t)	性能指标	工程名称	使用量(t)	质量状况
2005 年	6	密度≥1.02g/cm^3， pH 值 5～7， 粘度≤2mPa·s， 凝胶时间 30～300s， 渗透系数≤8×10^{-6}cm/s	广州金汇大厦防渗堵漏等	3.6	良好
2006 年	23		白云机场轻轨隧道、广州地铁等	22.2	良好
2007 年	38		广州地铁等	26.3	良好
1995 年	—	粘度＜2mPa·s， 凝胶时间几分钟至几十分钟可准确控制， 渗透系数＜5×10^{-7}cm/s	江西万安水电站	3	良好
1997 年	—		江苏三河船闸	2	良好
1998 年	—		四川宝珠寺水电站	4	良好
2002 年	—		汉中宁强二郎坝	8	良好
2002—2004 年	—		三峡工程永久船闸等	50	良好
2006 年	—		龙滩水电站	20	良好
2007 年	—		水布垭电站	3	良好
2001 年	—	—	三峡工程左厂 1 号～6 号机基础帷幕灌浆	17	良好
2002 年	—	—	天生桥Ⅰ级发电引水洞	6	良好
2007 年	20	密度 1.08g/cm^3， pH 值 7～9， 粘度 2～3mPa·s， 固砂体强度 400kPa， 渗透系数 1.3×10^{-8}cm/s	北京地铁	1.5	良好

在函调基础上，主要针对国内生产厂提供的样品进行了验证试验工作。验证试验由长江水利委员会长江科学院与中国建筑材料检验验证中心两家单位承担。在调研和验证试验工作的基础上，提出了《丙烯酸盐灌浆材料》行业标准征求意见稿。根据验证试验情况，在征求意见稿中取消了讨论稿对丙烯酸盐溶液性质一项的要求，并将讨论稿中按浆液浓度分类改为按固化物物理性能分类。2009 年 5 月 12

日—13日在海南省三亚市召开第二次行业标准工作会议，参加会议的主要是标准起草小组成员单位的代表及相关生产企业的代表。会上汇报了验证试验情况与试验结果，并就标准征求意见稿逐条进行了讨论，确定了标准征求意见稿内容，安排了下一阶段工作。本次会议确定会后将标准征求意见稿和编制说明，发送全国有关生产企业、建设单位、施工设计部门、科研单位、质检机构等广泛征求意见。根据反馈回来的意见，标准负责起草单位认真研究后，对行业标准征求意见稿做了修改，提出了《丙烯酸盐灌浆材料》行业标准(送审稿)等有关文件，提交标准审查会审查。2009年11月16日，中国建筑材料联合会在北京组织召开了《丙烯酸盐灌浆材料》行业标准审查会。审查委员对标准送审稿提出了一些修改意见和建议。标准负责起草单位根据会议意见进行了研究与修改，最后会议一致通过了修改后的《丙烯酸盐灌浆材料》行业标准报批稿及相关文件。

6 标准内容

6.1 标准名称

本标准名称为《丙烯酸盐灌浆材料》。

6.2 范围

本标准适用于水利、采矿、交通、工业及民用建筑等领域的防渗堵漏以及软弱地层处理的丙烯酸盐灌浆材料。

6.3 术语和定义

术语和定义是对标准中有关名词的释义。本标准对丙烯酸盐灌浆材料、浆液、凝胶时间、抗挤出破坏比进行定义和说明。

6.4 分类

丙烯酸盐灌浆材料浆液性能和固化物的物理性能随丙烯酸盐浓度而变化，在标准讨论稿中按丙烯酸盐浓度对该灌浆材料进行分类，通过验证试验，结果表明不同企业生产的丙烯酸盐灌浆材料在丙烯酸盐浓度相同时，其固化物物理性能有很大差别，考虑到该产品的实际应用情况，在标准中将丙烯酸盐灌浆材料按固化物的物理性能分为Ⅰ型和Ⅱ型。

6.5 一般要求

本标准包括的丙烯酸盐灌浆材料不仅要满足工程使用要求，而且应满足环保与安全使用要求，本标准原则上提出，该产品“不应对人体、生物与环境造成有害的影响，所涉及与使用有关的安全与环保要求，应符合我国相关标准和规范的要求。当产品用于饮水及灌溉有关工程时，应达到实际无毒级。”

6.6 技术要求

丙烯酸盐灌浆材料包括A、B两组分或A、B、C等多组分，技术要求针对混合后浆液的物理性能和固化物的物理性能。

6.6.1 浆液性能

浆液性能包括外观、密度、粘度、pH值、凝胶时间。两家验证单位收到的样品中，有些样品厂家已按一定浓度配好，有些样品则在试验室现配成一定浓度的浆液，共进行21组浆液性能验证试验，试验结果见表2。

表2 浆液物理性能

样品编号	浆液配比	粘度(mPa·s)	密度(g/cm^3)	pH值	凝胶时间	外观
1	A∶B=1∶1	2	1.090	7.0	可调	乳白色液体
2	A∶B=1∶1	1.4	1.078	8.0	可调	乳白色液体
3-1	A∶B=10∶1	12	1.086	6.5	可调	淡黄色液体
3-2	A∶B=2∶1	7	1.070	6.5	可调	淡黄色液体

表 2(续)

样品编号	浆液配比	粘度(mPa·s)	密度(g/cm³)	pH 值	凝胶时间	外观
4-1	A∶B∶C =1∶0.4∶0.4	4	1.116	5.5	可调	橘红色透明液体
4-2	A∶B∶C =1∶0.7∶0.7	1	1.092	5.5	可调	橘红色透明液体
6	A∶B=1∶1	11.5	1.002	12.0	可调	无色透明
7	A∶B=1∶1	11.8	1.002	11.8	可调	无色透明
8	A∶B=1∶1	11.5	1.035	7.0	可调	无色透明
9	A∶B=4∶1	1	1.112	7.0	可调	浅绿色液体
10	A∶B=10∶1	15	1.086	6.0	可调	无色半透明液体
11	A∶B∶C =1∶0.4∶0.4	2	1.105	4.5	可调	黄色液体
12	A∶B=1∶1	5.7	1.089	9.0	可调	淡黄色液体
13	A∶B=1∶1	5.5	1.068	9.0	可调	淡黄色液体
14	A∶B=1∶1	6.4	1.080	9.0	可调	酒红色液体
15-1	A∶B∶C= 2∶1∶1	5.0	1.104	6.0	可调	淡黄色液体
15-2	A∶B∶C= 2∶1.67∶1.67	5.0	1.078	6.0	可调	淡黄色液体
16	A∶B=4∶1	7.0	1.114	7.0	可调	淡蓝色液体
17	A∶B=4∶1	6.0	1.086	7.0	可调	淡蓝色液体
18	A∶B=4∶1	7.6	1.160	6.5	可调	淡黄色液体
19	A∶B=5∶1	6.0	1.120	7.0	可调	淡黄色液体

(1)外观:丙烯酸盐灌浆材料浆液是否均匀、是否分层是体现灌浆材料质量稳定性最直观的表现,且丙烯酸盐灌浆材料多用于微细裂隙、地下建筑物基础等的防渗堵漏,要求浆液具有优良的可灌性,因此要求浆液必须是无颗粒的均质液体。进行浆液性能验证试验时经目测观测浆液外观均为无颗粒均质液体。

(2)密度:规定温度下浆液单位体积的质量是计算灌浆量的依据。根据丙烯酸盐灌浆材料各企业产品说明书和验证试验结果,浆液密度在 1.002～1.160g/cm³ 之间,均小于 1.20g/cm³,本标准规定浆液密度不超过生产厂控制值的±0.05g/cm³,生产厂控制值应在产品包装和说明书中明示用户。

(3)粘度:是流体内部阻碍其相对流动的一种特性。从一定意义上讲,粘度越小,流动越快,是影响浆液可灌性的重要性能指标。工程实际应用的丙烯酸盐灌浆材料粘度很小,21 组验证试验中有 5 组样品的浆液粘度大于 10mPa·s,16 组样品的浆液粘度小于 10mPa·s,考虑到丙烯酸盐灌浆材料区别于其他化学灌浆液的主要特点就是粘度很低,本标准提出浆液粘度小于 10mPa·s 的要求。验证试验样品浆液粘度合格率为 76.2%。

(4)pH 值:衡量浆液酸碱度水平的指标,丙烯酸盐灌浆材料具有合适的酸碱度,有利于与其使用环境相适应,根据各企业的产品说明书和验证试验的结果,本标准规定浆液的 pH 值为 6.0～9.0。验证试验中有 3 组样品的 pH 值小于 6.0,有 2 组样品的 pH 值大于 9.0,其余均符合本标准技术要求,合格率为 76.2%。

(5)凝胶时间:本标准规定从丙烯酸盐灌浆材料各组分全部混合开始至形成不可流动的凝胶体所需的时间为凝胶时间。凝胶时间应满足工程的实际要求,因此本标准规定凝胶时间可根据实际需要调节。丙烯酸盐灌浆材料的凝胶时间可采用掺入适量铁氰化钾调节。因铁氰化钾掺量较小,可先配制成 1% 水溶液后再使用。在进行粘度、pH 值、固化物性能时为满足试验需要的可操作时间均采用铁氰化钾对浆液凝胶时间进行调节,参加验证试验的所有样品凝胶时间均可调节。

本标准中的浆液凝胶时间是根据本标准中规定的试验方法进行测定。在试验报告中报告实测值,供设计、施工、建设等单位选用。

6.6.2 固化物的物理性能

丙烯酸盐灌浆材料固化物的物理性能测定，是该灌浆材料研制、开发、生产与应用中最基本的测试项目，不仅是评价灌浆材料本身性能优劣的必要手段，更是评价灌浆效果的重要依据，是质量控制必不可少的。固化物的物理性能的测试项目有：渗透系数、固砂体抗压强度、抗挤出破坏比降、遇水膨胀率。本标准将丙烯酸盐灌浆材料按固化物的物理性能分为Ⅰ型和Ⅱ型，以便设计和施工部门了解材料性能，根据不同的处理对象选择合适的材料。

(1)渗透系数：丙烯酸盐灌浆材料多用于防渗堵漏工程，渗透系数是重要的技术参数。对固化物的渗透系数共进行15组验证试验，从表3验证试验结果来看，其中有1组样品渗透系数为10^{-6}数量级，有7组样品渗透系数为10^{-7}数量级，另7组样品渗透系数为10^{-8}数量级。丙烯酸盐灌浆材料已有不少应用实例，灌浆效果能满足工程要求，考虑到工程的实际应用情况，结合验证试验的结果，本标准规定：Ⅰ型产品渗透系数应小于1×10^{-6} cm/s，Ⅱ型产品渗透系数应小于1×10^{-7} cm/s。验证试验样品渗透系数符合Ⅰ型技术要求的占46.7%，符合Ⅱ型技术要求的占46.7%。

表3 丙烯酸盐灌浆材料固化物渗透系数试验结果

样品编号	浆液配比	渗透系数(cm/s)
1	A∶B=1∶1	1.32×10^{-8}
2	A∶B=1∶1	5.62×10^{-8}
3-1	A∶B=10∶1	1.96×10^{-7}
3-2	A∶B=2∶1	1.69×10^{-7}
4-1	A∶B∶C =1∶0.4∶0.4	3.86×10^{-8}
4-2	A∶B∶C =1∶0.7∶0.7	4.89×10^{-8}
12	A∶B=1∶1	2.1×10^{-7}
13	A∶B=1∶1	6.0×10^{-7}
14	A∶B=1∶1	6.1×10^{-8}
15-1	A∶B∶C= 2∶1∶1	1.3×10^{-8}
15-2	A∶B∶C= 2∶1.67∶1.67	3.6×10^{-8}
16	A∶B=4∶1	6.5×10^{-7}
17	A∶B=4∶1	5.5×10^{-6}
18	A∶B=4∶1	1.1×10^{-7}
19	A∶B=5∶1	4.0×10^{-7}

(2)固砂体抗压强度：丙烯酸盐灌浆材料应用目的一般以防渗为主，但在满足防渗要求前提下丙烯酸盐灌浆材料固化物具有一定强度将是有利的，在以往的一些工程应用中，通常用测试固砂体的抗压强度来了解丙烯酸盐固化物的力学性能，因此本标准对丙烯酸盐灌浆材料固砂体抗压强度提出了规定。在对第一批样品进行试验时，采用40mm×40mm×40mm立方体试件，在对试验结果进行讨论时，考虑到岩土类的抗压强度均采用圆柱体试件，有成熟的试验方法，与会代表认为采用圆柱体试件较好，因此对第二批样品采用圆柱体试件。采用圆柱体试件型式共进行了16组样品的固砂体抗压强度验证试验，从结果来看(表4)，最低强度为32kPa，最高强度为599kPa，参考有关丙烯酸盐灌浆材料工程应用的文献资料，结合验证试验结果，本标准规定Ⅰ型产品固砂体抗压强度应不小于200kPa，Ⅱ型产品固砂体抗压强度应不小于400kPa。验证试验的16组样品中有5组固砂体抗压强度符合标准Ⅰ型要求，3组符合标准Ⅱ型要求，还有8组不符合标准要求。

表 4　固砂体抗压强度试验结果

样品编号	浆液配比	抗压强度(kPa)
12	A∶B=1∶1	599
13	A∶B=1∶1	244
14	A∶B=1∶1	421
15-1	A∶B∶C= 2∶1∶1	206
15-2	A∶B∶C= 2∶1.67∶1.67	182
16	A∶B=4∶1	115
17	A∶B=4∶1	46
18	A∶B=4∶1	111
19	A∶B=5∶1	560
20	A∶B=1∶1	337
21	A∶B=1∶1	221
22	A∶B=1∶1	345
23	A∶B∶C= 2∶1∶1	110
24	A∶B=4∶1	187
25	A∶B=4∶1	32
26	A∶B=4∶1	149

(3)抗挤出破坏比:是评价丙烯酸盐灌浆材料作为防渗体承受水头的能力。在对第一批样品进行试验时,采用在成型砂浆试块时预留 0.2mm 细缝,在缝中灌注丙烯酸盐灌浆材料,制成试验试件,在讨论试验结果时,两家验证单位认为成型细缝不太好操作,且缝宽也不宜控制,参考目前查阅到的相关资料,大多采用玻璃管进行抗挤出破坏比试验,与会代表认为采用玻璃毛细管试件较好,因此在验证试验中对第二次所送样品采用玻璃毛细管进行了抗挤出破坏比试验,从表 5 试验结果来看,最小的抗挤出破坏比低于 200,最大的抗挤出破坏比为 1000。参考有关行业标准,如 DL/T 5199—2004《水电水利工程混凝土防渗墙施工规范》对不同墙体材料的允许渗透坡降就有相关的规定,结合验证试验结果,本标准规定Ⅰ型产品抗挤出破坏比应不小于 300,Ⅱ型产品抗挤出破坏比应不小于 600。9 组验证试验结果表明,有 3 组符合标准Ⅰ型要求,4 组符合标准Ⅱ型要求,2 组不符合标准要求。

表 5　抗挤出破坏比试验结果

样品编号	浆液配比	抗挤出破坏比
12	A∶B=1∶1	1000
13	A∶B=1∶1	800
14	A∶B=1∶1	1000
15-1	A∶B∶C= 2∶1∶1	400
15-2	A∶B∶C= 2∶1.67∶1.67	200
16	A∶B=4∶1	400
17	A∶B=4∶1	<200
18	A∶B=4∶1	800
19	A∶B=5∶1	400

(4)遇水膨胀率:是反映丙烯酸盐灌浆材料凝胶后形成的固化物在水中产生体积膨胀的性能。当丙烯酸盐灌浆材料固化物具有遇水膨胀性能时,作为填充体的固化物与被处理对象接触会更紧密,有利于提高防渗堵漏效果。从表6验证试验结果来看,28组样品中有1组样品无法成型,2组样品的固化物在水中没有膨胀,其余样品均有一定的膨胀率。根据第二次工作会议时有关专家意见并结合验证试验结果,本标准规定丙烯酸盐灌浆材料固化物的遇水膨胀率不小于30%。从试验结果来看,28组样品中有10组不符合标准规定,其余18组符合标准要求。

表6 遇水膨胀率试验结果

样品编号	浆液配比	遇水膨胀率(%)
1	A∶B=1∶1	25
2	A∶B=1∶1	77
3-1	A∶B=10∶1	36
3-2	A∶B=2∶1	15
4-1	A∶B∶C=1∶0.4∶0.4	20
4-2	A∶B∶C=1∶0.7∶0.7	14
6	A∶B=1∶1	54
7	A∶B=1∶1	48
8	A∶B=1∶1	无法成型
9	A∶B=4∶1	43
10	A∶B=10∶1	0
11	A∶B∶C=1∶0.4∶0.4	60
12	A∶B=1∶1	72
13	A∶B=1∶1	92
14	A∶B=1∶1	55
15-1	A∶B∶C=2∶1∶1	33
15-2	A∶B∶C=2∶1.67∶1.67	58
16	A∶B=4∶1	17
17	A∶B=4∶1	0
18	A∶B=4∶1	2198
19	A∶B=5∶1	62
20	A∶B=1∶1	69
21	A∶B=1∶1	91
22	A∶B=1∶1	58
23	A∶B∶C=2∶1∶1	216
24	A∶B=4∶1	23
25	A∶B=4∶1	17
26	A∶B=4∶1	1321

6.7 试验方法

6.7.1 外观

目视观察。

6.7.2 密度

按 GB 4472《化工产品密度、相对密度测定通则》中密度计法测定。标准试验条件为:温度(23±2)℃。

6.7.3 粘度

按 GB/T 10247《粘度测量方法》中旋转粘度计法测定。标准试验条件为:温度(23±2)℃。

6.7.4 pH 值

按 SL 352《水工混凝土试验规程》中水质分析 pH 值测定方法测定。

6.7.5 凝胶时间

以秒表记录时间。从丙烯酸盐灌浆材料各组分按配比全部混合按下秒表开始计时,同时用玻棒搅拌浆液使之均匀,当浆液经反应失去流动性时再次按下秒表,秒表读数即为丙烯酸盐灌浆材料的凝胶时间。

6.7.6 渗透系数

6.7.6.1 试验步骤

渗透系数试验为每组六个试件。按 GB/T 50123—1999《土工试验方法标准》渗透试验方法进行。将配制的丙烯酸盐灌浆材料浆液倒入环刀,使浆液在环刀中形成固化物并静置 1d 后,将装有固化物的环刀安装到渗透容器中,按变水头渗透试验方法进行渗透试验。

在进行试验前应将装有固化物的环刀用保鲜膜包裹以防止固化物干燥收缩。

6.7.6.2 试验结果处理

渗透系数按式(1)计算:

$$k_T = 2.3\frac{aL}{A(t_2 - t_1)}\lg\frac{H_1}{H_2} \qquad \cdots\cdots (1)$$

式中:

k_T——试样的渗透系数,单位为厘米每秒(cm/s);

a——变水头管截面积,单位为平方厘米(cm^2);

L——渗径即试样高度,单位为厘米(cm);

H_1——起始水头,单位为厘米(cm);

H_2——终止水头,单位为厘米(cm);

A——试样的横截面积,单位为平方厘米(cm^2);

t_1,t_2——分别为测读水头的起始和终止时间,单位为秒(s);

2.3——ln 和 lg 的换算系数。

以六个试件测定值的算术平均值作为该组试件的试验结果。当六个试件的最大值或最小值与平均值的差超过 2×10^{-n} 时,以中间四个测定值的算术平均值作为该组试件的试验结果。如符合偏差要求的测定值少于四个,应重新取样进行试验。

6.7.7 固砂体抗压强度

6.7.7.1 试模

采用内径 40mm、高度 100mm 的金属试模,使形成的固砂体为 ϕ40mm×h100mm 的圆柱体。

6.7.7.2 试验步骤

固砂体抗压强度试验每组六个试件。在试模中分两层装入标准砂。在试模底部垫一直径 8mm、长度 400mm 的钢筋,一手扶住钢筋。每装一层砂后一手扶住试模左右各颠击地面 25 次。装满标准砂后,将配制好的浆液[浆液凝胶时间控制在(30±10)min 为宜]沿试模边缘慢慢倒入砂中,待试模顶部可见浆液溢出时沿试模边缘抹平表面，然后将表面用保鲜膜覆盖养护，24h后拆模并进行抗压强度测定。抗压强度试验在拆模后4h内完成。进行抗压强度试验时应保持加荷连续且无冲击，加荷速率为试件压缩变形率不大于1%/min，且试件压缩至破坏时间不小于2min。

6.7.7.3 **试验结果处理**

固砂体抗压强度按式(2)计算(准确至1kPa)：

$$\sigma=\frac{P}{A}\times 1000 \qquad (2)$$

式中：

σ——抗压强度，单位为千帕(kPa)；

P——破坏荷载，单位为牛顿(N)；

A——试样承压面积，单位为平方毫米(mm^2)。

以六个试件测定值的算术平均值作为该组试件的试验结果。当六个试件的最大值或最小值与平均值的差超过20%时，以中间四个测定值的算术平均值作为该组试件的试验结果。如符合偏差要求的测定值少于四个，应重新取样进行试验。

6.7.8 **抗挤出破坏比**

6.7.8.1 **试验步骤**

抗挤出破坏比试验每组三个试件。将直径为0.3mm、长度为5cm的玻璃毛细管放入配制好的浆液中，使浆液吸入玻璃管，待浆液凝胶后取出玻璃管。静置1d后，先用环氧树脂将充满固化物的玻璃毛细管试件密封安装到试模(图1)中，再将试模与砂浆渗透仪相连，使毛细管的一端接通水源开始加压，自0.1MPa开始，按每级0.05MPa升压，每级压力持续2h进行试验，直到在玻璃毛细管的另一端观察到固化物被挤出或渗水为止，记录此时的水压力，以三个试件被挤出的水压力最小值为该组试件的挤出压力。且三个试件的最大值与最小值相差不得超过0.1MPa，否则应重做试验。

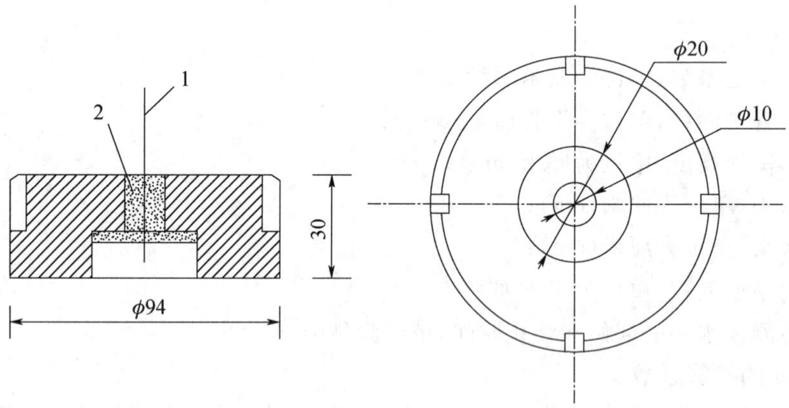

1——试件；

2——密封材料

图1 试模示意图(单位：mm)

6.7.8.2 **试验结果处理**

抗挤出破坏比按式(3)计算：

$$i=\frac{(P-0.05)\times 10^4}{5} \qquad (3)$$

式中：

i——抗挤出破坏比；

P——挤出压力，单位为兆帕(MPa)；

5——试件长度,单位为厘米(cm);

10^4——单位换算系数,单位为厘米每兆帕(cm/MPa)。

6.7.9 **遇水膨胀率**

6.7.9.1 **试验步骤**

按 GB/T 18173.3—2002 附录 A 的规定测定。将配制好的浆液装入内径为 10mm 的塑料管中,待浆液在塑料管中形成凝胶固化后,1d 龄期时取出固化物,切割成长度为 50mm 的试件,每组三个试件。测定 1d 龄期试件初始值后,将试件置于装有蒸馏水的容器中浸泡使其自由膨胀。浸泡过程中应保持水面超过试件表面,不同配比的试件不得置于同一容器中浸泡。从浸泡开始每天进行一次测定,直至前后两次测定的体积膨胀率相差不超过 1%或浸泡时间满 7d 为止。

6.7.9.2 **试验结果处理**

遇水膨胀率按式(4)计算,精确至 1%:

$$\Delta V=\frac{[m_3-(m_4-m_0)]-[m_1-(m_2-m_0)]}{m_1-(m_2-m_0)} \qquad (4)$$

式中:

ΔV——遇水膨胀率,单位为百分率(%);

m_1——浸泡前试件在空气中的质量,单位为克(g);

m_2——浸泡前试件和网篮在蒸馏水中的总质量,单位为克(g);

m_3——浸泡后试件在空气中的质量,单位为克(g);

m_4——浸泡后试件和网篮在蒸馏水中的总质量,单位为克(g);

m_0——网篮在蒸馏水中的质量,单位为克(g);

三个试件结果的平均值为试验结果取。

6.8 **检验规则**

6.8.1 **检验分类**

检验分为出厂检验与型式检验。

6.8.1.1 **出厂检验**

出厂检验试验项目为浆液性能、渗透系数与固砂体抗压强度。

6.8.1.2 **型式检验**

型式检验项目包括本标准第 6 章所有的技术要求。有下列情况之一时应进行型式检验:

a)新产品投产或产品鉴定时;

b)正常生产条件下每年至少进行一次;

c)产品主要原材料、配比或生产工艺有重大变更时;

d)出厂检验结果与上次型式检验有较大差异时。

6.8.2 **组批**

每 5t 为一批,不足 5t 时作一批计。

6.8.3 **抽样及留样**

抽样应随机从一批产品的 10 个以上不同部位抽取,每批取样总量不小于 12kg,每组充分混合后均分为两等份,一份用作试验,一份密封保存三个月,备用。

6.8.4 **判定规则**

经试验的丙烯酸盐灌浆材料各项技术指标均符合本标准第 6 章规定时,则判该批产品合格;若有两项技术指标不符合标准规定时,则判该批产品不合格。若其中仅有一项不符合标准规定,允许重新取样对不合格项进行复验。若复验符合标准规定时,则判为合格;否则判为不合格。

6.9 包装、标志、运输及贮存

6.9.1 包装

产品宜采用塑料桶盛装。

6.9.2 标志

产品外包装上应标明产品名称、生产厂名、产品标记、密度生产厂控制值、使用方法及安全注意事项、生产日期或批号、贮存期。

6.9.3 运输及贮存

本品属水性溶液,为非易燃易爆物品,可按正常运输方式运输。

本产品应贮存于阴凉干燥处。贮存期自生产之日起开始计算,至少为半年。

7 标准实施后的作用

丙烯酸盐灌浆材料作为一种优良的防渗灌浆材料,同时具有良好的灌浆和环保性能,已成功应用于许多工程中,应用技术趋于成熟。《丙烯酸盐灌浆材料》标准实施后,国内相关企业依据同一标准,有利于对产品质量进行规范化管理,将对生产厂控制和提高产品质量提供可靠依据。标准实施后也将作为设计和施工单位根据工程实际选择使用丙烯酸盐灌浆材料的重要依据,对该产品的进一步推广应用将起到积极作用,同时,施工质量检测有了统一的试验方法对确保工程质量具有重要意义。

8 标准水平

对丙烯酸盐灌浆材料目前国内外还没有统一产品标准，一些国内外生产厂仅制定了产品企业标准和说明书,但试验方法不统一,技术指标不同。本次根据验证试验并参考生产厂家的企业标准和实际应用情况编制的《丙烯酸盐灌浆材料》行业标准对丙烯酸盐灌浆材料的技术指标提出了明确的规定,在试验方法上采用现行的国家标准和行业标准,对没有现行国内标准可依的个别参数参照国际标准,保证了标准中技术指标的准确性、科学性与可比性,标准达到国内领先水平。

ICS 91.120.30
CSS Q 17

JC

中华人民共和国建材行业标准

JC/T 2041—2020
代替 JC/T 2041—2010

聚氨酯灌浆材料

Polyurethane grouting materials

2020-12-09 发布 2021-04-01 实施

中华人民共和国工业和信息化部 发布

前　言

本文件按照 GB/T 1.1—2020《标准化工作导则 第 1 部分：标准化文件的结构和起草规则》的规则起草。

本文件代替 JC/T 2041—2010《聚氨酯灌浆材料》。与 JC/T 2041—2010 相比，除结构调整和编辑性改动外，主要技术变化如下：

a) 修改了范围(见第 1 章，2010 年版的第 1 章)；
b) 修改了术语和定义，增加了浆液性能、固结体性能、亲水性；修改了包水性(见第 3 章，2010 年版的第 3 章)；
c) 修改了分类和标记，将聚氨酯灌浆材料的水溶性和油溶性两类产品，修改为按产品性能分为亲水型和疏水型两类产品。亲水型又分为Ⅰ、Ⅱ型(见第 4 章，2010 年版的第 4 章)；
d) 修改了技术要求，将聚氨酯灌浆材料技术要求分列为浆液性能和固结体性能(见 6.2，2010 年版的 6.2)；
e) 修改了凝胶时间、不挥发物含量、抗压强度、遇水膨胀率要求(见 6.2，2010 年版的 6.2)；
f) 修改了包水性试验方法及判定规则(见 7.10，2010 年版的 7.9)；
g) 增加了亲水型产品的亲水性要求及相应试验方法(见 6.2、7.11)；
h) 增加了有害物质限量及相应试验方法(见 6.2.3 和 7.15)。

请注意本文件的某些内容可能涉及专利。本文件的发布机构不承担识别专利的责任。

本文件由中国建筑材料联合会提出。

本文件由全国轻质与装饰装修建筑材料标准化技术委员会建筑防水材料分技术委员会(SAC/TC 195/SC 1)归口。

本文件负责起草单位：苏州非金属矿工业设计研究院有限公司、建筑材料工业技术监督研究中心、杭州国电大坝安全工程有限公司、盛隆防水科技(上海)有限公司、盛隆建材有限公司。

本文件参加起草单位：中国建材检验认证集团股份有限公司、中国建材检验认证集团苏州有限公司、河南建筑材料研究设计院有限责任公司、淮安市博隆防水材料有限公司、上海路得建材国际贸易有限公司、福建安固建材有限公司、天津天大天海新材料有限公司、上海隧道建筑防水材料有限公司、上海东大化学有限公司、南京先声合成材料有限公司溧水分公司、广东灌浆岛路桥新技术发展有限公司、上海豫宏(金湖)防水科技有限公司、阿尔法新材料江苏有限公司、上海崇镇建材有限公司、江苏利宏科技发展有限公司。

本文件主要起草人：沈春林、杨斌、康杰分、陈斌、褚建军、林忠华、林言锦、汪雨、蒋玉川、张宇燕、李万勇、姚双华、尚炎锋、邢光仁、秦道川、谷岸、阳俊、艾文才、张汝峰、杜辉、邱益清、邓敬森、石九龙、张小宁、孔令云、葛正国、王丽娟、李昂、王玉峰。

本文件所代替文件的历次版本发布情况为：

——JC/T 2041—2010。

聚氨酯灌浆材料

1 范围

本文件规定了聚氨酯灌浆材料的术语和定义、分类和标记、一般要求、技术要求、试验方法、检验规则以及标志、包装、运输和贮存等。

本文件适用于水利水电、建筑、交通等领域中混凝土结构渗漏水治理、基础加固及帷幕防渗等工程所用的聚氨酯灌浆材料。

2 规范性引用文件

下列文件中的内容通过文中的规范性引用而构成本文件必不可少的条款。其中,注日期的引用文件,仅该日期对应的版本适用于本文件;不注日期的引用文件,其最新版本(包括所有的修改单)适用于本文件。

GB/T 1041 塑料压缩性能试验方法

GB/T 2794 胶黏剂黏度的测定 单圆筒旋转黏度计法

GB/T 3186 色漆、清漆和色漆与清漆用原材料 取样

GB/T 6682—2008 分析实验室用水规格和试验方法

GB/T 8077—2012 混凝土外加剂匀质性试验方法

GB/T 13491—1992 涂料产品包装通则

GB/T 16777—2008 建筑防水涂料试验方法

GB 18583—2008 室内装饰装修材料胶粘剂中有害物质限量

JC 1066—2008 建筑防水涂料中有害物质限量

3 术语和定义

下列术语和定义适用于本文件。

3.1

聚氨酯灌浆材料 polyurethane grouting material

以多异氰酸酯与多羟基化合物聚合反应制备的预聚体为主剂,通过灌浆注入基础或结构,与水反应生成固结体的灌浆材料。

3.2

浆液性能 properties of grouting material

聚氨酯灌浆材料固化前,浆液的理化性能。

3.3

固结体性能 physical and mechanical properties of the cured polyurethane grouting material

聚氨酯灌浆材料固化后,固结体的理化性能。

3.4

凝胶时间 gel time

在规定温度下,亲水型聚氨酯灌浆材料与一定比例的水混合均匀后,由液体变为固结体(凝胶体)的时间。

3.5

凝固时间 curing time

在规定温度下,疏水型聚氨酯灌浆材料与一定比例的催化剂(适用时)、水混合均匀后,由液体变为

固结体的时间。

3.6

包水性 water absorption capability

在规定时间内，参与反应且胶凝的水量与亲水型聚氨酯灌浆材料之比即为包水性。用包水倍数表示。

3.7

发泡率 foaming rate

聚氨酯灌浆材料与水反应以后，形成的泡沫状固结体相对于原浆液的体积增长率。

3.8

亲水性 hydrophilic property

亲水型聚氨酯灌浆材料与水反应以后固结体的均匀程度。

3.9

遇水膨胀率 water swelling ratio

亲水型聚氨酯灌浆材料制成的固结体浸泡水后，在规定时间内，其体积膨胀的百分数。

4 分类和标记

4.1 分类

产品按性能分为两类：

——亲水型聚氨酯灌浆材料，代号 WPU；产品分为Ⅰ型和Ⅱ型；

——疏水型聚氨酯灌浆材料，代号 OPU。

4.2 标记

按产品名称、标准编号、型号、代号顺序标记。

示例：Ⅰ型亲水型聚氨酯灌浆材料标记为：

聚氨酯灌浆材料 JC/T 2041—2020 Ⅰ WPU

5 一般要求

本文件所包括的产品的生产与应用不应对人体、生物与环境造成有害影响，所涉及的安全与环保要求，应符合我国相关国家标准和规范的规定。当产品用于饮用水及灌溉工程时，应符合有关水质标准的要求。

6 技术要求

6.1 外观

产品为均匀的液体，无杂质、不分层。

6.2 理化性能

6.2.1 聚氨酯灌浆材料浆液性能应符合表1的规定。

表1 聚氨酯灌浆材料浆液性能

序号	项目	技术指标		
		WPU		OPU
		Ⅰ型	Ⅱ型	
1	密度/(g/cm^3)	≥1.00	≥1.05	
2	黏度/(mPa·s)	≤1 000	≤1 000	

表 1(续)

序号	项目		技术指标		
			WPU		OPU
			Ⅰ型	Ⅱ型	
3	凝胶时间[a]/s	10 倍水	—	≤120	—
		20 倍水	≤180	—	—
4	凝固时间[a]/s		—	—	≤800
5	不挥发物含量/%		≥78.0		≥80.0
[a] 可供需双方商定。					

6.2.2 聚氨酯灌浆材料固结体性能应符合表 2 的规定。

表 2 聚氨酯灌浆材料固结体性能

序号	项目	技术指标		
		WPU		OPU
		Ⅰ型	Ⅱ型	
1	包水性	≥20 倍水	≥10 倍水	—
2	亲水性	20 倍水	10 倍水	—
		固结体乳白、均匀、无颗粒及无雪花状		
3	发泡率/%	—	≥350	≥1 000
4	遇水膨胀率/%	≥40	≥30	—
5	抗压强度/MPa	—		≥15

6.2.3 聚氨酯灌浆材料有害物质含量应符合表 3 的规定。

表 3 聚氨酯灌浆材料有害物质限量

序号	项目	技术指标	
		WPU	OPU
1	挥发性有机化合物(VOC)/(g/L)	≤300	
2	苯/(mg/kg)	≤200	
3	甲苯+乙苯+二甲苯/(g/kg)	≤5.0	
4	卤代烷烃(g/kg)	≤5.0	

7 试验方法

7.1 取样数量

单项试验的取样数量应符合表 4 的规定。做几项试验时,如确能保证试样经一项试验后不影响另一项试验的结果,可用同一试样进行几项不同的试验。在所有项目的试验过程中,生产企业推荐的配比应保持一致。

表4　单项试验取样数量

序号	试验项目	取样数量 g	
		WPU	OPU
1	密度	500	500
2	黏度	200	200
3	凝胶时间	200	—
4	凝固时间	—	200
5	不挥物发含量	200	200
6	包水性、亲水性	200	—
7	发泡率	200	200
8	遇水膨胀率	200	—
9	抗压强度	—	500
10	有害物质限量	按 JC 1066—2008、GB 18583—2008 附录 E	

7.2　试验条件

7.2.1　标准试验条件为温度(23±2)℃，相对湿度(50±10)%。

7.2.2　标准水养护条件为温度(20±1)℃。

7.2.3　试验前器具、试样在标准试验条件下至少放置 24 h。

7.2.4　试验用水符合 GB/T 6682—2008 要求的三级水。

7.3　试验器具

所需试验器具要求如下：

a)　天平：感量为 0.1 g；

b)　天平：感量为 0.001 g；

c)　精密密度计(波美比重计)；

d)　电子压力机：采用精度不大于±1%的试验机，其量程为预期破坏荷载为全量程的 20%～80%之间；

e)　电热鼓风干燥箱：控温精度±2℃；

f)　旋转黏度计；

g)　试模：带有二个封盖的金属管。尺寸：壁厚 3 mm～4 mm，内径 ϕ(50.0±0.1)mm，长度(50±1)mm(见图 1)；

单位为毫米

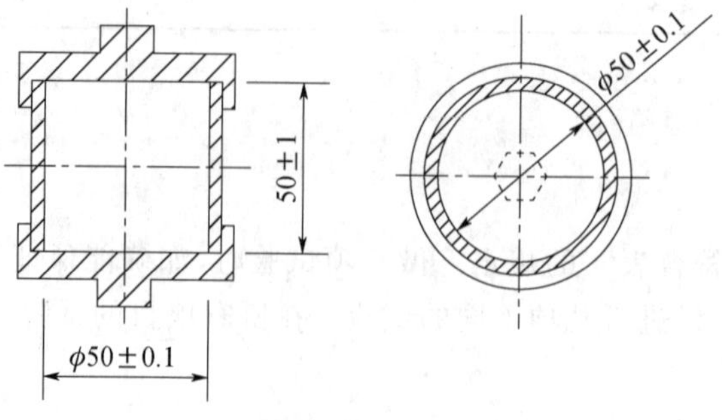

图1　抗压强度试模示意图

h) 低温恒温箱：温度能控制在(5±2)℃、(−10±2)℃；

i) 秒表：分度值1s。

7.4 外观

用玻璃棒搅拌，目测。

7.5 密度

按GB/T 8077—2012中7.3精密密度计法测定主剂的密度。每个试样测定三次，取三次测定结果的算术平均值作为试验结果，计算精确至0.01 g/cm^3。

7.6 黏度

按GB/T 2794测定主剂的黏度。每个试样测定三次，取三次测定结果的算术平均值作为试验结果，计算精确至5 mPa·s。

7.7 凝胶时间

7.7.1 试验步骤

在标准试验条件下，称取试样(15±0.1)g于塑料容器中，Ⅰ型加入300 mL水，Ⅱ型加入150 mL水，记录加入水时的时间t_1，并迅速搅拌均匀(约10 s)后静止，得到白色乳浊液。之后用玻璃棒不断探测黏度的变化。当玻璃棒离开液面出现拉丝现象时，视该试样已凝胶化，记录时间t_2。

7.7.2 结果计算

试样的凝胶时间按公式(1)计算：

$$t = t_2 - t_1 \qquad (1)$$

式中：

t——试样的凝胶时间，单位为秒(s)；

t_1——将水加入到试样中的时间，单位为秒(s)；

t_2——试样与水混合反应，出现拉丝时的时间，单位为秒(s)。

7.7.3 结果评定

取三个试样测定结果的算术平均值作为试验结果，每个测定结果与平均值的相对偏差应不大于10%。若有一个测定结果不符，则将其剔除，取其余两个测定结果的算术平均值作为试验结果。若有两个测定结果超过偏差要求，应重新试验。

7.8 凝固时间

7.8.1 试验步骤

在标准试验条件下，称取试样(20±0.1)g于塑料容器中，按生产厂推荐的比例先加入催化剂并搅拌均匀(约60 s)，再按生产厂推荐的比例加入水，记录加入水的时间t_1，并用玻璃棒迅速搅拌均匀(约10 s)。如生产厂没有规定加水量，则只需加入按试样质量的5%水即可。待发泡体停止上升时，视为试样完全凝固。记录时间t_3。若生产厂推荐的比例给出的是一个数值范围，则应取中间值，并在各项性能试验中配比应保持一致。

7.8.2 结果计算

试样的凝固时间按公式(2)计算：

$$t = t_3 - t_1 \qquad (2)$$

式中：

t——试样的凝固时间，单位为秒(s)；

t_1——将水加入到试样中的时间，单位为秒(s)；

t_3——试样与水反应，到停止发泡的时间，单位为秒(s)。

7.8.3 结果评定

取三个试样测定结果的算术平均值作为试验结果，每个测定结果与平均值的相对偏差应不大于10%。若有一个测定结果不符，则将其剔除，取其余两个测定结果的算术平均值作为试验结果。若有两个测定结果超过偏差要求，应重新试验。

7.9 不挥发物含量

按 GB/T 16777—2008 第 5 章进行，测定主剂的不挥发物含量。试验温度(105±2)℃，3 h。每个试样测定三次，取三次测定结果的算术平均值作为试验结果，计算精确至 0.1%。

7.10 包水性

在标准试验条件下，称取试样(15±0.1)g 放入塑料容器中，加入相应倍数的水并迅速搅拌均匀(约 10 s)后静止，待试样与水充分反应，倒不出水时视为试样完全固化凝胶，记录从加水到完全固化凝胶的时间。当加入不少于规定倍数的水，且Ⅰ型产品的凝胶时间不大于 180 s，Ⅱ型产品的凝胶时间不大于 120 s，判包水性为合格。否则判包水性为不合格。

7.11 亲水性

按 7.10 试验后，观察固结体整体是否呈乳白、均匀、无颗粒、无雪花状。

7.12 发泡率

7.12.1 亲水型(WPU)

7.12.1.1 试验步骤

在标准试验条件下，称取 WPU 试样(50±0.1)g 于带刻度的 500 mL 干燥容器中，计算试样的体积数：V_1(V_1＝试样质量/试样密度)，加入 100 mL 水，并迅速搅拌均匀(约 10 s)待到发泡结束后，再加水至 500 mL 刻度，记录第二次加水的体积数 V_2。

7.12.1.2 结果计算

试样的发泡率按公式(3)计算：

$$S = \frac{500 - V_1 - V_2}{V_1} \times 100 \quad \cdots\cdots (3)$$

式中：

S——发泡率，%；

V_1——试样的体积，单位为毫升(mL)；

V_2——第二次加水体积数，单位为毫升(mL)。

7.12.1.3 结果评定

取三个试样测定结果的算术平均值作为试验结果，精确到 1%。每个测定结果与平均值的相对偏差应不大于 10%。若有一个测定结果不符，则将其剔除，取其余两个测定结果的算术平均值作为试验结果。若有两个测定结果超过偏差要求，应重新试验。

7.12.2 疏水型(OPU)

7.12.2.1 试验步骤

在标准试验条件下，称取 OPU 试样(25.0±0.1)g 于带刻度的 1 000 mL 干燥容器中，计算试样体积数：V_1(V_1＝试样质量/试样密度)。加入生产厂推荐掺量的催化剂，搅拌均匀(约 30 s)，再加入 1 mL～2 mL 水，并迅速搅拌均匀至乳白色时停止搅拌(约 10 s)。待停止发泡后，再加水至 1 000 mL 刻度，记录第二次加水的体积数 V_2。

7.12.2.2 结果计算

试样的发泡率按公式(4)计算：

$$S = \frac{1000 - V_1 - V_2}{V_1} \times 100 \quad \cdots\cdots (4)$$

式中：

S——发泡率，%；

V_1——试样的体积，单位为毫升(mL)；

V_2——第二次加水体积数，单位为毫升(mL)。

7.12.2.3 结果评定

同7.12.1.3。

7.13 遇水膨胀率

7.13.1 试件制备

用不与试样反应的隔离剂(如有机硅隔离剂)涂于符合7.3 g)要求的试模内壁和封盖内壁。在试模两端的螺纹上绕上足量的生料带(聚四氟乙烯密封带)并用封盖旋紧一端。分别称取试样(140±1)g、水(7.0±0.1)g,然后将水倒入试样中用玻璃棒快速搅拌均匀。如果凝胶时间太快,可将试样在-10℃低温箱中冷却2 h,水在5℃低温箱中冷却2 h,再将试样与水混合。将混合均匀的物料立即倒入试模之中,充满为止。刮去表面泡沫,立即用封盖旋紧另一端。整个操作过程在60 s内完成。确认两端封盖已经旋紧封闭后,将试模垂直放置在7.2.1标准试验条件下。3 d后打开试模两端的封盖。打开两端封盖时,先打开上端盖,再打开下端盖,打开两端盖时均要缓慢打开,让试模内的压力缓慢释放。切除试模两端顶部以外的固结体,顶出固结体。制备三个试件。

7.13.2 试验步骤

在标准试验条件下,取出试件后,立即将试件表面隔离剂擦拭干净,用排水法(量筒,体积1 000 mL)测量其初始体积V_0,然后浸没于7.2.2规定水中7 d。取出试件后,用滤纸将表面擦干,用排水法(量筒,体积2 000 mL)测量其体积V_3。

7.13.3 结果计算

遇水膨胀率按公式(5)计算:

$$P=\frac{V_3-V_0}{V_0}\times 100 \qquad (5)$$

式中:

P——试样的遇水膨胀率,%;

V_0——试件的初始体积,单位为毫升(mL);

V_3——试件浸泡7 d后体积,单位为毫升(mL)。

7.13.4 结果评定

取三个试样测定结果的算术平均值作为试验结果,精确到1%。每个测定结果与平均值的相对偏差应不大于10%。若有一个测定结果不符,则将其剔除,取其余两个测定结果的算术平均值作为试验结果。若有两个测定结果超过偏差要求,应重新试验。

7.14 抗压强度

7.14.1 试件制备

按7.13.1制备试件。若生产企业有规定时,按生产厂推荐的比例制备试件。混合时先加入催化剂后再加入水。

7.14.2 试验步骤

试件脱模后在标准试验条件下放置7 d后,按GB/T 1041进行抗压强度试验。试件表面应平整、无气泡,两端面应与主轴面垂直。加荷速度为500 N/s,以试件压缩至应变为30%时的最大荷载计算抗压强度。

7.14.3 结果评定

取三个试件测定结果的算术平均值作为试验结果,精确到1 MPa。每个测定的结果与平均值的相对偏差应不大于10%。若有一个测定结果不符,则将其剔除,取其余两个测定结果的算术平均值作为试验结果。若有两个测定结果超过偏差要求,应重新试验。

7.15 有害物质含量

挥发性有机化合物、苯、甲苯+乙苯+二甲苯按JC 1066—2008第5章进行试验。

卤代烷烃按GB 18583—2008附录E进行试验。

8 检验规则

8.1 检验分类

8.1.1 出厂检验

8.1.1.1 亲水型(WPU)

出厂检验项目包括:外观、密度、黏度、凝胶时间、不挥发物含量、包水性和发泡率。

8.1.1.2 疏水型(OPU)

出厂检验项目包括:外观、密度、黏度、凝固时间、不挥发物含量和发泡率。

8.1.2 型式检验

型式检验项目包括第6章规定的技术要求。在下列情况下进行型式检验:

a) 新产品投产或产品定型鉴定时;

b) 正常生产条件下每年至少进行一次;

c) 产品主要原材料、配比或生产工艺有重大变更;

d) 出厂检验结果与上次型式检验有较大差异时;

e) 停产6个月以上恢复生产时。

8.2 组批

同一类型、同一等级的10 t为一批次,不足10 t时亦作为一个批次。

8.3 抽样

按GB/T 3186规定取样,总共取5 kg样品。分为二份,一份用作检验,一份留作备用。放入不与试样发生反应的干燥密闭不透光的容器中。

8.4 判定规则

各项试验结果均符合标准要求时,判该批产品为合格。

若有两项及两项以上试验结果不符合标准要求时,判该批产品为不合格。

若仅有一项试验结果不符合标准要求时,允许用备用样品对不合格项进行单项复验。若复验结果符合标准要求时,则判该批产品为合格,否则判该批产品为不合格。

9 标志、包装、运输和贮存

9.1 标志

产品包装上应至少包括以下内容:产品名称、产品标记、商标、多组分配比、生产厂名、地址、净质量、生产日期、批号、贮存期、运输与贮存注意事项。

9.2 包装

按GB/T 13491—1992中二级包装要求的规定进行,宜用铁桶密封包装。并附操作以及安全使用事项说明书。

9.3 运输和贮存

产品贮存和运输时应避免日晒雨淋,禁止接近火源,防止碰撞,注意通风。贮存温度不应高于40℃。

在正常贮存、运输条件下,贮存期自生产日起不小于6个月,并在包装标志或产品说明书中明示。

JC/T 2041—2020 《聚氨酯灌浆材料》行业标准编制说明

1 工作简况

1.1 任务来源

根据中华人民共和国工业和信息化部文件以工信厅科〔2017〕70 号文下达了“2017 年第二批行业标准制修订计划”,JC/T 2041《聚氨酯灌浆材料》行业标准列入修订计划之内,标准计划编号:2017-0416T-JC。该标准主编单位为苏州非金属矿工业设计研究院有限公司、建筑材料工业技术监督研究中心负责组织有关生产企业、科研院所、质检机构等参加起草。

本标准负责起草单位:苏州非金属矿工业设计研究院有限公司、建筑材料工业技术监督研究中心、杭州国电大坝安全工程有限公司、盛隆防水科技(上海)有限公司、盛隆建材股份有限公司。

本标准参加起草单位:中国建材检验认证集团股份有限公司、中国建材检验认证集团苏州有限公司、河南建筑材料研究设计院有限责任公司、淮安市博隆防水材料有限公司、上海路得建材国际贸易有限公司、福建安固建材有限公司、天津天大天海新材料有限公司、上海隧道建筑防水材料有限公司、上海东大化学有限公司、南京先声合成材料有限公司溧水分公司、广东灌浆岛路桥新技术发展有限公司、上海豫宏(金湖)防水科技有限公司、阿尔法新材料江苏有限公司、上海崇镇建材有限公司、江苏利宏科技发展有限公司。

本标准主要起草人:沈春林、杨斌、康杰分、陈斌、褚建军、林忠华、林言锦、汪雨、蒋玉川、张宇燕、李万勇、姚双华、尚炎锋、邢光仁、秦道川、谷岸、阳俊、艾文才、张汝峰、杜辉、邱益清、邓敬森、石九龙、卫向阳、孔令云、葛正国、李昂、王玉峰。

1.2 主要工作过程

2014 年年中,原标准负责起草单位苏州非金属矿工业设计研究院有限公司发函进行了调查研究,收集 6 年多来标准的实施情况和修订意见。根据反馈意见,2016 年 11 月原标准负责起草单位苏州非金属矿工业设计研究院有限公司向全国轻质与装饰装修建筑材料标准化技术委员会建筑防水材料分技术委员会(SAC/TC195/SC1)提出对 JC/T 2041—2010《聚氨酯灌浆材料》行业标准修订立项申请。2017 年 6 月通过了由国家工信部组织的标准修订申请立项答辩会。2017 年 7 月 25 日国家工信部以工信厅科〔2017〕70 号文下达了“2017 年第二批行业标准制修订计划” 中下达了该项目修订计划。

标准主编单位苏州非金属矿工业设计研究院有限公司、建筑材料工业技术监督研究中心于 2017 年 10 月 12 日在江苏省苏州市召开标准修订第一次工作会议。来自全国各地设计院、质检、生产和使用近 29 个单位 39 名代表参加了会议。会上听取了代表对标准的修订意见,讨论了标准修订草案(工作组讨论稿),制订了验证试验方案与工作计划,明确了分工,落实了任务。与会代表着重就本标准修订后的覆盖的范围、产品分类、技术要求和试验方法展开的讨论,达成如下共识:聚氨酯灌浆材料的物理力学性能分为浆液性能和固结体性能,并增加“有害物质限量”;水溶性聚氨酯灌浆材料根据包水量大小分为Ⅰ型和Ⅱ型;取消水溶性聚氨酯灌浆材料Ⅰ型发泡率的技术指标与试验方法;增加聚氨酯灌浆材料干、湿基面的粘结强度的技术指标与试验方法;增加水溶性聚氨酯灌浆材料低包水量产品的循环遇水膨胀率的技术指标与试验方法;增加疏水性聚氨酯灌浆材料闭孔率;增加有害物质限量的指标,主要是针对聚氨酯灌浆材料使用的氯化烃和苯类的材料,以限制这些类材料的使用,加强对产品的质量管理。本次会议确定了验证试验工作由中国建材检验认证集团股份有限公司(国家建材测试中心)承担。

第一次标准编制工作会议以后,开始收集聚氨酯灌浆材料试验验证样品,2017 年 11 月开始进行标准验证试验工作,本次试验验证工作是由中国建材检验认证集团股份有限公司(国家建材测试中心)承担，聚氨酯灌浆材料生产企业参加。验证试验项目包括聚氨酯灌浆材料的物理力学性能和有害物质含量，试验方法一是要准确反映材料的性能；二是试验方法具有重复性和再现性；三是试验设备和方法简单、易于操作，适用于生产企业的质量检验与控制。本次验证试验主要是针对原标准中已有的试验方法，进行回顾，进一步细化试验步骤，减少试验误差，提高试验方法准确性。

本次验证试验保留了原《聚氨酯灌浆材料》标准中的浆液性能项目，包括：密度、黏度、不挥发物含量；水溶性聚氨酯灌浆材料固结体性能项目，包括：凝胶时间、包水倍率（包水性）；油溶性聚氨酯灌浆材料固结体项目，包括：凝固时间、发泡率、抗压强度。水溶性聚氨酯灌浆材料固结体性能增加了试验项目：亲水性、遇水膨胀率、干湿基的粘结强度、循环遇水膨胀率；油溶性聚氨酯灌浆材料固结体增加试验项目；干湿基的粘结强度。

第一次验证试验一共收集到了国内主要生产和销售的聚氨酯灌浆材料的 16 家生产企业的 29 个样品进行验证试验，产品类型包含亲水型聚氨酯灌浆材料、疏水型聚氨酯灌浆材料。亲水型聚氨酯灌浆材料 14 件样品，疏水型聚氨酯灌浆材料 15 件样品，样品汇总表见表 1。

表 1　第一次参加验证试验的样品汇总表

编号	单位名称	亲水型聚氨酯灌浆材料样品数	疏水型聚氨酯灌浆样品数
1	杭州国电大坝安全工程有限公司	1 个（2 桶）	1 个（2 桶）
2	上海隧道建筑防水材料有限公司	1 个（2 桶）	1 个（2 桶）
3	天津天大天海新材料有限公司	1 个（2 桶）	1 个（2 桶）
4	台湾盛隆建材股份有限公司/上海盛崇防水材料有限公司	1 个（2 桶）	1 个（2 桶）
5	上海路得建材国际贸易有限公司	1 个（2 桶）	1 个（2 桶）
6	无锡市南雅化工有限公司	1 个（1 桶）	1 个（1 桶）
7	无锡硕放特种防水建材有限公司	无	2 个（4 桶）
8	上海都知实业有限公司	1 个（2 桶）	1 个（2 桶）
9	上海东大化学有限公司	1 个（2 桶）	1 个（2 桶）
10	上海华丰新材料研发科技有限公司	无	1 个（4 桶）
11	盛隆建材有限公司	1 个（2 桶）	1 个（2 桶）
12	上海建括实业有限公司	1 个（2 桶）	1 个（2 桶）
13	新疆科能防水防护技术股份有限公司	1 个（1 桶）	无
14	南京先声合成材料有限公司溧水分公司	1 个（2 桶）	1 个（2 桶）
15	北京建海中建国际防水有限公司	1 个（1 桶）	1 个（1 桶）
16	浙江鲁班建筑材料防水有限公司	1 个（2 桶）	无
	合计样品数量	14 个试样	15 个试样

试验验证结束以后，由试验验证单位提供了 JC/T 2041《聚氨酯灌浆材料》行业标准修订验证试验报告。主编单位苏州非金属矿工业设计研究院有限公司根据该产品的生产与使用情况以及试验验证结果，起草了 JC/T 2041《聚氨酯灌浆材料》行业标准征求意见稿初稿，标准副主编单位建筑材料工业技术监督研究中心对初稿进行了认真审阅，对标准试验数据提出了修改意见，形成了标准征求意见稿（讨论稿）。

在上述工作基础上，标准主编单位苏州非金属矿工业设计研究院有限公司、建筑材料工业技术监督研究中心于 2018 年 8 月 27 日在辽宁省大连市召开标准修订第二次工作会议。来自全国各地设计院、质检、生产和使用近25个单位29名代表参加了会议。会议主编单位首先汇报了第一次工作以来的工作情况，试验验证单位中国建材检验认证集团股份有限公司(国家建材测试中心)汇报了聚氨酯灌浆材料产品试验验证收样情况、验证试验结果及有关试验方法作了解释和说明。与会代表根据JC/T 2041《聚氨酯灌浆材料》行业标准修订验证试验报告，讨论了JC/T 2041《聚氨酯灌浆材料》征求意见稿初稿。对下一阶段标准工作进行了安排。会议达成如下共识：范围中删除了“采矿”，改为“本标准适用于水利水电、建筑、交通等领域……”；将标记中按现行要求表述：产品名称、本标准编号、分类进行；修改：“包水倍率”定义：亲水型聚氨酯灌浆材料在一定时间内，能包裹最大量的水且能与水凝胶，最大量的水与亲水型聚氨酯灌浆材料之比，即为包水倍率；将JC/T 2041—2010中分类，“水溶性”修改为“亲水型”，“油溶性”修改为“疏水型”；将JC/T 2041—2010中“亲水型”固含量由“75%”修改为“78%”，“疏水型”固含量由“78%”修改为“80%”；取消表3中闭孔率和固砂强度两个试验项目；把试验验证中，表2的凝胶时间、表3的凝固时间属于浆液性能，列于表1中；把试验验证中6.2.3有害物质限量，放于第5章，作为一般要求的内容。

根据2018年8月27日JC/T 2041《聚氨酯灌浆材料》修订第二次工作会议，商定的3个项目(技术指标)，需要重新进行验证试验。由中国建材检验认证集团苏州有限公司负责进行补充试验(表2)，并在10月上旬完成验证试验，需要重新进行验证试验有：

(1)亲水型(水性)低包水产品(Ⅱ型)聚氨酯灌浆材料发泡率。

(2)疏水型(油性)聚氨酯灌浆材料本体抗压强度。

(3)聚氨酯灌浆材料有害物质限量。

表2 第二次参加验证试验的样品汇总表

编号	公司	亲水型聚氨酯灌浆材料样品数(个)	疏水型聚氨酯灌浆材料样品数(个)
1	上海东大化学有限公司	1	—
2	天津天大天海新材料有限公司	1	1
3	盛隆建材有限公司	1	1
4	无锡市南雅化工有限公司	1	1
5	南京市先声合成材料有限公司	1	1
6	上海隧道建筑防水材料有限公司	1	1
7	上海盛崇防水材料有限公司	1	1
8	杭州国电大坝安全工程有限公司	—	1
	合计样品数	7	7

第二次验证试验完成以后，标准负责起草单位苏州非金属矿工业设计研究院有限公司和建筑材料工业技术监督研究中心对标准征求意见稿(讨论稿)进行了修改，提出了《聚氨酯灌浆材料》建材行业标准征求意见稿及编制说明，发至全国有关生产企业、用户、设计、施工单位、科研院所和质检机构等广泛征求意见。

《聚氨酯灌浆材料(征求意见稿)》及编制说明，于2018年11月初发至全国生产企业、行业协会、检测机构、科研院所等15家单位广泛征求意见，同时在全国轻质与装饰装修建筑材料标准化技术委员会建筑防水材料分技术委员公开征求意见。截止到12月20日共收到返回意见的单位5个意见反馈，所提意见汇总归纳为26条，其中采纳的16条，部分采纳3条，未采纳7条。根据征求意见回复修改了范围、部分定义、部分技术要求、试验方法陈述、删除了粘结强度技术要求，并把卤代烷烃放在表3；调整了表1浆液性能与表2固结体性能的内容等；在验证试验和广泛征求意见的基础上，提出了《聚氨酯灌浆材料》

行业标准及修订说明(送审稿)等文件,提交标准审查委员会审查。

2019年4月1日,全国轻质与装饰装修建筑材料标准化技术委员会建筑防水材料分技术委员会(SAC/TC195/SC1)在苏州组织召开了JC/T 2041《聚氨酯灌浆材料》建材行业标准审查会,有来自标委会、生产企业、科研院所、质检机构与使用单位的25名代表参加了会议,由9名TC195委员、3名行业专家和1名用户代表共13人组成了标准审查委员会。

标准审查委员会听取了标准编制组对标准制定工作的介绍。标准编制组代表汇报了标准的制定内容、编制依据以及所进行的调研与分析等情况。标准审查委员会认为:标准编制组做了大量工作,收集、了解了许多国内外资料及实际情况,试验验证充分,试验数据可靠,提交会议审查的文件基本齐全。与会代表认真审查了标准送审稿及有关文件,一致通过了对该标准的审查,并对标准送审稿文本作了以下主要技术性修改:修改了范围、修改了包水倍率为包水性,并修改定义、修改亲水性定义、修改了表2凝胶时间表达方式并完善试验方法、完善遇水膨胀率试验方法。

审查委员会认为:该标准是在总结我国多年来聚氨酯灌浆材料开发及生产应用的基础上修订的,目前未收集到相关国际标准,标准参考了同类产品的技术资料,标准达到了国内先进水平。本标准不涉及相关专利与知识产权。在调查、征求意见与起草过程中,未收到任何有关专利和知识产权的诉求。JC/T 2041《聚氨酯灌浆材料》建材行业标准的修订与今后的贯彻实施,将进一步规范产品质量,促进聚氨酯灌浆材料在建设工程中的应用。经广泛调研和多方面征求意见,本标准有关技术参数、性能指标、技术要求符合现行法律、法规、规章及有关强制性标准要求,并具有一致性。本标准代替现行标准JC/T 2041—2010,也无其他应予说明的事项。

标准审查会以后,标准编制组根据标准审查专家的意见,完善标准及标准报批资料,形成报批稿。

1.3 国内外现状

目前在我国,化学灌浆技术已在国内水电(大坝、堤坝、水库、电站)、建筑(地上、地下、人防)、交通(公路、铁路、隧道、桥梁、港口、机场)和采矿(采油、采煤)四大部门得到推广应用。在化学灌浆材料方面,聚氨酯化学灌浆材料已是应用量最大且最广泛的品种之一,最早由天津大学等五个单位于1973年研制出聚氨酯堵水化学灌浆材料(氰凝);随后华东水电勘察设计院科学研究所于1974年研制出水溶性聚氨酯化学灌浆材料;长江科学院、广州化学研究所等单位于1979年为解决葛洲坝水利枢纽工程的薄层封闭式护坦止水,研制出弹性聚氨酯化学灌浆材料。

聚氨酯灌浆材料是由聚氨酯预聚体与添加剂(溶剂、催化剂、缓凝剂、表面活性剂、增塑剂等)组成的化学浆液,一般是单液型,主要成分是过量二异氰酸酯(或多异氰酸酯)与聚醚多元醇反应而制得的端异氰酸酯基(NCO)预聚体;也可以是双液型,即由预聚体与固化剂(及促进剂)组成,遇水后能立即分散、乳化、发生化学反应而发出二氧化碳,进而膨胀、固结,最终生成一种不溶于水的固结体。

用灌浆泵等压送设备将其灌入地层、缝隙内,使其渗透、扩散、胶凝或固化,以增加地层强度、降低地层渗透性、防止地层变形和进行混凝土建筑物裂缝修补是一项基础加固,防水堵漏和混凝土缺陷补强技术,也是保证工程的顺利进行或借以提高工程质量的一项技术。

在灌浆过程中,把聚氨酯灌浆材料注入缝隙或疏松多孔性地基中时,这种预聚体的端NCO基与缝隙表面或碎基材中的水分接触,发生扩链交联反应,最终在混凝土缝隙中或基材颗粒的孔隙间形成有一定强度的凝胶状固结体。聚氨酯固化物中含有大量的氨基甲酸酯基、脲基、醚键等极性基团,与混凝土缝隙表面以及土壤、矿物颗粒有强的粘接力,从而形成整体结构,起到了堵水和提高地基强度等作用。并且,在相对封闭的灌浆体系中,反应放出的二氧化碳气体会产生很大的内压力,推动浆液向疏松地层的孔隙、裂缝深入扩散,使多孔性结构或裂缝完全被浆液所填充,增强了堵水效果。浆液膨胀受到限制越大,所形成的固结体越紧密,抗渗能力及压缩强度越高。

聚氨酯灌浆材料产品主要有两大系列,分别为亲水型(水溶性)聚氨酯系列和疏水型(油溶性)聚氨酯系列。这二类聚氨酯预聚体材料虽然都能用于防水、堵漏、地基加固,但二者也有差别。通常,亲水型聚氨酯灌浆材料亲水性好,包水量大,弹性大适用于潮湿裂缝的灌浆堵漏、动水地层的堵涌水、潮湿土质表面层的防护等；疏水型聚氨酯灌浆材料的固结体强度大、抗渗性好，但弹性小，所以比较适合混凝土静缝的防渗堵漏及地基加固、防水堵漏兼备的工程。根据施工需要，也可把亲水型聚氨酯灌浆材料与疏水型聚氨酯灌浆材料按合适的比例混合后进行灌浆施工。

聚氨酯灌浆材料因其优越的性能越来越被认识进而被应用，特别适用于工程建设中的基础加固、堵漏止水、帷幕防渗和裂缝修补四个方面。具体表现在：大坝、水库、涵闸等基础防渗帷幕和地基或地基断层破碎带泥化夹层加固；大堤、渠道、渡槽等防渗堵漏及加固；核电站等地基加固和封闭止水防渗；地上混凝土建筑物、构筑物（如混凝土坝、城市大厦、工厂、油、气和粮库等）的地基加固和裂缝补强加固；地下建筑物（如地铁、人防、隧道等 ）的防渗、堵漏止水、地基加固和裂缝的补强加固；矿山、工厂有毒废渣、废水和城市垃圾场等截渗工程的防渗帷幕；矿井建设中的涌水堵漏、流沙治理及对软弱地层加固、稳定的预灌浆；石油钻井开采中的堵漏止水、钻孔护壁加固和驱油；桥基加固及桥体裂缝补强；机场跑道和停机坪、公路和铁路特殊路段的软弱地层加固、防渗和混凝土裂缝补强加固；江河海港港工建筑物（如码头、船闸、防波堤等）的基础防渗和加固；文物和古建筑物的裂缝修补和保护等。

聚氨酯灌浆材料典型工程应用有：葛洲坝电站一期工程护坦止水系统渗漏事故的修复，一次用弹性聚氨酯浆材 20 余吨；2003 年上海地铁 4 号线塌方冒水事故仅止水一项用聚氨酯浆材就达 160 吨，三峡工程近几年防渗堵漏和基础加固防渗中应用采用水性和油性聚氨酯灌浆材料达到 180 吨。1987 年使用华东水电勘察设计院的 LW 水溶性聚氨酯在龙羊峡 G4 劈理带大规模应用取得了成功，在第二年经受住了库区五级地震的考验。

近年来我国建筑防水材料工业发展较快，特别是防水堵漏灌浆材料应用量日益增大，聚氨酯灌浆材料是目前灌浆材料中应用量最大且最广泛的品种，其产品主要有两大系列，分别为水溶性聚氨酯系列和油溶性聚氨酯系列。两大系列产品目前年销量总计在 5 万吨左右，两项产品市场份额以水溶性为主。该产品是建筑防水堵漏的主打产品，目前国内生产该类产品的厂家约有 100 多家，质量良莠不齐，严重影响了聚氨酯灌浆材料的产品质量，必须尽快制定国家统一的产品行业标准，以保证该类产品健康发展。

2 标准修订原则和主要内容

2.1 标准修订原则

本标准的编制原则是依据 GB/T 1.1—2009 给出的原则和有关标准、政策法规进行编制的。制定本标准时充分考虑到满足我国的技术发展和生产需要，充分体现行业进步和发展趋势，符合国家产业政策，推动行业技术水平提高，促进国际贸易，做到技术上先进，使用上安全，经济上合理，生产上可能，满足相关产品标准的要求，并结合标准的制修订需求。标准文本格式、条款主要是根据 GB/T 1.1—2009《标准化工作导则　第 1 部分：标准的结构和编写规则》进行编制，本标准的主要内容是对聚氨酯灌浆材料提出要求，规定了该产品的范围、分类、要求、试验方法、检验规则、标志、包装、贮存和运输等内容。

2.2 修订的理由和目的

近几年来，在水利、水电、建材、化工与铁道等部门的通力协作下制定了 JC/T 986—2005《水泥基灌浆材料》、JC/T 1041—2007《混凝土裂缝用环氧树脂灌浆材料》、JC/T 2037—2010《丙烯酸盐灌浆材料》、JC/T 2041—2010《聚氨酯灌浆材料》，JC/T 2379—2016《地基与基础处理用环氧树脂灌浆材料》共四项行业标准，填补了我国化学灌浆材料的标准领域的空白，统一制定了试验方法与产品标准，为提高材料质量、保证工程质量作出了积极贡献。

JC/T 2041—2010《聚氨酯灌浆材料》建材行业标准，适用于混凝土注浆堵漏，其优良的性能适用于基础设施中地基的加固和地质缺陷的处理等，标准颁布执行以来，也发现了一些问题。

JC/T 2041—2010 标准是首次制订，在标准编写格式基本参照了防水涂料的产品标准格式进行。未按灌浆材料的性能分为浆液性能和固结体性能。修订的标准格式将与现行的灌浆材料的产品标准基本一致，例：JC/T 986—2005《水泥基灌浆材料》、JC/T 2037—2010《丙烯酸盐灌浆材料》、JC/T 1041—2007

《混凝土裂缝用环氧树脂灌浆材料》等。

通过对灌浆材料和标准实际使用情况进行调研，反馈意见有：产品标准中存在不完善、技术项目设置不全面、技术指标设置不合理等方面的内容，主要体现在这几个方面：产品分类不完善，标准涉及的产品不全面，未包含已有的产品；聚氨酯灌浆材料的不挥发物的含量偏低，需要重新设置；不仅要控制不挥发物含量，同时要控制黏度；需要进一步规范灌浆材料的环保性能、防水性能要求；WPU的包水定义和试验方法，表述有争议需要进行修订；部分技术指标要求偏低，不足以代表现有的灌浆材料的产品性能。

据此上述原因，对JC/T 2041—2010《聚氨酯灌浆材料》建材行业标准，有必要进行修订，制定全国统一的产品和试验方法标准，建立全国统一的产品质量检测平台，有利于保证我国基础设施的工程质量，保证工程安全运行和延长工程的使用寿命，保证人民生命财产的安全。

因此，修订本产品标准与试验方法，建立全国统一的产品质量平台，有利于聚氨酯灌浆材料的检验与产品质量控制，净化与规范市场，从而保证防水堵漏工程与防水工程质量。

通过标准的修订贯彻国家方针、政策，修订技术要求，改进试验方法满足产品标准的需要，提高产品质量。

3 标准修订情况和试验方法

3.1 标准适用范围和分类

本标准规定了聚氨酯灌浆材料的术语和定义、分类、一般要求、技术要求、试验方法、检验规则以及标志、包装、运输和贮存等。

本标准适用于水利水电、建筑、交通等领域中混凝土结构渗漏水治理、基础加固补强及帷幕防渗等工程所用的聚氨酯灌浆材料。

产品按性能分为两类：

亲水型聚氨酯灌浆材料，代号WPU；根据产品的包水量分为Ⅰ型和Ⅱ型。

疏水型聚氨酯灌浆材料，代号OPU。

3.2 术语和定义

聚氨酯灌浆材料的定义：以多异氰酸酯与多羟基化合物聚合反应制备的预聚体为主剂，通过灌浆注入基础或结构，与水反应生成固结体的灌浆材料。

浆液性能的定义：聚氨酯灌浆材料固化前浆液的性能。

固结体性能的定义：聚氨酯灌浆材料固化后固结体的物理力学性能。

凝胶时间的定义：在规定温度下，亲水型聚氨酯灌浆材料与一定比例的水混合均匀后，由液体变为固结体（凝胶体）的时间。

凝固时间的定义：在规定温度下，疏水型聚氨酯灌浆材料与一定比例的催化剂（适用时）、水混合均匀后，由液体变为固结体的时间。

包水性定义：在规定时间内，亲水型聚氨酯灌浆材料与一定量的水完全反应且凝胶，参与反应且胶凝的水量与亲水型聚氨酯灌浆材料之比即为包水性，用包水倍数表示。

发泡率的定义：聚氨酯灌浆材料与水反应以后，形成的泡沫状固结体相对于原浆液的体积增长率。

亲水性的定义：亲水型聚氨酯灌浆材料与水反应以后固结体的均匀程度。

遇水膨胀率的定义：亲水型聚氨酯灌浆材料制成的固结体浸泡水后，在规定时间内，其体积膨胀的百分数。

3.3 一般要求

一般要求规定了企业生产的产品在生产及应用过程中不应对人体、生物与环境造成有害的影响，所涉及与使用有关的安全与环保要求，应符合我国的相关国家标准和规范的规定。一般要求是提示企业应当重点关注的安全和环保规定，从原材料和生产的源头进行控制，生产要素、生产过程与产品应用全过程控制,保证产品符合安全、环保规定。不符合安全环保的规定企业不能生产,产品不能生产和进入市场。当产品用于饮用水及灌溉工程时,应符合有关水质标准的要求。

3.4 技术要求及试验方法

试验项目设置从两方面考虑:产品本身的特性,还有产品满足工程应用的性能,包括外观、浆液性能、固结体性能。技术指标结合了聚氨酯灌浆材料的发展状况及实际需要,参考了有关技术文献、企业标准及有关专家的意见,以及其他灌浆材料项目设置而确定的,同时采用了全国十余家企业的产品并经进行多次反复的验证试验得出的。与 JC/T 2041—2010 相比:亲水型分为Ⅰ型、Ⅱ型产品,即高包水性低发泡率、低包水性高发泡率两类;改进了部分项目的试验方法,如修改了包水性的试验方法;提高了质量要求,如固含量要求等。

3.4.1 聚氨酯灌浆材料浆液性能

聚氨酯灌浆材料的浆液性能包括:

WPU:外观、浆液密度、黏度、凝胶时间、不挥发物含量。

OPU:外观、浆液密度、黏度、凝固时间、不挥发物含量。

聚氨酯灌浆材料的浆液性能包括:外观、浆液密度、黏度、凝胶时间、凝固时间、不挥发物含量。

(1)外观

外观要求产品为均匀的液体,无杂质,不分层。

外观技术要求材料具有良好的均匀性、可灌性、不变质,否则将影响灌浆时可操作性,影响堵漏效果。

(2)浆液密度

浆液密度是规定温度下浆液单位体积的质量,是计算灌浆量的依据,同时又是控制稀释剂的加入量依据。

按 GB/T 8077—2012 7.3 密度计法,测定主剂的密度。每个试样测定三次,取三次测量结果的算术平均值作为试验结果,计算精确至 0.01 g/cm^3。

(3)黏度

黏度是控制聚氨酯灌浆材料可灌性的一个技术指标,黏度大,可灌性差,黏度小,稀释剂多,聚氨酯灌浆材料有效成分少,影响堵漏止水的效果。因此要控制一个黏度值,有利于注浆堵漏的可操作性。

试验方法:按 GB/T 2794,测定主剂的黏度。每个试样测定三次,取三次测量结果的算术平均值作为试验结果,计算精确至 1 mPa·s。

(4)凝胶时间(WPU)

凝胶时间是亲水型聚氨酯灌浆材料与水发生化学反应快慢程度,也即堵漏止水的快慢程度,反应速度越迅速,堵漏止水效果越明显,测试从加水开始到浆液出现拉丝的时间,用时间秒(s)来表示。产品的凝胶时间可根据客户要求进行定制。

试验方法:在标准试验条件下,称取试样(15±0.1)g 于塑料容器中,Ⅰ型加入 300 mL 水,Ⅱ加入 150 mL 水,记录加入水时的时间 t_1,并迅速搅拌均匀(约 10s)后静止,得到白色乳浊液。之后用玻璃棒不断探测黏度的变化。当玻璃棒离开液面出现拉丝现象时,视该试样已凝胶化,记录时间 t_2。试样的凝胶时间为上述时间之差。

(5)凝固时间(OPU)

测定试样在水和催化剂作用下,从加水开始至发停止泡体的时间。

产品的凝固时间可根据客户要求进行定制,凝固时间越快,疏水型聚氨酯灌浆材料在水和催化剂存在条件下的膨胀反应速度就越快,即堵漏止水的速度越快,快速堵漏止水效果越明显。

试验方法:按本标准 7.8.1 进行。根据生产商推荐的比例,在疏水型聚氨酯灌浆材料里加入催化剂,搅拌均匀后,再按生产厂推荐的比例加入水,快速搅均,记录从加水开始到停止发泡的时间。如生产厂没有规定加水量,则需加入按试样质量的 5%水即可。

(6)不挥发物含量

不挥发物含量指标是衡量产品有效物质含量的一个重要指标。不挥发物含量固然越高越好,但还要兼顾其产品的其他性能,如产品的黏度、可灌性和混凝土缝隙扩散性。

试验方法:按 GB/T 16777—2008 第 5 章进行,测定主剂的不挥发物含量。试验温度(105±2)℃,3h。每个试样测定三次,取三次测量结果的算术平均值作为试验结果。

3.4.2 聚氨酯灌浆材料固结体性能

聚氨酯灌浆材料固结体性能包括:

WPUⅠ型:包水性、亲水性、遇水膨胀率。

WPUⅡ型:包水性、亲水性、发泡率、遇水膨胀率。

OPU:发泡率、抗压强度

亲水型根据包水性和发泡的大小,分为Ⅰ型和Ⅱ型。Ⅰ型产品包水率大,发泡率小,对发泡率不作要求;Ⅱ型产品包水率小,发泡率大,对包水率、发泡率均要检测。

(1)包水性

这是对 JC/T 2041—2010 标准中"包水性"修订的一个指标。

亲水型聚氨酯灌浆料最大包水量,Ⅰ型产品不少于 20 倍、凝胶时间不大于 180s 为合格,Ⅱ型产品不少于 10 倍、凝胶时间不大于 120s 为合格。

JC/T 2041—2010 标准中包水性:亲水型聚氨酯灌浆材料与规定倍数水混合后,与水反应完全形成固结体所需的时间。测定试样与 10 倍质量的水开始混合至容器中倒不出水时的时间。包水性根据在凝胶时间不大于 200s 范围内,试样与水完全反应并固化凝胶,则判该项合格。原标准包水性已经规定了加水倍数,在规定时间内凝胶拉丝,即为合格。

修订后:在标准试验条件下,称取试样(15±0.1)g 放入塑料容器中,加入相应倍数的水并迅速搅拌均匀(约 10 s)后静止,待试样与水充分反应,倒不出水时视为试样完全固化凝胶,记录从加水到完全固化凝胶的时间。当加入不少于规定倍数的水,且Ⅰ型产品的凝胶时间不大于 180s,Ⅱ型产品的凝胶时间不大于 120s,判包水性为合格;否则判包水性为不合格。

(2)亲水性

这是一个新增的技术指标,主要是判断亲水型聚氨酯灌浆材料与水反应以后均匀程度。按本标准 7.11 进行亲水性试验,观察固结体是否乳白、均匀、无颗粒及无雪花状。

(3)发泡率

发泡率表征的是聚氨酯灌浆材料与水反应后体积膨胀的能力。发泡率越大,快速堵漏止水的效果越好。对亲水型Ⅰ型聚氨酯灌浆材料不作要求。

亲水型聚氨酯灌浆材料发泡率,是指聚氨酯灌浆材料加入一定量的水后快速搅匀,聚氨酯灌浆材料与水反应后,形成的泡沫状固结体相对于原浆液的体积增长率,按本标准 7.12.1 进行测定。

疏水型聚氨酯灌浆材料发泡率,是指聚氨酯灌浆材料先加入一定量的催化剂,混合均匀后,再加入一定比例的水,快速搅匀,聚氨酯灌浆材料与水反应后,形成的泡沫状固结体相对于原浆液的体积增长率,按本标准 7.12.2 进行测定。

采用带刻度的容器,用补水的方法,直接测定体积的变化。

(4)遇水膨胀率

遇水膨胀率,亲水型聚氨酯灌浆材料制成的固结体浸泡水后,在规定时间内,体积增长的倍数也是固结体遇水膨胀的能力,反映的是亲水型聚氨酯灌浆材料二次止水堵漏的能力。该指标越大越好。

按本标准 7.13 进行测定:用试模成型 3 个 ϕ50mm×50mm 试件,养护好后用排水法,测定其体积,然后浸泡于水中 168h,再用排水法,测定其体积。浸水前后体积膨胀百分数。规定遇水膨胀率,Ⅰ型不小于 40%,Ⅱ型产品不小于 30%。

(5)抗压强度

本指标是专门考核聚氨酯灌浆材料用于建筑结构裂缝修补、补强、加固的能力而设立的，也是根据客户的要求才检测该项目。

疏水型聚氨酯灌材材料既可以用于堵漏、防渗等工程，也可以用于建筑结构补强、加固。因此，疏水型聚氨酯灌材材料的固结体，必须具有一定的抗压强度。

先制备3个ϕ50mm×50mm的固结体，再按GB/T 1041—1992进行抗压强度试验。试件表面应平整、无气泡、两端面必须与主轴面垂直。试件加压，加荷速度为500N/s，以试件压缩约30%的压缩最大负荷进行抗压强度计算。由于疏水型聚氨酯灌材材料与水反应速度太快，可以先把试样(预先混合催化剂)冷却到－10℃，水冷却至5℃左右，加水后必须快速搅拌和注入模内。

3.4.3 聚氨酯灌浆材料有害物质限量

聚氨酯灌浆材料有害物质限量应符合表3要求。由于对灌浆材料的有害物质限量没有国家专门的规定，根据JC/T 1066—2008《建筑防水涂料有害物质限量》反应型和溶剂型建筑防水涂料有害含量要求进行。对挥发性有机化合物、苯和苯类物质(甲苯＋乙苯＋二甲苯)进行限制，并增加了卤代烷烃(二氯甲烷、三氯甲烷)项目。二氯甲烷无色透明液体，有类似醚的刺激性气味，不溶于水。2017年10月27日，世界卫生组织国际癌症研究机构公布的致癌物清单初步整理参考，二氯甲烷在2A类致癌物清单中。三氯甲烷无色透明液体，有特殊气味，纯品对光敏感，遇光照会与空气中的氧气作用，逐渐分解而生成剧毒的光气(碳酰氯)和氯化氢。2017年10月27日，世界卫生组织国际癌症研究机构公布的致癌物清单初步整理参考，三氯甲烷在2B类致癌物清单中，在低品质的聚氨酯灌浆材料中，为降低生产成本，而作为稀释剂加入。

表3 聚氨酯灌浆材料有害物质限量

序号	项目	有害物质限量	
		WPU	OPU
1	挥发性有机化合物(VOC)(g/L)	≤300	
2	苯(mg/kg)	≤200	
3	甲苯＋乙苯＋二甲苯(g/kg)	≤5.0	
4	卤代烷烃(g/kg)	≤5.0	

挥发性有机化合物、苯、甲苯＋乙苯＋二甲苯按JC 1066进行。

卤代烷烃按GB 18583—2008附录E进行。

4 标准的试验验证情况分析

4.1 亲水型聚氨酯灌浆材料

4.1.1 试样

第一次验证试验收到亲水型聚氨酯灌浆材料14个，编号为A1～A14。

第二次补充验证试验收到亲水型聚氨酯灌浆材料7个，编号为C1～C7。

4.1.2 验证试验结果

4.1.2.1 第一验证试验结果

第一次试验验证工作由中国建材检验认证集团股份有限公司(国家建材测试中心)完成，验证试验结果见表4、表5，产品外观均满足“产品为均匀的液体，无杂质、不分层”的技术要求。

表 4 第一次亲水型Ⅰ型聚氨酯灌浆材料物理性能验证试验结果汇总

编号	密度 (g/cm³) ≥1.00	黏度 (mPa·s) ≤1000	不挥发物含量(%) ≥78	凝胶时间(s) (20 倍水) ≤180	包水性 (20 倍水) ≤180s	亲水性 固结体乳白、均匀、无颗粒及无雪花状	遇水膨胀率(%) ≥40	合格率 (%)
A1-Ⅰ	1.042	318	94	46	24 倍,118s,合格 25 倍,127s	符合标准要求	100	合格
A4-Ⅰ	1.072	642	79	38	25 倍,124s,合格	符合标准要求	78	合格
A5-Ⅰ	1.065	553	90	41	20 倍,97s,合格 25 倍,123s	符合标准要求	78	合格
A7-Ⅰ	1.070	435	81	38	25 倍,115s,合格	符合标准要求	78	合格
A8-Ⅰ	1.065	588	78	37	25 倍,103s, 27 倍,127s,合格 25 倍,103s	符合标准要求	78	合格
A9-Ⅰ	1.095	672	76	39	25 倍,123s,合格	符合标准要求	泡水第 7 天试件开裂	单项不合格
A10-Ⅰ	1.072	648	79	36	25 倍,120s,合格	符合标准要求	56	合格
A12-Ⅰ	1.182	986	69	41	20 倍,70s,合格 21 倍,112s, 23 倍,180s,	符合标准要求	100	单项不合格
A13-Ⅰ	1.130	986	76	41	20 倍,117s,合格 23 倍,220s	符合标准要求	100	单项不合格
合格率	9/9	9/9	6/9	9/9	9/9	9/9	8/9	6/9
	100%	100%	66.7%	100%	100%	100%	88.9%	66.7%

表 5 第一次亲水型Ⅱ型聚氨酯灌浆材料物理性能验证试验结果汇总

编号	密度 (g/cm³) ≥1.00	黏度 (mPa·s) ≤1000	不挥发物含量(%) ≥78	凝胶时间(s) (10 倍水) ≤120	包水性 (10 倍水) ≤120s	亲水性 固结体乳白、均匀、无颗粒及无雪花状	遇水膨胀率(%) ≥30	合格率 (%)
A2-Ⅱ	1.113	609	85	98	10 倍,98s, 15 倍,145s	符合标准要求	78	合格
A3-Ⅱ	1.116	518	85	75	15 倍,102s 20 倍,226s,	符合标准要求	75	合格
A6-Ⅱ	1.198	975	72	46	15 倍,67s, 18 倍,127, 20 倍,170s	符合标准要求	78	单项不合格
A11-Ⅱ	1.062	418	84	67	12 倍,107s, 13 倍,114s, 15 倍,140s,	符合标准要求	100	合格
A14-Ⅱ	1.043	405	83	50	15 倍,98s 20 倍,123s,	符合标准要求	100	合格
合格率	5/5	5/5	4/5	5/5	5/5	5/5	5/5	4/5
	100%	100%	80%	100%	100%	100%	100%	80%

4.1.2.2 第二次补充验证试验结果

第二次补充试验验证工作由中国建材检验认证集团(苏州)有限公司承担，主要测试亲水型聚氨酯灌浆材料Ⅱ型产品的发泡率和亲水型聚氨酯灌浆材料环保技术指标。验证试验结果见表 6。

表 6 第二次亲水型聚氨酯灌浆材料物理性能补充验证试验结果汇总

项目	指标	C1	C2	C3	C4	C5	C6	C7
发泡率(%)	≥350	530	910	403	383	555	547	378
合格数		合格	合格	合格	合格	合格	合格	合格
苯	≤200mg/kg	未检出	未检出	未检出	未检出	未检出	未检出	—
甲苯+乙苯+二甲苯	≤5.0g/kg	未检出	未检出	未检出	未检出	未检出	未检出	—
挥发性有机化合物/(g/L)	≤300	164	274	308	316	193	244	
二氯甲烷、三氯甲烷	≤5g/kg	未检出	未检出	—	未检出	—	未检出	—

4.1.2.3 亲水型聚氨酯灌浆材料验证试验结果汇总及分析

亲水型聚氨酯灌浆材料验证试验结果汇总结果见表 7、表 8、表 9。

表 7 亲水型Ⅰ型聚氨酯灌浆材料验证试验结果汇总结果

序号	试验项目	技术要求	单个项目试验结果			全项试验结果		
			试样个数(个)	合格个数(个)	合格率(%)	全项检测(个)	合格个数(个)	合格率(%)
1	外观	产品为均匀的液体，无杂质、不分层	9	9	100	9	6	66.7
2	密度(g/cm^3)	≥1.00	9	9	100			
3	黏度(mPa・s)	≤1.0×10^3	9	9	100			
4	不挥发物含量(%)	≥78	9	6	66.7			
5	凝胶时间(10 倍水)(s)	≤180	9	9	100			
6	包水性(180s)	≥20 倍	9	9	100			
7	亲水性	20 倍水 固结体乳白、均匀、细腻、无颗粒及无雪花状	9	9	100			
8	遇水膨胀率(%)	≥40	9	8	88.9			

从上表，亲水型Ⅰ型聚氨酯灌浆材料验证试验结果，不合格项主要是不挥发物含量 3 个试样、遇水膨胀率 1 个试样。不挥发物含量从 JC/T 2041—2010 中的 75%提高到了 78%，降低了本次试验的合格率。但通过略为改进配方，提高不挥发物含量的合格率是没问题的。遇水膨胀率 1 个试样，泡水第 7 天

试件开裂，本身的质量有问题。

表 8　亲水型Ⅱ型聚氨酯灌浆材料验证物理力学试验结果汇总

序号	试验项目	技术要求	单个项目试验结果			全项试验结果		
			试样个数（个）	合格个数（个）	合格率（%）	全项检测（个）	合格个数（个）	合格率（%）
1	外观	产品为均匀的液体，无杂质、不分层	5	5	100	5	4	80.0
2	密度（g/cm^3）	≥1.00	5	5	100			
3	黏度（mPa·s）	≤1000	5	4	80			
4	不挥发物含量（%）	≥78	5	4	80.0			
5	凝胶时间（10 倍水）（s）	≤120	5	5	100			
6	包水性（120s）	≥10 倍	5	5	100			
7	亲水性	10 倍水 固结体乳白、均匀、细腻、无颗粒及无雪花状	5	5	100			
8	遇水膨胀率（%）	≥30	5	5	100			
9	发泡率（%）	≥350	5	5	100			

从上表，亲水型Ⅱ型聚氨酯灌浆材料验证试验结果，不合格项主要是不挥发物含量 1 个试样。不挥发物含量从 JC/T 2041—2010 中的 75%提高到了 78%，通过略为改进配方，提高不挥发物含量的合格率是没问题的。

表 9　亲水型Ⅱ型聚氨酯灌浆材料验证有害物质限量试验结果汇总

序号	试验项目	技术要求	单个项目试验结果			全项试验结果		
			试样个数（个）	合格个数（个）	合格率（%）	全项检测（个）	合格个数（个）	合格率（%）
1	苯	≤200mg/kg	6	6	100	4	3	75
2	甲苯＋乙苯＋二甲苯	≤5.0g/kg	6	6	100			
3	挥发性有机化合物（g/L）	≤300	6	4	66.7			
4	二氯甲烷、三氯甲烷	≤5g/kg	4	4	100			

4.2　疏水型聚氨酯灌浆材料

4.2.1　试样

第一次验证试验收到疏水型聚氨酯灌浆材料 14 个，编号为 B1～B14。

第二次补充验证试验收到疏水型聚氨酯灌浆材料 7 个，编号为 X1～X7。

4.2.2　验证试验结果

4.2.2.1　第一验证试验结果

第一次试验验证工作由中国建材检验认证集团股份有限公司（国家建材测试中心）完成，验证试验结果见表 10。

产品外观均满足“产品为均匀的液体，无杂质、不分层”的技术要求。

表 10 第一次疏水型聚氨酯灌浆材料物理性能验证试验结果汇总

编号	密度(g/cm³)≥1.05	黏度(mPa·s)≤1000	不挥发物含量(%)≥80	凝固时间(s)≤800	发泡率(%)≥1000
B1	1.165	374	84	20	1103
B2	1.202	700	98	37	2297
B3	1.245	873	88	403	1367
B4	1.132	740	84	340	1519
B5	1.127	469	75	260	1638
B6	1.234	587	89	349	1731
B7	1.134	343	98	280	610
B8	1.145	220	92	330	要求不测该项
B9	1.181	236	88	464	2878
B10	1.125	590	80	490	1274
B11	A：1.025 B：1.240	A：987 B：509	A：80 B：100	270	707
B12	1.220	546	90	540	2223
B13	1.071	711	78	330	310
B14	1.285	548	77	750	3137
B15	1.198	400	80	625	2123
合格率	14/14	14/14	11/14	14/14	11/13
	100%	100%	78.6%	100%	84.6%

B11 试样为双组分型，注浆堵漏时，采用双管注浆。本标准包含的产品，除催化剂外，仅是一个组分，注浆堵漏时，采用一个管注浆。催化剂是在注浆堵漏时，事先混合均匀。因此 B11 试样的试验结果，不在统计范围之内。

4.2.2.2 第二次补充验证试验结果

第二次补充试验验证工作由中国建材检验认证集团(苏州)有限公司承担，主要测试疏水型聚氨酯灌浆材料抗压强度和疏水型聚氨酯灌浆材料环保技术指标。验证试验结果见表 11。

表 11 第二次疏水型聚氨酯灌浆材料物理性能补充验证试验结果汇总

项目	指标	X1	X2	X3	X4	X5	X6	X7
抗压强度(MPa)	≥15	20	21	12	26	40	35	51
合格数		合格	合格	不合格	合格	合格	合格	合格
合格率		83.3%						
苯	≤200mg/kg	未检出	未检出	未检出	未检出	未检出	—	—
甲苯＋乙苯＋二甲苯	≤5.0g/kg	未检出	未检出	未检出	未检出	未检出	—	—
挥发性有机化合物	≤300 g/L	245	176	180	132	—	—	—
二氯甲烷、三氯甲烷	≤5.0g/kg	未检出	—	未检出	未检出	—	—	—

4.2.3 疏水型聚氨酯灌浆材料验证试验结果汇总及分析

疏水型聚氨酯灌浆材料验证试验结果汇总结果，见表 12、表 13。

表 12 疏水型聚氨酯灌浆材料验证试验物理力学结果汇总结果

序号	试验项目	技术要求	单个项目试验结果			全项试验结果		
			试样个数(个)	合格个数(个)	合格率(%)	全项检测(个)	合格个数(个)	合格率(%)
1	外观	产品为均匀的液体，无杂质、不分层	14	14	100	10	4	71.4
2	密度(g/cm^3)	≥1.05	14	10	100			
3	黏度(mPa·s)	≤1000	14	13	93			
4	不挥发物含量(%)	≥78	14	11	78.6			
5	凝固时间(s)	≤800	14	14	100			
6	发泡率(%)	≥1000	13	11	84.6			
7	抗压强度(MPa)	≥15	6	5	83.3			

从上表，疏水型聚氨酯灌浆材料验证试验结果，不合格项主要是不挥发物含量 3 个试样、抗压强度 1 个试样。不挥发物含量从 JC/T 2041—2010 中的 78%提高到了 80%，通过略为改进配方，提高不挥发物含量的合格率是没问题的。发泡率 2 个试样不合格，本身材料有问题。

表 13 疏水型聚氨酯灌浆材料验证试验有害物质限量汇总结果

序号	试验项目	技术要求	单个项目试验结果			全项试验结果		
			试样个数(个)	合格个数(个)	合格率(%)	全项检测(个)	合格个数(个)	合格率(%)
1	苯	≤200mg/kg	5	5	100	3	3	100
2	甲苯+乙苯+二甲苯	≤5.0g/kg	5	5	100			
3	挥发性有机化合物(g/L)	≤300	4	4	100			
4	二氯甲烷、三氯甲烷	≤5.0g/kg	3	3	100			

5 标准中所涉及的专利

通过资料查询，网上征询和征求意见阶段反馈的信息，直至今日尚未发现标准内容有关专利所有权的请求。故本标准不涉及相关专利与知识产权。

6 产业化情况、经济效益分析

我国的化学灌浆材料是从无到有、从小到大发展起来的，已成为我国现代工程技术不可或缺的一个组成部分。早在 20 世纪 50 年代开始就研制一种水玻璃灌浆材料，到 50 年代末至 60 年代，开发出甲凝、环氧、脲醛树脂、丙凝等化学灌浆材料。1973 年天津大学等 5 个单位研制出聚氨酯堵水化学灌浆材料(氰凝)。1974 年华东水电勘察设计院科学研究所研制出水溶性聚氨酯化学灌浆材料。1979 年长江科学院、广州化学研究所等单位为葛洲坝水利枢纽工程的薄层封闭式护坦止水，研制出弹性聚氨酯化学灌浆材料，为我国独创之一。到 20 世纪末，我国的化学灌浆材料的研制、开发已赶上了各国发展的步伐，国外主要的化学灌浆材料品种在我国都已研制出来，同时也有我国自行研制的新品种。化学灌浆技术已在国内水电(大坝、堤坝、水库、电站)、建筑(地上、地下、人防)、交通(公路、铁路、隧道、桥梁、港口、机场)和采矿(采油、采煤)四大部门得到推广应用。

聚氨酯化学灌浆材料分为水溶性(亲水型)和油溶性(疏水型)两大类。这两类聚氨酯预聚体材料虽然都能用于防水、堵漏、地基加固，但二者也有差别。

通常，油溶性聚氨酯灌浆材料的固结体强度大，抗渗性好，多用于加固地基、防水堵漏兼备的工程；

水溶性聚氨酯灌浆材料亲水性好，包水量大，适用于潮湿裂缝的灌浆堵漏、动水地层的堵涌水、潮湿土质表面层的防护等。由于油溶性聚氨酯灌浆材料化学灌浆材料弹性小，所以比较适合混凝土静缝的防渗堵漏及加固。根据施工需要，也可把水溶性聚氨酯灌浆材料与油溶性聚氨酯灌浆材料按合适的比例混合后进行灌浆施工。

水溶性聚氨酯灌浆材料近几年在我国应用量逐年增多，因其具有包水量大、渗透半径大的特点，适合动水地层的堵漏涌水，土质浅层和表面层的结固和防护。优越的防水堵漏性能决定了它有着广泛的用途。又因为水溶性聚氨酯化学灌浆材料易分散于水中，遇水自乳水乳化，立即进行聚合反应。固结体具有良好的弹性、抗渗性、耐低温性，对岩石、混凝大、土粒等具有良好的粘结性能，灌浆后对水质无污染，同时固结体具有弹性止水和膨胀止水的双重作用，所以最适合混凝土动缝的防渗堵漏。作为化学灌浆材料应用于大坝基础的帷幕灌浆和坝体混凝土裂缝、横缝的防渗堵漏处理，隧道及矿井修建中涌水地带的加固，地下铁道挖掘中软弱地层的固体和邻近建筑物基础的加固，地下建筑物的防水和稳定，油田的非选择性堵漏，土质表面的防护及土质稳定和改良，农药、化肥的延效作用，植物栽培等。还广泛适用于建筑物用地铁、隧道等地下工程变形缝、施工缝、结构裂缝堵漏；桥墩、大坝、水电站裂缝堵漏，混凝土结构外墙加固；各种水塔、水池、地下室防渗堵漏；隧洞掘进和矿进建设中的堵漏，铁路隧道、涵洞堵漏、破裂带和软地基加固等。

因此，修订《聚氨酯灌浆材料》行业标准，在全国范围内统一产品技术要求与试验方法，有利于提高产品质量，促进保证聚氨酯灌浆材料的发展，保证基础设施工程质量的“百年大计”。

7 采用国际标准和国外先进标准情况

目前尚未收集到该种产品的国际标准和国外先进标准。本标准是在调查研究，总结我国聚氨酯灌浆材料生产与实践经验基础上进行了大量的试验研究，结合我国国情制定的。

8 本标准与现行的相关法律、法规及相关标准(包括强制性标准)的协调性

经查询，目前国际上没有此类产品的国家标准与国外先进标准。

本标准的修订，与国家标准 GB 50108—2008《地下工程防水技术规范》中 9.2.6、9.3.2 和 JGJ/T 212—2010《地下工程渗漏治理技术规程》中 3.3.2、4.1.1、5.1.3、6.1.1 涉及的聚氨酯灌浆材料协调一致。

由此可见，聚氨酯灌浆材料国内外无此类产品标准，国内生产和应用仅依靠企业积累的经验和工程案例。本标准的修订是为了提高聚氨酯灌浆材料的质量，规定了浆液和固结体的基本性能和应用性能，填补了我国标准的空白，也是国际上第一个“聚氨酯灌浆材料料”产品标准。

经广泛调研和多方面征求意见，本标准有关技术参数、性能指标、技术要求符合现行法律、法规、规章及有关强制性标准要求并具有一致性。

9 重大分歧意见的处理经过和依据

经广泛征求意见，收集了生产、使用、科研设计、质检机构、工程建设等单位的意见与建议，进行了认真研究分析，修改了行业标准征求意见稿，并起草了标准送审稿。在审查会议上，本标准的起草单位、科研院所、业内有关专家、学者、用户取得一致性意见，没有提出重大分歧意见。

10 标准性质

本标准为推荐标准行业标准。

11 贯彻标准的要求和措施建议

待本标准批准发布后，建议由标委会组织相关生产、检验、施工、设计等有关单位进行宣贯。

12 废止现行相关标准的建议

本标准为首次制定,无相关标准废止的建议。

13 其他应予说明的事项

无其他说明事项。

ICS 91.100.50
Q 24
备案号:55996—2016

JC

中华人民共和国建材行业标准

JC/T 2379—2016

地基与基础处理用环氧树脂灌浆材料

Epoxy resin grouts for ground and foundation treatment

2016-07-11 发布 2017-01-01 实施

中华人民共和国工业和信息化部 发布

前言

本标准按照 GB/T 1.1—2009 给出的规则起草。

本标准由中国建筑材料联合会提出并归口。

本标准负责起草单位:建筑材料工业技术监督研究中心、长江水利委员会长江科学院。

本标准参加起草单位:中国建材检验认证集团股份有限公司、深圳市建筑科学研究院股份有限公司、中科院广州化灌工程有限公司、广州市泰迪斯固结补强材料有限公司、中国水电基础局有限公司、杭州国电大坝安全工程有限公司、武汉长江科创科技发展有限公司、深圳市亿居建筑材料有限公司、广东灌浆岛路桥新技术发展有限公司、葛洲坝集团试验检测有限公司。

本标准主要起草人:杨斌、陈亮、蒋玉川、陈斌、魏涛、李珍、王莹、张维欣、邱小佩、孙亮、张捷、易举、邓敬森、李焰。

本标准委托长江水利委员会长江科学院负责解释。

本标准为首次发布。

地基与基础处理用环氧树脂灌浆材料

1 范围

本标准规定了适用于地基与基础处理用环氧树脂灌浆材料的术语和定义、一般要求、技术要求、试验方法、检验规则以及标志、包装、运输和贮存等。

本标准适用于水利水电、交通、采矿、工业及民用建筑等领域的地基与基础加固、防渗等处理用环氧树脂灌浆材料。

2 规范性引用文件

下列文件对于本文件的应用是必不可少的。凡是注日期的引用文件,仅注日期的版本适用于本文件。凡是不注日期的引用文件,其最新版本(包括所有的修改单)适用于本文件。

GB/T 2567 树脂浇铸体性能试验方法

GB/T 2794 胶黏剂黏度的测定 单圆筒旋转黏度计法

GB/T 7124 胶粘剂 拉伸剪切强度的测定(刚性材料对刚性材料)

GB/T 13354 液态胶粘剂密度的测定方法 重量杯法

GB/T 16777—2008 建筑防水涂料试验方法

JC/T 1041—2007 混凝土裂缝用环氧树脂灌浆材料

SL 352—2006 水工混凝土试验规程

3 术语和定义

JC/T 1041—2007 界定的以及下列术语和定义适用于本文件。

3.1

环氧树脂灌浆材料 epoxy resin grouts

以环氧树脂为主剂加入固化剂、稀释剂、增韧剂等组分所形成的双组分灌浆材料。A 组分是以环氧树脂为主的体系,B 组分为固化体系。

4 一般要求

本标准所包括的产品的生产与应用不应对人体、生物与环境造成有害影响,所涉及的安全与环保要求,应符合我国相关国家标准和规范的规定。当产品用于饮用水及灌溉工程时,应符合有关水质标准的要求。产品应用注意事项见附录 A。

5 技术要求

5.1 外观

A、B 组分及混合后的浆液均匀,无分层。

5.2 物理力学性能

5.2.1 环氧树脂灌浆材料浆液性能应符合表 1 的规定。

表 1　环氧树脂灌浆材料浆液性能

序号	项目	指标
1	密度/(g/cm^3)	>1.00
2	初始粘度/(mPa·s)	<30
3	可操作时间/min	>120
4	接触角/°	<25.0

5.2.2　环氧树脂灌浆材料固化物性能应符合表 2 的规定。

表 2　环氧树脂灌浆材料固化物性能

序号	项目	指标
1	抗压强度/MPa	≥50.0
2	拉伸剪切强度/MPa	≥7.0
3	抗拉强度/MPa	≥12.0
4	干粘结强度/MPa	≥3.5
5	湿粘结强度/MPa	≥3.0
6	抗渗压力/MPa	≥1.5
固化物性能的试验龄期为 28 d。		

6　试验方法

6.1　试样

6.1.1　取样数量

单项试验的取样数量应符合表 3 的规定。做几项试验时，如确能保证试样经一项试验后不致影响另一项试验的结果，可用同一试样进行几项不同的试验。在所有项目的试验过程中，生产企业推荐的配比应保持一致。

表 3　单项试验抽样数量

序号	试验项目	取样数量 g
1	密度	500
2	初始粘度	200
3	可操作时间	300
4	接触角	200
6	抗压强度	1000
7	拉伸剪切强度	500
8	抗拉强度	1000
9	粘结强度	500
10	抗渗压力	2000

6.1.2　试样配制

按生产企业推荐的配比将 B 组分缓慢倒入 A 组分中，边倒入边搅拌，并充分搅拌混合均匀。

6.2 外观

目视：分别检查 A、B 组分以及混合后浆液的均匀性，是否分层。

6.3 密度

按 6.1.2 规定的方法配制浆液，按 GB/T 13354 测定混合后浆液的密度，每个试样测定三次，取三次测量结果的算术平均值作为试验结果，计算精确至 0.01 g/cm^3。

6.4 初始粘度

将各组分样品在(23±2)℃标准试验条件下放置 24 h 后，按 6.1.2 规定的方法配制浆液，按 GB/T 2794 测定混合后浆液的初始粘度，应在 10 min 内测定完毕。每个试样测定三次，取三次测量结果的算术平均值作为试验结果，计算精确至 1 mPa·s。

6.5 可操作时间

在(23±2)℃标准试验条件下，按 6.1.2 规定的方法配制浆液，测定浆液从配毕至浆液粘度达到 200mPa·s 所用的时间。每个试样测定三次，取三次测量结果的算术平均值作为试验结果，计算精确至 5 min。

6.6 接触角

6.6.1 试验器具

6.6.1.1 接触角测量仪，该仪器应包括：

——低倍显微镜(5×～50×)，应带有量角刻度和光源；

——照相机，用于对液滴进行拍照；

——量角器，用于测量角度；

——微量进样器或测微滴定管，应固定安装，针头应平切；

——可调节的台板，在观察液滴的轮廓时将样品放置其上。

6.6.1.2 载玻片，货号为 7105 的单头单面磨砂边载玻片，规格：25.4 mm×76.2 mm。

6.6.2 试验步骤

调整接触角测量仪，使光源、照相机、台板水平并对准，手持载玻片的磨砂边用分析纯乙醇将载玻片的光滑面擦拭干净。

试验在(23±2)℃标准试验条件下进行，将各组分样品在恒温试验室放置 24h 后，按 6.1.2 规定的方法配制浆液，取混合均匀的浆液置于玻璃容器内，用微量进样器或测微滴定管取液面下总液体深度 1/2 处的浆液，在浆液充分混合后 10 min 内完成取样。将载玻片放置于台板上，将微量进样器或测微滴定管所取液滴滴至载玻片光滑面，稳定 5 min 后进行测量。用接触角测量仪测量并读取接触角结果。随机选取载玻片上五个点进行接触角的测量。

6.6.3 结果计算

五个测量结果中去掉的最大值和最小值，取保留的三个测量结果的算术平均值为试验结果，计算精确至 0.1°。

6.7 抗压强度

6.7.1 试验设备

6.7.1.1 试模：试模采用钢材制作，尺寸为 20 mm×20 mm×20 mm。

6.7.1.2 试验机：抗压试验机加载压头应平整、光滑，测定抗压强度时的加荷速度为 5 mm/min。

6.7.2 试件制备

试验前将试模表面清理干净，在试模内表面涂一层矿物脱模油。按 6.1.2 规定的方法配制浆液，浆液粘度达到 200 mPa·s 后，将其紧贴模板倒入模具，浆液未固化前应补充浆液使模具充满。

(23±2)℃标准试验条件下固化后脱模，然后敞开放在一个平面上养护至 28 d。

6.7.3 试验步骤

6.7.3.1 试件检查

试验前严格检查试件，试件应平整、光滑、无气泡、无裂纹、无明显杂质等缺陷，有失稳或端部挤压破坏的试件,此类试件应作废。若 组有效试件不足五个时应重新制样,保证每组有效试件不少于五个。

6.7.3.2 **试件尺寸计算**

试验前,测量试件截面长和宽的尺寸。每个方向测量三处,取其算术平均值,计算试件截面积。

6.7.3.3 **压缩试验**

以 5 mm/min 的加荷速度匀速施加荷载,直至试件破坏,读取试件破坏前的最大荷载。

6.7.3.4 **结果计算**

抗压强度按公式(1)计算。

$$\sigma=\frac{P}{S}=\frac{P}{b\cdot l} \qquad \cdots\cdots(1)$$

式中:

σ ——抗压强度,单位为兆帕(MPa);

P——最大荷载,单位为牛顿(N);

S——试件截面积,单位为平方毫米(mm^2);

b——试件截面宽度,单位为毫米(mm);

l——试件截面长度,单位为毫米(mm);

取五个试件测定值的算术平均值作为试验结果,计算精确至 0.1 MPa。

6.8 **拉伸剪切强度**

按 GB/T 7124 测定试件的拉伸剪切强度,按 6.1.2 规定的方法配制浆液,将浆液均匀涂抹于金属片剪切区域,用橡皮筋箍紧,清除外表多余浆液,在(23±2)℃标准试验条件下养护至 28 d 后,取下橡皮筋进行试验。严格检查试件,粘接面未接触充分或者两片金属片不在一条线上的试件应作废。若一组有效试件不足五个时应重新制样。以五个试件测定值的算术平均值作为试验结果,计算精确至 0.1 MPa。

6.9 **抗拉强度**

按 GB/T 2567 测定抗拉强度,按 6.1.2 规定的方法配制浆液,浆液粘度达到 200 mPa·s 后,将其倒入模具,浆液未固化前应补充浆液使模具充满。试件固化后即拆模,在(23±2)℃标准试验条件下养护至 28 d。出现裂纹、浆液填充不饱满或者断裂的试件应作废,若一组有效试件不足五个时,应重新取备用样制作试件试验。以五个试件测定值的算术平均值为试验结果,计算精确至 0.1 MPa。

6.10 **粘结强度**

6.10.1 **试验器具**

6.10.1.1 拉力试验机:试件的预计破坏荷载宜在拉力试验机全量程的 20%～80%。

6.10.1.2 符合 GB/T 16777—2008 的"8"字形试模(中间用插片分成两半)。

6.10.2 **试件制备**

按照 SL 352—2006 中 8.1"水泥砂浆拌和方法"制备砂浆。按照 GB/T 16777—2008 第 6 章制备半"8"字形砂浆试件。采用强度等级不低于 P·O 42.5 的水泥,需要时可掺入一定量的丙烯酸酯共聚乳液,使试件的抗拉强度适当高于浆材的粘结强度。试件砂浆的配比,水泥:标准砂:水:丙乳的参考质量比为 1:2:0.12:0.3,试件成型 1 d 后脱模,在(20±3)℃的水中养护至 28 d。每组试验至少制备六组砂浆试件。

6.10.3 **试验步骤**

6.10.3.1 **干粘结强度**

将养护后的水泥砂浆试件从水中取出后,在室温下放置 2 d,使试件干燥。试验前,将试件粘结平面用钢丝刷刷毛以去掉表面浮浆或浮灰,再在粘接面均匀涂抹配制好的浆液,厚度控制在 0.5 mm 左右,涂刷后迅速将试件对接好,用橡皮筋箍紧,放在温度为(20±3)℃、相对湿度 50%～70%的试验室内养护至 28 d,用拉力试验机对试件进行试验。以 5 mm/min 的加荷速度施加均匀连续荷载,直至试件破坏,读取试件破坏前的最大荷载。

6.10.3.2 湿粘结强度

将养护后的水泥砂浆试件从水中取出后,用湿的干净抹布把游离水挤压擦干,即可进行粘结。试验前,将试件的粘接平面用钢丝刷刷毛以去掉表面浮浆或浮灰,再在粘接面均匀涂抹配制好的浆液,厚度控制在 0.5 mm 左右,涂刷后迅速将试件对接好,用橡皮筋箍紧,放在温度为(20±3)℃、相对湿度 50%~70%的试验室内养护到 28 d,用拉力试验机对试件进行试验。以 5 mm/min 的加荷速度施加均匀连续荷载,直至试件破坏,读取试件破坏前的最大荷载。

6.10.4 结果计算

粘结强度按公式(2)计算。

$$\sigma=\frac{P}{S} \quad \cdots\cdots\cdots\cdots (2)$$

式中:

σ——干/湿粘结强度,单位为兆帕(MPa);

P——最大荷载,单位为牛顿(N);

S——粘接面积,单位为平方毫米(mm^2)。

干/湿粘结强度以六个试件为一组,每组数据中剔除超平均值 20%的数据,取剩余试件测定值的算术平均值作为试验结果,计算精确至 0.1 MPa。若有效试件少于三个,则应重新取备用样制作试件试验。对于试件破坏的形式,应在试验结束时作记录。

6.11 抗渗压力

6.11.1 试验设备

6.11.1.1 试模:圆台形金属试模,上口直径 70 mm、下口直径 80 mm、高 30 mm。

6.11.1.2 砂浆渗透试验仪,捣棒,抹刀等应符合 SL 352—2006 的要求。

6.11.2 试件制备

6.11.2.1 试件

每组有效试件不少于六个。

6.11.2.2 试件成型

圆台形金属试模扣紧后用密封材料密封,内表面涂一层矿物脱模油。从包装袋中均匀取标准砂加入到试模内并高出试模口,用捣棒均匀插 45 次,用抹刀抹平,准确称量标准砂的质量。浆液按 6.1.2 配制好后,按标准砂与浆液的质量比为 4.8∶1 称量浆液质量。分五次将浆液缓慢倒入装有标准砂的试模中,每次倒之前确保上次浆液渗透入标准砂中,确保浆液不溢出标准砂表面且标准砂表面不得有多余浆液,浆液不得在标准砂表面成膜,每组试块浆液应在 30 min 内加入完毕。每组试验制备六个试件并进行编号,在(20±3)℃的标准试验条件下养护固化后拆模,并在此条件下继续养护至 28 d。

6.11.2.3 试验步骤

28 d 后,用密封材料将试件密封装入砂浆渗透试验仪,进行抗渗压力试验。水压从 0.2 MPa 开始,恒压 2 h 后增至 0.3 MPa,以后每隔 1 h 增加 0.1 MPa。当六个试件中有三个试件出现渗水时,即可停止试验,记下当时水压。若加压至 1.6 MPa 恒压 1 h 仍未透水,应停止试验。

6.11.3 结果计算

抗渗试验时,六个试件中第三个试件渗水时停止试验,将该试件出现渗透水时的压力减去 0.1 MPa 记为该组试件的抗渗压力。若加压至 1.6 MPa 恒压 1 h 仍未透水,则该组试件的抗渗压力记为 1.6 MPa。

7 检验规则

7.1 检验分类

7.1.1 出厂检验

出厂检验项目包括:外观、初始粘度、可操作时间、抗压强度和抗拉强度。

7.1.2 型式检验

型式检验项目包括第5章规定的技术要求，在下列情况下进行型式检验：

a)新产品投产或产品定型鉴定时；

b)正常生产条件下每年至少进行一次；

c)产品主要原材料、配比或生产工艺有重大变更；

d)出厂检验结果与上次型式检验有较大差异时。

7.2 组批

同一配比的20 t为一批，不足20 t时亦作为一个批。

7.3 抽样

试样应随机在分别包装的A组分和B组分中各抽取一桶，每批抽取不小于8 kg。一分为二，一份用作试验，一份密封保存备用。

7.4 判定规则

环氧树脂灌浆材料产品各项试验结果均符合本标准规定时为合格。

若有一项性能不符合标准要求，允许采用备用试样对该项性能进行复验。复验结果该项性能符合标准，则判该批产品合格；否则，判该批产品不合格。

8 标志、包装、运输和贮存

8.1 标志

产品包装上应至少包括以下内容：生产厂名、地址、净质量、配比、生产日期、贮存期和注意事项。

8.2 包装

产品用铁皮桶或塑料桶盛装并密封，A、B组分包装应有明显区别。

8.3 运输

产品运输中避免火种、受潮、受热及剧烈冲击和包装破损，不得倒置包装桶，运输时应轻拿轻放。

8.4 贮存

8.4.1 产品应贮存于阴凉干燥通风处，温度不超过35℃。

8.4.2 产品应规定贮存期，贮存期自生产之日起计算。

附　录　A
（规范性附录）
产品应用注意事项

A.1　浆液的配制

A.1.1　配浆工人应配戴好劳保用品，包括防护眼镜、胶手套等。

A.1.2　配浆配制严禁烟火，远离电器设施。

A.1.3　配制容器应干净无水。

A.1.4　根据实际使用量严格按生产厂家提供的材料比例进行配制。

A.1.5　浆液配制过程中应将固化剂组分缓慢呈细线状倒入环氧树脂组分中，必要时可采取冷却措施防止浆液暴聚。

A.2　灌浆施工

A.2.1　施工人员应穿戴工作服、防护手套、眼镜、口罩及胶鞋。盛浆容器应密封加盖，随用随盖。浆液配制及灌注宜在密闭设备中进行。

A.2.2　施工场所应通风良好，严禁饮食和吸烟。

A.2.3　废弃浆液应按配比比例加入固化剂使其完全固化，并寻找合适地点掩埋，严禁随意倾倒。

JC/T 2379—2016 《地基与基础处理用环氧树脂灌浆材料》行业标准编制说明

1 工作简介

1.1 任务来源

根据2011年7月25日工业和信息化部工信厅科〔2011〕134号文件《关于印发2011年第二批行业标准制修订计划的通知》,《基础处理用环氧树脂灌浆料》行业标准制定已正式列入该计划,计划编号:2011-0985T-JC。该标准由建筑材料工业技术监督研究中心和长江水利委员会长江科学院等负责起草。

参加起草单位:中国建材检验认证集团股份有限公司、深圳市建筑科学研究院股份有限公司、中科院广州化灌工程有限公司、广州市泰迪斯固结补强材料有限公司、中国水电基础局有限公司、杭州国电大坝安全工程有限公司、武汉长江科创科技发展有限公司、深圳市亿居建筑材料有限公司、广东灌浆岛路桥新技术发展有限公司、葛洲坝集团试验检测有限公司。

标准主要起草人:杨斌、陈亮、蒋玉川、陈斌、魏涛、李珍、王莹、张维新、邱小佩、孙亮、张捷、易举、邓敬森、李焰。

1.2 主要工作过程

2011年10月25日,标准负责起草单位在湖北省武汉市召开了第一次行业标准工作会议。在会上交流了产品生产与应用情况,讨论了标准制定的内容,安排了调研与验证试验内容,明确了分工,制定了工作方案与计划,筹组了标准起草小组。会上,经讨论达成了如下共识:1)标准名称初步拟改为“地基与基础处理用环氧树脂灌浆材料”;2)初步界定标准的适用范围为:工厂生产的用于水利、交通、采矿、建筑等行业的地基与基础处理用环氧树脂类灌浆材料;3)将固化物毒性指标作为一般要求,明确了环氧树脂灌浆材料的毒性指标;4)环氧树脂灌浆材料的浆液性能包括:浆液密度、初始粘度、可操作时间、浆液表面张力和浆液与标准玻璃试片接触角;5)环氧树脂灌浆材料固化物性能包括:抗压强度、压缩弹性模量、剪切抗拉强度、抗拉强度、粘结强度、抗渗压力、渗透压力比和固化体收缩率。

行业标准的起草由标准负责起草单位主持,验证试验工作由长江科学院与中国建材检验认证集团股份有限公司负责,试验样品由参加标准起草单位长江水利委员会长江科学院(CW511、CW512)、中国水电基础局有限公司(JX-8T、JX-8H)、中科院广州化灌工程有限公司(XT-Ⅱ、XT-Ⅲ)、比利时迪尼夫建筑化学公司、广州泰迪斯固结补强材料有限公司、深圳市亿居建筑材料有限公司和杭州国电大坝安全工程有限公司等生产企业提供。第一阶段试验由长江科学院负责,主要对采用的试验方法进行研究并细化,以减少不同试验室的试验误差,提高方法的复演性、可比性和准确性。第二阶段试验由长江科学院和中国建材检验认证集团股份有限公司负责,对生产企业所送试样一式两份进行并行试验。第一、二阶段试验2012年12月前完成后。标准负责起草单位根据调研与验证试验结果起草行业标准征求意见稿(草案)。

2013年1月23日,标准负责起草单位在广东省广州市召开了第二次行业标准工作会议,共有生产与施工企业、科研院所与质检机构等12家单位的16名代表参加会议。在会上,汇报了第一、二阶段验证试验情况与试验结果,对行业标准征求意见稿(草案)提出了修改意见,并提出进行第三阶段补充验证试验的建议,对下一阶段行业标准制定工作作了安排。会上对征求意见稿(草案)作了如下修改:1)英文译名改为“Epoxy resin grouts for groud and foundation treatment”;2)范围改为“本标准适用于水利水电、交通、采矿、工业与民用建筑等领域的基础与地基加固、防渗处理用的环氧树脂灌浆材料”;3)术语和定义改为“JC/T 1041—2007界定的以及下列术语和定义适用于本文件”,删除了标准中JC/T 1041中已有的术语,仅保留“渗透性”;4)表2中删除“体积收缩率”,因标准中已有粘结强度、抗渗压力等指标,现用的体积收缩率测定方法不能准确反映材料的实际使用性能,测定数值偏高,会误导用户。会议认为:

现在起草的《基础处理用环氧树脂灌浆料》行业标准与已颁布实施的JC/T 1041—2007《混凝土裂缝用环氧树脂灌浆材料》行业标准有共性部分，即都是环氧树脂灌浆材料，但也有差异部分：即应用对象不同。本标准应用于“基础与地基”，而JC/T 1041是应用于“混凝土裂缝灌浆”，因此，标准在技术要求项目设置与技术指标上应有区别，以体现两个行业标准不同的应用对象和不同的性能。会议认为：采用基准试件表面涂层的抗渗压力试验不能反映基础与地基处理用环氧树脂灌浆材料的性能，建议采用环氧树脂灌浆材料砂浆试件测定其抗渗压力，由长江科学院负责进行试验研究，并根据试验结果提出试验方法与技术指标。同时，对第一、二阶段试验中，部分送样单位抗剪切强度，抗拉强度，干、湿粘结强度波动较大或不符合标准的进行了重新试验。在此基础上，修改《基础处理用环氧树脂灌浆料》征求意见稿（草案），形成正式文本，撰写行业标准编制说明，于2014年7月将其发送至全国有关生产企业、建设部门、施工设计、科研院所和质检机构等广泛征求意见。2014年10月根据返回的意见，修改了标准征求意见稿与编制说明，起草了标准送审稿（草案）及有关文件。2014年11月20日，在杭州召开的第三次工作会议上进行了讨论、修改，形成了标准送审稿及编制说明等有关文件，提交标准审查会审查。2014年12月23日，中国建筑材料联合会标准质量部在北京召开了标准审查会，一致通过了《基础处理用环氧树脂灌浆料》行业标准送审稿文本，建议根据会议审查意见修改后，将《基础与地基处理用环氧树脂灌浆材料》行业标准（报批稿）及有关文件上报上级标准化管理部门审批、颁布、实施。

2 标准编制原则和主要内容

2.1 标准编制的原则

本标准的编制原则是依据GB/T 1.1—2009给出的原则，严格按照工业和信息化部〔2009〕89号文件相关要求和有关标准、政策法规进行编制的。制定本标准应满足我国技术发展和生产需要，充分体现行业进步和发展趋势，符合国家产业政策，推动了行业技术水平的提高。标准文本格式、条款主要是依据GB/T 1.1—2009《标准化工作导则　第1部分：标准的结构和编写规则》进行编写。本标准的主要内容是对基础与地基处理用环氧树脂灌浆材料提出性能要求，规定了该产品的范围、分类、一般要求、技术要求、试验方法、检验规则以及标志、包装、贮存和运输等内容。

2.2 制定的理由和目的

化学灌浆“Chemical Grouting”是将一定的化学材料、无机或有机材料配制成真溶液，用化学灌浆泵等压送设备将其灌入地层或缝隙内，使其扩散、胶凝或固化，以增加地层强度，降低地层渗透性，防止地层变形和进行混凝土建筑物裂缝修补的地基处理和混凝土修补技术。我国化学灌浆技术已有50多年的发展历史，成功地研发、生产与应用了水玻璃灌浆材料、环氧树脂灌浆材料、聚氨酯灌浆材料和丙烯酸盐灌浆材料四大灌浆材料。但长期以来，这些化学灌浆材料仅有产品说明书、企业标准等技术资料，国内没有制定统一的试验方法与产品标准，这不利于化学灌浆材料产品的推广使用与保证产品和工程的质量。近几年来，在水利、水电、建材、化工与铁道等部门的通力协作下制定了JC/T 1041—2007《混凝土裂缝用环氧树脂灌浆材料》、JC/T 2037—2010《丙烯酸盐灌浆材料》、JC/T 2041—2010《聚氨酯灌浆材料》等三项行业标准，填补了我国化学灌浆材料的标准领域的空白，统一制定了试验方法与产品标准，为提高材料质量、保证工程质量作出了积极贡献。

我国生产环氧树脂灌浆材料的有长江科学院、中国科学院广州化学研究所、广州市泰迪斯固结补强材料有限公司、杭州国电大坝安全工程有限公司和中国水电基础局有限公司等单位，主要用于水利水电工程地基与基础加固处理、裂缝修补和地铁道床加固等。

JC/T 1047—2007《混凝土裂缝用环氧树脂灌浆材料》行业标准“适用于工厂生产的水利水电、交通、采矿工业与民用建筑等领域内混凝土裂缝用环氧类灌浆材料”，而不适用于地基与基础加固、防渗等处理用环氧树脂灌浆材料。由于应用领域不同，同为环氧灌浆材料，对材料性能要求有一定的差异，其试验方法有共同之处，但也有不同之处。因此，制定《基础与地基处理用环氧树脂灌浆材料》行业标准，统一产品质量要求与试验方法，对保证产品质量，保证工程建设质量具有重要的意义。

住房城乡建设部2010年发布了JG/T 264—2010《混凝土裂缝修复灌浆树脂》行业标准，主要适用于对工业与民用建筑中混凝土裂缝进行修复的灌浆树脂。而本标准主要适用于水利水电、交通、采矿、工业及民用建筑等领域的地基与基础加固补强、防渗等处理，适用范围不同。

3 标准编制和主要试验方法(或验证)分析

3.1 标准的名称

工业和信息化部下达计划标准的名称："基础处理用环氧树脂灌浆料"，考虑到工程的实际应用情况，应包括"地基"，且"灌浆料"是一个口头用语，改为"灌浆材料"更为准确。因此，第一次行业标准工作会议上，建议将标准名称改为《地基与基础处理用环氧树脂灌浆材料》。

3.2 范围

环氧树脂灌浆材料主要适用于水利水电工程的地基与基础灌浆，也用于地铁、隧道、桥梁、矿山和建筑物等加固处理。因此，本标准的范围为"适用于水利水电、交通、采矿、工业及民用建筑等领域的地基与基础加固、防渗等处理用环氧树脂灌浆材料"。

3.3 规范性引用文件

标准中产品性能的试验方法大部分采用了JC/T 1041—2007《混凝土裂缝用环氧树脂灌浆材料》中的试验方法，但部分试验方法有所修改，使本产品的性能试验与类似产品试验建立在同一测试平台上，提高了试验结果的可比性与准确性。

3.4 术语和定义

JC/T 1041—2007《混凝土裂缝用环氧树脂灌浆材料》第3章规定的术语和定义适用于本标准。

为了与标准中有关章节内容协调，列出了3.1"环氧树脂灌浆材料"的术语和定义，即：

环氧树脂灌浆材料 epoxy resin grouts

以环氧树脂为主剂加入固化剂、稀释剂、增韧剂等组分所形成的双组分灌浆材料。A组分是以环氧树脂为主的体系，B组分为固化体系。

3.5 一般要求

环氧树脂灌浆材料的性能不仅要满足工程上的使用要求，而且应满足环保和安全使用的要求。因此规定"本标准所包括的产品的生产与应用不应对人体、生物与环境造成有害影响，所涉及的安全与环保要求，应符合我国相关国家标准和规范的规定。当产品用于饮用水及灌溉工程时，应符合有关水质标准的要求。"同时，提出了产品的应用注意事项：附录A(规范性附录)提出了生产与施工时劳动安全与环境保护方面的要求，以引起重视。

3.6 技术要求

环氧树脂灌浆材料包括A、B两组分，而性能是A、B组分混合后浆液及其固化物的物理力学性能。

3.6.1 外观

环氧树脂灌浆材料A、B两组分液体是否均匀与分层是判断浆液质量稳定性最直观的表现。因此，标准规定"A、B组分及混合后的浆液的均匀性，无分层。"

3.6.2 物理力学性能

3.6.2.1 浆液性能

浆液性能包括：浆液密度、初始粘度、可操作时间和浆液与载玻片间接触角。

(1)浆液密度

浆液密度是规定温度下浆液单位体积的质量，计算混凝土灌入量的依据。国内外环氧树脂灌浆材料的密度均大于1.00g/cm^3，本标准规定浆液密度必须大于1.00g/cm^3。根据两家验证试验单位14个试样的试验，测定结果均大于1.00g/cm^3，都符合标准规定，详见表1和表2。

(2)初始粘度

粘度是流体内部阻碍其相对流动的一种特性。从一定意义上来讲，粘度越小，流动越快，有利于提高灌浆速度，是评价浆液可灌性的重要指标。从表1和表2可见，A试验9个试样中，初始粘度最小为8mPa·s，最大为124mPa·s。符合标准要求<30mPa·s的为7个，占77.8%。B试验5个试样中，初始粘度最小为3mPa·s，最大为101mPa·s。符合标准要求的<30mPa·s的4个，占80%。

对于地基与基础处理，尤其是在水利水电工程领域，环氧树脂化学灌浆材料低于30mPa·s即为业内公认的低粘度浆液，因此在JC/T 1041和本标准中，以浆液粘度30mPa·s作为划分浆液粘度的标准。

(3)可操作时间

环氧树脂灌浆材料的反应是逐步聚合反应，浆液的粘度随时间的延长而增大，从而使可灌性降低。因此必须规定可操作时间。本标准规定从环氧树脂灌浆材料两组分混合起用旋转粘度计测定其粘度并开始计时，当粘度达到200mPa·s时，从混合至此经历的时间间隔为可操作时间。从表1和表2可见，A试验9个试样中，粘度增大达到200mPa·s时最小的所用时间为65min，最大所用时间为790min，其中7个试样均大于120min，符合标准要求的试样占77.8%；有2个试样达不到标准规定。

(4)接触角

接触角是指在固体水平平面上滴一液滴，固体表面上的固-液-气三相交界点处，其气-液界面和固-液界面两切线把液相夹在其中时所成的角。接触角测试仪，主要用于测量液体对固体的接触角，即液体对固体的浸润性，接触角越小，表明液体对固体的浸润性越好，可以用浆液液滴与载玻片间的接触角，反映浆液的渗透性。A试验9个试样中，试验结果均<25.0°，都符合标准规定(表1、表2)。

表1 验证试验结果

试样编号	1-1	1-2	1-1	2-1	2-2	3	3-3		3-4	4	5	6	6-3		7	7-3	
试验机构	A	A	B	A	A	A	B	C	B	A	A	A	B	C	A	B	C
浆液密度(g/cm^3) ≥1.00	1.06	1.07	1.066	1.07	1.09	1.06	1.076	—	1.079	1.11	1.07	1.06	1.075	—	1.08	1.074	—
初始粘度(mPa·s) <30	8	10	11	14	13	8	3	—	4	110	10	124	101	—	14	9	—
可操作时间(min) >120	790	570	—	540	773	350	—	—	—	65	352	90	—	—	740	—	—
接触角(°) <25	21.2	19.8	—	17.1	0	17.2	—	—	—	16.7	23.2	0	—	—	19.4	—	—
抗压强度(MPa) ≥50.0	68.1	57.8	50.5	53.0	71.2	81.0	70.4	—	74.4	100.0	79.1	65.8	45.0	—	68.3	63.0	—
拉伸剪切强度(MPa) ≥7.0	11.1	10.1	7.8	3.8 5.1	7.3 11.4	9.4 11.8	8.4	—	7.5	9.4	4.4 5.2	5.5 8.0	6.4	—	3.5 8.5	7.9	—
抗拉强度(MPa) ≥12.0	19.5	15.7	17.5	7.7 10.6	9.8 17.5	8.7 16.0	28.1	—	15.7	25.0	22.0 9.7	15.0 14.6	21.3	—	16.0 19.0	20.4	—
干粘度强度(MPa) ≥3.5	4.6	4.2	4.3	3.9 3.9	4.7 3.7	4.2 3.5	5.1	3.67	3.9	6.6	5.7 3.5	3.5 3.8	3.3	3.04	5.4 4.1	3.6	2.90
湿粘结强度(MPa) ≥3.0	5.5	3.1	3.2	2.6 2.5	3.8 3.2	3.9 3.0	3.9	5.22	3.5	2.4	2.9 3.0	2.8 2.8	2.8	5.05	3.4 3.4	3.1	4.85
抗渗压力(涂层)(MPa) ≥1.0	1.2	—	—	0.8	—	1.1	—	1.5	1.2	1.2	—	—	—	1.5	1.0	—	1.5
抗渗压力(砂浆)(MPa) ≥1.5	1.6	1.6	—	1.5	1.6	1.6	—	2.0	—	0.3	1.6	1.3	—	2.0	1.6	—	2.0

注：1. 表中1-1、1-2、2-1、2-2分别为一家单位提供的两个样品，3-3、3-4、6-3、7-3为同一样品补充验证试验结果。

2. 表中A、B、C分别为长江科学院、中国建材检验认证集团股份有限公司、深圳市建筑科学研究院三家验证试验单位。

3. 表1中C粘结强度试验中，第一种方法采用是与A、B试验相同的方法，按GB/T 16777—2008第6章，“8”字形试件；另一种方法采用了JC/T 547—2005的拉拔试验方法，试验结果发现潮湿基面的粘结强度均高于干基面的粘结强度。

4. 试验结果中，凡是有两个数据的，如$^{3.8}_{5.1}$，上列的数据是第一、二阶段试验结果，下列为长江科学院对该项目重做的补充验证试验结果。

表 2 验证试验结果合格判定

试样编号	1-1	1-2	1-3	2-1	2-2	3	3-3		3-4	4	5	6	6-3		7	7-3	
试验机构	A	A	B	A	A	A	B	C	B	A	A	A	B	C	A	B	C
浆液密度(g/cm³) ≥1.00	√	√	√	√	√	√	√	—	√	√	√	√	√	—	√	√	—
初始粘度(mPa·s) <30	√	√	√	√	√	√	√	—	√	×	√	×	×	—	√	√	—
可操作时间(min) >120	√	√	—	√	√	√	—	—	—	×	√	×	—	—	√	—	—
接触角(°) <25	√	√	—	√	√	√	—	—	—	√	√	√	—	—	√	—	—
抗压强度(MPa) ≥50.0	√	√	√	√	√	√	√	—	√	√	√	√	×	—	√	√	—
拉伸剪切强度(MPa) ≥7.0	√	√	√	× ×	√ √	√ √	√	—	√	√	× ×	× √	×	—	× √	√	—
抗拉强度(MPa) ≥12.0	√	√	√	× ×	× √	× √	√	—	√	√	√ ×	√ √	√	—	√ √	√	—
干粘度强度(MPa) ≥3.5	√	√	√	√ √	√ √	√ √	√	√	√	√	√ √	√ √	×	×	√ √	√	×
湿粘结强度(MPa) ≥3.0	√	√	√	× ×	√ √	√ √	√	√	√	×	× √	× ×	×	√	√ √	√	√
抗渗压力(涂层)(MPa) ≥1.0	√	—	—	×	—	√	—	√	√	√	—	—	—	√	√	—	√
抗渗压力(砂浆)(MPa) ≥1.5	√	√	—	√	√	√	—	√	—	×	√	×	—	√	√	—	√

注:"√"表示符合标准(合格);"×"表示不合格;"—"表示该项未进行试验。

3.6.2.2 固化物性能

(1)抗压强度

标准规定:抗压强度≥50.0MPa,从表 1 和表 2 中可见,A 试验中 9 个试样均符合标准要求;B 试验中 5 个试样中 4 个符合标准规定,占 80.0%。

(2)拉伸剪切强度

标准规定:拉伸剪切强度≥7.0MPa。从表 1 和表 2 可见,A 试验中,9 个试样中 5 个符合标准要求,占 55.6%;长江科学院在重新试验中,6 个试样,符合标准的为 4 个,则 9 个试样中 7 个符合标准,占 77.8%。

B 试验中,5 个试样中 4 个符合标准要求,占 80.0%。

(3)抗拉强度

标准规定,抗拉强度≥12.0MPa。从表 1 和表 2 可见,A 试验中,9 个试样中 6 个试样符合标准要求,占 66.7%;长江科学院重新试验中 6 个试样符合标准的为 4 个,则 9 个试样中 7 个符合标准,占 77.8%。

B 试验中,5 个试样全部符合标准要求,占 100%。

(4)粘结强度

标准规定:干粘结强度≥3.5MPa。从表 1 和表 2 可见,A 试验中,9 个试样全部符合标准要求,合格率 100%;重新试验 6 个试样均符合标准,则 9 个试样全部符合标准要求,合格率 100%。

B 试验中,5 个试样中 4 个符合标准要求,合格率 80.0%。

标准规定:湿粘结强度≥3.0MPa。A 试验中,9 个试样中 5 个符合标准要求,合格率为 55.6%;长江科学院重新试验 6 个试样中 4 个符合标准,则 9 个试样中 6 个符合标准,合格率 66.7%。

B试验中,5个试样中4个符合标准要求,占80.0%。

(5)抗渗压力

采用了涂层抗渗压力与环氧树脂砂浆试体抗渗压力试验两种方法。

原标准草案中规定:涂层抗渗压力≥1.0MPa;抗渗压力比≥250%。A试验中,进行了1-1、2-1、3、4、7共5个试样的抗渗性试验,5个试样中4个试样符合标准要求,占80%。2-1试样不合格,抗渗压力仅为0.8MPa。B试验中,由于涂层未涂好,3个试样涂层脱离,试验失败。C试验中,3个试样均符合标准要求。11个试样中8个符合标准要求,占72.7%。

本标准环氧树脂砂浆抗渗压力规定:抗渗压力≥1.5MPa。A试验9个试样7个符合标准规定,占77.8%;C试验3个试样,均符合标准。

14个试样中,有8个试样(1-1、1-2、2-2、3、3-3、3-4、7、7-3)基本性能合格,占总试样数的57.1%。影响产品性能不合格的项目是初始粘度、拉伸剪切强度、湿粘结强度和抗渗性能,但只要企业选择合适的原材料,调整配比和生产工艺等要素,生产出符合标准要求的产品是完全可能的。

3.7 试验方法

3.7.1 密度

采用GB/T 13354—1992《液态胶粘剂密度测定方法 重量杯法》。

3.7.2 浆液粘度

采用GB/T 2794—1995《胶粘剂粘度测定方法(旋转粘度计法)》。

3.7.3 可操作时间

按GB/T 2794—1995进行,将浆液A、B组分混合并用旋转粘度计测定粘度并开始计时,当浆液粘度达到200mPa·s时,所用的时间为可操作时间。

3.7.4 抗压强度

列出了试验方法的详细内容,便于标准实施后试验人员使用。

3.7.5 抗剪切强度

采用GB/T 7124—2008《胶粘剂 拉伸剪切强度的测定(刚性材料对刚性材料)》。

3.7.6 抗拉强度

采用GB/T 2567—2008《树脂浇铸体性能试验方法》。

3.7.7 粘结强度

按照DL/T 5150—2001《水工混凝土试验规程》"7.1 水泥砂浆室内拌和方法"制备砂浆。按照GB/T 16777—2008第6章制备半"8"字形砂浆块,进行试验。

3.7.8 抗渗压力

在2013年1月23日广州召开的第二次行业标准工作会议上,交流总结了采用涂层抗渗压力测定环氧树脂灌浆材料的验证试验结果,一致认为:该试验方法不能反映地基与基础处理用环氧树脂灌浆材料的抗渗性能,决定采用环氧树脂胶砂体进行抗渗试验。以环氧树脂浆液对标准砂进行浸润渗透固结,对形成的砂浆试块进行抗渗压力的测定,由长江科学院进行了补充验证试验,将该试验方法列入本标准。

3.8 检验规则、标志、包装、运输和贮存、附录A(规范性附录):劳动安全与环境保护

与JC/T 1047—2007基本相同,个别条款有所修改,如出厂检验增加了抗渗压力检验;型式检验删除了"e)国家技术监督检验机构提出要求时"这一条款。

4 标准中所涉及的专利

通过资料查询,网上征询和征求意见阶段反馈的信息,直至今日尚未发现标准内容有关专利所有权的请求。故本标准不涉及相关专利与知识产权。

5 产业化情况、经济效益分析

环氧树脂灌浆材料在我国已有五十多年的生产与应用历史。20世纪90年代以来,由比利时、德国、

瑞士等进口一部分产品，此后，国内水利、电力、中国科学院等有关科研院所研发、生产这一类灌浆材料，推广应用于青海龙羊峡、三峡大坝、黑龙江尼尔基水利枢纽主坝、四川金康水电站、山东四女寺水利枢纽、上海和广州地铁隧道等基础设施的加固补强，保证了工程质量。“十二五”期间，国家大量投入资金，用于农田水利基本建设，修复病库、危库，地铁、轨道交通、高铁、桥梁等亦需大量的环氧树脂灌浆材料，因此，制定《基础与地基处理用环氧树脂灌浆材料》行业标准，在全国范围内统一产品技术要求与试验方法，有利于提高产品质量，促进保证环氧树脂灌浆材料的推广使用，保证基础设施工程质量的“百年大计”。

6 采用国际标准和国外先进标准情况

目前尚未收集到该种产品的国际标准和国外先进标准。本标准中的技术指标是根据工程应用要求与验证试验结果确定的。

7 本标准与现行的相关法律、法规及相关标准(包括强制性标准)具有一致性

表 3 本标准与 JC/T 1047—2007 的比较

项目	浆液密度 (g/cm^3)	初始粘度 (mPa·s)	可操作时间 (min)	接触角 (°)	抗压强度 (MPa)		拉伸剪切强度 (MPa)		抗拉强度 (MPa)		干粘结强度 (MPa)		湿粘结强度 (MPa)		抗渗压力 (MPa)	
本标准	>1.00	<30	>120	<25	≥50.0		≥7.0		≥12.0		≥3.5		≥3.0		≥1.5	
JC/T 1041—2007	>1.00	<30	>30	—	Ⅰ	Ⅱ	Ⅰ	Ⅱ	Ⅰ	Ⅱ	Ⅰ	Ⅱ	Ⅰ	Ⅱ	Ⅰ	Ⅱ
					≥40	≥70	≥5.0	≥8.0	≥10	≥15	≥3.0	≥4.0	≥2.0	≥2.5	≥1.0	≥1.2

JC/T 1041—2007 标准按力学性能分为Ⅰ型和Ⅱ型，本标准根据工程实际使用情况未按力学性能划分类型，仅一个类型。技术指标根据工程要求与验证试验结果进行了规定，可操作时间规定为>120min；抗渗压力采用环氧树脂砂浆试体测定，不采用涂层方法，更接近于工程实际。JC/T 1041—2007 适用于混凝土裂缝灌浆，本标准适用于基础与地基处理用的灌浆，两个标准在材料性能既有一致性，对于不同用途又有一定的差异性。

JG/T 264—2010《混凝土裂缝修复灌浆材料》行业标准中主要适于工业与民用建筑中混凝土裂缝的修复，与本标准适用范围不同。

8 重大分歧意见的处理经过和依据

暂无。

9 标准性质

本标准为推荐标准行业标准。

10 贯彻标准的要求和措施建议

待本标准批准发布后，建议由标委会组织相关生产、检验、施工、设计等有关单位进行宣贯。

11 废止现行相关标准的建议

本标准为首次制定，无相关标准废止的建议。

12 其他应予说明的事项

无其他说明事项。

ICS 91.100.50
Q 24

JC

中华人民共和国建材行业标准

JC/T 2536—2019

水泥-水玻璃灌浆材料

Cement sodium silicate grout

2019-08-02 发布　　　　2020-01-01 实施

中华人民共和国工业和信息化部　发布

前　言

本标准按照 GB/T 1.1—2009 给出的规则起草。

本标准由中国建筑材料联合会提出并归口。

本标准负责起草单位：建筑材料工业技术监督研究中心、长江水利委员会长江科学院、广东灌浆岛路桥新技术发展有限公司。

本标准参加起草单位：中国建材检验认证集团股份有限公司、中科院广州化灌工程有限公司、佛山市泰迪斯材料有限公司、武汉长江科创科技发展有限公司、中国葛洲坝集团基础工程有限公司。

本标准主要起草人：李珍、杨斌、邵晓妹、邓敬森、蒋玉川、陈斌、张亮、张宇燕、陈雪云、辜永国、古伟斌、杨洋、向玮。

本标准委托长江水利委员会长江科学院负责解释。

本标准为首次发布。

水泥-水玻璃灌浆材料

1 范围

本标准规定了水泥-水玻璃灌浆材料的术语和定义、分类和标记、一般要求、技术要求、试验方法、检验规则以及标志、包装、运输和贮存等。

本标准适用于水利水电、采矿、交通、工业及民用建筑等领域的防渗堵漏和加固补强用的水泥-水玻璃灌浆材料。

2 规范性引用文件

下列文件对于本文件的应用是必不可少的。凡是注日期的引用文件，仅注日期的版本适用于本文件。凡是不注日期的引用文件，其最新版本(包括所有的修改单)适用于本文件。

GB 175 通用硅酸盐水泥

GB/T 749—2008 水泥抗硫酸盐侵蚀试验方法

GB/T 4209 工业硅酸钠

GB/T 4472—2011 化工产品密度、相对密度测定通则

GB/T 17671 水泥胶砂强度检验方法(ISO 法)

JC/T 726 水泥胶砂试模

JGJ 63 混凝土用水标准

JGJ/T 70—2009 建筑砂浆基本性能试验方法标准

3 术语和定义

下列术语和定义适用于本文件。

3.1

水泥-水玻璃灌浆材料 cement-sodium silicate grout

以水泥浆液、水玻璃等为主要组分制成的具有胶凝作用的灌浆材料。

3.2

浆液 grout

水泥-水玻璃灌浆材料各组分混合后的液体。

3.3

可操作时间 operable time

浆液全组分开始混合至失去流动性所经历的时间。

3.4

固结体 consolidation

浆液固化形成的结石体。

3.5

24h 体积变化率 Rate of volume change in 24 hours

固结体体积与浆液体积之比。

4 分类和标记

4.1 分类

水泥-水玻璃灌浆材料(代号 CS)按使用功能分为防渗堵漏型(P)和加固补强型(S)。

4.2 标记

产品按以下顺序标记:标准编号、产品名称代号和产品分类。

示例:用于防渗堵漏的水泥-水玻璃灌浆材料标记为:

JC/T 2536—2019 CS P

5 一般要求

5.1 原材料

5.1.1 水泥-水玻璃灌浆材料宜采用硅酸盐水泥或普通硅酸盐水泥配制,其性能应符合 GB 175 的规定。推荐水泥浆液水灰比为(0.4∶1~1∶1)。采用其他水泥时应符合相应标准的要求。

5.1.2 水泥-水玻璃灌浆材料所采用的工业硅酸钠(水玻璃)应符合 GB/T 4209 的要求,模数在 2.4~3.4 之间,浓度宜为 30~50 波美度。

5.1.3 水泥-水玻璃灌浆材料所采用的拌合用水应符合 JGJ 63 的规定。

5.1.4 水泥-水玻璃灌浆材料使用时,根据工程需要,水泥浆液与水玻璃体积比可选择 1∶0.1~1∶1.5。

5.2 安全与环保要求

本标准包括的产品的生产与应用不应对人体、生物与环境造成有害影响,所涉及的安全与环保要求,应符合我国相关国家标准和规范的规定。当产品用于饮用水及灌溉等工程时,应符合有关国家标准与规范的要求。

6 技术要求

6.1 浆液的物理性能

浆液的物理性能应符合表 1 的规定。

表 1 水泥-水玻璃灌浆材料浆液物理性能

序号	项目	浆液性能
1	外观	无结块、无分层
2	密度/(g/cm^3)	报告实测值
3	可操作时间/s	报告实测值

6.2 固结体的物理力学性能

水泥-水玻璃灌浆材料固结体物理力学性能应符合表 2 的规定。

表 2 水泥-水玻璃灌浆材料固结体物理力学性能

序号	项目		固结体性能	
			P	S
1	密度/(g/cm^3)		≥1.30	
2	24 h 体积变化率/%		≥95	
3	抗压强度/MPa	3 d	≥5.0	≥8.0
		28 d	≥10.0	≥15.0
4	抗折强度/MPa	3 d	≥0.7	≥1.0
		28 d	≥1.0	≥2.0
5	抗渗压力/MPa		≥0.4	≥0.8

6.3 应用性能

加固补强型水泥-水玻璃灌浆材料固结体的应用性能应符合表 3 的规定。该项目根据工程要求与环境条件，由供需双方协商确定，并在订货合同与产品说明书中明示用户。

表 3 加固补强型水泥-水玻璃灌浆材料固结体的应用性能

序号	项目		固结体性能(S)
1	抗硫酸盐侵蚀(28d)	抗折强度损失率/%	≤40
2	抗冻性	抗压强度损失率/%	≤25.0
		质量损失率/%	≤5.0

7 试验方法

7.1 试验条件

7.1.1 标准试验条件：环境温度为(20±2)℃，相对湿度为 60%～80%。养护池水温为(20±1)℃。试件带模养护的养护箱或雾室温度保持在(20±1)℃，相对湿度不低于 90%。

7.1.2 试验前，试样、试验器具应在标准试验条件下放置至少 24h。

7.2 试样配制

水泥-水玻璃灌浆材料的配比根据生产企业的推荐，按质量比给出。如给出的是一个数值范围，则应取其中间值，并且在各项性能试验过程中配比应保持一致。试件规格尺寸及取样数量应符合表 4 的规定。

表 4 试件规格尺寸及数量

序号	试验项目	试件尺寸 /mm	取样数量 /g
1	24h 体积变化率	ϕ50×100	500
2	抗折强度	40×40×160	2000
3	抗压强度	40×40×160	2000
4	抗渗压力	ϕ70×ϕ80×30	5000
5	抗硫酸盐侵蚀	40×40×160	2000
6	抗冻性	40×40×160	2000

7.3 外观

目测：检查浆液是否结块、分层。

7.4 浆液密度

按 GB/T 4472—2011 中 4.3.3 密度计法测定，计算精确至 0.01g/cm^3。

7.5 可操作时间

采用倒杯法进行测定，试验步骤如下：

a)快速取 200 mL 配制好的水泥-水玻璃浆液在 A 杯中，并开始记时；

b)手持 A、B 两杯，将混合液反复倒来倒去，直到浆液不再流动时所经历的时间为凝胶时间。

7.6 固结体密度

按 JGJ/T 70—2009 中“表观密度试验”测定固结体密度，计算结果精确到 0.1g/cm^3。

7.7 24h体积变化率

7.7.1 试验器具

7.7.1.1 天平:感量为0.01 g。

7.7.1.2 游标卡尺:精度为0.01mm。

7.7.1.3 试模:尺寸为ϕ50mm×100mm。

7.7.2 试验步骤

7.7.2.1 按照配比制作浆液,水泥和水充分搅拌,时间不少于5min,放置时间不宜超过30min,然后加入水玻璃,搅拌均匀。

7.7.2.2 试件制备,将浆液灌入试模中,并用刮板将表面刮平,每组制作三个试件。试件成型后,在标准试验条件下养护(24±2)h后脱模。

7.7.3 结果计算

7.7.3.1 试件尺寸

用游标卡尺测量灌入试模后浆液和固结体的试件直径和高度,测量三次,取算术平均值,分别计算其体积。

7.7.3.2 24h体积变化率

24h体积变化率按公式(1)计算,精确至0.1%:

$$C=\frac{V}{V_0}\times 100 \qquad \cdots\cdots (1)$$

式中:

C——24h体积变化率,%;

V_0——浆液的体积,单位为立方厘米(cm^3);

V——结石体的体积,单位为立方厘米(cm^3)。

以三个试件24 h体积变化率测定值的算术平均值作为试验结果。当三个值中有一个超出平均值±10%时,应剔除此值后再取剩下两个值的算术平均值作为试验结果。

7.8 固结体抗折和抗压强度

7.8.1 总则

按GB/T 17671测定抗折和抗压强度。

7.8.2 试件制备

7.8.2.1 每次试验,成型3 d、28 d两组试验用的试件,每组3个试件。

7.8.2.2 按照配比制作浆液,水泥和水充分搅拌,时间不少于5min,放置时间不宜超过30min,然后加入水玻璃,充分搅拌。

7.8.2.3 将浆液灌入试模中,必要时用振捣棒由外向里按螺旋方向均匀地振捣,用刮刀沿模壁插捣数次,以防低稠度的浆液经插捣后可能留下气孔,浆液应高出试模顶面6~8mm,用刮板刮平。每个试样成型2组试件。

7.8.3 试验步骤

7.8.3.1 试件成型养护(24±2)h后拆模,然后在(20±1)℃水中继续养护。

7.8.3.2 养护至3 d、28 d,将试件取出,用软布吸去表面可见的自由水,先测定抗折强度,后测定抗压强度。

7.8.4 结果计算

抗折强度R_f按公式(2)计算,精确至0.1MPa:

$$R_f=\frac{1.5F_f\cdot L}{b^3} \qquad \cdots\cdots (2)$$

式中:

F_f——试件破坏时的荷载，单位为牛顿(N)；

L——支点之间的距离，单位为毫米(mm)；

b——试件截面的边长，单位为毫米(mm)。

以三个试件抗折强度测定值的算术平均值作为试验结果。当三个测定值中有一个超出平均值±10%时，应剔除此值后再取剩下两个值的算术平均值作为试验结果。

抗压强度 R_c 按公式(3)计算，精确至 0.1MPa：

$$R_c=\frac{F_c}{A} \quad \cdots\cdots (3)$$

式中：

F_c——试件破坏时的最大荷载，单位为牛顿(N)；

A——受压部分面积，单位为平方毫米(mm^2)；

以三个试件的六个抗压强度测定值的算术平均值作为试验结果。当六个测定值中有一个超出六个平均值的±10%，剔除此值后再取剩下五个值的算术平均值作为试验结果。如果五个测定值中再有一个及以上值超过平均值的±10%的，应重新进行试验。

7.9 抗渗性能

7.9.1 总则

按 JGJ/T 70—2009 中"抗渗性能试验"方法测定抗渗性能。

7.9.2 试件制备

7.9.2.1 浆液配制：按生产企业推荐的配比制作浆液，水泥和水充分搅拌，时间不少于 5min，放置时间不宜超过 30min，然后加入水玻璃，充分搅拌。

7.9.2.2 将浆液灌入试模中，必要时用振捣棒由外向里按螺旋方向均匀地振捣，用刮刀沿模壁插捣数次，以防低稠度的浆液经插捣后可能留下气孔，浆液应高出试模顶面 6～8mm，用刮板刮平。每组成型 6 个试件。

7.9.3 试验步骤

7.9.3.1 试件成型养护(24±2)h 后拆模，然后在(20±1)℃水中继续养护。若强度偏低，可带模进行养护。

7.9.3.2 养护至 28 d，将试件或带模试件取出，用软布吸去表面可见的自由水，进行抗渗试验。

7.9.4 结果计算

抗渗试验时，每组六个试件中当有三个试件表面出现渗水时，应停止试验。记下当时水压。抗渗压力值以每组六个试件中四个未出现渗水的最大压力计。按公式(4)计算，精确值 0.1 MPa：

$$P_{压}=H-0.1 \quad \cdots\cdots (4)$$

式中：

$P_{压}$——试件抗渗压力值，单位为兆帕(MPa)；

H——六个试件中第三个试件出现渗水时的水压力，单位为兆帕(MPa)。

7.10 抗硫酸盐侵蚀性能

7.10.1 总则

按 GB/T 749—2008 中第 4 章浸泡抗蚀性试验方法(K 法)测定抗硫酸盐侵蚀性能。试件尺寸为 40mm×40mm×160mm，成型两组试件，每组 9 个试件。

7.10.2 试件制备

7.10.2.1 浆液配制：按生产企业推荐的配比制作浆液，水泥和水充分搅拌，时间不少于 5min，放置时间不宜超过 30min，然后加入水玻璃，充分搅拌。

7.10.2.2 将浆液灌入试模中，必要时用振捣棒由外向里按螺旋方向均匀地振捣，用刮刀沿模壁插捣数次，以防低稠度的浆液经插捣后可能留下气孔，浆液应高出试模顶面 6～8mm，用刮板刮平。每个试样成型两组,其中,一组水中养护,另一组在硫酸盐溶液中浸泡。

7.10.3 试验步骤

7.10.3.1 脱模后的试件放入50℃湿热养护箱中装有(50±1)℃水的容器中养护7 d。分成两组,一组放入20℃养护箱中装有(20±1)℃水的容器中继续养护,一组放入20℃养护箱中装有(20±1)℃硫酸盐浸泡溶液的容器中浸泡。

7.10.3.2 两组试件养护28 d后取出,进行抗折强度试验。

7.10.4 结果计算

7.10.4.1 抗折强度计算

抗折强度R_f按公式(5)计算,精确至0.1MPa:

$$R_f=\frac{1.5F_f\cdot L}{b^3} \quad (5)$$

式中:

F_f——试件破坏时的荷载,单位为牛顿(N);

L——支点之间的距离,单位为毫米(mm);

b——试件截面的边长,单位为毫米(mm)。

7.10.4.2 试验结果处理

剔除9个试件抗折强度中的最大值和最小值,以其余7个测定值的算术平均值作为试件抗折强度试验结果,计算精确到0.01 MPa。分别计算水中养护和侵蚀溶液中养护的试件抗折强度,得到$R_{水}$、$R_{液}$。

7.10.4.3 抗折强度损失率计算

抗折强度损失率按公式(6)计算,计算结果精确到1%。

$$K=\frac{R_{液}}{R_{水}}\times 100\% \quad (6)$$

式中:

K——抗折强度损失率,%;

$R_{液}$——试件在侵蚀溶液中浸泡28 d抗折强度,单位为兆帕(MPa);

$R_{水}$——试件在20℃水中养护同龄期抗折强度,单位为兆帕(MPa)。

7.11 抗冻性能

7.11.1 总则

按JGJ/T 70—2009中"抗冻性能试验"测定抗冻性能。

7.11.2 试件制备

试件尺寸为40mm×40mm×160mm,每个试样成型两组,每组3个试件。

7.11.3 试验步骤

7.11.3.1 试件按7.8.1和7.8.2制备和养护。拆模后,在(20±1)℃水中养护至28 d,将其中一组试件取出,用软布吸去表面可见的自由水,进行冻融试验,另一组试件继续在水中养护。

7.11.3.2 将一组3个试件置于冷冻箱(室)中,温度是-15℃,每次冻结时间为4 h,试件周围留有至少20mm空隙。

7.11.3.3 冻融试验结束后,立即将试件放入15~20℃的水槽中进行融化,融化时间不少于4 h。槽中的水面应高出试件表面最少20mm,融化完毕后该次冻融循环即结束。然后将试件放入冷柜中进行第二次冻融循环。每5次循环应进行一次外观检查,观察有无明显分层裂开、贯通缝等。若有2块出现上述情况,抗冻性试验应终止。

7.11.4 结果计算

试件冻融后的强度损失率按公式(7)计算,计算结果精确到1%。

$$\Delta f_n=\frac{f_0-f_n}{f_0}\times 100\% \quad \cdots\cdots (7)$$

式中：

Δf_n——n 次冻融循环后试件的强度损失率，%；

f_0——水中养护试件的抗压强度平均值，单位为兆帕(MPa)；

f_n——经 n 次冻融循环后的试件抗压强度的算术平均值，单位为兆帕(MPa)。

试件冻融后的质量损失率应按公式(8)计算，计算结果精确到1%。

$$\Delta M_n=\frac{m_0-m_n}{m_0}\times 100\% \quad \cdots\cdots (8)$$

式中：

Δm_n——n 次冻融循环后试件的质量损失率，以 3 块试件的算术平均值计算，%；

m_0——水中养护试件的质量，单位为克(g)；

m_n——经 n 次冻融循环后的试件质量，单位为克(g)。

8 检验规则

8.1 检验分类

8.1.1 出厂检验

出厂检验试验项目为外观、可操作时间、24 h 体积变化率和 3 d 抗折、抗压强度。

8.1.2 型式检验

型式检验项目包括本标准 6.1 和 6.2 规定的全部技术要求，以及 6.3 中由供需双方商定的技术要求。在下列情况下进行型式检验：

新产品投产或产品鉴定时：

a)正常生产条件下每年至少进行一次；

b)产品主要原材料、配比或生产工艺有重大变更时；

c)出厂检验结果与上次型式检验有较大差异时。

8.2 组批

同一批产品每 100t 为一批，不足 100t 时也可作为一批计。

8.3 取样

各组分的取样应从 10 个以上不同部位随机抽取，每批取样总量不小于 20 kg，各组分均分为两等份，一份用作试验；一份备用，密封保存。

8.4 判定规则

试验结果符合本标准 6.1 和 6.2 以及 6.3 中供需双方商定的技术要求规定时，判定该批产品为合格。

若有两项及以上技术指标不符合标准规定时，则判定该批产品为不合格。

若仅有一项不符合标准规定时，允许从备用样中取样，对不合格项进行复验。若复验结果符合标准规定时，则判定该批产品为合格；否则判定该批产品为不合格。

9 标志、包装、运输和贮存

9.1 标志

9.1.1 产品外包装上应标明产品名称、生产厂名、产品标记、净质量、推荐的配比、生产日期或批号、贮存期。

9.1.2 产品说明书应包括材料的生产企业、产品的使用方法及安全注意事项。

9.2 包装

粉料宜采用罐装或其他密封防潮包装。

液料宜采用容器密封包装。

9.3 运输和贮存

本产品为无机材料,非易燃易爆物品,可按常规运输方式运输。

本产品应贮存于干燥处。贮存期由生产企业规定。

JC/T 2536—2019 《水泥-水玻璃灌浆材料》行业标准编制说明

1 工作简介

1.1 任务来源

根据工业和信息化部工信厅科〔2013〕163 号文件《2013 年第三批行业标准制修订计划的通知》,下达了《水玻璃灌浆材料》行业标准(项目编号:2013-1256T-JC)的标准制定项目。该标准由建筑材料工业技术监督研究中心、长江水利委员会长江科学院和广东灌浆岛路桥新技术发展有限公司等负责组织有关生产企业制定。

标准负责起草单位:建筑材料工业技术监督研究中心、长江水利委员会长江科学院、广东灌浆岛路桥新技术发展有限公司。

标准参加起草单位:中国建材检验认证集团股份有限公司、中科院广州化灌工程有限公司、佛山市泰迪斯材料有限公司、武汉长江科创科技发展有限公司、中国葛洲坝集团基础工程有限公司。

标准主要起草人员:李珍、杨斌、邵晓妹、邓敬森、蒋玉川、陈斌、张亮、张宇燕、陈雪云、辜永国、古伟斌、杨洋、向玮。

1.2 主要工作过程

1.2.1 第一次工作会议

2014 年 1 月,标准负责起草单位在湖北省武汉市召开了第一次行业标准工作会议。在会上交流了产品生产与应用情况,讨论了标准制定的内容,安排了调研与验证试验内容,明确了分工,制定了工作方案与计划,筹组了标准起草小组。会上,经讨论达成了如下共识:1)标准名称为"水玻璃灌浆材料";2)初步界定标准的适用范围为:适用于水利水电、采矿、交通、工业及民用建筑等领域的地基与基础止水防渗的水玻璃灌浆材料;3)水玻璃材料的浆液性能包括:外观、浆液密度、初始粘度、pH 值、凝胶时间;4)水玻璃灌浆材料固化物性能包括:固砂体抗压强度、渗透压力比、固化体收缩率和耐久性。

会议明确:行业标准的起草由建筑材料工业技术监督研究中心和长江水利委员会长江科学院负责;试验验证工作由长江水利委员会长江科学院负责,中国建材检验认证集团股份有限公司参加;试验样品由验证试验单位根据生产与应用情况配制;制定标准的经费由参加起草的生产企业、科研设计院所筹集。长江水利委员会长江科学院进行第一阶段验证试验工作,根据标准中提出的技术要求,通过试验研究,选择适当的试验方法(能准确反映材料性能、试验复演性好、方法易于推广等),并细化试验操作步骤,尽量减少不同试验室、不同操作人员间的试验误差,提高试验结果的可比性、准确性与科学性。第二阶段验证试验,在第一阶段试验研究的基础上,初步提出本标准采用的试验方法,取样对国内生产的水玻璃灌浆材料进行试验,根据工程要求与验证试验结果,提出标准中产品的各项技术要求。同时,进行调查研究,收集国内外技术资料(包括产品说明书、企业标准、工程使用案例、科研报告等),为标准制定提供技术依据。

第一、二阶段试验 2014 年 11 月前完成后。标准负责起草单位根据调研与验证试验结果起草行业标准征求意见稿(草案稿)。

1.2.2 第二次工作会议

2014 年 12 月,标准负责起草单位在浙江省杭州市召开了第二次行业标准工作会议,共有生产与施工企业、科研院所与质检机构等 6 家单位的 12 名代表参加会议。在会上,标准负责起草单位汇报了第一、二阶段验证试验情况与试验结果,对行业标准征求意见稿(草案)提出了修改意见,并提出进行第三阶段补充验证试验的建议，对下一阶段行业标准制定工作作了安排。会上对征求意见稿（草案）作了如下修改：1)根据生产与工程的应用情况，大量实际使用的是水泥-水玻璃复合的灌浆材料，因此，会议建议将行业标准名称“水玻璃灌浆材料”改为“水泥-水玻璃灌浆材料”。2)经与会代表讨论，根据用途的不同，将水泥-水玻璃灌浆材料分为防渗堵漏型和补强加固型两类。3)结石体力学性能中删除“固结体收缩率”，现用的固结体收缩率测定方法不能准确反映材料的实际使用性能，测定数值偏低，会误导用户。同时，增加“结石率”这一指标，结石率是指浆液固结后的结石体体积与浆液的体积之比的百分数，其值越大，对裂隙的填充效果越好。若结石率过低，灌浆后可能不能够完全填充裂隙，降低了灌浆的效果，故应增加这一指标。4)用于防渗堵漏的水泥-水玻璃灌浆材料增加了固结体的“抗渗压力”。5)用于补强加固的水泥-水玻璃灌浆材料增加了“耐久性”指标。固结体的耐久性是指浆液灌入后的补强加固效果的持久性。在地下水的物理、化学作用下，浆液固结体的一些组分会发生老化、溶出等现象，这会使固结体性能降低或是丧失。另外当固结体所处的环境发生变化时，如开挖暴露、地下水升降等，都会使固结体发生崩解风化。本标准耐久性试验包括：抗硫酸盐侵蚀和抗冻性能，根据两项性能来综合判定耐久性。6)根据试验验证情况，考虑到水泥-水玻璃灌浆材料对深部基岩微裂隙和孔隙性含水地层进行堵水工作，浆液的凝胶体长期在水的浸泡下对地下水和环境产生一定的影响，当用于饮用水及灌溉等工程时，应考虑到对水质毒理情况，故对水泥-水玻璃灌浆材料增加了“当产品用于饮用水及灌溉等工程时，应符合有关国家标准与规范的要求”。

根据会议精神，长江科学院根据工程常用水泥-水玻璃灌浆材料配合比，进一步优化试验方法，修改《水玻璃灌浆材料》征求意见稿(草案稿第一稿)，形成正式文本，撰写行业标准编制说明。

1.2.3 第三次工作会议

2016 年 1 月 11 日，在湖北省武汉市召开第三次工作会议。在会上进行了讨论、修改，提出了标准征求意见稿(草案稿第二稿)及编制说明等有关文件，准备进行补充验证试验修改后，发到全国有关生产企业、建设部门、施工设计、科研院所和质检机构等广泛征求意见。

1.2.4 第四次工作会议

2017 年 4 月 26 日，在广西桂林召开了第四次工作会议。在会上，交流汇报了上一阶段调研与验证试验情况，讨论了标准征求意见稿(草稿第三稿)及编制说明等文件，建议补充试验，对初始粘度与抗渗压力(建议改为“渗透系数”)试验方法进行改进。补充试验结果表明，上述意见不可行，因此在标准征求意见稿中仍采用可操作时间与抗渗压力。2018 年 3 月 3 日，将《水玻璃灌浆材料》行业标准征求意见稿及编制说明，发至全国生产企业、设计施工部门、质检机构、科研院所等广泛征求意见。

根据返回的意见，最终规定了产品技术要求，水泥-水玻璃灌浆材料浆液物理性能包括：外观、浆液密度、可操作性时间；固结体的物理力学性能包括：密度、结石率、抗折强度、抗压强度、抗渗压力；加固补强型水泥-水玻璃灌浆材料固结体的应用性能包括：抗硫酸盐侵蚀和抗冻性。起草了标准送审稿及编制说明等文件，报上级标准化管理部门审查，召开标准审查会。

1.2.5 标准审查

2018 年 10 月 23 日，中国建筑材料联合会在北京召开了《水玻璃灌浆材料》行业标准审查会。与会代表听取了行业标准起草小组的工作汇报，专家与代表认真审查了行业标准及编制说明等有关文件，对标准送审稿提出了一些修改意见与建议。标准起草小组根据会上意见，研究后进行了修改。会议最后一致通过了行业标准报批稿及有关文件，同意将行业标准名称由“水玻璃灌浆材料”改为“水泥-水玻璃灌浆材料”，会后报上级标准化管理部门审查、批准，尽早颁布实施。

2 标准编制原则和主要内容

2.1 标准编制的原则

本标准的编制原则是依据 GB/T 1.1—2009 给出的原则，严格按照工业和信息化部〔2009〕89 号文件相关要求和有关标准、政策法规进行编制的。制定本标准应满足我国技术发展和生产需要，充分体现行业进步和发展趋势，符合国家产业政策，推动了行业技术水平的提高。标准文本格式、条款主要是依据 GB/T 1.1—2009《标准化工作导则　第 1 部分：标准的结构和编写规则》进行编写。本标准的主要内容是对水泥-水玻璃灌浆材料提出性能要求，规定了该产品的范围、一般要求、技术要求、试验方法、检验规则以及标志、包装、贮存和运输等内容。

2.2　制定的理由和目的

化学灌浆“Chemical Grouting”是将一定的化学材料、无机或有机材料配制成真溶液，用化学灌浆泵等压送设备将其灌入地层或缝隙内，使其扩散、胶凝或固化，以增加地层强度，降低地层渗透性，防止地层变形和进行混凝土建筑物裂缝修补的地基处理和混凝土修补技术。我国化学灌浆技术已有 50 多年的发展历史，成功地研发、生产与应用了水玻璃灌浆材料、环氧树脂灌浆材料、聚氨酯灌浆材料和丙烯酸盐灌浆材料四大灌浆材料。近几年来，在水利、水电、建材、化工与铁道等部门的通力协作下制定了 JC/T 1041—2007《混凝土裂缝用环氧树脂灌浆材料》、JC/T 2037—2010《丙烯酸盐灌浆材料》、JC/T 2041—2010《聚氨酯灌浆材料》、JC/T 2379—2016《地基与基础处理用环氧树脂灌浆材料》等四项行业标准，填补了我国化学灌浆材料的标准领域的空白，统一制定了试验方法与产品标准，为提高材料质量、保证工程质量作出了积极贡献。

《水玻璃灌浆材料》行业标准是四大化学灌浆材料中迄今国内尚未制定统一产品标准的材料。长期以来，水泥-水玻璃灌浆材料仅有产品说明书等技术资料，工程上使用的水泥-水玻璃灌浆材料的原材料、配合比选用依靠生产与应用该种材料积累的实践经验，施工质量的检查一是工程竣工后进行水压试验，检查是否渗水漏水；二是从工程上钻取岩芯试样，作抗渗、抗压等性能试验。国内没有制定统一的试验方法与产品标准，这不利于这类灌浆材料产品的推广使用与保证产品和工程的质量。

水泥-水玻璃灌浆材料是一种传统的化学灌浆材料，具有可灌性好、凝胶时间易于调节、无毒、易于施工、价格低等优点，广泛应用于水利水电、铁路、隧道、地铁、公路、桥梁等地基与基础的堵漏及防渗处理。长江科学院、广东灌浆岛路桥新技术发展有限公司、中国水电基础局有限公司、杭州国电大坝安全工程有限公司、中国葛洲坝集团基础工程有限公司、广州市泰迪斯固结补强材料有限公司等在工程应用中大量的配制和使用水泥-水玻璃灌浆材料，积累了丰富的配制和应用经验。目前，尚无国际标准和外国国家标准，仅有产品说明书和技术资料；国内生产与使用历史虽长，也仅有产品说明书和技术资料。产品质量检验没有统一的试验方法，技术要求指标不统一，不能有效地控制产品质量，影响产品在更大的领域内推广使用，不利于保证工程建设质量，甚至造成工程质量隐患，给人民生命财产造成重大损失。因此，制定《水玻璃灌浆材料》行业标准，在国内统一制定产品性能的试验方法与产品标准，建立统一的质量平台，对提高水玻璃灌浆材料的产品质量、保证工程建设质量具有重大意义。

3　标准编制和主要试验方法（或验证）分析

3.1　标准的名称

工业和信息化部下达计划标准的名称：“水玻璃灌浆材料”，考虑国内大量使用的是水玻璃与水泥浆液拌合后一起使用，并结合工程的实际应用情况，根据《水玻璃灌浆材料》行业标准审查会专家意见，将标准名称改为“水泥-水玻璃灌浆材料”。

3.2　范围

水泥-水玻璃灌浆材料主要适用于水利水电工程的地基与基础的防渗堵漏，也用于地铁、隧道、桥梁、矿山和建筑物等补强加固处理。因此，本标准的范围为“适用于水利水电、采矿、交通、工业及民用建筑等领域的防渗堵漏和加固补强用的水泥-水玻璃灌浆材料。”

3.3　规范性引用文件

标准中产品性能的试验方法采用了 GB 175《通用硅酸盐水泥》、GB/T 749—2008《水泥抗硫酸盐侵蚀试验方法》、GB/T 4209《工业硅酸钠》、GB/T 4472—2011《化工产品密度、相对密度测定通则》、GB/T 17671《水泥胶砂强度检验方法(ISO 法)》、JC/T 726《水泥胶砂试模》、JGJ 63《混凝土用水标准》、JGJ/T 70—2009《建筑砂浆基本性能试验方法标准》等。但结合本材料的特点，部分试验方法有所修改，使本产品的性能试验与类似产品试验建立在同一测试平台上，提高了试验结果的可比性与准确性。

3.4 术语和定义

本标准的术语和定义主要参考 JGJ/T 211—2010《建筑工程水泥-水玻璃双液注浆技术规程》、JC/T 1041—2007《混凝土裂缝用环氧树脂灌浆材料》、JC/T 2037—2010《丙烯酸盐灌浆材料》等标准中规定的术语和定义，同时结合本标准材料的特点有所修改。

3.5 分类

水泥-水玻璃灌浆材料(代号 CS)按使用功能分为防渗堵漏型(P)和加固补强型(S)。

3.6 一般要求

3.6.1 原材料

(1)灌浆时，应根据灌浆的目的和环境水的腐蚀性等因素，选择符合现行国家标准 GB 175《通用硅酸盐水泥》规定的硅酸盐水泥或普通硅酸盐水泥。实施灌浆时，宜优先采用上述两品种的水泥配制，因为水玻璃与其反应的活性较好。在充填灌浆时，对活性和强度要求不是很高时，可采用其他类型水泥。但应进行试验研究与工程试用，并应符合相应产品标准的要求。

(2)水玻璃模数表示其所含二氧化硅与氧化钠摩尔数的比值，其数值大小对固结体质量影响较大。模数高时，二氧化硅含量高，固结体强度增大，浆液胶凝时间减小；模数小时，二氧化硅含量低，固结体强度低。总结大量试验和实际工程所用的水玻璃模数，本标准规定使用的水玻璃应该符合 GB/T 2008 的要求，模数在 2.4～3.4 之间，以适应不同工况的需要。

水玻璃溶液浓度用“波美度”表示。其浓度的大小对固结体性能有一定的影响。浓度低，固结体强度低；浓度过高，粘度增大，不具有可灌性。本标准根据试验情况，并结合工程施工的可行性和经济适用的要求，建议采用水玻璃浓度为 30～50 波美度之间。但在实际应用时，需经室内试验检验其效果后决定具体数值，并根据需要稀释使用。

(3)由于各地水质的差别，为了保证工程质量，本标准要求灌浆材料所采用的拌合用水应符合 JGJ 63《混凝土用水标准》的规定。

(4)根据工程需要，水泥-水玻璃灌浆材料配合比的选择可参照标准中附录 A 进行。

3.6.2 环保要求

水泥-水玻璃灌浆材料的性能不仅要满足工程上的使用要求，而且应满足环保和安全使用的要求。因此规定“本标准包括的产品其生产与应用不应对人体、生物与环境造成有害影响，所涉及与使用有关的安全与环保要求，应符合我国相关标准和规范的规定。当产品用于饮用水及灌溉等工程时，应符合有关国家标准与规范的要求。”

3.7 技术要求及试验方法

水泥-水玻璃灌浆材料包括水泥浆液和水玻璃，而性能是混合后浆液及其固结体的物理力学性能。

3.7.1 浆液的物理性能

水泥-水玻璃灌浆材料浆液性能包括：外观、密度、可操作时间。

(1)外观

考虑到浆液中可能存在结块的渣子、混合不均匀离析分层等现象，它不仅影响灌浆效果，而且易引发灌浆泵的故障，故增加了对浆液外观的要求。

(2)密度

密度是规定温度下浆液单位体积的质量，是计算混凝土灌入量的依据，按 GB/T 4472—2011 中 4.3.3 密度计法测定。根据 72 个配合比试验结果来看，由于反应速度快，部分配合比的浆液密度无法测出，故本标准规定报告浆液密度为实测值，供建设部门设计与施工时参考。

(3)可操作时间

浆液的粘度随时间的延长而增大，从而使可灌性降低，因此必须规定可操作时间。可操作时间的测定主要有旋转粘度计法、维卡仪法和倒杯法。对于水泥-水玻璃灌浆材料由于浆液中含有水泥和水玻璃，所以将浆液全组分混合均匀至不再流动做经历的时间为可操作时间。比较三种方法，旋转粘度计法读数的准确度高，但难以测出真正“不再流动”的状态，维卡仪法相对复杂，倒杯法简单、实用、方便，对状态的变化更加直观。从表2可见，最小的可操作时间为7s，最大可操作时间为74s。由于凝结时间太快，有时无法准确测出，也可由生产企业提供可操作时间实测值。

3.7.2 固结体的物理力学性能

水泥-水玻璃灌浆材料固结体物理力学性能包括：密度、24h体积变化率、抗折强度、抗压强度、抗渗压力。

(1)密度

固结体密度是指浆液灌注后，凝结成固结体的密度，反映反应裂隙的充填情况。从表2可以看出，36组试样中，固结体密度为1.46～1.82g/cm^{3}之间。

(2)24h体积变化率

体积变化率是指浆液固结后的结石体体积与浆液的体积之比的百分数，其值越大，对裂隙的填充效果越好。若体积变化率过低，灌浆后不能够完全填充裂隙，降低了灌浆的效果。体积变化率试验采用的试模尺寸为ϕ50mm×100mm，用游标卡尺测定固结体高度，试验方法简单、可行，测量数据精确。从表2可见，36组试样中，24h体积变化率最小为94.8%，最大为102.41%。

(3)固结体抗折强度和抗压强度

按GB/T 17671《水泥胶砂强度检验方法(ISO法)》测定抗折和抗压强度。因为灌浆材料的要求流动度好，具有可灌性，试验方法进行的改动就是不需要振动成型，将搅拌好的灌浆材料直接灌入试模中，为防止成型的试件出现孔洞、收缩等现象，故统一试验方法，减少试验误差。从表2可见，36组试样中，有效试验数据中3d抗折强度0.68～3.33MPa，28d抗折强度0.35～4.30MPa，3d抗压强度1.43～27.57MPa，28d抗压强度6.25～28.90MPa。

(4)抗渗压力

用于防渗堵漏的水泥-水玻璃灌浆材料对抗渗性能有一定的要求，本标准采用抗渗压力表示。按JGJ/T 70—2009中“抗渗性能试验”方法进行。本试验方法的关键是试验仪器与试验表面的密封性，采用砂浆渗透仪试模，对于强度较高的试件，24h脱模后标准养护，对于强度偏低的试件直接带模养护和进行试验。在标准制定过程中，曾探索采用测定渗透系数等方法来表征其抗渗性能，但试验未获得成功。

(5)固结体应用性能

用于补强加固的水泥-水玻璃灌浆材料对耐久性有一定的要求。固结体的耐久性是指浆液灌入后的补强加固效果的持久性。在地下水的物理、化学作用下，浆液固结体的一些组分会发生老化、溶出等现象，这会使固结体性能降低或是丧失。另外当固结体所处的环境发生变化时，如开挖暴露、地下水升降等，都会是固结体发生崩解风化。本标准固结体应用性能通过耐久性中的抗硫酸盐侵蚀、抗冻性能两个试验来综合判定，并根据工程性质与使用环境由供需双方协商确定是否进行(单项或两项)，并应在产品订购合同中注明。

抗硫酸盐侵蚀性能按GB/T 749—2008《水泥抗硫酸盐侵蚀试验方法》进行，但试件尺寸采用40mm×40mm×160mm；抗冻性能按JGJ/T 70—2009中“11 抗冻性能试验”测定；干燥收缩按JGJ/T 70—2009中第12章收缩试验方法进行，测定7d、14d、28d、56d龄期的干湿循环收缩值，以观察养护条件的变化对其耐久性的影响。

在已制定的环氧树脂、丙烯酸盐、聚氨酯三大灌浆材料行业标准中，规定了原材料要求、浆液和固结体的基本性能，未规定其应用性能。此次，在制定《水泥-水玻璃灌浆材料》行业标准时，根据工程性质与环境条件，将产品的应用性能订在标准中，这是一个进步和跨越。但考虑到过去没有积累这方面的试验资料，本次验证试验数据较少，而且处于探索性阶段，因此，标准中仅对S型固结体的应用性能规定了项目和试验方法。抗硫酸盐侵蚀与抗冻性规定了技术要求，干燥收缩试验数据较少，未列入标准。而这二项应用性能是否需要测定，由供需双方协商，根据工程性质和环境条件确定。

4 标准的验证试验情况分析

4.1 试样

水泥-水玻璃灌浆材料的试样及配合比见表1，共36个试样。其中，水灰比3个：0.5、0.75、1。水泥浆液与水玻璃体积比6个：1∶0.1、1∶0.5、1∶0.75、1∶1、1∶1.25、1∶1.5。水玻璃波美度2个：40、50。

表1 水泥-水玻璃灌浆材料的试样及配合比

配合比编号	水灰比	水泥浆液与水玻璃体积比	水玻璃波美度	配合比编号	水灰比	水泥浆液与水玻璃体积比	水玻璃波美度
PH1	0.5	1∶0.1	40	PH19	0.75	1∶1	40
PH2	0.5	1∶0.1	50	PH20	0.75	1∶1	50
PH3	0.5	1∶0.5	40	PH21	0.75	1∶1.25	40
PH4	0.5	1∶0.5	50	PH22	0.75	1∶1.25	50
PH5	0.5	1∶0.75	40	PH23	0.75	1∶1.5	40
PH6	0.5	1∶0.75	50	PH24	0.75	1∶1.5	50
PH7	0.5	1∶1	40	PH25	1	1∶0.1	40
PH8	0.5	1∶1	50	PH26	1	1∶0.1	50
PH9	0.5	1∶1.25	40	PH27	1	1∶0.5	40
PH10	0.5	1∶1.25	50	PH28	1	1∶0.5	50
PH11	0.5	1∶1.5	40	PH29	1	1∶0.75	40
PH12	0.5	1∶1.5	50	PH30	1	1∶0.75	50
PH13	0.75	1∶0.1	40	PH31	1	1∶1	40
PH14	0.75	1∶0.1	50	PH32	1	1∶1	50
PH15	0.75	1∶0.5	40	PH33	1	1∶1.25	40
PH16	0.75	1∶0.5	50	PH34	1	1∶1.25	50
PH17	0.75	1∶0.75	40	PH35	1	1∶1.5	40
PH18	0.75	1∶0.75	50	PH36	1	1∶1.5	50

将水灰比 2 个(0.75、1),水泥浆液与水玻璃体积比 6 个(1∶0.1、1∶0.5、1∶0.75、1∶1、1∶1.25、1∶1.5)范围内共计 24 个试样的试验结果归入防渗堵漏型水泥-水玻璃灌浆材料,并对抗渗压力再次进行了试验。防渗堵漏型水泥-水玻璃灌浆材料(S)的试验结果分析见表 2。

表 2 防渗堵漏型水泥-水玻璃灌浆材料(S)的试验结果分析

配合比编号	浆液性能	固结体性能							合格项 n_2/n
	可操作时间(s) ≥7	密度(g/cm³) ≥1.46	24h 体积变化率(%) ≥95	3d 抗折(MPa) ≥0.7	28d 抗折(MPa) ≥1.0	3d 抗压(MPa) ≥5	28d 抗压(MPa) ≥10.0	抗渗压力(MPa) ≥0.4	
PH13	7	1.58	102.41	2.85	2.75	10.50	10.33	0.4	8/8
PH14	12	1.60	100.05	2.53	2.70	11.40	12.00	0.5	8/8
PH15	14	1.54	99.94	1.10	2.73	19.88	21.75	0.9	8/8
PH16	28	1.60	94.80	1.05	2.75	12.77	21.40	1.0	7/8
PH17	17	1.54	99.65	0.68	0.91	20.80	9.86	0.2	4/8
PH18	44	1.63	100.54	0.93	1.63	19.70	14.97	0.6	8/8
PH19	24	1.54	100.39	1.08	2.53	12.03	22.77	1.2	8/8
PH20	64	1.60	100.16	1.18	1.50	4.25	19.43	0.2	6/8
PH21	30	1.55	100.43	0.85	1.92	1.68	19.40	0.2	6/8
PH22	105	1.62	100.58	1.28	1.00	3.20	15.80	—	6/7
PH23	31	1.50	101.48	0.93	0.55	1.88	15.93	0.3	5/8
PH24	132	1.61	102.15	1.20	0.80	2.90	8.80	—	4/7
PH25	11	1.49	100.91	1.90	1.63	7.25	10.72	0.4	8/8
PH26	10	1.57	101.55	1.88	2.77	9.50	7.58	—	6/7
PH27	17	1.48	94.74	1.45	1.32	16.30	17.77	0.8	7/8
PH28	36	1.55	100.43	0.88	0.75	17.05	12.90	—	6/7
PH29	25	1.46	100.82	0.83	1.28	5.60	15.30	0.7	8/8
PH30	55	1.55	101.59	0.88	0.90	5.10	12.10	—	6/7
PH31	27	1.46	101.19	0.78	1.07	5.35	13.73	0.8	8/8
PH32	91	1.55	101.03	0.95	0.60	2.53	14.95	—	5/7
PH33	34	1.46	100.94	0.73	0.63	1.43	10.52	—	5/7
PH34	136	1.56	101.09	0.95	0.25	1.95	12.40	—	5/7
PH35	39	1.46	100.35	0.75	1.23	1.45	6.25	—	5/7
PH35	190	1.55	101.23	0.85	0.80	1.90	7.95	—	4/7
n_1/n_0	24/24	24/24	22/24	23/24	15/24	14/24	19/24	10/14	8/24
合格率	100%	100%	91.7%	95.8%	62.5%	58.3%	79.2%	71.4%	33.3%

注:n_0——试样数量;n_1——合格的试样数量;n——总试样项目数量;n_2——合格的项目数量。

在 24 组试样中,全部符合标准要求的试样 8 个,合格率为 33.3%;不符合标准要求的试样 16 个,不合格率为 66.7%。其中,浆液的可操作时间、固结体密度全部符合标准要求,合格率为 100%合格;24h 体积变化率符合标准要求的试样 22 个,合格率为 91.7%;3d 抗折强度符合标准要求的试样 23 个,合格率为 95.8%;28d 抗折强度符合标准要求的试样 15 个,合格率为 62.5%;3d 抗压强度符合标准要求的试样 14 个,合格率为 58.3%;28d 抗压强度符合标准要求的试样 19 个,合格率为 79.2%;抗渗试验共进行 14 组试验,8 个符合标准要求,合格率为 71.4%。

将水灰比(0.5),水泥浆液与水玻璃体积比 6 个(1∶0.1、1∶0.5、1∶0.75、1∶1、1∶1.25、1∶1.5)范围内共计 12 个试样的试验结果归入加固补强型水泥-水玻璃灌材料,并对抗渗压力再次进行了试验。加固补强型水泥-水玻璃灌浆材料(P)的试验结果分析见表 3。

表 3 加固补强型水泥-水玻璃灌浆材料(P)的试验结果分析

配合比编号	浆液性能	固结体性能								应用性能			
											抗冻性（抗冻融 5 次）		
	可操作时间(s) ≥7	密度(g/cm³) ≥1.46	24h 体积变化率(%) ≥95	3d 抗折(MPa) ≥1.0	28d 抗折(MPa) ≥2.0	3d 抗压(MPa) ≥8.0	28d 抗压(MPa) ≥15.0	抗渗压力(MPa) ≥0.8	合格项 n_2/n	抗硫酸盐侵蚀 28d 抗折强度损失率(%) ≤40	抗压强度损失率(%) ≤25.0	质量损失率(%) ≤5.0	合格项 n_3/n
PH1	10	1.80	100.63	3.25	4.15	13.13	17.90	0.5	7/8				
PH2	10	1.82	101.25	3.33	4.30	14.15	17.42	0.6	7/8	−4.89	25.5	7.9	1/3
PH3	12	1.69	100.76	2.60	2.65	20.20	21.30	0.8	8/8		19.3	2.1	2/3
PH4	23	1.76	100.79	3.33	2.12	27.35	28.30	1.2	8/8	−3.62	18.8	1.7	3/3
PH5	16	1.67	100.40	1.25	2.29	22.75	24.86	1.1	8/8	−2.36	18.5	1.6	3/3
PH6	37	1.72	99.82	1.90	2.70	20.90	28.90	1.3	8/8	30.56	18.1	1.3	3/3
PH7	26	1.62	99.88	0.66	0.50	7.10	9.70	0.3	3/8	48.56	27.9	1.0	1/3
PH8	47	1.72	101.87	0.85	0.35	27.57	27.10	0.3	5/8		20.6	1.8	2/3
PH9	20	1.61	101.70	1.88	2.68	17.05	27.63	1.0	8/8	31.00	22.4	2.3	3/3
PH10	58	1.69	101.53	1.58	2.70	15.43	28.60	1.3	8/8		22.4	2.0	2/3
PH11	25	1.62	101.56	1.35	2.77	13.05	22.85	1.0	8/8	−116.67	22.4	2.1	3/3
PH12	74	1.71	100.60	1.80	1.50	7.13	19.03	0.8	6/8	46.39	22.7	2.4	2/3
n_1/n_0	12/12	12/12	12/12	10/12	9/12	10/12	11/12	8/12	7/12	5/8	9/11	10/11	5/11
合格率	100%	100%	100%	83.3%	75.0%	83.3%	91.7%	66.7%	58.3%	62.5%	81.8%	90.9%	45.5%

12 组试样中，固结体性能试验结果全部符合标准要求的试样 7 个，合格率为 58.3%，不符合标准要求的试样 5 个，不合格率为 41.7%。其中，浆液的可操作时间、固结体密度、24h 体积变化率全部合格，合格率为 100%；3d 抗折强度符合标准要求的试样 10 个，合格率为 83.3%；28d 抗折强度符合标准要求的试样 9 个，合格率为 75.0%；3d 抗压强度符合标准要求的试样 10 个，合格率为 83.3%；28d 抗压强度符合标准要求的试样 11 个，合格率为 91.7%；抗渗试验符合标准要求的试样 8 个，合格率为 66.7%。

应用性能共进行 11 组试验，全部符合标准要求的 5 个，合格率为 45.5%，不符合标准要求的 6 个，不合格率为 54.5%。其中，抗硫酸盐侵蚀 28d 抗折强度损失率 8 个试样，符合标准要求的试样 5 个，合格率为 62.5%；抗冻性试验中，抗压强度损失率 11 个试样，符合标准要求的试样 9 个，合格率为 81.8%，质量损失率 11 个试样，符合标准要求的试样 10 个，合格率为 90.9%。

4.2 验证试验情况

4.2.1 第一阶段验证试验结果

第一阶段试验验证工作由长江科学院完成，通过总结工程实际和室内试验，确定了水泥-水玻璃灌浆材料的配合比，水灰比为(0.5～2)∶1，水泥浆液与水玻璃体积比为 1∶(0.1～1.5)，浆液浓度由低到高，优选合适的配合比，见表 1。

4.2.2 第二阶段验证试验结果

标准编制组第二次工作会议后，根据会议要求，开始第二阶段试验验证工作。第二阶段试验验证工作由长江科学院完成，通过第一阶段的验证试验，确定了水泥-水玻璃灌浆材料的配合比。第二阶段验证固结体基本性能与应用性能见表 4。

表 4 水泥-水玻璃灌浆材料的试验结果

配合比编号	浆液性能					固结体性能							应用性能								
	可操作时间(s)	初始粘度(mPa·s)			稠度(mm)	密度(g/cm³)	24h体积变化率(%)	3d抗折(MPa)	28d抗折(MPa)	3d抗压(MPa)	28d抗压(MPa)	抗渗压力(MPa)	抗硫酸盐侵蚀28d抗折强度损失率(%)	抗冻性(抗冻融5次)		自然干燥收缩值(%)					
														抗压强度损失率(%)	质量损失率(%)	7d	14d	21d	28d	56d	90d
PH1	10	—	—	—	—	1.80	100.63	3.25	4.15	13.13	17.90	0.3 0.5	—	—	—	0.09	0.10	0.14	0.36	—	—
PH2	10	—	—	—	—	1.82	101.25	3.33	4.30	14.15	17.42	0.3 0.6	−4.89	—	—	0.15	0.22	0.27	0.35	0.49	—
PH3	12	950	450	290	12	1.69	100.76	2.60	2.65	30.20 20.20	21.30	0.3 0.8	—	19.3	2.1	0.29	0.41	0.47	0.63	7.79 0.79	—
PH4	23	850	600	800	23	1.76	100.79	3.33	2.12	27.35	28.30	0.3 1.2	−3.62	18.8	1.7	0.16	0.46	0.54	0.95	1.97	—
PH5	16	280	400	400	16	1.67	100.40	1.25	2.29	22.75	24.86	0.3 1.1	−2.36	18.5	1.6	0.67	1.17	1.50	1.34 1.84	1.85 2.85	—
PH6	37	300	950	350	37	1.72	99.82	1.90	2.70	20.90	28.90	0.3 1.3	40.56 30.56	18.1	1.3	0.93	2.07	2.52	2.88	—	—
PH7	26	120	60	50	26	1.62	99.88	—	0.50	—	9.70	0.3	—	17.9	1.0	0.99	1.69	2.94	2.25	2.71	3.12
PH8	47	350	550	400	47	1.72	101.87	0.85	0.35	27.57	27.10	0.3		20.6	1.8	0.88	1.50	2.67	2.49	—	—
PH9	20	100	120	180	20	1.61	101.70	1.88	0.68 2.68	7.05 17.05	27.63	0.3 1.0	40.00 31.00	22.4	2.3	0.81	1.22	1.63	1.75	2.56	—
PH10	58	350	400	400	58	1.69	101.53	1.58	1.70 2.70	15.43	28.60	0.2 1.3	—	22.4	2.0	0.94	1.69	3.30	2.58	3.03 2.73	3.95 2.95
PH11	25	90	60	110	—	1.62	101.56	1.35	0.77 2.77	3.05 13.05	22.85	0.2 1.0	−116.67	22.4	2.1	1.77	—	—	—	—	—
PH12	74	1000	950	500	—	1.71	100.60	1.80	1.50	7.13	19.03	0.2 0.8	—	22.7	2.4	1.61	2.70 1.70	3.99 2.66	3.66 2.76	4.37 2.87	5.21 2.99

表4(续表)

配合比编号	浆液性能					固结体性能							应用性能								
	可操作时间(s)	初始粘度(mPa·s)			稠度(mm)	密度(g/cm³)	24h体积变化率(%)	3d抗折(MPa)	28d抗折(MPa)	3d抗压(MPa)	28d抗压(MPa)	抗渗压力(MPa)	抗硫酸盐侵蚀28d抗折强度损失率(%)	抗冻性(抗冻融5次)		自然干燥收缩值(%)					
														抗压强度损失率(%)	质量损失率(%)	7d	14d	21d	28d	56d	90d
PH13	7	—	—	—	—	1.58	102.41	2.85	2.75	10.50	10.33	0.2 0.4	—	—	—	0.16	0.23	0.37	0.48	0.88	—
PH14	12	—	—	—	—	1.60	100.05	2.53	2.70	11.40	12.00	0.2 0.5	-5.39	—	—	0.24	0.39	0.49	0.59	0.96	—
PH15	14	20	50	50	14	1.54	99.94	0.90 1.10	0.73 2.73	19.88	21.75	0.2 0.9	-81.30	22.5	2.5	0.63	1.12	1.59	1.81	3.03 2.03	—
PH16	28	65	50	30	28	1.60	94.8	1.05	0.75 2.75	22.77 12.77	21.40	0.2 1.0	22.54	20.3	1.9	0.85	1.97	2.98 1.98	3.32 2.32	3.66 2.66	—
PH17	17	30	50	30	17	1.54	99.65	—	—	20.80	—	0.2	37.21	15.9	0.9	1.41	2.23	2.37	2.51	3.76	—
PH18	44	30	50	30	44	1.63	100.54	0.93	1.63	19.70	14.97	0.2 0.6	—	17.9	1.4	1.23	2.23 1.28	3.75 1.75	3.13 2.13	3.97 2.97	—
PH19	24	25	25	20	24	1.54	100.39	1.08	0.53 2.53	2.03 12.03	22.77	0.3 1.2	-9.44	20.7	2.0	2.85 1.85	3.33 2.00	4.62 2.62	5.00 2.83	5.71 2.91	—
PH20	64	60	45	30	64	1.60	100.16	1.18	1.50	4.25	19.43	0.2	0.51	22.5	2.6	1.17	2.64	3.69	3.90	4.35	—
PH21	30	20	25	25	30	1.55	100.43	0.85	1.92	1.68	19.40	0.2	-120.78	18.7	1.5	4.03	5.16	5.86	6.06	6.82	—
PH22	105	150	90	75	72	1.62	100.58	1.28	1.00	3.20	15.80	—	9.19	—	—	1.51	4.00	5.33	5.36	—	—
PH23	31	30	40	50	31	1.50	101.48	0.93	0.55	1.88	15.93	0.3	-211.96	—	—	2.20	6.15	6.42	6.86	7.18	—
PH24	132	50	450	50	88	1.61	102.15	1.20	0.80	2.90	8.80	—	50.26	—	—	2.58	7.88	9.14	8.83	—	—

表4(续表)

配合比编号	浆液性能					固结体性能							应用性能								
	可操作时间(s)	初始粘度(mPa·s)			稠度(mm)	密度(g/cm^3)	24h体积变化率(%)	3d抗折(MPa)	28d抗折(MPa)	3d抗压(MPa)	28d抗压(MPa)	抗渗压力(MPa)	抗硫酸盐侵蚀28d抗折强度损失率(%)	抗冻性(抗冻融5次)		自然干燥收缩值(%)					
														抗压强度损失率(%)	质量损失率(%)	7d	14d	21d	28d	56d	90d
PH25	11	40	40	30	11	1.49	100.91	1.90	1.63	7.25	10.72	— *0.4*	−37.33	—	—	0.49	1.14	1.56	1.87	3.16 *2.16*	3.49 *2.49*
PH26	10	—	—	—	10	1.57	101.55	1.88	2.77	9.50	7.58	—	−48.75	—	—	1.08	2.53	3.00	3.06	—	—
PH27	17	10	20	20	17	1.48	99.74	1.45	1.32	16.30	17.77	— *0.8*	−36.84	—	—	1.44	1.98	2.73	3.01 *3.00*	—	—
PH28	36	20	20	20	36	1.55	100.43	0.88	0.75	17.05	12.90	—	100.00	—	—	0.78	3.03	4.87	—	—	—
PH29	25	20	20	20	25	1.46	100.82	0.83	1.28	2.60 *5.60*	15.30	— *0.7*	−2.30	—	—	1.06	1.90	2.60 *2.30*	3.96 *2.96*	8.54 *2.99*	—
PH30	55	15	15	20	55	1.55	101.59	0.88	0.90	5.10	12.10	—	23.53	—	—	0.85	2.83	4.00	4.25	—	—
PH31	27	20	20	20	27	1.46	101.19	0.78	1.07	1.35 *5.35*	13.73	— *0.8*	−6.90	—	—	5.98 *0.98*	6.98 *1.22*	7.89 *1.36*	7.54 *1.54*	9.37 *2.37*	10.94 *2.94*
PH32	91	15	20	20	64	1.55	101.03	0.95	0.60	2.53	14.95	—	34.30	—	—	1.71	4.14	6.03	6.25	9.05	—
PH33	34	20	20	30	34	1.46	100.94	0.73	0.63	1.43	10.52	—	25.40	—	—	3.63	5.32	6.65	6.61	8.23	9.55
PH34	136	25	25	25	86	1.56	101.09	0.95	0.25	1.95	12.40	—	−82.14	—	—	6.84	8.74	8.64	7.19	8.74	—
PH35	39	20	20	25	—	1.46	100.35	0.75	1.23	1.45	6.25	—	−24.72	—	—	1.74	2.67	3.97	4.73	6.38	8.55
PH36	190	40	35	40	—	1.55	101.23	0.85	0.80	1.90	7.95	—	100.00	—	—	4.11	6.13	6.19	6.73	7.54	9.12

注:表2中有两行数据的单元格,上方为第三阶段验证试验结果,下方斜体为第四阶段补充验证试验结果。

4.2.3 第三阶段验证试验结果

标准编制组第三次工作会议后，根据会议要求，开始第三阶段试验验证工作。第三阶段试验验证工作由长江科学院和中国建材检验认证集团股份有限公司(CTC)完成，通过第一、二阶段的验证试验，选择了部分水泥-水玻璃灌浆材料的配合比。第三阶段验证浆液物理性能试验结果见表5，固结体基本性能见表6。

表5 浆液物理性能验证试验结果

验证单位	配合比编号	水灰比	水泥浆液与水玻璃体积比	波美度	可操作时间(min)	初始粘度(mPa·s)		
长科院	PH6	0.5	1∶0.75	50	37	300	950	350
CTC	PH6 比对	0.5	1∶0.75	50	30	操作时间快，未测到数据	操作时间快，未测到数据	操作时间快，未测到数据
长科院	PH7	0.5	1∶1	40	26	120	60	50
CTC	PH7 比对	0.5	1∶1	40	24	—	—	—
长科院	PH8	0.5	1∶1	50	47	350	550	400
CTC	PH8 比对	0.5	1∶1	50	43	操作时间快，未测到数据	操作时间快，未测到数据	操作时间快，未测到数据
长科院	PH18	0.75	1∶0.75	50	44	30	50	30
CTC	PH18 比对	0.75	1∶0.75	50	74	28	30	30
长科院	PH23	0.75	1∶1.5	40	31	30	40	50
CTC	PH23 比对	0.75	1∶1.5	40	54	—	—	—
长科院	PH35	1	1∶1.5	40	39	20	20	25
CTC	PH35 比对	1	1∶1.5	40	43	—	—	—
长科院	PH38	1.25	1∶0.1	50	14	20	15	15
CTC	PH38 比对	1.25	1∶0.1	50	25	操作时间快，未测到数据	操作时间快，未测到数据	操作时间快，未测到数据
长科院	PH40	1.25	1∶0.5	50	44	15	15	15
CTC	PH40 比对	1.25	1∶0.5	50	81	14	14	15
长科院	PH42	1.25	1∶0.75	50	68	10	20	15
CTC	PH42 比对	1.25	1∶0.75	50	200	15	20	25
长科院	PH60	1.5	1∶1.5	40	70	20	15	20
CTC	PH60 比对	1.5	1∶1.5	40	70	—	—	—

表6 固结体基本性能验证试验结果

验证单位	配合比编号	水灰比	水泥浆液与水玻璃体积比	水玻璃波美度	结石率(%)	3d 抗折(MPa)	28d 抗折(MPa)	3d 抗压(MPa)	28d 抗压(MPa)	28d 压折比(%)
长科院	PH6	0.5	1∶0.75	50	99.82	1.90	2.70	20.90	28.90	10.70
CTC	PH6 比对	0.5	1∶0.75	50	99.80	0.7	1	22.4	26.3	26.30
长科院	PH7	0.5	1∶1	40	99.88	—	0.50	—	9.70	19.40
CTC	PH7 比对	0.5	1∶1	40	—	0.3	0.5	1	1	2.00

表6(续表)

验证单位	配合比编号	水灰比	水泥浆液与水玻璃体积比	水玻璃波美度	结石率(%)	3d抗折(MPa)	28d抗折(MPa)	3d抗压(MPa)	28d抗压(MPa)	28d压折比(%)
长科院	PH8	0.5	1∶1	50	101.87	0.85	0.35	27.57	27.10	77.43
CTC	PH8比对	0.5	1∶1	50	100.30	0.6	5.2	16.8	33.4	6.42
长科院	PH18	0.75	1∶0.75	50	100.54	0.93	1.63	19.70	14.97	9.18
CTC	PH18比对	0.75	1∶0.75	50	100.70	1.3	3.8	10.1	25.9	6.82
长科院	PH23	0.75	1∶1.5	40	101.48	0.93	0.55	1.88	15.93	28.96
CTC	PH23比对	0.75	1∶1.5	40	—	0.6	1.6	2.1	4.4	2.75
长科院	PH35	1	1∶1.5	40	100.35	0.75	1.23	1.45	6.25	5.08
CTC	PH35比对	1	1∶1.5	40	—	0.5	1	1.5	3.5	3.50
长科院	PH38	1.25	1∶0.1	50	100.62	2.15	1.10	6.18	8.40	7.64
CTC	PH38比对	1.25	1∶0.1	50	100.50	1.4	1.6	9.2	11.5	7.19
长科院	PH40	1.25	1∶0.5	50	102.16	0.85	0.58	11.50	15.98	27.55
CTC	PH40比对	1.25	1∶0.5	50	103.20	0.8	1.8	12.8	14	7.78
长科院	PH42	1.25	1∶0.75	50	101.76	0.83	0.50	1.73	15.00	30.00
CTC	PH42比对	1.25	1∶0.75	50	100.50	0.6	2	2.2	13.7	6.85
长科院	PH60	1.5	1∶1.5	40	101.08	0.50	0.50	0.80	—	—
CTC	PH60比对	1.5	1∶1.5	40	—	0.4	0.6	1.1	3	5.00

两个单位试验结果分析比较：有一些试样两个单位试验结果比较接近，不同试验室、不同操作人员操作的复演性较好；但另一部分试样，两个单位试验结果偏离较大。分析原因，试样贮存时间、试样制作、成型、养护、加荷操作等存在差别。因此，细化试验方法，统一试验操作，减少试验误差，是提高试验复演性的前提。

4.2.4 第四阶段验证试验结果

标准编制组第四次工作会议后，根据会议要求，开展了稠度、渗透系数与抗渗压力等试验方法研究，对部分试样的抗折、抗压强度、抗硫酸盐侵蚀、自然干燥收缩值等进行第二次验证试验。第四阶段试验验证工作由长江科学院完成，通过验证试验，确定了水泥-水玻璃灌浆材料的配合比。第四阶段补充验证抗压、抗折强度、抗渗压力、抗硫酸盐侵蚀、自然干燥收缩值试验结果见表2、表3和表4。

根据验证试验结果分析表明：本标准规定的技术要求是可行的，能够保证产品质量和工程建设质量。根据工程要求与使用环境条件，只要选择符合标准要求的原材料，选用合适的水泥-水玻璃灌浆材料配合比，搅拌时间合适，能生产符合工程要求的产品。

5 标准中所涉及的专利

通过资料查询，网上征询和征求意见阶段反馈的信息，直至今日尚未发现标准内容有关专利所有权的请求。故本标准不涉及相关专利与知识产权。

6 产业化情况、经济效益分析

水玻璃是化学灌浆中使用最早的一种材料，该材料来源广、品种多、价格低、无毒、凝固时间和固结体强度可以调节，防水性能良好，与水泥浆混合使用，能够满足不同工程施工的要求，广泛应用于矿井、隧道、涵管、深层地基和油井等地下工程的堵水、防渗、基础加固和强化采油工程的处理。由于其优越的综合性能，目前仍然是使用最广的化学灌浆材料之一。

1925年荷兰的H. J. Joosten首次用水玻璃-氯化钙浆液进行化学灌浆。从此，水玻璃化学灌浆逐渐发展起来。进入20世纪50年代，由于高分子工业的发展，出现了许多高分子灌浆材料，其中应用最多的是丙烯酰胺、尿醛树脂、木质素、聚氨酯和水玻璃灌浆材料。然而，1974年，日本用丙烯酰胺灌浆时，发生了地下水污染事件，日本政府颁布法规，禁止非水玻璃类化学灌浆材料的使用，这促进了水玻璃浆材的发展，几种新型水玻璃灌浆材料相继研制成功。这些材料与传统的水玻璃灌浆材料相比，其耐久性有了很大的改进。而随着水泥-水玻璃灌浆材料的研究与开发，其应用范围变得更广。1994年，在日本广岛一条新的地铁线路的施工中，成功地使用了化学灌浆技术。二次灌浆所用灌浆材料要求至少有2～3年的耐久性，且价格也不能太高，为此采用了酸性水玻璃。在东京，曾在地下40m深处修建了一条直径10.5～12.5m的隧道，为预防底部土层翻浆和隆起。在底部进行了化学灌浆，以形成5m厚防渗层，从而截断承压水的压力。世界上第一条最长的海底隧道——日本青函隧道采用矿渣胶体化水泥-水玻璃灌浆材料，成功地达到堵水和加固以抵抗水压的目的。在世界的许多城市隧道工程中，采用水泥-水玻璃灌浆材料进行防渗加固，获得了成功。如米兰地铁，那不勒斯轻轨高速运输系统、台北地铁Chungo线等，用水泥-水玻璃灌浆材料防渗和加固。北京地铁西章站管棚选用水泥-水玻璃灌浆材料进行防渗堵漏；上海地铁徐家汇车站采用水泥-水玻璃灌浆材料保护地下管线；广州地铁1号线，暗挖法施工前采用水泥-水玻璃灌浆对隧道周围土体进行加固。

除隧道外，水泥-水玻璃灌浆材料在城市建设中处理充填土软基工程中也发挥了重要作用。如广东嘉力玩具厂综合楼充填土软基化学灌浆处理工程，采用水泥-水玻璃灌浆材料加固，取得了良好的效果。水泥水玻璃灌浆材料在水利水电工程中也得到了广泛应用。

总之，水泥-水玻璃灌浆材料已覆盖水利水电、采矿、交通、工业及民用建筑等领域的防渗堵漏和加固补强用，产生巨大的经济效益。

因此，制定《水泥-水玻璃灌浆材料》行业标准，在全国范围内统一产品技术要求与试验方法，有利于提高产品质量，促进保证水玻璃灌浆材料的发展，保证基础设施工程质量的"百年大计"。

7　采用国际标准和国外先进标准情况

目前尚未收集到该种产品的国际标准和国外先进标准。本标准是在调查研究，总结我国水泥-水玻璃灌浆材料生产与实践经验基础上进行了大量的试验研究，结合我国国情制定的。

8　本标准与现行的相关法律、法规及相关标准(包括强制性标准)的协调性

经查询，目前国际上没有此类产品的国家标准与国外先进标准。国内也无此类产品的国家标准与行业标准，仅有住房城乡建设部批准颁布的JGJ/T 211—2010《建筑工程水泥-水玻璃双液注浆技术规程》，是此类材料的施工技术规程。其中"5 浆液的制备"中，"5.0.3 集中制备水泥浆"对材料仅规定"宜制备水灰比0.5的水泥浆""5.0.4 水玻璃宜在使用前加水稀释到20°Be～35°Be备用，并应确保搅拌均匀"。

由此可见，水泥-水玻璃灌浆材料国内外无此类产品和试验方法标准，国内生产和应用仅依靠企业积累的经验和工程案例。本标准的制定是一次突破，规定了原材料、浆液和固结体的基本性能和应用性能，填补了我国标准的空白，是一个创新，也是国际上第一个"水泥-水玻璃灌浆材料"产品标准。

经广泛调研和多方面征求意见，本标准有关技术参数、性能指标、技术要求符合现行法律、法规、规章及有关强制性标准要求并具有一致性。

灌浆材料应根据堵水要求、加固要求，以及是否作为永久性支护结构等方面，并从无毒性、无污染这一角度综合考虑进行选择。由于水泥-水玻璃灌浆材料胶凝时间短、绿色环保、止水效果好等区别于其他化学灌浆材料的优点，而被广泛应用于防渗堵漏、补强加固。

9　重大分歧意见的处理经过和依据

经广泛征求意见，收集了生产、使用、科研设计、质检机构、工程建设等单位的意见与建议，进行了认

真研究分析，修改了行业标准征求意见稿，并起草了标准送审稿。在审查会议上，本标准的起草单位、科研院所、业内有关专家、学者、用户取得一致性意见，没有提出重大分歧意见。

10 标准性质

本标准为推荐标准行业标准。

11 贯彻标准的要求和措施建议

待本标准批准发布后，建议由标准负责起草单位组织相关生产、检验、施工、设计等有关单位进行宣贯。

12 废止现行相关标准的建议

本标准为首次制定，无相关标准废止的建议。

13 其他应予说明的事项

无其他说明事项。

第二部分

规范性引用文件

ICS 91.100.10
Q 11

中华人民共和国国家标准

GB 175—2007
代替 GB 175—1999,GB 1344—1999,GB 12958—1999

通用硅酸盐水泥

Common portland cement

2007-11-09 发布 2008-06-01 实施

中华人民共和国国家质量监督检验检疫总局
中国国家标准化管理委员会 发布

前　言

本标准第 7.1、7.3.1、7.3.2、7.3.3、9.4 为强制性条款，其余为推荐性条款。

本标准与欧洲水泥标准 EN 197-1:2000《通用波特兰水泥》的一致性程度为非等效。

本标准自实施之日起代替 GB 175—1999《硅酸盐水泥、普通硅酸盐水泥》、GB 1344—1999《矿渣硅酸盐水泥、火山灰质硅酸盐水泥、粉煤灰硅酸盐水泥》、GB 12958—1999《复合硅酸盐水泥》三个标准。

与 GB 175—1999、GB 1344—1999、GB 12958—1999 相比，本标准主要变化如下：

——全文强制改为条文强制(本版前言)；

——增加了通用硅酸盐水泥的定义(本版第 3 章)；

——将各品种水泥的定义取消(原版 GB 175—1999、GB 1344—1999、GB 12958—1999 第 3 章)；

——将组分与材料合并为一章(原版 GB 175—1999、GB 1344—1999、GB 12958—1999 第 4 章，本版第 5 章)；

——普通硅酸盐水泥中“掺活性混合材料时，最大掺量不超过 15%，其中允许用不超过水泥质量 5%的窑灰或不超过水泥质量 10%的非活性混合材料来代替”改为“活性混合材料掺加量为＞5%且≤20%，其中允许用不超过水泥质量 8%且符合本标准第 5.2.4 条的非活性混合材料或不超过水泥质量 5%且符合本标准第 5.2.5 条的窑灰代替”(原版 GB 175—1999 中第 3.2 条，本版第 5.1 条)；

——将矿渣硅酸盐水泥中矿渣掺加量由“20%～70%”改为“＞20%且≤70%”，并分为 A 型和 B 型。A 型矿渣掺量＞20%且≤50%，代号 P·S·A；B 型矿渣掺量＞50%且≤70%，代号 P·S·B (原版 GB 1344—1999 中第 3.1 条，本版第 5.1 条)；

——将火山灰质硅酸盐水泥中火山灰质混合材料掺量由“20%～50%”改为“＞20%且≤40%”(原版 GB 1344—1999 中第 3.2 条，本版第 5.1 条)；

——将复合硅酸盐水泥中混合材料总掺加量由“应大于 15%，但不超过 50%”改为“＞20%且≤50%”(原版 GB 12958—1999 中第 3 章，本版第 5.1 条)；

——材料中增加了粒化高炉矿渣粉(本版第 5.2.3、5.2.4 条)；

——取消了复合硅酸盐水泥中允许掺加粒化精炼铬铁渣、粒化增钙液态渣、粒化碳素铬铁渣、粒化高炉钛矿渣等混合材料以及符合附录 A 新开辟的混合材料，并将附录 A 取消(原版 GB 12958—1999 中第 4.2、4.3 条和附录 A)；

——增加了 M 类混合石膏，取消了 A 类硬石膏(原版 GB 175—1999、GB 1344—1999 和 GB 12958—1999 中第 3 章，本版第 5.2.1.1 条)；

——助磨剂允许掺量由“不超过水泥质量的 1%”改为“不超过水泥质量的 0.5%”(原版 GB 175—1999、GB 1344—1999 和 GB 12958—1999 中第 4.5 条，本版第 5.2.6 条)；

——普通水泥强度等级中取消了 32.5 和 32.5R(原版 GB 175—1999 中第 5 章，本版第 6 章)；

——将矿渣硅酸盐水泥、火山灰质硅酸盐水泥、粉煤灰硅酸盐水泥和复合硅酸盐水泥中“熟料中的氧化镁含量”改为“水泥中的氧化镁含量”，其中要求 P·S·A 型、P·P 型、P·F 型、P·C 型水泥中的氧化镁含量不大于 6.0%，并加注 b 说明‘如果水泥中氧化镁含量大于 6.0%时，应进行水泥压蒸试验并合格，P·S·B 型无要求。(原版 GB 1344—1999 和 GB 12958—1999 中第 6.1 条，本版第 7.1 条)；

——增加了氯离子限量的要求，即水泥中氯离子含量不大于 0.06%(本版第 7.1 条)；

——将各强度等级的普通硅酸盐水泥的强度指标改为和硅酸盐水泥一致，将各强度等级复合硅酸盐水泥的强度指标改为和矿渣硅酸盐水泥、火山灰质硅酸盐水泥、粉煤灰硅酸盐水泥一致(原版 GB 12958—1999 中第 6.6 条,本版第 7.3.3 条);

——增加了 45 μm 方孔筛筛余不大于 30%作为选择性指标(本版第 7.3.4 条);

——增加了选择水泥组分试验方法的原则和定期校核要求(本版第 8.1 条);

——将"按 0.50 水灰比和胶砂流动度不小于 180mm 来确定用水量"的规定的适用水泥品种扩大为火山灰质硅酸盐水泥、粉煤灰硅酸盐水泥、复合硅酸盐水泥和掺火山灰质混合材料的普通硅酸盐水泥(原版 GB 1344—1999 第 7.5 条,本版第 8.5 条);

——编号与取样中增加了年生产能力"200×10^4 t 以上"的级别,即:200×10^4 t 以上,不超过 4 000 t 为一个编号;将"120 万吨以上,不超过 1 200 吨为一个编号"改为"120×10^4 t～200×10^4 t,不超过 2 400 t 为一个编号"(原版 GB 175—1999、GB 1344—1999、GB 12958—1999 中第 8.1 条,本版第 9.1 条);

——将"出厂水泥应保证出厂强度等级,其余技术要求应符合本标准有关要求"改为"经确认水泥各项技术指标及包装质量符合要求时方可出厂"(原版 GB 175—1999、GB 1344—1999、GB 12958—1999 中第 8.2 条,本版第 9.2 条);

——增加了出厂检验项目(本版第 9.3 条);

——取消了废品判定(原版 GB 175—1999、GB 1344—1999、GB 12958—1999 中第 8.3 条);

——不合格品判定中取消了细度和混合材料掺加量的规定,将判定规则改为"检验结果符合本标准 7.1、7.3.1、7.3.2、7.3.3 条技术要求为合格品。检验结果不符合本标准 7.1、7.3.1、7.3.2、7.3.3 条中任何一项技术要求为不合格品。(原版 GB 175—1999、GB 1344—1999、GB 12958—1999 中第 8.3.2 条,本版第 9.4.1、9.4.2 条);

——检验报告中增加了"合同约定的其他技术要求"(原版 GB 175—1999、GB 1344—1999、GB 12958—1999 中第 8.4 条,本版第 9.5 条);

——交货与验收中增加了"安定性仲裁检验时,应在取样之日起 10 d 以内完成"(本版第 9.6.2 条);

——包装标志中将"且应不少于标志质量的 98%"改为"且应不少于标志质量的 99%"(原版 GB 175—1999、GB 1344—1999、GB 12958—1999 中第 9.1 条,本版第 10.1 条);

——包装标志中将"火山灰质硅酸盐水泥、粉煤灰硅酸盐水泥和复合硅酸盐水泥包装袋的两侧印刷采用黑色"改为"火山灰质硅酸盐水泥、粉煤灰硅酸盐水泥和复合硅酸盐水泥包装袋的两侧印刷采用黑色或蓝色"(原版 GB 1344—1999、GB 12958—1999 中第 9.2 条,本版第 10.2 条)。

本标准由中国建筑材料工业协会提出。

本标准由全国水泥标准化技术委员会(SAC/TC 184)归口。

本标准主要起草单位:中国建筑材料科学研究总院。

本标准参加起草单位:唐山冀东水泥股份有限公司、福建水泥股份有限公司、山东丛林集团、都江堰拉法基水泥有限公司、云南国资水泥红河有限公司、云南国资水泥昆明有限公司、合肥水泥设计院、广东省建筑科学研究院、山东省水泥质量监督检验站、上海市建筑科学研究院有限公司、建筑材料工业技术情报研究所、冠鲁集团山东万利水泥有限公司、唐山隆丰水泥有限公司。

本标准主要起草人:颜碧兰、江丽珍、肖忠明、刘晨、张秋英、陈萍、霍春明、席劲松、宋立春、王昕、郭俊萍。

本标准所代替标准的历次版本情况为:

——GB 175—1956、GB 175—1962、GB 175—1977、GB 175—1985、GB 175—1992、GB 175—1999;

——GB 1344—1956、GB 1344—1962、GB 1344—1977、GB 1344—1985、GB 1344—1992、GB 1344—1999;

——GB 12958—1981、GB 12958—1991、GB 12958—1999。

通 用 硅 酸 盐 水 泥

1 范围

本标准规定了通用硅酸盐水泥的术语和定义、分类、组分与材料、强度等级、技术要求、试验方法、检验规则和包装、标志、运输与贮存等。

本标准适用于通用硅酸盐水泥。

2 规范性引用文件

下列文件中的条款通过本标准的引用而成为本标准的条款。凡是注日期的引用文件，其随后所有的修改单(不包括勘误的内容)或修订版均不适用于本标准，然而，鼓励根据本标准达成协议的各方研究是否可使用这些文件的最新版本。凡是不注日期的引用文件，其最新版本适用于本标准。

GB/T 176 水泥化学分析方法(GB/T 176—1996,eqv ISO 680:1990)

GB/T 203 用于水泥中的粒化高炉矿渣

GB/T 750 水泥压蒸安定性试验方法

GB/T 1345 水泥细度检验方法 筛析法

GB/T 1346 水泥标准稠度用水量、凝结时间、安定性检验方法(GB/T 1346—2001,eqv ISO 9597:1989)

GB/T 1596 用于水泥和混凝土中的粉煤灰

GB/T 2419 水泥胶砂流动度测定方法

GB/T 2847 用于水泥中的火山灰质混合材料

GB/T 5483 石膏和硬石膏

GB/T 8074 水泥比表面积测定方法 勃氏法

GB 9774 水泥包装袋

GB 12573 水泥取样方法

GB/T 12960 水泥组分的定量测定

GB/T 17671 水泥胶砂强度检验方法(ISO 法)(GB/T 17671—1999,idt ISO 679:1989)

GB/T 18046 用于水泥和混凝土中的粒化高炉矿渣粉

JC/T 420 水泥原料中氯离子的化学分析方法

JC/T 667 水泥助磨剂

JC/T 742 掺入水泥中的回转窑窑灰

3 术语和定义

下列术语和定义适用于本标准。

通用硅酸盐水泥 common portland cement

以硅酸盐水泥熟料和适量的石膏，及规定的混合材料制成的水硬性胶凝材料。

4 分类

本标准规定的通用硅酸盐水泥按混合材料的品种和掺量分为硅酸盐水泥、普通硅酸盐水泥、矿渣硅酸盐水泥、火山灰质硅酸盐水泥、粉煤灰硅酸盐水泥和复合硅酸盐水泥。各品种的组分和代号应符合5.1的规定。

5　组分与材料

5.1　组分

通用硅酸盐水泥的组分应符合表1的规定。

表1　　%

品种	代号	组分(质量分数)				
		熟料＋石膏	粒化高炉矿渣	火山灰质混合材料	粉煤灰	石灰石
硅酸盐水泥	P·Ⅰ	100	—	—	—	—
	P·Ⅱ	≥95	≤5	—	—	—
		≥95	—	—	—	≤5
普通硅酸盐水泥	P·O	≥80且<95	>5且≤20[a]			—
矿渣硅酸盐水泥	P·S·A	≥50且<80	>20且≤50[b]	—	—	—
	P·S·B	≥30且<50	>50且≤70[b]	—	—	—
火山灰质硅酸盐水泥	P·P	≥60且<80	—	>20且≤40[c]	—	—
粉煤灰硅酸盐水泥	P·F	≥60且<80	—	—	>20且≤40[d]	—
复合硅酸盐水泥	P·C	≥50且<80	>20且≤50[e]			

a　本组分材料为符合本标准5.2.3的活性混合材料，其中允许用不超过水泥质量8%且符合本标准5.2.4的非活性混合材料或不超过水泥质量5%且符合本标准5.2.5的窑灰代替。

b　本组分材料为符合GB/T 203或GB/T 18046的活性混合材料，其中允许用不超过水泥质量8%且符合本标准第5.2.3条的活性混合材料或符合本标准第5.2.4条的非活性混合材料或符合本标准第5.2.5条的窑灰中的任一种材料代替。

c　本组分材料为符合GB/T 2847的活性混合材料。

d　本组分材料为符合GB/T 1596的活性混合材料。

e　本组分材料为由两种(含)以上符合本标准第5.2.3条的活性混合材料或/和符合本标准第5.2.4条的非活性混合材料组成，其中允许用不超过水泥质量8%且符合本标准第5.2.5条的窑灰代替。掺矿渣时混合材料掺量不得与矿渣硅酸盐水泥重复。

5.2　材料

5.2.1　硅酸盐水泥熟料

由主要含 CaO、SiO_2、Al_2O_3、Fe_2O_3 的原料，按适当比例磨成细粉烧至部分熔融所得以硅酸钙为主要矿物成分的水硬性胶凝物质。其中硅酸钙矿物含量(质量分数)不小于66%，氧化钙和氧化硅质量比不小于2.0。

5.2.2　石膏

5.2.2.1　天然石膏：应符合GB/T 5483中规定的G类或M类二级(含)以上的石膏或混合石膏。

5.2.2.2　工业副产石膏：以硫酸钙为主要成分的工业副产物。采用前应经过试验证明对水泥性能无害。

5.2.3　活性混合材料

应符合GB/T 203、GB/T 18046、GB/T 1596、GB/T 2847标准要求的粒化高炉矿渣、粒化高炉矿渣粉、粉煤灰、火山灰质混合材料。

5.2.4　非活性混合材料

活性指标分别低于GB/T 203、GB/T 18046、GB/T 1596、GB/T 2847标准要求的粒化高炉矿渣、粒化高炉矿渣粉、粉煤灰、火山灰质混合材料；石灰石和砂岩，其中石灰石中的三氧化二铝含量（质量分数）应不大于2.5%。

5.2.5 窑灰

应符合JC/T 742的规定。

5.2.6 助磨剂

水泥粉磨时允许加入助磨剂，其加入量应不大于水泥质量的0.5%，助磨剂应符合JC/T 667的规定。

6 强度等级

6.1 硅酸盐水泥的强度等级分为42.5、42.5R、52.5、52.5R、62.5、62.5R六个等级。

6.2 普通硅酸盐水泥的强度等级分为42.5、42.5R、52.5、52.5R四个等级。

6.3 矿渣硅酸盐水泥、火山灰质硅酸盐水泥、粉煤灰硅酸盐水泥、复合硅酸盐水泥的强度等级分为32.5、32.5R、42.5、42.5R、52.5、52.5R六个等级。

7 技术要求

7.1 化学指标

通用硅酸盐水泥化学指标应符合表2的规定。

表2

%

<table>
<tr><th>品种</th><th>代号</th><th>不溶物
（质量分数）</th><th>烧失量
（质量分数）</th><th>三氧化硫
（质量分数）</th><th>氧化镁
（质量分数）</th><th>氯离子
（质量分数）</th></tr>
<tr><td rowspan="2">硅酸盐水泥</td><td>P·Ⅰ</td><td>≤0.75</td><td>≤3.0</td><td rowspan="3">≤3.5</td><td rowspan="3">≤5.0[a]</td><td rowspan="7">≤0.06[c]</td></tr>
<tr><td>P·Ⅱ</td><td>≤1.50</td><td>≤3.5</td></tr>
<tr><td>普通硅酸盐水泥</td><td>P·O</td><td>—</td><td>≤5.0</td></tr>
<tr><td rowspan="2">矿渣硅酸盐水泥</td><td>P·S·A</td><td>—</td><td>—</td><td rowspan="2">≤4.0</td><td>≤6.0[b]</td></tr>
<tr><td>P·S·B</td><td>—</td><td>—</td><td>—</td></tr>
<tr><td>火山灰质硅酸盐水泥</td><td>P·P</td><td>—</td><td>—</td><td rowspan="3">≤3.5</td><td rowspan="3">≤60[b]</td></tr>
<tr><td>粉煤灰硅酸盐水泥</td><td>P·F</td><td>—</td><td>—</td></tr>
<tr><td>复合硅酸盐水泥</td><td>P·C</td><td>—</td><td>—</td><td></td></tr>
<tr><td colspan="7">a 如果水泥压蒸试验合格，则水泥中氧化镁的含量（质量分数）允许放宽至6.0%。
b 如果水泥中氧化镁的含量（质量分数）大于6.0%时，需进行水泥压蒸安定性试验并合格。
c 当有更低要求时，该指标由买卖双方确定。</td></tr>
</table>

7.2 碱含量（选择性指标）

水泥中碱含量按$Na_2O+0.658K_2O$计算值表示。若使用活性骨料，用户要求提供低碱水泥时，水泥中的碱含量应不大于0.60%或由买卖双方协商确定。

7.3 物理指标

7.3.1 凝结时间

硅酸盐水泥初凝时间不小于45 min，终凝时间不大于390 min。

普通硅酸盐水泥、矿渣硅酸盐水泥、火山灰质硅酸盐水泥、粉煤灰硅酸盐水泥和复合硅酸盐水泥初凝不小于45 min，终凝不大于600 min。

7.3.2 安定性

沸煮法合格。

7.3.3 强度

不同品种不同强度等级的通用硅酸盐水泥，其不同龄期的强度应符合表3的规定。

表3

单位为兆帕

品种	强度等级	抗压强度		抗折强度	
		3 d	28 d	3 d	28 d
硅酸盐水泥	42.5	≥17.0	≥42.5	≥3.5	≥6.5
	42.5R	≥22.0		≥4.0	
	52.5	≥23.0	≥52.5	≥4.0	≥7.0
	52.5R	≥27.0		≥5.0	
	62.5	≥28.0	≥62.5	≥5.0	≥8.0
	62.5R	≥32.0		≥5.5	
普通硅酸盐水泥	42.5	≥17.0	≥42.5	≥3.5	≥6.5
	42.5R	≥22.0		≥4.0	
	52.5	≥23.0	≥52.5	≥4.0	≥7.0
	52.5R	≥27.0		≥5.0	
矿渣硅酸盐水泥 火山灰硅酸盐水泥 粉煤灰硅酸盐水泥 复合硅酸盐水泥	32.5	≥10.0	≥32.5	≥2.5	≥5.5
	32.5R	≥15.0		≥3.5	
	42.5	≥15.0	≥42.5	≥3.5	≥6.5
	42.5R	≥19.0		≥4.0	
	52.5	≥21.0	≥52.5	≥4.0	≥7.0
	52.5R	≥23.0		≥4.5	

7.3.4 细度(选择性指标)

硅酸盐水泥和普通硅酸盐水泥的细度以比表面积表示，其比表面积不小于300 m^2/kg；矿渣硅酸盐水泥、火山灰质硅酸盐水泥、粉煤灰硅酸盐水泥和复合硅酸盐水泥的细度以筛余表示，其80μm方孔筛筛余不大于10%或45μm方孔筛筛余不大于30%。

8 试验方法

8.1 组分

由生产者按GB/T 12960或选择准确度更高的方法进行。在正常生产情况下，生产者应至少每月对水泥组分进行校核，年平均值应符合5.1的规定，单次检验值应不超过本标准规定最大限量的2%。

为保证组分测定结果的准确性，生产者应采用适当的生产程序和适宜的方法对所选方法的可靠性进行验证，并将经验证的方法形成文件。

8.2 不溶物、烧失量、氧化镁、三氧化硫和碱含量

按GB/T 176进行试验。

8.3 压蒸安定性

按GB/T 750进行试验。

8.4 氯离子

按JC/T 420进行试验。

8.5 标准稠度用水量、凝结时间和安定性

按GB/T 1346进行试验。

8.6 强度

按 GB/T 17671 进行试验。火山灰质硅酸盐水泥、粉煤灰硅酸盐水泥、复合硅酸盐水泥和掺火山灰质混合材料的普通硅酸盐水泥在进行胶砂强度检验时，其用水量按 0.50 水灰比和胶砂流动度不小于 180 mm 来确定。当流动度小于 180 mm 时，应以 0.01 的整倍数递增的方法将水灰比调整至胶砂流动度不小于 180 mm。

胶砂流动度试验按 GB/T 2419 进行，其中胶砂制备按 GB/T 17671 规定进行。

8.7 比表面积

按 GB/T 8074 进行试验。

8.8 80μm 和 45μm 筛余

按 GB/T 1345 进行试验。

9 检验规则

9.1 编号及取样

水泥出厂前按同品种、同强度等级编号和取样。袋装水泥和散装水泥应分别进行编号和取样。每一编号为一取样单位。水泥出厂编号按年生产能力规定为：

200×10^4 t 以上，不超过 4 000 t 为一编号；

120×10^4～200×10^4 t，不超过 2 400 t 为一编号；

60×10^4～120×10^4 t，不超过 1 000 t 为一编号；

30×10^4～60×10^4 t，不超过 600 t 为一编号；

10×10^4～30×10^4 t，不超过 400 t 为一编号；

10×10^4 t 以下，不超过 200 t 为一编号。

取样方法按 GB 12573 进行。可连续取，亦可从 20 个以上不同部位取等量样品，总量至少 12 kg。当散装水泥运输工具的容量超过该厂规定出厂编号吨数时，允许该编号的数量超过取样规定吨数。

9.2 水泥出厂

经确认水泥各项技术指标及包装质量符合要求时方可出厂。

9.3 出厂检验

出厂检验项目为 7.1、7.3.1、7.3.2、7.3.3 条。

9.4 判定规则

9.4.1 检验结果符合 7.1、7.3.1、7.3.2、7.3.3 的规定为合格品。

9.4.2 检验结果不符合 7.1、7.3.1、7.3.2、7.3.3 中的任何一项技术要求为不合格品。

9.5 检验报告

检验报告内容应包括出厂检验项目、细度、混合材料品种和掺加量、石膏和助磨剂的品种及掺加量、属旋窑或立窑生产及合同约定的其他技术要求。当用户需要时，生产者应在水泥发出之日起 7 d 内寄发除 28 d 强度以外的各项检验结果，32 d 内补报 28 d 强度的检验结果。

9.6 交货与验收

9.6.1 交货时水泥的质量验收可抽取实物试样以其检验结果为依据，也可以生产者同编号水泥的检验报告为依据。采取何种方法验收由买卖双方商定，并在合同或协议中注明。卖方有告知买方验收方法的责任。当无书面合同或协议，或未在合同、协议中注明验收方法的，卖方应在发货票上注明“以本厂同编号水泥的检验报告为验收依据”字样。

9.6.2 以抽取实物试样的检验结果为验收依据时，买卖双方应在发货前或交货地共同取样和签封。取样方法按 GB 12573 进行，取样数量为 20 kg，缩分为二等份。一份由卖方保存 40 d，一份由买方按本标准规定的项目和方法进行检验。

在 40 d 以内，买方检验认为产品质量不符合本标准要求，而卖方又有异议时，则双方应将卖方保存的另一份试样送省级或省级以上国家认可的水泥质量监督检验机构进行仲裁检验。水泥安定性仲裁检验时，应在取样之日起 10 d 以内完成。

9.6.3 以生产者同编号水泥的检验报告为验收依据时，在发货前或交货时买方在同编号水泥中取样，双方共同签封后由卖方保存 90 d，或认可卖方自行取样、签封并保存 90 d 的同编号水泥的封存样。

在 90 d 内，买方对水泥质量有疑问时，则买卖双方应将共同认可的试样送省级或省级以上国家认可的水泥质量监督检验机构进行仲裁检验。

10 包装、标志、运输与贮存

10.1 包装

水泥可以散装或袋装，袋装水泥每袋净含量为 50 kg，且应不少于标志质量的 99%；随机抽取 20 袋总质量(含包装袋)应不少于 1 000 kg。其他包装形式由供需双方协商确定，但有关袋装质量要求，应符合上述规定。水泥包装袋应符合 GB 9774 的规定。

10.2 标志

水泥包装袋上应清楚标明：执行标准、水泥品种、代号、强度等级、生产者名称、生产许可证标志(QS)及编号、出厂编号、包装日期、净含量。包装袋两侧应根据水泥的品种采用不同的颜色印刷水泥名称和强度等级，硅酸盐水泥和普通硅酸盐水泥采用红色，矿渣硅酸盐水泥采用绿色；火山灰质硅酸盐水泥、粉煤灰硅酸盐水泥和复合硅酸盐水泥采用黑色或蓝色。

散装发运时应提交与袋装标志相同内容的卡片。

10.3 运输与贮存

水泥在运输与贮存时不得受潮和混入杂物，不同品种和强度等级的水泥在贮运中避免混杂。

GB 175—2007《通用硅酸盐水泥》国家标准第1号修改单

本修改单经国家标准化管理委员会于2009年6月12日批准，自2009年9月1日起实施。

一、删除第2章"规范性引用文件"中"JC/T 420　水泥原料中氯离子的化学分析方法"。

二、"8.4 氯离子"中"按JC/T 420进行试验。"改为"按GB/T 176进行试验。"。

GB 175—2007《通用硅酸盐水泥》
国家标准第 2 号修改单

本修改单经国家标准化管理委员会于 2014 年 12 月 2 日批准，自 2015 年 12 月 1 日起实施。

一、相关条文改用新条文

1)将 6.3 条中的“、复合硅酸盐水泥”等字删除。

2)6.3 条后补充新条文，6.4：

“6.4 复合硅酸盐水泥的强度等级分为 32.5R、42.5、42.5R、52.5、52.5R 五个等级。”

二、相关表格更改为新表

表 3 更改为新表：

不同品种不同强度等级的通用硅酸盐水泥，其不同龄期的强度应符合表 3 的规定。

表 3

单位为兆帕

品种	强度等级	抗压强度		抗折强度	
		3 d	28 d	3 d	28 d
硅酸盐水泥	42.5	≥17.0	≥42.5	≥3.5	≥6.5
	42.5R	≥22.0		≥4.0	
	52.5	≥23.0	≥52.5	≥4.0	≥7.0
	52.5R	≥27.0		≥5.0	
	62.5	≥28.0	≥62.5	≥5.0	≥8.0
	62.5R	≥32.0		≥5.5	
普通硅酸盐水泥	42.5	≥17.0	≥42.5	≥3.5	≥6.5
	42.5R	≥22.0		≥4.0	
	52.5	≥23.0	≥52.5	≥4.0	≥7.0
	52.5R	≥27.0		≥5.0	
矿渣硅酸盐水泥 火山灰质硅酸盐水泥 粉煤灰硅酸盐水泥	32.5	≥10.0	≥32.5	≥2.5	≥5.5
	32.5R	≥15.0		≥3.5	
	42.5	≥15.0	≥42.5	≥3.5	≥6.5
	42.5R	≥19.0		≥4.0	
	52.5	≥21.0	≥52.5	≥4.0	≥7.0
	52.5R	≥23.0		≥4.5	
复合硅酸盐水泥	32.5R	≥15.0	≥32.5	≥3.5	≥5.5
	42.5	≥15.0	≥42.5	≥3.5	≥6.5
	42.5R	≥19.0		≥4.0	
	52.5	≥21.0	≥52.5	≥4.0	≥7.0
	52.5R	≥23.0		≥4.5	

GB 175—2007《通用硅酸盐水泥》
国家标准第3号修改单

本修改单经国家标准化管理委员会于2018年11月19日批准，自2019年10月1日起实施。

1. 在GB 175—2007的第2号修改单的基础上，6.4条更改为：

“6.4　复合硅酸盐水泥的强度等级分为42.5、42.5R、52.5、52.5R四个等级。”

2. 表3更改为新表：

不同品种不同强度等级的通用硅酸盐水泥，其不同龄期的强度应符合表3的规定。

表3

单位为兆帕

品种	强度等级	抗压强度		抗折强度	
		3 d	28 d	3 d	28 d
硅酸盐水泥	42.5	≥17.0	≥42.5	≥3.5	≥6.5
	42.5R	≥22.0		≥4.0	
	52.5	≥23.0	≥52.5	≥4.0	≥7.0
	52.5R	≥27.0		≥5.0	
	62.5	≥28.0	≥62.5	≥5.0	≥8.0
	62.5R	≥32.0		≥5.5	
普通硅酸盐水泥	42.5	≥17.0	≥42.5	≥3.5	≥6.5
	2.5R	≥22.0		≥4.0	
	52.5	≥23.0	≥52.5	≥4.0	≥7.0
	52.5R	≥27.0		≥5.0	
矿渣硅酸盐水泥 火山灰质硅酸盐水泥 粉煤灰硅酸盐水泥	32.5	≥10.0	≥32.5	≥2.5	≥5.5
	32.5R	≥15.0		≥3.5	
	42.5	≥15.0	≥42.5	≥3.5	≥6.5
	42.5R	≥19.0		≥4.0	
	52.5	≥21.0	≥52.5	≥4.0	≥7.0
	52.5R	≥23.0		≥4.5	
复合硅酸盐水泥	42.5	≥15.0	≥42.5	≥3.5	≥6.5
	42.5R	≥19.0		≥4.0	
	52.5	≥21.0	≥52.5	≥4.0	≥7.0
	52.5R	≥23.0		≥4.5	

ICS 91.100.10
Q 11

中华人民共和国国家标准

GB/T 749—2008
代替 GB/T 749—2001、GB/T 2420—1981

水泥抗硫酸盐侵蚀试验方法

Test method for determing capability of resisting sulfate corrode of cement

2008-06-30 发布　　2009-04-01 实施

中华人民共和国国家质量监督检验检疫总局
中国国家标准化管理委员会　发布

前　言

本标准与ASTM C452—2006《波特兰水泥在硫酸盐环境中潜在膨胀性能的试验方法标准》的一致性程度为非等效。

本标准代替GB/T 749—2001《硅酸盐水泥在硫酸盐环境中的潜在膨胀性能试验方法》和GB/T 2420—1981《水泥抗硫酸盐侵蚀快速试验方法》两个标准。

本标准与GB/T 749—2001、GB/T 2420—1981相比，主要修改点如下：

——将水泥和石膏的计算公式中“7.0”改为常数A。对于硅酸盐水泥A为7.0，其他水泥根据要求确定(GB/T 749—2001版7.2，本版3.5)；

——试验用砂由“符合GB 178—1977质量要求的标准砂”改为“符合GB/T 17671—1999规定的粒度范围在0.5 mm～1.0 mm的中级砂”(GB/T 2420—1981中第7章，本版4.3.1)；

——试验室温度由17～25 ℃改为“满足GB/T 17671—1999中4.1的要求”(GB/T 2420—1981中第9章，本版4.2.8.1)；

——养护箱温度由20±3 ℃改为“满足GB/T 17671—1999中4.1的要求”(GB/T 2420—1981中第10章，本版4.2.8.1)；

——浸泡溶液温度由20±3 ℃改为20 ℃±1 ℃(GB/T 2420—1981中第12章，本版4.3.3)；

——将原标准中“图1　千斤顶压力机”和“图2　电动抗折机”删除(GB/T 2420—1981中第1章和第2章，本版4.2.1和4.2.2)；

——增加了对手动千斤顶压力机的要求“上下压板须水平且中心部分在同一直线上。也可用其他压力机代替”(GB/T 2420—1981中第1章，本版4.2.1)；

——单位制统一改为SI国际单位(本版全文)。

本标准由中国建筑材料联合会提出。

本标准由全国水泥标准化技术委员会(SAC/TC 184)归口。

本标准负责起草单位：中国建筑材料科学研究总院、中国建筑材料检验认证中心、中国建筑材料联合会。

本标准主要起草人：刘晨、王旭芳、田红、颜碧兰、江丽珍、王昕、刘胜。

本标准所代替标准的历次版本情况为：

——GB/T 749—1965，GB/T 749—2001；

——GB/T 2420—1981。

水泥抗硫酸盐侵蚀试验方法

1 范围

本标准规定了水泥抗硫酸盐侵蚀试验方法的方法原理、仪器设备、试验材料、胶砂组成、试体成型、试体养护和测量、计算与结果处理。

本标准包括潜在膨胀性能试验方法和浸泡抗蚀性能试验方法两种试验方法。其中潜在膨胀性能试验方法(P法)适用于硅酸盐水泥及指定采用本方法的其他品种水泥。浸泡抗蚀性能试验方法(K法)适用于指定采用本方法的水泥。

2 规范性引用文件

下列文件中的条款通过本标准的引用而成为本标准的条款。凡是注日期的引用文件,其随后所有的修改单(不包括勘误的内容)或修订版均不适用于本标准,然而,鼓励根据本标准达成协议的各方研究是否可使用这些文件的最新版本。凡是不注日期的引用文件,其最新版本适用于本标准。

GB/T 5483 石膏和硬石膏

GB/T 6682 分析实验室用水规格和试验方法(GB/T 6682—2008,ISO 3696:1987,MOD)

GB/T 17671—1999 水泥胶砂强度检验方法(ISO法)(idt ISO 679:1989)

JC/T 603—2004 水泥胶砂干缩试验方法

JC/T 681 行星式水泥胶砂搅拌机

JC/T 738—2004 水泥强度快速检验方法

3 潜在膨胀性能试验方法(P法)

3.1 方法原理

通过在水泥中外掺一定量的二水石膏,使水泥中的SO_3总含量达到指定量,使得过量的SO_4^{2-}直接与水泥中影响抗硫酸盐性能的矿物反应产生膨胀,然后通过测量胶砂试体规定龄期的膨胀率来衡量水泥胶砂的潜在抗硫酸盐性能。

3.2 仪器设备

3.2.1 胶砂搅拌机

符合JC/T 681的规定。

3.2.2 试模、钉头、捣棒、比长仪、三棱刮刀、量筒

符合JC/T 603—2004第4章仪器设备的要求。

3.2.3 天平

3.2.3.1 称取石膏用天平

最大称量不小于500g,分度值不大于0.5g。

3.2.3.2 称取水泥和试验用砂的天平

最大称量不小于2 000g,分度值不大于2g。

3.3 试验材料

3.3.1 试验用砂

符合GB/T 17671—1999规定的粒度范围在0.5～1.0 mm的中级砂。

3.3.2 石膏

化学纯二水石膏或符合GB/T 5483要求的G类特级石膏,细度要求见表1。

表1 试验用石膏细度要求

筛孔直径/μm	筛余/%
150	0
80	≤6
45	≤10

3.3.3 试验用水

洁净的饮用水。在有争议时采用符合 GB/T 6682 规定的三级水。

3.4 养护箱和试验室

满足 GB/T 17671—1999 中第4章对养护箱和试验室的要求。

3.5 水泥和外掺二水石膏质量的计算

水泥和外掺二水石膏的质量是按两者混合后,混合料中 SO_3 含量达到指定量计算的。成型一组试体所需水泥与外掺二水石膏的总质量为 400 g。水泥与二水石膏的质量分别按式(1)和式(2)计算,结果取整数。

$$w_1 = \frac{(K-A)\times 400}{K-C} \quad \cdots\cdots(1)$$

$$w_2 = \frac{(A-C)\times 400}{K-C} \quad \cdots\cdots(2)$$

式中:

w_1——水泥质量,单位为克(g);

w_2——外掺二水石膏质量,单位为克(g);

C——水泥中 SO_3 质量分数,%;

K——石膏中 SO_3 质量分数,%;

A——常数,对于硅酸盐水泥为 7.0,其他水泥根据要求确定。

3.6 胶砂物料量

3.6.1 胶砂中水泥和二水石膏的混合料与砂比例为 1∶2.75(质量比),水灰比为 0.485。成型一组试体时,需称取的物料量见表2。

表2 成型一组试体时需称取的物料量

水泥与外掺二水石膏混合料/g	0.5~1.0 mm 的中级砂/g	水/mL
400	1 100	194

3.6.2 仲裁检验时需成型两组试体,每组三条 25 mm×25 mm×280 mm。日常检验允许成型一组试体。

3.7 试体成型

3.7.1 试模准备

成型前将试模擦净,四周隔板与底座的接触面涂黄油,防止漏浆。内壁均匀刷一薄层机油。然后将钉头嵌入试模孔中,并在孔内左右转动,使钉头与孔准确配合。

3.7.2 胶砂制备

先将量好的水倒入行星式胶砂搅拌机的搅拌锅内,加入称量好的石膏,为避免石膏聚团用餐刀将石膏搅匀成悬浊液。再加入称量好的水泥,按 GB/T 17671—1999 规定的程序进行搅拌。自动搅拌程序结束后,停止 90 s,将开关拨至手动快转挡,快拌 15 s。整个搅拌程序需时 345 s。在每次静止 90 s 的头 30 s 内将搅拌锅取下,用料勺将附着在锅底的砂浆刮起,再将搅拌锅装回搅拌机上。

3.7.3 **试体成型**

将制备好的胶砂分两层填入已装有钉头的试模内。第一层胶砂装入后，用餐刀沿试体长度方向来回划实。尤其是钉头两侧，必要时需多划几次。然后用方捣棒从钉头内侧开始，从一端向另一端顺序捣压10次，返回捣10次，共捣压20次，再用缺口捣棒在钉头两侧各捣压两次。然后将余下胶砂装入模内，同样用小刀划匀，深度应透过第一层胶砂表面，再用方捣棒从一端开始顺序捣压12次，往返24次。

提示：每次捣压时，先将捣棒接触胶砂表面再用力捣压。捣压应均匀稳定，不得冲压。

3.7.4 **试体养护**

试体自加水时算起，养护22 h～23 h脱模。由于试体强度低，脱模时需十分小心。脱模后，将试体放在水中养护30 min后测量初长(L_0)。初长的测量时间应在水泥加水搅拌后24 h±15 min内完成。之后将试体水平放在20 ℃±1 ℃水中继续养护。养护水池中的试体之间应留有间隙，除必要的支承面外，所有面的水层厚度至少要达6 mm，试体距离水面的距离至少13 mm。养护水和试体的体积比约为5∶1。养护开始的28 d内，每7 d换一次水，以后每28 d换水一次。

如经22 h～23 h养护，试体强度仍较低，可延迟脱模，其他操作相应顺延。但需在试验报告中说明。

3.8 **长度测量**

3.8.1 **使用比长仪的注意事项**

比长仪使用前应用校正杆进行校准，确认零点无误后才能用于试体测量。测量结束后，应再用校正杆重新检查零点，如零点变动超过±0.01 mm，则整批试体应重新测定。测量时试体在比长仪中的上下位置，所有龄期都应相同。读数时应左右旋转试体，使钉头和比长仪正确接触，指针摆动不得大于±0.02 mm。读数时读指针摆动的中值，读数记录至0.001 mm。

提示：零点是一个基准数，不一定是零。

3.8.2 **试体测量**

当试体养护14 d时，测量试体长度(L_{14})。从养护池中取出试体时，一次一条。测量前用湿布擦净试体表面及钉头上的污垢。

注：14 d测量后可将试体放回养护池中，根据需要进行其他龄期长度的测试。

3.9 **结果计算及处理**

3.9.1 **结果计算**

水泥胶砂试体各龄期膨胀率按式(3)计算，结果保留至0.001%。

$$P_{14}=\frac{(L_{14}-L_0)\times 100}{250} \qquad \cdots\cdots (3)$$

式中：

P_{14}——14d龄期的膨胀率，%；

L_0——试体初长，单位为毫米(mm)；

L_{14}——试体14 d长度，单位为毫米(mm)；

250——试体有效长度，单位为毫米(mm)。

3.9.2 **结果处理**

以n条试体膨胀率的平均值作为试样的膨胀率，n与最大允许极差的对应关系应满足表3的要求，否则重新进行试验。

表3 试体条数与试验最大允许极差

试体条数 n/条	3	4	5	6
极差/%，不大于	0.010	0.011	0.012	0.012

4 浸泡抗蚀性能试验方法(K法)

4.1 方法原理

将水泥胶砂试体分别浸泡在规定浓度的硫酸盐侵蚀溶液和水中养护到规定龄期,以抗折强度之比确定抗硫酸盐侵蚀系数。

4.2 仪器设备

4.2.1 手动千斤顶压力机

手动千斤顶压力机,最大荷载大于15 kN,压力保持5 s以上。上下压板须水平且中心部分在同一直线上,也可用其他压力设备代替。

4.2.2 小型抗折强度试验机

小型抗折强度试验机加荷速度0.78 N/s。应有一个能指示并保持试件破坏时载荷的指示器。载荷标尺准确至0.01 N。

4.2.3 成型用抗压模套、成型用模套、成型用压块

成型用抗压模套示意图见图1。成型用模套见图2。成型用压块见图3。

单位为毫米

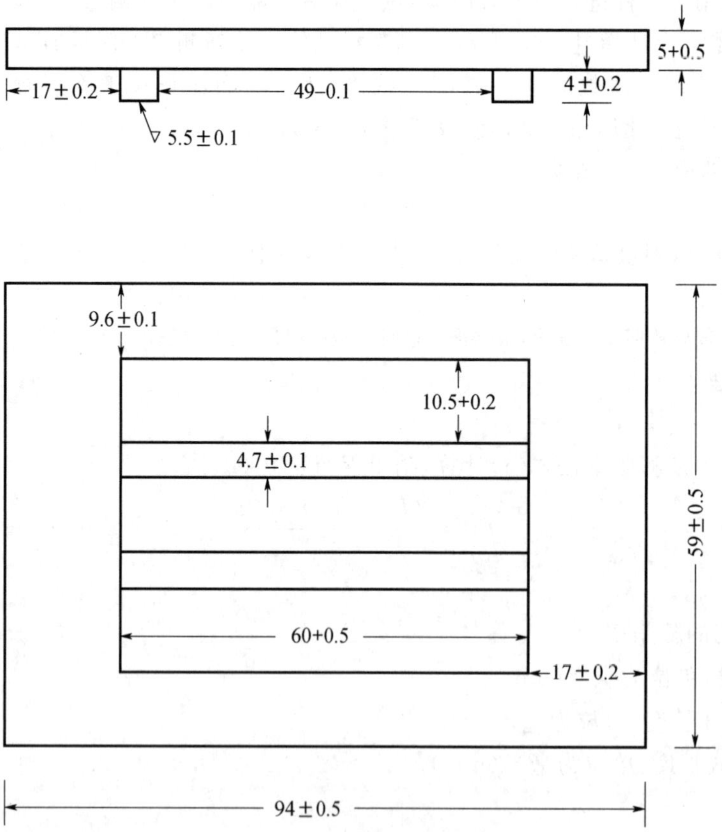

图1 成型用抗压模套

单位为毫米

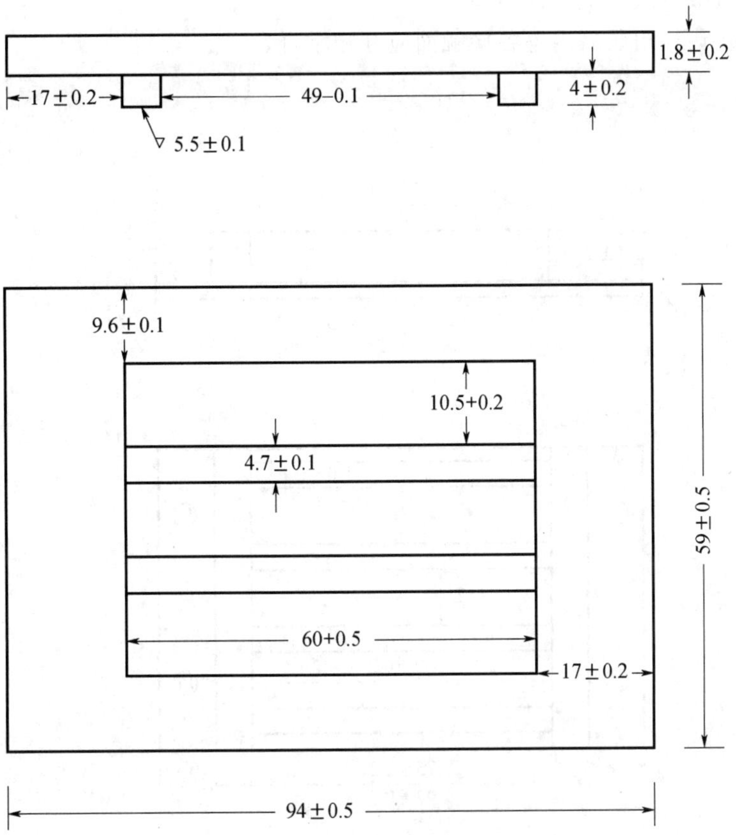

图 2　成型用模套

单位为毫米

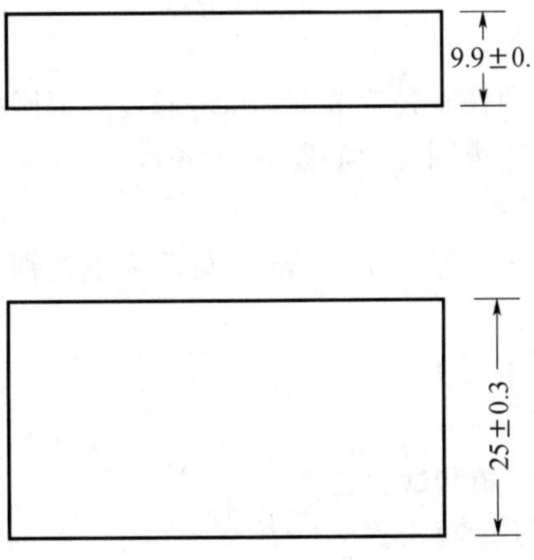

图 3　成型用压块

4.2.4 试模

试模由三个水平的模槽组成,可同时成型三条截面为 10 mm×10 mm×60 mm 的棱柱试体。其材质为不锈钢。隔板、端板及底座上表面须磨平。

三联试模如图 4 所示,组装后内壁各接触面应互相垂直。

单位为毫米

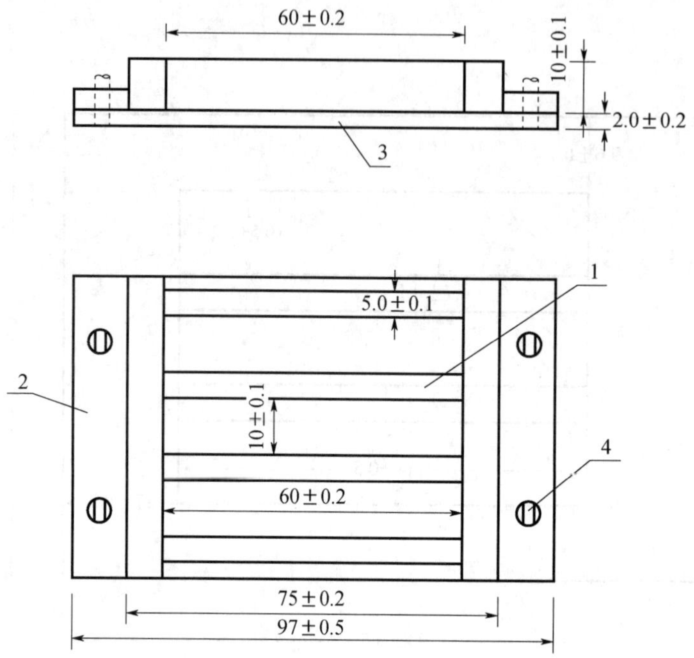

1——隔板;

2——端板;

3——底座;

4——螺栓。

图 4 三联试模示意图

4.2.5 夹具

两根支撑圆柱和中间一根加荷圆柱直径皆为 5 mm。通过三根圆柱轴的三个竖向平面应平行,并在试验时继续保持平行和等距离。两支撑圆柱中心距 50 mm。

4.2.6 拌和锅

拌和锅直径约 200 mm,高 70 mm,厚度 1~2 mm,材质为不锈钢。

4.2.7 天平

最大称量不小于 500 g,分度值不大于 1 g。

4.2.8 养护箱

4.2.8.1 20 ℃试体带模养护的养护箱和试验室

满足 GB/T 17671—1999 中 4.1 的要求。

4.2.8.2 50 ℃湿热养护箱

满足 JC/T 738—2004 中 4.2 的要求,但养护温度为 50 ℃。

4.3 试验材料

4.3.1 试验用砂

符合 GB/T 17671—1999 规定的粒度范围在 0.5~1.0 mm 的中级砂。

4.3.2 试验用水

洁净的饮用水，在有争议时采用 GB/T 6682 的三级水。

4.3.3 硫酸盐侵蚀溶液

采用化学纯无水硫酸钠试剂配制浓度为3%(质量分数)的硫酸盐溶液，温度为 20 ℃±1 ℃。

提示：浸泡溶液可以采用天然环境水，也可按委托方要求的浸泡条件进行试验。所改变的养护条件需在报告中说明。

4.3.4 硫酸(1+5)

1 份体积的浓硫酸与 5 份体积的水混合。

4.3.5 酚酞指示剂溶液(10 g/L)

将 1 g 酚酞溶于 100 mL 乙醇中。

4.4 胶砂制备

4.4.1 胶砂组成

水泥与标准砂的质量比为 1∶2.5，水灰比为 0.5。

4.4.2 手工拌和

称取水泥样品 100 克，0.5～1.0 mm 的中级砂 250 g，放入拌和锅内，用小勺干拌 1 min，使水泥与砂混合均匀，加入 50 mL 水，湿拌 3 min。

4.5 试体成型

将成型用模套装在三联试模上，然后将制备好的胶砂分两层装入 6 个试模内。第一层胶砂装到模套高度的约 1/2 处，装模时用小刀插实、挤压。操作时应注意试体两端多插几次，然后将胶砂装满，再用小刀插实、挤压。用小刀刮平，取下成型模套，换上抗压模套和压块后，将试模放到手动千斤顶压力机上加压到 7.8 MPa 压力下保持 5 s，然后取出抗压模套和压块，刮平，编号，放入 20 ℃养护箱养护 24 h±2 h，脱模。

4.6 试体的养护与侵蚀浸泡

脱模后的试块放入 50 ℃湿热养护箱中装有 50 ℃±1 ℃水的容器中(铝酸盐水泥在 20 ℃±1 ℃水中)养护 7 d，取出。分成两组，每组九条。一组放入 20 ℃养护箱中装有 20 ℃±1 ℃水的容器中继续养护，一组放入 20 ℃养护箱中装有 20 ℃±1 ℃硫酸盐侵蚀溶液的容器中浸泡。试体在容器中浸泡时，每条试体需有 200 mL 的侵蚀溶液，液面至少高出试体顶面 10 mm。为避免蒸发，容器加盖。

试体在浸泡过程中，每天一次用硫酸(1+5)滴定硫酸盐侵蚀溶液，以中和试体在溶液中放出的 $Ca(OH)_2$，边滴定边搅拌使侵蚀溶液的 pH 保持在 7.0 左右。指示剂可采用酚酞指示剂溶液。

两组试体养护 28 d 后取出。

提示：侵蚀龄期可根据实际情况调整，但需在试验报告中说明。

4.7 试体破型

破型前，擦去试体表面的水分和砂粒，清除夹具圆柱表面粘着的杂物，试体放入抗折夹具上时，试体侧面与圆柱接触。

4.8 试验结果计算与处理

4.8.1 试验结果的计算

试体的抗折强度按式(4)进行计算。

$$R = 0.075 \times F \qquad (4)$$

式中：

R——试体抗折强度，单位为兆帕(MPa)；

F——折断时施加于棱柱体中部的荷载，单位为牛顿(N)；

0.075——与小型抗折试验机夹具力臂及小试体截面积有关的换算常数。

4.8.2 **试验结果处理**

九条试体的破坏荷载剔去最大值和最小值，以其余 7 块平均值为试体抗折强度，计算精确到 0.01 MPa。分别计算水中养护和侵蚀溶液中养护的试体抗折强度 R 值，得到 $R_{液}$、$R_{水}$。

4.8.3 **试样抗蚀系数的计算**

抗蚀系数按式(5)计算，结果保留到 0.01。

$$K=\frac{R_{液}}{R_{水}} \tag{5}$$

式中：

K——抗蚀系数；

$R_{液}$——试体在侵蚀溶液中浸泡 28 d 抗折强度，单位为兆帕(MPa)；

$R_{水}$——试体在 20 ℃水中养护同龄期抗折强度，单位为兆帕(MPa)。

ICS 83.080.01
G 31

中华人民共和国国家标准

GB/T 1041—2008/ISO 604:2002
代替 GB/T 1041—1992,GB/T 14694—1993

塑料　压缩性能的测定

Plastics—Detemination of compressive properties

(ISO 604:2002,IDT)

2008-09-04 发布　　2009-04-01 实施

中华人民共和国国家质量监督检验检疫总局
中国国家标准化管理委员会　发布

前　言

本标准等同采用国际标准 ISO 604:2002《塑料——压缩性能的测定》(英文版)。本标准在技术内容和编写方法上与 ISO 604:2002 完全一致,根据我国国情作了一些编辑性修改:

a) 删除了国际标准的前言;

b) 用“本标准”代替“本国际标准”;

c) 对于 ISO 604:2002 引用的其他国际标准中有被等同采用为我国标准的,本标准用引用我国的这些国家标准代替对应的国际标准,其余未有等同采用为我国标准的国际标准,在本标准中均被直接引用。

本标准代替 GB/T 1041—1992《塑料压缩性能试验方法》(idt ISO 604:1973)和 GB/T 14694—1993《塑料压缩弹性模量的测定》,与 GB/T 1041—1992 和 GB/T 14694—1993 相比,主要技术差异如下:

——更改了标准名称,增加了目次、前言;

——扩大了适用范围;

——增加了规范性引用文件;

——增加了术语和定义并给出相应的符号;

——修订后标准试样尺寸与修订前标准试样尺寸不同;

——确定了模量测定的应变取值范围;

——对注描述的单位均编放入正文;

——增加了试验报告的内容。

本标准的附录 A 和附录 C 为规范性附录,附录 B 为资料性附录。

本标准由中国石油和化学工业协会提出。

本标准由全国塑料标准化技术委员会(SAC/TC 15)归口。

本标准负责起草单位:国家合成树脂质量监督检验中心、广州合成材料研究院有限公司。

本标准参加起草单位:北京燕山石化树脂所、中石化北化院国家化学建筑材料测试中心(材料测试部)、广州金发科技股份有限公司。

本标准主要起草人:黄正安、施雅芳、王浩江、陈宏愿、李建军、邢进。

本标准所代替标准的历次版本发布情况为:

——GB/T 1041—1970,GB/T 1041—1979,GB/T 1041—1992;

——GB/T 14694—1993。

塑料 压缩性能的测定

1 范围

本标准规定了在标准条件下测定塑料压缩性能的方法。规定了标准试样，但其长度可以调整，以防止其压缩翘曲而影响试验结果，以及试验速度的范围。

本标准用于研究试样的压缩行为并用来测定在标准条件下压缩应力-应变与压缩强度、压缩模量及其他特性的关系。

本标准适用于下述材料：

——硬质和半硬质热塑性模塑和挤塑材料，包括用短纤维、小条、小片或颗粒填充的增强复合材料以及未填充的复合材料或半硬质的热塑性片材；

——硬质或半硬质的热固性模塑材料，包括填充或增强的复合材料，硬质或半硬质的热固性片材；

——热致液晶聚合物。

按照 ISO 10350-1:1998 与 GB/T 19467.2—2004，本标准适用于加工前纤维长度≤7.5 mm 的纤维增强复合材料。

本标准一般不适用于纺织纤维增强的复合塑料和层压材料、硬质泡沫材料和含有泡沫材料或泡沫橡胶的夹层结构的材料。

本标准采用的试样可以是选定尺寸的模塑试样，也可以是用标准多用途试样中部机加工而成的试样（GB/T 11997—2008）或由如模塑、挤塑或铸塑成板材的成品或半成品上机加工而成。

本标准规定了优选的试样尺寸。用不同的试样或用不同条件下制备的试样所进行的试验，其结果是不可比较的。其他因素，如试验速度和状态调节情况，也能影响试验结果。因此。当需要对试验数据进行比较时，应严格地控制这些因素并把它们记录下来。

2 规范性引用文件

下列文件中的条款通过本标准的引用而成为本标准的条款。凡是注日期的引用文件，其随后所有的修改单（不包括勘误的内容）或修订版均不适用于本标准，然而，鼓励根据本标准达成协议的各方研究是否可使用这些文件的最新版本。凡是不注日期的引用文件，其最新版本适用于本标准。

GB/T 2918—1998 塑料试样状态调节和试验的标准环境（idt ISO 291:1997）

GB/T 5471—2008 塑料 热固性塑料试样的压塑（ISO 295:2004，IDT）

GB/T 9352—2008 塑料 热塑性塑料材料试样的压塑（ISO 293:2004，IDT）

GB/T 11997—2008 塑料 多用途试样（ISO 3167:2002，IDT）

GB/T 17037.1—1997 热塑性塑料材料注塑试样的制备 第1部分：一般原理及多用途试样和长条试样的制备（idt ISO 294-1:1996）

GB/T 17200—1997 橡胶塑料拉力、压力、弯曲试验机技术要求（idt ISO 5893:1993）

GB/T 19467.2—2004 塑料 可比单点数据的获得和表示 第2部分：长纤维增强材料（ISO 10350-2:2001，IDT）

ISO 2602:1980 试验结果的统计分析——平均值的估算——置信区间

ISO 2818:1994 塑料——用机械加工方法制备试样

ISO 10350—1:1998 塑料——可比单点数据的采集和表示——第1部分：模塑材料

ISO 10724—1:1998 塑料——热固性粉状模塑料（PMCs）试样的注塑——第1部分：一般原理和多用途试样的模塑

3 术语和定义

下列术语和定义适用于本标准。

3.1

标距 gauge length

L_0

试样中间部分两个标线之间的初始距离，单位为毫米(mm)。

3.2

试验速度 test speed

v

在试验过程中，试验机的两压板相互接近的速率，单位为毫米每分钟(mm/min)。

3.3

压缩应力 compressive stress

σ

试样单位原始横截面积所承受的压缩负荷，单位为兆帕(MPa)。

注：压缩试验中，应力 σ 和应变 ε 是负值。但是通常把负号忽略。若产生混乱，例如比较拉伸和压缩性能，后者可加负号。对标称应变是不必要的。

3.3.1

屈服压缩应力 compressive stress at yield

$\boldsymbol{\sigma}_y$

在应变(见3.4)增加而第一次出现应力不增加时的应力(见图1、曲线a和3.3的注)，单位为兆帕(MPa)。

注：它可能低于能达到的最大应力。

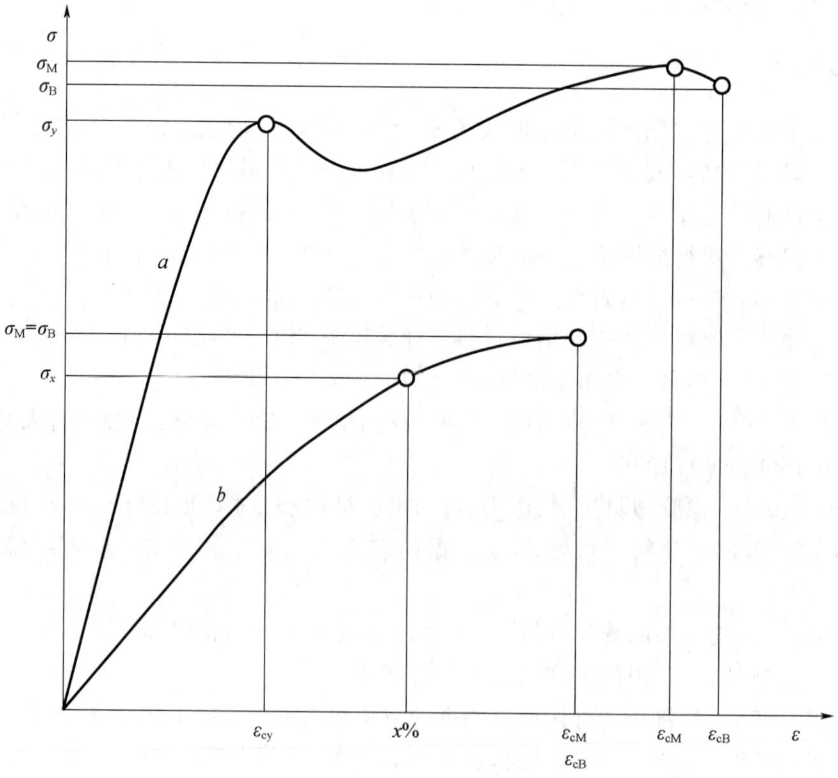

图1 典型的应力-应变曲线

3.3.2

压缩强度　compressive strength

σ_M

在压缩试验中，试样所承受的最大应力（见图 1 和 3.3 的注），单位为兆帕（MPa）。

3.3.3

破坏时的压缩应力　compressive stress at break (rupture)

σ_B

在试样破裂时的压缩应力（见图 1 和 3.3 的注），单位为兆帕（MPa）。

3.3.4

x%应变时的压缩应力　compressive stress at x% strain

σ_x

应变达到规定值 x%时的应力（见 3.5），单位为兆帕（MPa）。

注：例如如果应力-应变曲线无屈服点（见图 1、曲线 b 和 3.3 的注），那么就测量在 x%应变时的压缩应力。在这种情况下，x 必须低于压缩强度时的应变值。

3.4

压缩应变　compressive strain

ε

每单位原始标距 L_0 的长度的减少量[见 10.2，式(6)和 3.3 的注]，为比值或百分数（%）。

3.5

标称压缩应变　nominal compressive strain

ε_c

试样每单位原始长度 L 的减少量[见 10.2，式(8)]，为比值或百分数（%）。

3.5.1

标称压缩屈服应变　nominal compressive yield strain

ε_{cy}

屈服时压缩应力 ε_y（见 3.3.1）所对应的应变，为比值或百分数（%）。

3.5.2

压缩强度时的标称压缩应变　nominal compressive strain at compressive strength

ε_{cM}

对应压缩强度 σ_M（见 3.3.2）时的应变，为比值或百分数（%）。

3.5.3

破坏时的标称压缩应变　nominal compressive strain at break

ε_{cB}

试样破坏时的应变，为比值或百分数（%）。

3.6

压缩模量　compressive modulus

E_c

应力差（$\sigma_2-\sigma_1$）与对应的应变差（$\varepsilon_2-\varepsilon_1=0.0025-0.0005$）之比[见 10.3，式(9)]，单位为兆帕（MPa）。

注 1：压缩模量仅以压缩应变 ε（见 3.4）为基础进行计算。

注 2：借助计算机用两个不同的应力-应变点测定模量 E_c，即把这两点间曲线经线性回归处理后来表示。

4 原理

沿着试样主轴方向，以恒定的速度压缩试样，直至试样发生破坏或达到某一负荷或试样长度的减少值达到预定值。测定试样在此过程的负荷。

5 设备

5.1 试验机

5.1.1 概述

试验机应符合 GB/T 17200—1997 的规定同时还应满足 5.1.2～5.1.5 的规定。

5.1.2 试验速度

试验机应能保持表 1 规定的试验速度。若采用其他速度，在速度低于 20 mm/min 时，试验机的速度公差应在±20%之内；而速度大于 20 mm/min 时，公差应在±10%之内。

表 1 推荐的试验速度

试验速度 v/(mm/min)	公差/%
1	±20
2	±20
5	±20
10	±20
20	±10[a]

[a]该公差是小于 GB/T 17200—1997 指示的值。

加速、设备和试验机的变形量都可能影响应力-应变曲线的起始区域，按 9.4 和 9.6 的说明可避免这种情况。

5.1.3 压缩器具

对试样施加变形负荷的两块硬化钢制压缩板应能对试样轴向加荷，与轴向偏差在 1∶1 000 之内，同时通过抛光的压板表面传递负荷，这些板面的平整度在 0.025 mm 以内，两板彼此平行且垂直于加荷轴。

注：需要时可使用自对中设备。

5.1.4 负荷指示器

负荷指示器应配有一种能指示试样承受总压缩力的装置，该装置在规定的试验速度下基本上无惯性滞后，所指示的总值精度应为示值的至少±1%以内。

注：使用商业化的圆形应变规系统可对由于不对中而可能产生的横向力进行补偿(见 9.3)。

5.1.5 应变仪

应变仪用于测定试样相应部分长度的变化。如果测定压缩应变 ε(优先研究)，那么这个长度为标距；另外，对于标称压缩应变 ε_c，此长度即为压缩器具两个接触表面间的距离。最好能自动地记录此距离。

仪器在规定的试验速度下应该基本上无惯性滞后。为了测量模量要使用 A 型试样，其精度应为所用应变间距的至少±1%。作为压缩模量的测量，相当于 50 mm 标距的±1 μm 及 0.2%的应变间距。

当应变仪加配到试样上时，避免给试样带来任何微小的变形或损伤，确保应变仪与试样之间也没有任何滑动。

试样也可配有纵向应变规，其精度应为所用应变间隔的至少 1%。对于模量的测量这相当于应变的精度为 2.0×10^{-5}。应选择所用的应变仪、试样制备方法及黏合剂不影响试验结果。

注：稍不对中及试样原有的翘曲可能会使试样相对面间产生的应变不同，其结果是在低应变下产生误差。在这种情况下，可测量试样两相对面的平均应变。但在试样每一面使用应变仪单独收集的数据时，会发现试样的翘曲和弯曲远快于两相对表面的平均应变。

5.2 测量试样尺寸的装置

5.2.1 硬质材料

用测微计或等效的仪器测量试样厚度、宽度和长度,精确至 0.01 mm。

试样测量台的尺寸和形状应适宜,同时所受力不能改变试样的尺寸。

5.2.2 半硬质材料

用带有能对试样施加(20±3)kPa 压力的平面圆形压脚测微计或等效的仪器测量试样厚度,精确至 0.01mm。

6 试样

6.1 形状和尺寸

6.1.1 概述

试样应为棱柱、圆柱或管状。试样的尺寸应满足下面的不等式(1)(也可见附录 B):

$$\varepsilon_c^* \leqslant 0.4\frac{x^2}{l^2} \quad \cdots\cdots (1)$$

式中:

ε_c^*——试验时发生的最大压缩标称应变,以比值表示;

x——取决于试样的形状,圆柱的直径、管的外径或棱柱的厚度(横截面积的最小侧);

l——平行于压缩力轴测量试样厚度。

注 1:为了测量 3.6 中定义的压缩模量 E_c,推荐的比值 $x/l>0.08$。

注 2:通常进行压缩试验时,推荐的比值 $x/l>0.4$。这相应于约 6%的最大压缩应变。

式(1)是基于被试材料的应力-应变行为是线性的而得出。随着材料韧性和压缩应变的增加应选择 ε_c^* 值高于最大应变的 2~3 倍。

6.1.2 优选试样

表 2 给出优选试样的尺寸。

试样优选由多用途试样(见 GB/T 11997—2008)切取。

不够或受试产品几何形状的制约而不能使用优选试样时,可利用附录 A 中介绍的两种小试样。

表 2 优选类型和试样尺寸

单位为毫米

类型	测量	长度 l	宽度 b	厚度 h
A	模量	50±2	10±0.2	4±0.2
B	强度	10±0.2		

6.2 制备

6.2.1 模塑和挤塑料

应该按照相关材料标准制备试样。有关各方另有协定外,试样应按 GB/T 9352—2008、GB/T 17037.1—1997、GB/T 5471—2008 或 ISO 10724-1:1998 材料直接模塑或直接注塑。

6.2.2 片材

试样应按 ISO 2818:1994 规定的方法由片材机加工而成。

6.2.3 机加工

所有的机加工操作应仔细地进行,以产生光滑的表面。特别要注意机加工使试样的端面平整光滑、边缘锐利清晰,端面垂直于试样的纵轴,其垂直度在 0.025 mm 以内。

试样的最终表面推荐使用车床或铣床加工。

6.2.4 标线

如果使用光学应变仪,则在试样上加上规定长度的两条标线。这些标线距试样中央的距离应近似相等,并且应该使用准确度至少为 1%的仪器测量两标线之间的距离。

不能在试样上刻划、冲切或压印标线而导致试样损坏。应保证标线的媒质不对被试材料带来有害的影响，并保证两条平行的标线应尽可能窄细。

6.3 试样

试样应无翘曲，表面和边缘无划伤、麻点、缩痕、飞边或其他会影响结果的可见缺陷。朝向压板的两个表面应平行并与纵轴成直角。

借助直尺、规尺和平板，用目视检查试样是否符合这些要求，并用螺旋测微计进行测量。

试验前，应剔除测量或观察到一个或多个不符合上述要求的试样，或将其加工到合适的尺寸和形状。

注：注塑试样通常有1°和2°间的斜切角以便容易脱模，所以模塑试样的侧边一般不平行。

6.4 各向异性材料

6.4.1 对各向异性材料进行试验时，压缩力应施加到这些产品（模制品、板材、管材等）使用时的（若知道的话）相同或类似的方向上。

6.4.2 优选试样可以确定试样尺寸和产品尺寸之间的关系，如果不使用优选试样，根据产品尺寸确定试样尺寸，不同于6.1选择的试样尺寸。试样的取向和尺寸有时对试验结果有着非常大的影响，所以应注明取向。

6.4.3 当材料在两个主要方向上显示的压缩性能有重大差别时，则应在这两个方向上进行试验。如果该材料在预定用途中不在任一主方向上而在某个特定的方向上承受压缩力，那么，在该方向上进行试验。应记录试样相对主方向的取向。

7 试样的数目

7.1 对于各向同性的材料，每一样品至少试验5个试样。

7.2 对于各向异性的材料，每一样品至少试验10个试样。其中5个与各向异性的主轴垂直，另外5个与之平行。

7.3 如果试样在某个明显的缺陷处破坏，则应废弃，并更换试样进行试验。

8 试样的状态调节

试样应按照该材料的国家标准的要求进行状态调节。当没有这种要求时，除非有关各方另有商定，应按照GB/T 2918—1998规定的最适合的条件进行。

优选条件为23/50。如果已知材料的压缩性能对湿度不敏感，可不控制湿度。

9 试验步骤

9.1 试验环境

应选择GB/T 2918—1998规定的标准环境之一进行试验，最好与状态调节使用的环境相同。

9.2 试样尺寸的测量

沿着试样的长度测量其宽度、厚度和直径三点，并计算横截面积的平均值。测量每个试样的长度应准确至1%。

9.3 装样

把试样放在两压板之间，使试样中心线与两压板中心连线一致，应保证试样的两个端面与压板平行。调整试验机使试样端面刚好与压板接触。

在压缩过程中，试样端面可能沿着压板滑动，其滑动的变化程度取决于试样与压板的表面结构。这将导致不同程度的桶形变形，影响所测的结果。材料的硬度越小，这种影响越明显。

更精确的测量，建议在试样各端面用适当的润滑剂以促进滑动；或者在试样和压板之间垫上细砂纸，以阻止滑动。无论采用何种方法，都应在试验报告中注明。

9.4 预负荷

试验前试样基本上不应加负荷，但是为避免应力-应变曲线起始部分出现弯曲区域，这样的负荷是必需的。测量模量时，开始试验的压缩应力 σ_0（见图2）应在下述范围内：

$$0 \leqslant \sigma_0 \leqslant 5 \times 10^{-4} E_c \qquad \cdots\cdots (2)$$

相应的预应变 $\varepsilon_{c0} \leqslant 0.05\%$。而当测量诸如 σ_M 的特性时，其应处在下式的范围内：

$$0 \leqslant \sigma_0 \leqslant 10^2 \sigma_M \qquad \cdots\cdots (3)$$

注：高度黏弹、韧性材料，如聚乙烯、聚丙烯或吸潮的聚酰胺的压缩模量明显地受预应力的影响。

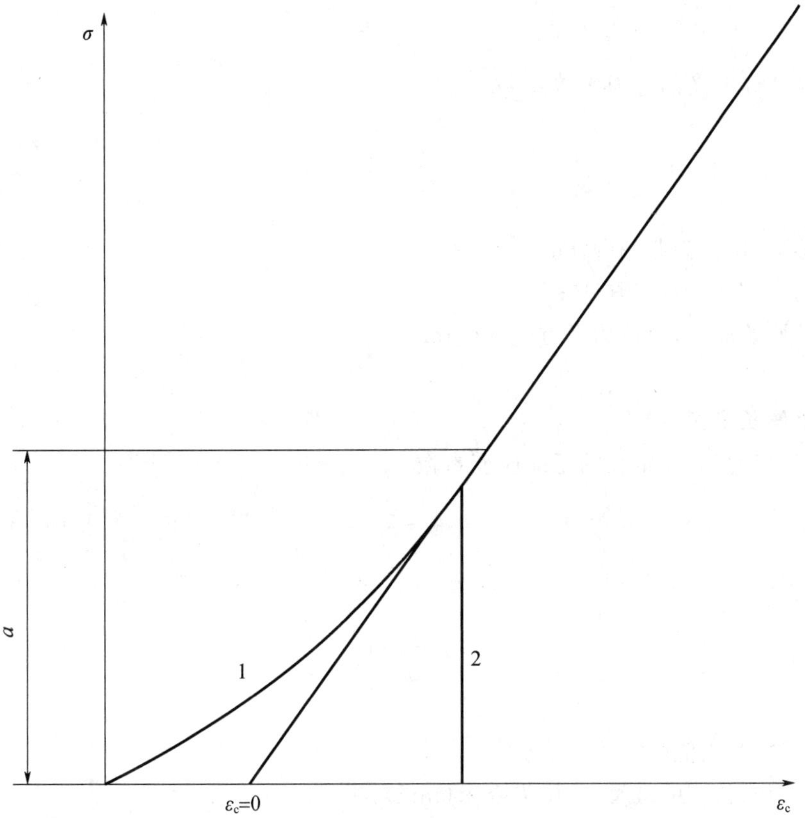

1——应力-应变曲线起始部分示出的弯曲区域。

2——由于只能在高于启动范围才能进行力的测量，应力-应变图起始部分示出的阶跃值。

$a \leqslant 5 \times 10^{-4} E_c$ 或 $\leqslant 10^{-2} \sigma_M$。

图2 具有初始弯曲区域和一个阶跃的应力-应变曲线和确定零应变点的示例

9.5 试验速度

按照材料规范调整试验速度 v（见3.2），以毫米每分钟(mm/min)表示。当没有材料规范时，调整到由表1给出的最接近以下关系式的值：

$v=0.02l$，用于模量测定；

$v=0.1l$，用于在屈服前破坏的材料强度测定；

$v=0.5l$，用于有屈服的材料强度的测定。

对于优选试样（见6.1.2），试验速度为：

1 mm/min(l=50 mm)，用于模量的测量；

1 mm/min(l= 10 mm)，用于屈服前就破坏的材料强度测量；

5 mm/min(l= 10 mm)，用于具有屈服的材料的强度测量。

9.6 数据的记录

在试验过程中，测定试样的力(应力)和相应的压缩量(应变)，最好使用自动记录系统获得一条完整的应力-应变曲线系统。

由试验时记录的应力-应变数据，按第3章的定义测定相关的应力和应变。如果在应力-应变图的起始部分发现弯曲区，检查是否超出9.4给出的预应力范围。如果不能对试样直接测量压缩量，那么就应按附录C修正试验机的变形量。

10 结果的计算和表示

10.1 应力

用式(4)计算3.3定义的应力参数：

$$\sigma = \frac{F}{A} \qquad \cdots\cdots (4)$$

式中：

σ——应力参数，单位为兆帕(MPa)；

F——测出的力，单位为牛顿(N)；

A——试样的原始面积，单位为平方毫米(mm^2)。

10.2 应变

10.2.1 应变(用伸长仪测量)

用式(5)、式(6)计算3.4定义的压缩应变参数：

$$\varepsilon = \frac{\Delta L_0}{L_0} \qquad \cdots\cdots (5)$$

或

$$\varepsilon(\%) = 100 \times \frac{\Delta L_0}{L_0} \qquad \cdots\cdots (6)$$

式中：

ε——应变参数，为比值(式5)或百分数(%)；

ΔL_0——试样标距间长度的减量，单位为毫米(mm)；

L_0——试样的标距，单位为毫米(mm)。

10.2.2 标称应变(由十字头的移动测量)

用式(7)、式(8)按3.5的定义计算的标称应变：

$$\varepsilon_c = \frac{\Delta L}{L} \qquad \cdots\cdots (7)$$

或

$$\varepsilon_c(\%) = 100 \times \frac{\Delta L}{L} \qquad \cdots\cdots (8)$$

式中：

ε_c——标称压缩应变，为比值(式5)或百分数(%)；

ΔL——压缩板间距离的减量，单位为毫米(mm)；

L——压缩板间的初始距离，单位为毫米(mm)。

如果不能用适当的位移传感器直接测量压板间的ΔL，但是可利用，例如试验机十字头的位移，应对测定的ΔL(见附录C)施加试验机变形量的修正。

如果在应力-应变图的起始部分发现弯曲区，由稍高于9.4所述的起始应力处(见图2)外推至零应变。

10.3 压缩模量

按照10.2.1所确定的两个规定的应变值，按式(9)计算3.6定义的压缩模量：

$$E_c=\frac{\sigma_2-\sigma_1}{\varepsilon_2-\varepsilon_1} \qquad \cdots\cdots (9)$$

式中：

E_c——压缩模量，单位为兆帕(MPa)；

σ_1——应变值 $\varepsilon_1=0.000\,5$ 时测量的应力值，单位为兆帕(MPa)；

σ_2——应变值 $\varepsilon_2=0.002\,5$ 时测量的应力值，单位为兆帕(MPa)。

借助计算机用两个不同的应力-应变点测定模量 E_c，即把这两点间曲线经线性回归处理后来表示。

10.4 统计学参数

计算5个试验结果的算术平均值。如果需要，按照ISO 2602:1980规定的步骤计算标准偏差和95%置信区间的平均值。

10.5 有效数字

应力和压缩模量精确到三位有效数字，压缩应变计算到两位有效数字。

11 精密度

本试验方法的精密度由于实验室间数据尚未得到，故还不知晓。在收到实验室间数据后，等下次修订时，将加进有关精密度的说明。

12 试验报告

试验报告应包括下列内容：

a) 注明采用本标准，按照下图模式加上试样类型和试验速度：

压缩试验 GB/T 1041 / A / 1

试样类型——（A）

试验速度，mm/min——（1）

b) 标识被试已知材料完整的鉴别说明，包括类型、来源、制造厂；

c) 被试材料的性质和形状的叙述，即是成品还是半成品，是试板还是试样。这里应该包括主要尺寸、形状、制造方法、层数、预处理情况等；

d) 如果适用，给试样的宽度、厚度和长度的平均值、最小值和最大值；

e) 制备试样所用方法的细节；

f) 如果材料是成品或半成品，则注明从这些成品或半成品上切取的方位；

g) 受试试样的数量；

h) 状态调节和试验所用的环境，如果需要，加上材料或产品所用的标准实行的特殊的状态调节条件；

i) 试验机的精度等级(见GB/T 17200—1997)；

j) 所用的应变仪的型号；

k) 所用压缩装置的类型；

l) 是否在端面上使用了润滑剂或砂纸；

m) 所测的第3章所定义的压缩性能的各个试验数据；

n) 用作受试材料的指示值的所测每种性能的平均值；

o) (可选择的)标准偏差和(或)变异系数和(或)平均值的置信区间；

p) 是否有试样剔除或被代替，若有说明其理由是什么；

q) 试验日期。

附　录　A
（规范性附录）
小试样

A.1　由于材料可得到的数量或由于成品的尺寸的制约，制备第6章所规定的试样可能做不到。在这种情况下，可以使用本附录所述的小试样进行试验。

A.2　应指明，用小试样得到的结果与用标准尺寸试样得到的结果将是不同的。

A.3　小试样的使用应由有关各方商定，并在试验报告中注明。

A.4　除下面注明的以外，应按照本标准中标准试样进行试验。

这种小试样的标准尺寸，应符合表A.1的规定。

表A.1　小试样的标称尺寸

单位为毫米

尺寸	1型	2型
厚度	3	3
宽度	5	5
长度	6	35

2型试样仅应用于作压缩模量的测定，在这种情况下，推荐使用15 mm的标距以便于测量。

附　录　B
（资料性附录）
压缩翘曲极限

按照尤勒(Euler)的理论，对于两端固定的试样，受试材料的应力-应变行为是线性时，开始发生弯曲时计算的临界轴向压缩应力 F^* 按式(B.1)计算：

$$F^* = \frac{\pi^2 E_c I}{l^2} \qquad \text{(B.1)}$$

式中：

F^*——临界弯曲负荷，单位为牛顿(N)；

I——横截面的二次矩，单位为毫米的四次方(mm^4)；

E_c——压缩模量，单位为牛顿每平方毫米(N/mm^2)；

l——试样长度，单位为毫米(mm)。

在纵向弯曲时，临界力能被对应的标称应变取代，可按式(B.2)计算：

$$F^* = E_c \times A \times \varepsilon_b \qquad \text{(B.2)}$$

式中：

A——横截面积，单位为平方毫米(mm^2)；

ε_b——发生纵向弯曲时的标称应变(无量纲)。

这里给出的是临界弯曲应变，它仅仅取决于试样尺寸，并按照式(B.3)计算：

$$\varepsilon_b = \frac{\pi^2}{12} \times \frac{I}{Al^2} \qquad \text{(B.3)}$$

对于不同类型的试样形状，式(B.3)可表示为式(B.4)、式(B.5)的形式：

a)　对于直棱柱：

$$\varepsilon_b = \frac{\pi^2}{12} \times \left(\frac{h}{l}\right)^2 \qquad \text{(B.4)}$$

b)　对于圆柱和管子：

$$\varepsilon_b = \frac{\pi^2}{4} \times \left(\frac{r}{l}\right)^2 \times \left[l + \left(\frac{r_i}{r}\right)^2\right] \qquad \text{(B.5)}$$

式中：

l——直棱柱、圆柱或管子的长度，也就是与压缩力方向平行的尺寸，单位为毫米(mm)；

h——直棱柱的厚度，也就是横截面的最小侧的厚度，单位为毫米(mm)；

r——圆柱的半径或管子的外半径，单位为毫米(mm)；

r_i——管子的内半径(对于圆柱体，$r_i=0$)。

和圆柱体相比，管子的附加稳定性不能应用式(B.5)，因为薄壁管根据附加的纵向弯曲模式的破坏在此没有讨论。在式(B.4)和(B.5)中所用的数值因子分别等于 0.8 和 0.6。因为这些公式仅仅给出纵向弯曲应变的粗略估计，它们近似于 6.1.1 中通用不等式，在不等式(1)中选取的数值因子，已经减小到可以避免弯曲。

附　录　C
（规范性附录）
变形量的修正

如果压板间的距离的减小量 ΔL 不能直接测量，而应用精密地记录试验机两十字头之间的位移 s 来代替，那么，这个位移差值应对试验机的变形量 C_M（见注 1）进行修正。C_M 是利用已知压缩模量（见注 2）的高硬度参比材料（如钢板）制造的侧面平行的试条或直棱柱进行测量。位移 s 用式（C.1）、式（C.2）计算：

$$\Delta L = s - C_M F \quad \cdots\cdots\cdots\cdots (C.1)$$

及

$$C_M = \frac{s_R}{F} - \frac{L_R}{(b_R d_R) E_{CR}} \quad \cdots\cdots\cdots\cdots (C.2)$$

式中：

ΔL——压缩板间距离的减小量，单位为毫米（mm）；

s——试验机上两个选择点间的变化，单位为毫米（mm）；

C_M——选择点间试验机的变形量，单位为毫米每牛顿（mm/N）；

s_R——当利用参比试样时，选择点间的距离变化，单位为毫米（mm）；

F——力，单位为牛顿（N）；

E_{CR}——参比材料的压缩模量，单位为兆帕（MPa）；

L_R——压缩板间起始距离，单位为毫米（mm）；

b_R——参比试样宽度，单位为毫米（mm）；

d_R——参比试样厚度，单位为毫米（mm）。

应保证在相关力的范围内变形量 C_M 是个常数。在此假定下试验机的变形是个简单的线性关系（$s = C_M \times F$），由于设备的影响发生在一个或多个元件上，试验机的这种假定可能是不正确的。

注 1：试验机的三个部件对其变形量 C_M 有着影响，通常影响最大的是夹具，次之是力传感器而最小的是试验机机架。

注 2：在试验机变形量测量中所遇到的应力，假定参比材料的压缩模量与拉伸模量相同。

参考文献

[1] GB/T 2035 塑料 术语及其定义(GB/T 2035—2008,ISO 427:1999,IDT)

[2] GB/T 20672—2006 硬质泡沫塑料 在规定负荷和温度条件下压缩蠕变的测定(ISO 7616:1986,IDT)

[3] ISO 3597-3:2003 纺织玻璃纤维增强塑料——有粗纱增强树脂制造的棒材机械性能的测定——第3部分:压缩强度的测定

[4] ISO 7743:2008 硫化橡胶或热塑性塑料压缩应力应变性能的测定

[5] ISO 14126:1999 纤维增强塑料复合材料——平面压缩性能的测定

ICS 83.120
Q 23

中华人民共和国国家标准

GB/T 2567—2008
代替 GB/T 2567～2571—1995,GB/T 4726—1984,GB/T 7194—1987,部分代替 GB/T 8238—1987

树脂浇铸体性能试验方法

Test methods for proprties of resin casting boby

2008-06-30 发布 2009-04-01 实施

中华人民共和国国家质量监督检验检疫总局
中国国家标准化管理委员会 发布

前 言

本标准同时代替 GB/T 2567—1995《树脂浇铸体试验方法总则》、GB/T 2568—1995《树脂浇铸体拉伸性能试验方法》、GB/T 2569—1995《树脂浇铸体压缩性能试验方法》、GB/T 2570—1995《树脂浇铸体弯曲性能试验方法》、GB/T 2571—1995《树脂浇铸体冲击性能试验方法》、GB/T 4726—1984《树脂浇铸体扭转试验方法》、GB/T 7194—1987《不饱和聚酯树脂 浇铸体耐碱性测定方法》和 GB/T 8238—1987《不饱和聚酯树脂液体和浇铸体折光率的测定》的浇铸体部分。

本标准与各原标准相比主要变化如下：

——增加规范性引用文件(见第 2 章)；

——增加试验原理(见 5.1.1、5.2.1、5.3.1、5.4.1、5.5.1)；

——将试样测量精度由 0.02 mm 改为 0.01 mm(GB/T 2567—1995 中第 6 章，本标准的 4.4.1)；

——增加试验设备的恒定速度要求(见 4.5.3)；

——增加平均值的置信区间计算要求(见 6.5)；

——拉伸载荷及变形的记录区间由破坏载荷的 40%改为 50%(GB/T 2568—1995 中的 4.6，本标准的 5.1.4.6)；

——压缩载荷及变形的记录区间由破坏载荷的 40%改为 50%(GB/T 2569—1995 中的 4.6，本标准的 5.2.4.6)；

——弯曲载荷及变形的记录区间由破坏载荷的 40%改为 50%(GB/T 2570—1995 中的 4.9，本标准的 5.3.4.9)；

——增加弯曲试样横截面为矩形且棱边不倒圆的规定(见 5.3.2.1)；

——增加弯曲试样中部 1/3 范围内宽度与平均宽度允差、厚度与平均厚度允差的规定(见 5.3.2.2)；

——提高冲击试样长、宽、厚测量精度(GB/T 2571—1995 中的 4.4，本标准的 5.4.4.4)；

——将“浇铸体折光率”部分纳入本标准，“不饱和聚酯树脂折光率”部分纳入 GB/T 7193—2008。

本标准的附录 A 为规范性附录。

本标准由中国建筑材料联合会提出。

本标准由全国纤维增强塑料标准化技术委员会归口。

本标准由常州天马集团有限公司和北京玻钢院复合材料有限公司负责起草。

本标准主要起草人：宣维栋、张海雁。

本标准所代替标准的历次版本发布情况为：

——GB/T 2567—1981，GB/T 2567—1995；

——GB/T 2568—1981，GB/T 2568—1995；

——GB/T 2569—1981，GB/T 2569—1995；

——GB/T 2570—1981，GB/T 2570—1995；

——GB/T 2571—1981，GB/T 2571—1995；

——GB/T 4726—1984；

——GB/T 7194—1987；

——GB/T 8238—1987。

树脂浇铸体性能试验方法

1 范围

本标准规定了测定树脂浇铸体性能的试验标准环境、试样、试验方法、试验结果以及试验报告等。

本标准适用于测定纤维增强塑料用热固性树脂浇铸体、专用浇铸树脂的浇铸体的拉伸、压缩、弯曲、简支梁冲击韧性、扭转、耐碱性和折光率。

2 规范性引用文件

下列文件中的条款通过本标准的引用而成为本标准的条款。凡是注日期的引用文件，其随后所有的修改单(不包括勘误的内容)或修订版均不适用于本标准，然而，鼓励根据本标准达成协议的各方研究是否可使用这些文件的最新版本。凡是不注日期的引用文件，其最新版本适用于本标准。

ISO 2602 试验结果的统计说明——平均值和置信区间的计算

3 试验的标准环境

环境温度：(23±2)℃，相对湿度(50±5)%。

4 试样

4.1 试样制备

4.1.1 模具

4.1.1.1 平板浇铸模

4.1.1.1.1 材料

a) 模板为平整光滑的玻璃板或钢板，其大小根据所需试样面积加模框面积而定；

b) 脱模剂或脱模薄膜采用脱模蜡、玻璃纸；

c) U 型模框，将金属丝穿在橡胶软管中，做成与模板尺寸吻合的 U 字型模框；

d) 控制厚度的塞片，以浇铸板厚度而定；

e) 弓形夹。

4.1.1.1.2 模具制作

将两块事先涂有脱模剂或覆盖脱模薄膜的模板之间夹入 U 型模框，U 型的开口处为浇铸口，U 型模框事先涂有脱模剂或覆盖玻璃纸，用弓形夹将模板与 U 型模框夹紧，两块模板之间的距离用塞片来控制。

4.1.1.2 试样浇铸模

根据标准试样尺寸用钢材或硅橡胶制作试样模具，模腔尺寸设计要考虑树脂收缩率。

4.1.2 配料、浇铸

4.1.2.1 按预定的固化系统配制，并将各组分搅拌均匀。

4.1.2.2 浇铸在室温 15～30 ℃、相对湿度小于 75%以下进行，沿浇铸口紧贴模板倒入树脂液，在整个操作过程中要尽量避免产生气泡。如气泡较多，可采用真空脱泡或振动法脱泡。

4.1.3 固化

4.1.3.1 常温固化：浇铸后模子在室温下放置(24～48)h 后脱模。然后敞开放在一个平面上，在室温或标准环境温度下放置 504 h(包括试样加工时间)。

4.1.3.2 常温加热固化：浇铸模在室温下放置 24 h 后脱模，继续加热固化，从室温逐渐升至树脂热变形温度，恒温时间按树脂性能经试验确定。

4.1.3.3 热固化：固化温度和时间根据树脂固化剂或催化剂的类型而定。

4.1.4 试样加工

4.1.4.1 用划线工具在浇铸平板上，按试样尺寸划好加工线，取样必须避开气泡、裂纹、凹坑、应力集中区。

4.1.4.2 用机械加工试样，加工时要防止试样表面损伤和产生划痕等缺陷。

4.1.4.3 加工粗糙面需用细锉或砂纸进行精磨，缺口处尺寸用专用样板检测。

4.1.4.4 加工时可用水冷却，加工后及时进行干燥处理。

4.1.5 内应力检查

浇铸体在测试前，用偏振光对内应力进行测试。如有内应力，予以消除。

4.1.6 消除内应力方法

4.1.6.1 油浴法

将试样平稳地放置于盛有油的容器中，且使试样整个浸入油中，并将浸入试样的容器放入烘箱内，使箱内温度 1 h 内由室温升至树脂玻璃化温度，恒温 3 h 后关闭电源，待烘箱自然冷却至室温后，将试样从油浴中取出，进行内应力观察。

注：油浴用油应对试样不起化学作用，不溶胀、不溶解、不吸收。

4.1.6.2 空气浴法

将试样置于有鼓风装置的干燥箱中，处理温度和时间同油浴。

4.2 试样外观检查和数量

4.2.1 试验前，试样需经严格检查，试样应平整、光滑、无气泡、无裂纹、无明显杂质和加工损伤等缺陷。

4.2.2 每组有效试样不少于 5 个。

4.3 试样状态调节

4.3.1 试验前，试样应在试验标准环境条件下，至少放置 24 h，状态调节后的试样应在与状态调节相同的试验标准环境条件下试验（另有规定时按相关规定）。

4.3.2 若不具备实验室标准环境条件，试验前试样可放在干燥器内，至少放置 24 h。

4.4 试样测量精度

4.4.1 试样工作区间的测量准确到 0.01 mm。

4.4.2 试样其他值的测量精度，按相应试验方法的规定。

4.5 试验设备

4.5.1 试验设备载荷误差不超过±1%，试验设备量程的选择应使试样破坏载荷在满量程的 10%～90%范围内（尽量落在满量程的一边）且不小于试验设备满量程的 4%（电子式拉力试验设备按有关规定执行）。

4.5.2 测量变形仪表误差不应超过±1%。

4.5.3 试验设备能获得试验方法标准规定的恒定的试验速度，速度误差不超过 1%。

4.5.4 试验设备应定期经国家计量部门检定并在有效检定周期内使用。

5 试验

5.1 拉伸试验

5.1.1 试验原理

沿试样轴向匀速施加静态拉伸载荷，直到试样断裂或达到预定的伸长，在整个过程中，测量施加在试样上的载荷和试样的伸长，以测定拉伸应力（拉伸屈服应力、拉伸断裂应力或拉伸强度）、拉伸弹性模量、断裂伸长率和绘制应力-应变曲线。

5.1.2 **试样**

5.1.2.1 试样形状、尺寸见图1。

单位为毫米

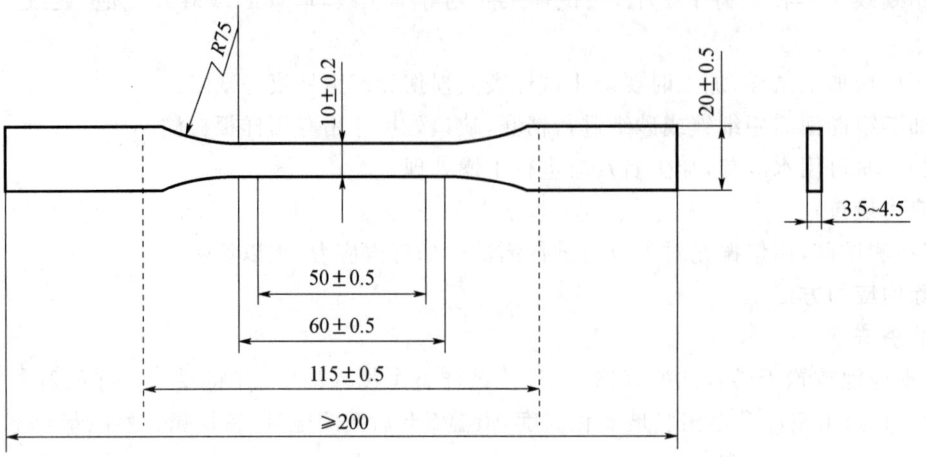

图1 拉伸试样图

5.1.2.2 试样数量按4.2的规定。

5.1.3 **试验条件**

5.1.3.1 试验的标准环境按第3章的规定。

5.1.3.2 试验设备按4.5的规定。

5.1.3.3 加载速度

测定拉伸强度时，试验速度为10 mm/min，仲裁试验速度2 mm/min；测定弹性模量、应力-应变曲线时，试验速度为2 mm/min。

5.1.4 试验步骤

5.1.4.1 试样制备按4.1的规定。

5.1.4.2 试样外观检查和数量按4.2的规定。

5.1.4.3 试样状态调节按4.3的规定。

5.1.4.4 将试样编号，测量试样标距（图1中50 mm±0.5 mm段）内任意3处的宽度和厚度，取算术平均值。测量精度按4.4的规定。

5.1.4.5 夹持试样，使试样的中心轴线与上、下夹具的对准中心线一致，按规定速度均匀连续加载，直至破坏，读取破坏载荷值。

5.1.4.6 测定拉伸弹性模量时，在工作段内安装测量变形仪表，施加初载（约5%的破坏载荷），检查和调整仪表，使整个系统处于正常工作状态。无自动记录装置时可采用分级加载，级差为破坏载荷的5%～10%，至少分五级加载，施加载荷不宜超过破坏载荷的50%，一般至少重复测定三次，取其两次稳定的变形增量，记录各级载荷和相应的变形值。有自动记录装置时，可连续加载。

5.1.4.7 测定断裂伸长率和应力-应变曲线时，有自动记录装置，可连续加载。

5.1.4.8 若试样断在夹具内或圆弧处，此试样作废，另取试样补充。同批有效试样不足5个时，应重做试验。

5.1.5 计算

5.1.5.1 拉伸强度按式(1)计算：

$$\sigma_t = \frac{P}{b \cdot h} \qquad \cdots\cdots (1)$$

式中：

σ_t——拉伸强度，单位为兆帕(MPa)；

P——破坏载荷(或最大载荷)，单位为牛顿(N)；

b——试样宽度，单位为毫米(mm)；

h——试样厚度，单位为毫米(mm)。

5.1.5.2 拉伸弹性模量按式(2)计算：

$$E_t = \frac{L_0 \cdot \Delta P}{b \cdot h \cdot \Delta L} \qquad \cdots\cdots (2)$$

式中：

E_t——拉伸弹性模量，单位为兆帕(MPa)；

L_0——测量标距，单位为毫米(mm)；

ΔP——载荷-变形曲线上初始直线段的载荷增量，单位为牛顿(N)；

ΔL——与载荷增量 ΔP 对应的标距 L_0 内的变形增量，单位为毫米(mm)；

b、h 同式(1)。

5.1.5.3 断裂伸长率按式(3)计算：

$$\varepsilon_t = \frac{\Delta L_b}{\Delta L_0} \times 100 \qquad \cdots\cdots (3)$$

式中：

ε_t——试样断裂伸长率，%；

ΔL_b——试样断裂时标距 L_0 内的伸长量，单位为毫米(mm)；

L_0 同式(2)。

5.1.5.4 绘制拉伸应力-应变曲线。

5.2 压缩试验

5.2.1 试验原理

以恒定速率沿试样轴向进行压缩，使试样破坏或高度减小到预定值。在整个过程中，测量施加在试样上的载荷和试样的高度或应变，测定压缩应力和压缩弹性模量等。

5.2.2 试样

5.2.2.1 试样形状尺寸见图 2。

单位为毫米

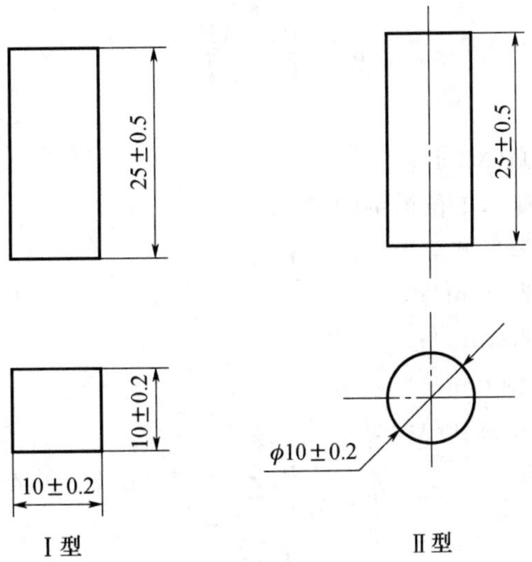

图 2 压缩试样

5.2.2.2 试验过程中，有失稳现象时，试样高为(15.0±0.5)mm，测定压缩弹性模量需在试样上安装变形仪表时，试样高为(30～40)mm。

5.2.2.3 试样上下两端面要求互相平行，且与试样中心线垂直，不平行度应小于试样高度的0.1%。

5.2.2.4 试样数量按4.2的规定。

5.2.3 **试验条件**

5.2.3.1 试验的标准环境按第3章的规定。

5.2.3.2 试验设备按4.5的规定。

5.2.3.3 试验机的加载压头应平整、光滑，并具有可调整上下压板平行度的球形支座。

5.2.3.4 测定压缩强度时，试验速度为5 mm/min；仲裁试验速度为2 mm/min；测定弹性模量和载荷-变形曲线时试验速度为2 mm/min。

5.2.4 **试验步骤**

5.2.4.1 试样制备按4.1的规定。

5.2.4.2 试样外观检查按4.2的规定。

5.2.4.3 试样状态调节按4.3的规定。

5.2.4.4 将试样编号，测量试样宽度和厚度各任意3处(Ⅱ型试样测任意3处的直径)，取算术平均值。测量精度按4.4的规定。

5.2.4.5 安放试样，使试样的中心线与上、下压板中心线对准，确保试样端面与压板表面平行，调整试验机，使压板表面恰好与试样端面接触，对试样施加初载荷(约5%的破坏载荷)以避免应力-应变曲线出现曲线的初始区，检查并调整试样及变形测量系统，使整个系统处于正常工作状态。

5.2.4.6 测定压缩弹性模量时，在上下压板与试样接触面之间或在试样高度中间安装测量变形仪表。检查仪表，开动试验机，按规定速度分级加载，级差为破坏载荷的5%～10%，至少分五级加载，所施加的载荷不宜超过破坏载荷的50%，一般至少重复测定3次，取其2次稳定的变形增量，记录各级载荷和相应的变形值，有自动记录装置时，可连续加载。

5.2.4.7 测定压缩强度时，按规定速度对试样施加均匀连续载荷，直至破坏载荷或最大载荷，读取破坏载荷或最大载荷。

5.2.4.8 有失稳和端部挤压破坏的试样，应予作废。同批有效试样不足5个时，应重做试验。

5.2.5 **计算**

5.2.5.1 压缩强度按式(4)或式(5)计算：

$$\sigma_c = \frac{P}{F} = \frac{P}{b \cdot h} \qquad \cdots\cdots (4)$$

$$\sigma_c = \frac{P}{F} = \frac{4P}{\pi d^2} \qquad \cdots\cdots (5)$$

式中：

σ_c——压缩强度，单位为兆帕(MPa)；

P——破坏载荷(或最大载荷)，单位为牛顿(N)；

F——试样横截面积，单位为平方毫米(mm^2)；

b——试样宽度，单位为毫米(mm)；

h——试样厚度，单位为毫米(mm)；

d——试样直径，单位为毫米(mm)。

5.2.5.2 压缩弹性模量按式(6)或式(7)计算：

$$E_c = \frac{L_0 \cdot \Delta P}{b \cdot h \cdot \Delta L} \qquad \cdots\cdots (6)$$

$$E_c = \frac{4L_0 \cdot \Delta P}{\pi \cdot d^2 \cdot \Delta L} \qquad \cdots\cdots (7)$$

式中：

E_c——压缩弹性模量，单位为兆帕(MPa)；

L_0——试样原始高度或试样高度中间安装仪表的标距，单位为毫米(mm)；

ΔP——对应于载荷-变形曲线上初始直线段的载荷增量值，单位为牛顿(N)；

ΔL——与载荷增量 ΔP 对应的标距 L_0 内的变形增量，单位为毫米(mm)。

b、h、d 同式(4)、式(5)。

5.2.5.3 式(4)和式(6)适用于Ⅰ型试样，式(5)和式(7)适用于Ⅱ型试样。

5.3 弯曲试验

5.3.1 试验原理

采用无约束支撑，通过三点弯曲，以恒定的加载速率使试样破坏或达到预定的挠度值。在整个过程中，测量施加在试样上的载荷和试样的挠度，确定弯曲强度、弯曲弹性模量以及弯曲应力与应变的关系。

5.3.2 试样

5.3.2.1 试样形状尺寸见图3。试样的横截面应是棱边不倒圆的矩形。

图3 弯曲试样

5.3.2.2 试样尺寸：仲裁检验的试样厚度 h 为(4.0±0.2)mm，常规检验的试样厚度 h 为(3.0～6.0)mm(一组试样厚度公差±0.2 mm)。宽度 b 为 15 mm，长度 l 不小于 20 h。任一试样上在其长度的中部 1/3 范围内试样厚度与其平均值之差不大于平均厚度的 2%，该范围内试样宽度与其平均值之差不大于平均宽度的 3%。

5.3.2.3 试样数量按 4.2 的规定。

5.3.3 试验条件

5.3.3.1 试验的标准环境按 3 的规定。

5.3.3.2 试验设备按 4.5 的规定。

5.3.3.3 三点试验设备装置示意图见图4，跨距 L 为(16±1)h，加载上压头半径 R 为(5.0±0.1)mm，试样厚度大于 3 mm 时，r 为(5.0±0.2)mm。

5.3.3.4 测试弯曲强度时试验速度为 10 mm/min，测定弯曲弹性模量时试验速度为 2 mm/min；仲裁检验速度为 2 mm/min。

5.3.4 试验步骤

5.3.4.1 试样制备按 4.1 的规定。

5.3.4.2 试样外观检查按 4.2 的规定。

5.3.4.3 试样状态调节按 4.3 的规定。

5.3.4.4 将合格试样编号，测量试样跨距中心处附近 3 点的宽度和厚度，取算术平均值。测量精度按 4.4 的规定。

5.3.4.5 调节跨距 L 及加载压头位置，准确到 0.5 mm，加载上压头位于支座中间，且与支座相平行。

5.3.4.6 将试样放于支座中间位置，试样的长度方向与支座和上压头相垂直。

5.3.4.7 调整加载速度，选择试验机载荷范围及变形仪表量程。调整试验机，使加载上压头恰好与试样接触，对试样施加初载荷(约为破坏载荷的 5%)以避免应力-应变曲线出现曲线的初始区。检查和调整仪表，使整个系统处于正常状态。

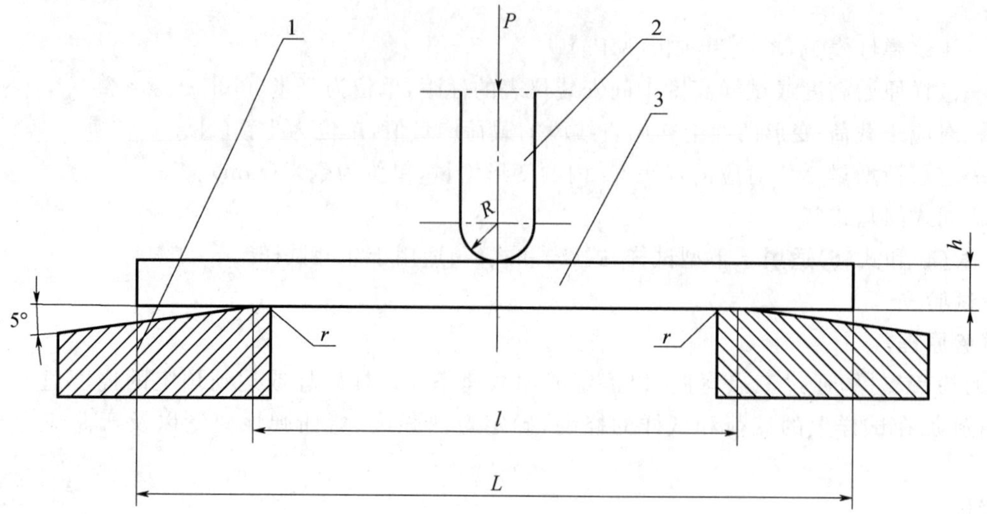

1——试样支座；

2——加载上压头；

3——试样。

图4　三点弯曲试验装置示意图

5.3.4.8　测定弯曲强度或弯曲应力时，按规定速度均匀连续加载，直至破坏，记录破坏载荷或最大载荷值。在挠度等于1.5倍试样厚度下不呈现破坏的材料，记录该挠度下的载荷。

5.3.4.9　测定弹性模量或绘制载荷-挠度曲线时，在试样跨中底部或上压头与支座的引出装置之间安装挠度测量装置。检查调整仪表，无自动装置可分级加载，级差为破坏载荷的5%～10%(测定弯曲弹性模量时，至少分五级加载，所施加的最大载荷不宜超过破坏载荷的50%。一般至少重复3次，取其2次稳定的变形增量)记录各级载荷和相应的挠度值，有自动记录装置时，可连续加载。

5.3.4.10　在试样中间的三分之一跨距以外破坏的试样，应予作废。同批有效试样不足5个时，应重做试验。

5.3.5　计算

5.3.5.1　弯曲强度或弯曲应力按式(8)计算：

$$\sigma_t = \frac{3p \cdot L}{2b \cdot h^2} \qquad \cdots\cdots (8)$$

式中：

σ_t——弯曲强度或弯曲应力，单位为兆帕(MPa)；

p——破坏载荷(或最大载荷)或定挠度(挠度等于试样厚度的1.5倍)时的载荷，单位为牛顿(N)；

L——跨距，单位为毫米(mm)；

b——试样宽度，单位为毫米(mm)；

h——试样厚度，单位为毫米(mm)。

若$S/L>10\%$，考虑到挠度S作用下支座水平分力引起弯矩的影响，弯曲强度可按式(9)计算：

$$\sigma_f = \frac{3p \cdot L}{2b \cdot h^2}[1-4(S/L)^2] \qquad \cdots\cdots (9)$$

式中：

S——试样破坏时的跨中挠度，单位为毫米(mm)；

其余同式(8)。

5.3.5.2 弯曲弹性模量按式(10)计算：

$$E_f = \frac{L^3 \cdot \Delta P}{4b \cdot h^3 \cdot \Delta S} \quad \cdots\cdots\cdots\cdots (10)$$

式中：

E_f——弯曲弹性模量，单位为兆帕(MPa)；

ΔP——对应于载荷-挠度曲线上初始直线段的载荷增量值，单位为牛顿(N)；

ΔS——与载荷增量 ΔP 对应的跨中挠度，单位为毫米(mm)。

其余同式(8)。

5.4 简支梁冲击韧性试验

5.4.1 试验原理

将开有 V 型缺口的试样两端水平放置在支撑物上，缺口背向冲击摆锤，摆锤向试样中间冲击一次，使试样受冲击时产生应力集中而迅速破坏。

5.4.2 试样

5.4.2.1 试样形状和尺寸见图 5 和表 1。

单位为毫米

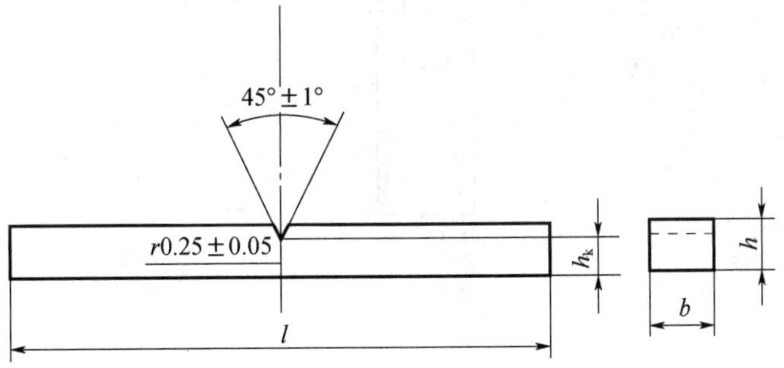

(a) Ⅰ型——V型缺口试样

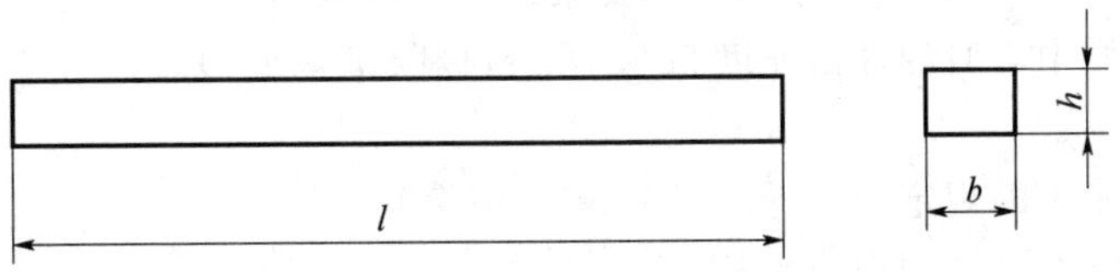

(b) Ⅱ型——无缺口试样

图 5 冲击试样

表 1 试样尺寸

单位为毫米

类型	长度 l	宽度 b	厚度 h	缺口底部圆弧半径 r	跨距 L
Ⅰ型试样	120±1	15.0±0.2	10.0±0.2	0.25±0.05	70
Ⅱ型试样	120±1	15.0±0.2	10.0±0.2		70
Ⅰ型小试样	80±1	10.0±0.2	4.0±0.2	0.25±0.05	60
Ⅱ型小试样	80±1	10.0±0.2	4.0±0.2		60
注：试样的缺口由加工而成。					

5.4.2.2 试样数量：当离散系数小于5%时，试样数量按4.2执行；当离散系数大于5%时，试样数量不得少于10个，并保证每组有10个有效试样。

5.4.3 试验条件

5.4.3.1 试验的标准环境按第3章的规定。

5.4.3.2 采用简支梁式摆锤试验机，摆锤刀刃、试样和支座三者的几何尺寸及相互位置如图6所示。

单位为毫米

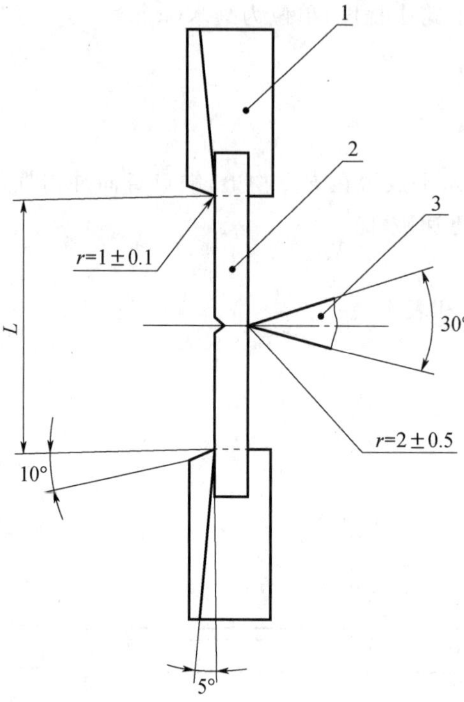

1——支座；

2——试样；

3——摆锤刀刃。

图6 简支梁式冲击示意图

5.4.3.3 摆锤冲击试样中心时的冲击速度为2.9m/s，极限偏差±10%。

5.4.4 试验步骤

5.4.4.1 试样制备按4.1的规定。

5.4.4.2 试样外观检查按4.2的规定。

5.4.4.3 试样状态调节按4.3的规定。

5.4.4.4 将试样编号，无缺口试样测量试样中部的宽度和厚度；缺口试样测量缺口下的宽度、测量缺口下两侧的厚度取其平均值。测量精度按4.4的规定。

5.4.4.5 根据试样破坏所需的能量选择摆锤，使消耗的能量在摆锤能量的10%～85%范围内。

5.4.4.6 用标准跨距样板调节支座的距离。

5.4.4.7 根据试验机打击中心的位置及试样的尺寸，决定是否在支座上加垫片，垫片的尺寸应根据试验机的情况而定。

5.4.4.8 试验前检查试验机空载消耗的能量，使空载冲击后指针指到零位。

5.4.4.9 抬起并锁住摆锤，将试样整个宽度面紧贴在支座上，并使冲击中心对准试样中心或缺口中心的背面。平稳释放摆锤，从刻度盘上读取冲断试样所消耗的功及破坏形式。

5.4.4.10 断在非缺口处的试样应予报废，另取试样补充。无缺口试样均按一处断裂计算。试样未冲断应不予取值。同批有效试样不足5个时，应重做试验。

5.4.5 **计算**

冲击强度按式(11)计算：

$$\sigma_K = \frac{A}{b \cdot d} \quad \cdots\cdots (11)$$

式中：

σ_K——冲击强度，单位为千焦耳每平方米(kJ/m^2)；

A——冲断试样所消耗的功，单位为焦耳(J)；

b——试样缺口下的宽度或无缺口试样中部的宽度，单位为毫米(mm)；

d——试样缺口下的厚度或无缺口试样中部的厚度，单位为毫米(mm)。

5.5 **扭转试验**

5.5.1 **试验原理**

在试样工作段内安装扭角变形仪，测定一扭角(或载荷)时的剪切强度、剪切弹性模量、剪切比例极限和剪切应力-应变曲线。

5.5.2 **试样**

5.5.2.1 试样制备按4.1抄行。

5.5.2.2 试样几何形状和尺寸如图7所示(夹持部分形状与尺寸，允许随试验机夹头而变化)。

单位为毫米

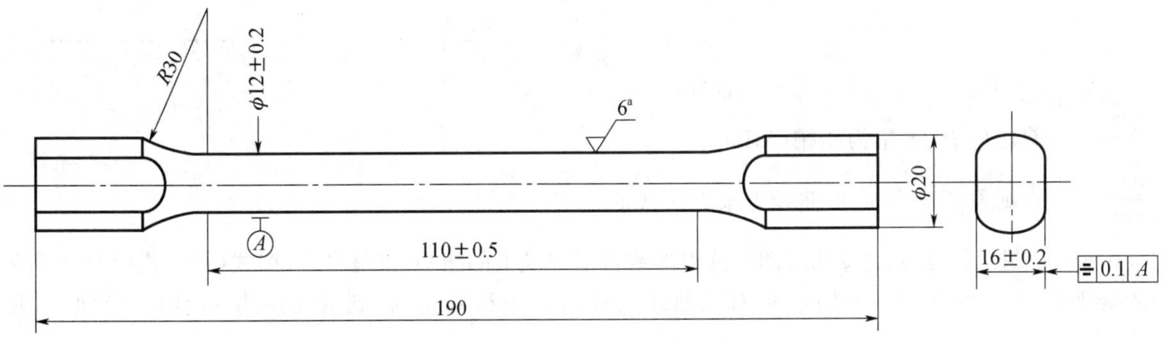

[a] 其余为4。

图7 试样几何形状与尺寸

5.5.2.3 试样的外观检查和数量按4.2执行。

5.5.3 **试验条件**

5.5.3.1 试验环境条件按第3章执行。

5.5.3.2 试验设备采用的扭角变形仪的精度与镜式扭角仪相比误差不超过±1%。

5.5.3.3 加载速度取(3～15)N·m/min(或20°/min～60°/min)。

5.5.4 **试验步骤**

5.5.4.1 试样制备按4.1的规定。

5.5.4.2 试样外观检查按4.2的规定。

5.5.4.3 将合格试样编号，测量试样工作段内任意3处的直径(测量每处时应取正交的2个直径，其计算直径为2直径乘积之平方根，即$\sqrt{D_0 \cdot D_{90}}$)，取算术平方值。测量精度为0.01 mm。

5.5.4.4 装卡试样，使试样中心轴线与夹头中心线对准。

5.5.4.5 在试样工作段内装扭角变形仪，施加初载(约5%破坏载荷)，检查测量系统使其工作正常。

5.5.4.6 安上防护罩，校正零点，记下初读数。

5.5.4.7 均匀连续加载，以一定的间隔(或扭角)记录相应的扭角(或载荷)，在比例极限内至少记录

5次，比例极限至破坏至少记录8次。如果试验机备有自动记录装置，则记录完全的扭矩-扭角曲线。

5.5.4.8 有明显内部缺陷或断在工作段以外的试样应予作废，同批有效试样不足5个时，应重做试验。

5.5.5 计算

5.5.5.1 表观剪切应力按式(12)计算：

$$\tau_e = \frac{16M}{\pi \cdot D^3} \quad \cdots\cdots\cdots\cdots (12)$$

式中：

τ_e——表观剪切应力，单位为兆帕(MPa)；

M——扭矩，单位为牛·毫米(N·mm)；

D——试样直径，单位为毫米(mm)。

5.5.5.2 剪切应变按式(13)计算：

$$r = \frac{\phi \cdot \pi \cdot D}{360L} \quad \cdots\cdots\cdots\cdots (13)$$

式中：

r——剪切应变；

ϕ——试样上标距二端截面的相对转角，单位为度；

L——标距，单位为毫米(mm)。

5.5.5.3 剪切应力按式(14)计算：

$$\tau = \tau_e - \frac{1}{4}\left(\tau_e - r\frac{d\tau_e}{dr}\right) \quad \cdots\cdots\cdots\cdots (14)$$

式中：

τ——剪切应力，单位为兆帕(MPa)；

$\frac{d\tau_e}{dr}$——表观剪切应力-应变曲线上某点切线的斜率。

5.5.5.4 绘制剪切应力-应变曲线图对读得的或自动记录下的扭矩-扭角曲线，按式(12)、式(13)计算和绘制表观剪切应力-应变(τ_e-r)曲线，再对此曲线按式(14)进行修正，得到剪切应力-应变(τ-r)曲线，见附录A。

5.5.5.5 表观剪切应力-应变(τ_e-r)曲线上直线段的最大应力即剪切比例极限τ_P。

5.5.5.6 剪切强度按式(14)修正后，剪切应力-应变(τ-r)曲线上的最大应力即剪切强度τ_B。

5.5.5.7 剪切弹性模量按式(15)计算：

$$G = \frac{\Delta\tau}{\Delta r} \quad \cdots\cdots\cdots\cdots (15)$$

式中：

G——剪切弹性模量，单位为兆帕(MPa)；

$\Delta\tau$——剪切应力-应变曲线直线段上的应力增量，单位为兆帕(MPa)；

Δr——相当于的应变增量。

5.6 耐碱性试验

5.6.1 试验原理

热固性树脂浇铸体在碱溶液中浸泡，会发生由表及里的溶胀，开裂以致破碎。测定试样在试验前后的外观、物理或力学性能变化，即可比较试样的耐碱性。

5.6.2 试样

5.6.2.1 试样制备按4.1执行。

5.6.2.2 试样表面尺寸为80 mm×15 mm，厚度为(3～6)mm。

5.6.2.3 试样的外观检查和数量按4.2执行。

5.6.3 **试剂**

5.6.3.1 蒸馏水或去离子水。

5.6.3.2 氢氧化钠:化学纯。

5.6.4 **仪器和设备**

5.6.4.1 分析天平:感量为0.000 2 g。

5.6.4.2 圆底烧瓶:1 000 mL。

5.6.4.3 回流冷凝管。

5.6.5 **试验条件**

5.6.5.1 试验介质:10%的氢氧化钠溶液,也可按需要配制成其他浓度。

5.6.5.2 试验温度:沸腾温度或按需要选择。

5.6.5.3 试验期龄:煮沸试验的期龄分别为10 h、50 h、100 h或按需要选择。

5.6.6 **试验步骤**

5.6.6.1 将500 mL氢氧化钠溶液和少量沸石放进加热回流装置并煮沸或保持所需温度。

5.6.6.2 将准备好的一组试样放入烧瓶内,并保持瓶内溶液微沸或保持所需温度,同时记录时间。

5.6.6.3 按期龄取出试样,冷却后用清水冲洗干净,用纱布或滤纸吸干表面水分,观察外观并作记录。

5.6.6.4 把试样置于100 ℃干燥箱内干燥2 h,取出,再观察和记录。

5.6.6.5 根据需要,可测定试样在试验前后的其他物理或力学性能。

5.6.7 **计算**

5.6.7.1 从试样外观有无龟裂、光泽的变化、裂纹、发粘以及其他异常来判断其耐碱性。

5.6.7.2 试样的物理或力学性能变化率和保留率。

5.6.7.2.1 试样的物理或力学性能变化率Φ(%)可按式(16)计算:

$$\Phi = \frac{M_2 - M_1}{M_1} \times 100 \qquad \cdots\cdots (16)$$

式中:

M_1——试验前物理或力学性能的测定值;

M_2——试验后物理或力学性能的测定值。

5.6.7.2.2 试样的物理或力学性能保留率Ψ(%)可按式(17)计算:

$$\Psi = \frac{M_2}{M_1} \times 100 \qquad \cdots\cdots (17)$$

式中M_1、M_2同式(16)。

5.7 **折光率试验**

5.7.1 **试验原理**

折光率是光线从一种介质进入另一种介质时,入射角i和折射角r的正弦之比。

$$n = \frac{\sin i}{\sin r} \qquad \cdots\cdots (18)$$

式中:

n——物质的折光率;

i——光线的入射角;

r——光线的折射角。

当温度、压力及入射波长一定时,物质的折光率是定值。折光率一般用钠光D线,温度20 ℃时,取相对于空气的值,记作n_D^{20}。

光通过折光率为N的棱镜入射到折光率为n的物质时,若入射角i为90°,则得:

$$\frac{1}{\sin r} = \frac{N}{n} \qquad \cdots\cdots (19)$$

式中：

r——光线的折射角；

n——物质的折光率；

N——棱镜的折光率。

棱镜的折光率 N 为已知值，故测定了折射角 r 的值，就可求得 n。

5.7.2 **仪器和设备**

5.7.2.1 阿贝折光仪。

5.7.2.2 白光光源。

5.7.2.3 恒温器，精确至±0.2 ℃。

5.7.2.4 接触液，α-溴代萘。

5.7.3 **试样**

5.7.3.1 试样制备按 4.1 执行。

5.7.3.2 试样尺寸为 12 mm×6 mm×3 mm。

5.7.3.3 为得到最高的准确度，与棱镜接触的试样表面应十分平整并经良好抛光。通过目镜视场明暗两半区间分界线出现清晰的直线，表明试样与棱镜达到良好接触。准备另一良好抛光面，垂直于第一抛光面并位于试样的一端。这两个抛光面应相交成一条清晰的直线而不是成斜线或弧线。

5.7.4 **试验步骤**

5.7.4.1 校准仪器。使用阿贝折光仪时，可用校准块校正，亦可用二次蒸馏水校正。20 ℃时水的折光率为 1.333 0；30 ℃时为 1.332 0。温度系数为－0.000 1/ ℃。

5.7.4.2 测定透明固体的方法：测定时不用反光镜和进光棱镜。将固体一抛光面用 α-溴代萘粘在折光棱镜上，使其与棱镜表面紧密接触，并不出现气泡，另一抛光面朝向光源，转动读数手轮，使视场中的明暗分界线与十字线的交点相交，同时旋转阿米西棱镜手轮，消除外来的颜色，标尺的读数即为浇铸体的折光率。读数间最大差值不得大于 0.001，测定结果取平均值。

5.7.4.3 测定半透明固体的方法：测定时，固体需有一个抛光面，将固体抛光面用 α-溴代萘粘在折光棱镜上，取下保护罩作为进光面，利用反射光来测量。具体操作步骤同 5.7.4.2。

6 试验结果

6.1 每个试样的测试结果：X_1、X_2、X_3、…X_n。必要时应说明每个试样的破坏情况。

6.2 每组试样的算术平均值 $\overline{X}$ 按式(20)计算，取三位有效数字。

$$\overline{X}=\frac{\sum_{i=1}^{n}X_i}{n} \qquad \cdots\cdots(20)$$

式中：

$\overline{X}$——以算术平均值表示的该性能的测试结果；

X_i——每个试样的性能值；

n——试样数。

6.3 每组试样的标准偏差 s 按式(21)计算，取两位有效数字。

$$s=\sqrt{\frac{\sum_{i=1}^{n}(X_i-\overline{X})^2}{n-1}} \qquad \cdots\cdots(21)$$

式中符号同式(20)。

6.4 每组试样的离散系数 C_V，按式(22)计算，取两位有效数字。

$$C_V=\frac{s}{\overline{X}} \qquad \cdots\cdots(22)$$

式中符号同式(20)。

6.5 平均值的置信区间按 ISO 2602 计算。

6.6 载荷-变形(挠度)曲线

以适当的间隔从试验机度盘和测量变形仪表中读取载荷和相应的变形,然后以载荷为纵坐标,以变形(挠度)为横坐标制曲线。电子式材料试验机通过记录仪和计算机可自动绘制完整的曲线。

6.7 各类型试样试验结果无可比性,各组试验结果,必须注明试样类型。

7 试验报告

试验报告应包括以下各项或部分内容:

a) 试验项目名称及标准执行号;

b) 试样来源、品种、规格及制备方法(板浇、模浇);

c) 试样编号、尺寸、外观质量及数量;

d) 试验环境温度、相对湿度及试样的状态调节时间;

e) 试验设备及仪表;

f) 试验结果:

给出每个试样的性能值(必要时给出每个试样的破坏情况)、算术平均值、标准偏差、离散系数、载荷-变形(挠度)曲线;若要求平均值的置信度,按 6.5 的规定;

g) 试验人员、日期及其他。

附 录 A
(规范性附录)
作 图 法

A.1 作表观剪切应力-应变(τ_e-r)曲线,见图 A.1。为保证曲线精度规定剪切应力 100 MPa 在纵坐标上应不小于 2 cm,剪切应变 1%在横坐标上应不小于 2%。

A.2 在上述曲线图的曲线段上任取一点 a_1,通过点 a_1 作曲线的切线交轴于 A_1,由图可得:

$$OA_1 = \tau_e - r\frac{d\tau_e}{dr}$$

A.3 在 OA_1 上截点 B_1,使 $A_1B_1 = \frac{OA_1}{4}$,自 B_1 作平行于 A_1a_1 的线交 a_1 点的纵坐标 c_1a_1 于 b_1 点,c_1b_1 即为对应于剪切应力-应变(τ_e-r)曲线的剪切应力 τ_{a_1}。

A.4 再在表观剪切应力-应变(τ_e-r)曲线上取若干点 a_i,并按找 b_i 点的方法确定若干个 b_i 点,点数 i 至少 8 个以上。连接 $b_1 \cdots b_i$ 即成为剪切应力-应变(τ-r)曲线图。

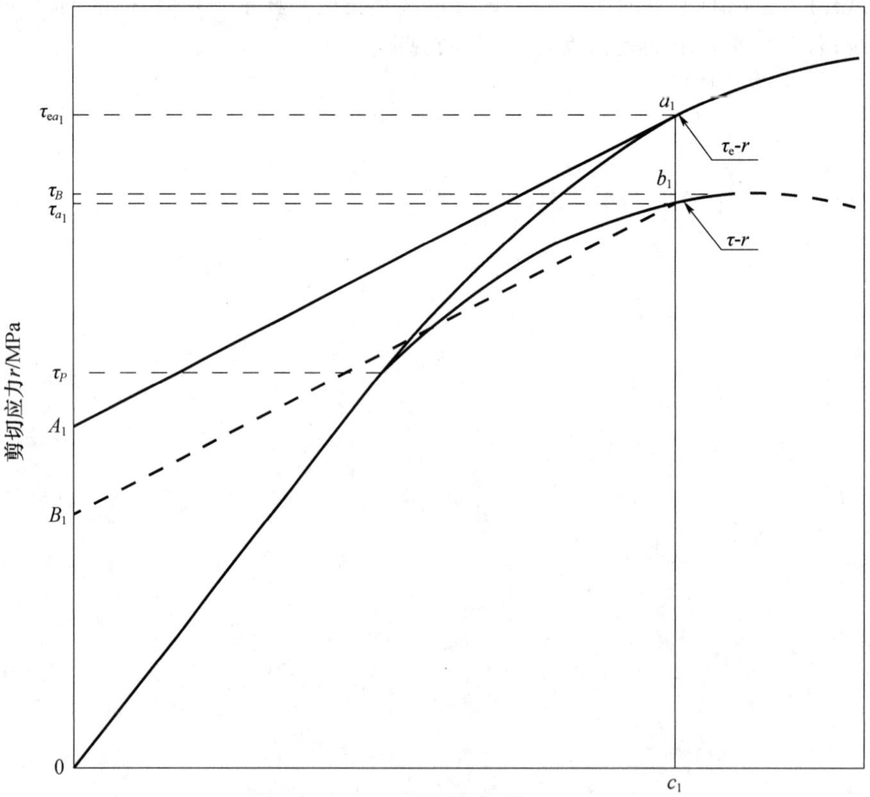

图 A.1 表观剪切应力-应变(τ_e-r)曲线图

中华人民共和国国家标准

GB/T 2568—1995
代替 GB 2568—81

树脂浇铸体拉伸性能试验方法

Test method for tensile properties of resin casting body

1995-12-20 发布　　1996-08-01 实施

国家技术监督局　发布

树脂浇铸体拉伸性能试验方法

1 主题内容与适用范围

本标准规定了对试样施加静态拉伸载荷测定拉伸强度、拉伸弹性模量，最大载荷伸长率和破坏伸长率及拉伸应力-应变曲线的试验方法。

本标准适用于纤维增强塑料用树脂、专用浇铸树脂的浇铸体。

2 试样

2.1 试样形状、尺寸见图1。

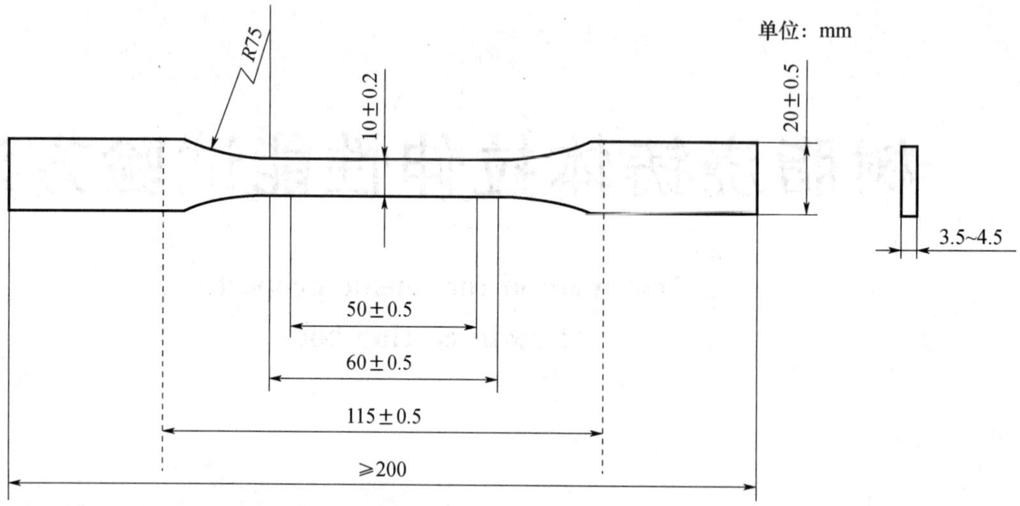

注：每组试样厚度公差为±0.2 mm。

图1 拉伸试样图

2.2 试样数量按 GB/T 2567—1995 第3章。

3 试验条件

3.1 试验环境条件按 GB/T 2567—1995 第4章。

3.2 试验设备按 GB/T 2567—1995 第7章。

3.3 测定拉伸强度时，常规试验速度为 2～10 mm/min，仲裁试验速度为 2 mm/min，测定弹性模量、应力-应变曲线时，取 2 mm/min。

4 试验步骤

4.1 试样制备按 GB/T 2567—1995 第2章。

4.2 试样外观检查按 GB/T 2567—1995 第3章。

4.3 试样状态调节按 GB/T 2567—1995 第5章。

4.4 将试样编号、测量试样标距(图1中50±0.5段)内任意3处的宽度和厚度，取算术平均值。测量精度按 GB/T 2567—1995 第6章。

4.5 夹持试样，使试样的中心轴线与上、下夹具的对准中心线一致，按规定速度均匀连续加载，直至破坏，读取破坏载荷值。

4.6 测定拉伸弹性模量时，在工作段内安装测量变形的仪表，施加初载（约 5％的破坏载荷），检查和调整仪表。然后以一定间隔施加载荷，记录载荷和相应的变形值，至少分五级加载，施加载荷不宜超过破坏载荷的 40％，有自动记录装置时，可连续加载。

4.7 测定破坏伸长率和应力-应变曲线时，应有自动记录载荷和变形的装置。

4.8 若试样断在夹具内或圆弧处，此试样作废，另取试样补充。同批有效试样不足 5 个时，应重作试验。

5 计算

5.1 拉伸强度按式(1)计算

$$\sigma_t = \frac{P}{b \cdot h} \qquad \cdots\cdots (1)$$

式中：

σ_t——拉伸强度，MPa。

P——破坏载荷（或最大载荷），N；

b——试样宽度，mm；

h——试样厚度，mm。

5.2 拉伸弹性模量按式(2)计算

$$E_t = \frac{L_0 \cdot \Delta P}{b \cdot h \cdot \Delta L} \qquad \cdots\cdots (2)$$

式中：

E_t——拉伸弹性模量，MPa；

L_0——测量标距，mm；

ΔP——载荷-变形曲线上初始直线段的载荷增量，N；

ΔL——与载荷增量 ΔP 对应的标距 L_0 内的变形增量，mm。

其余同式(1)。

5.3 试样拉伸破坏时或最大载荷处的伸长率按式(3)计算

$$\varepsilon_t = \frac{\Delta L_b}{L_0} \times 100 \qquad \cdots\cdots (3)$$

式中：

ε_t——试样拉伸破坏时或最大载荷处伸长率，％；

ΔL_b——试样破坏时或最大载荷处标距 L_0 内的伸长量，mm；

L_0——同式(2)。

5.4 绘制拉伸应力-应变曲线。

6 试验结果

试验结果按 GB/T 2567—1995 第 8 章。

7 试验报告

试验报告按 GB/T 2567—1995 第 9 章。

附加说明:

本标准由国家建筑材料工业局提出,由全国纤维增强塑料标准化技术委员会归口。

本标准由天马集团公司起草。

本标准主要起草人王玉芬、梁留生。

本标准于1981年首次发布。

中华人民共和国国家标准

GB/T 2569—1995
代替 GB 2569—81

树脂浇铸体压缩性能试验方法

Test method for compressive properties of resin casting body

1995-12-20 发布　　　　1996-08-01 实施

国家技术监督局 发布

树脂浇铸体压缩性能试验方法

1 主题内容与适用范围

本标准规定了对试样施加静态压缩载荷测定压缩强度、压缩弹性模量及载荷变形曲线的方法。

本标准适用于纤维增强塑料用树脂、专用浇铸树脂的浇铸体。不适用于柔性树脂的浇铸体。

2 试样

2.1 试样形状尺寸见图1。

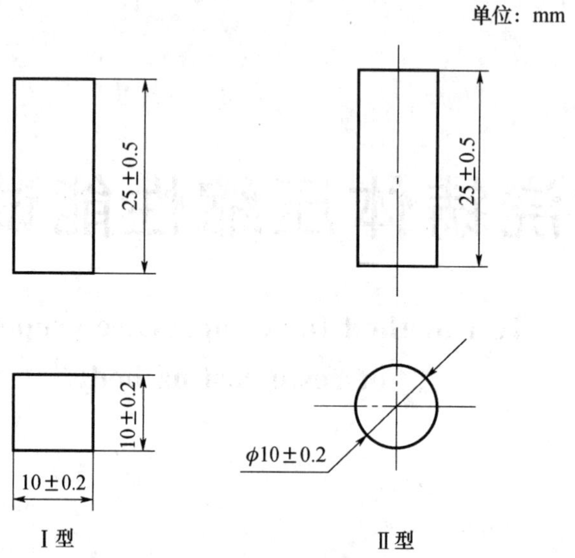

图1 压缩试样

2.2 试验过程中，有失稳现象时，试样高为15±0.5 mm，测定压缩弹性模量需在试样上安装变形仪表时，试样高为30～40 mm。

2.3 试样上下两端面要求互相平行，且与试样中心线垂直，不平行度应小于试样高度的0.1%。

2.4 试样数量按GB/T 2567—1995第3章。

3 试验条件

3.1 试验环境条件按GB/T 2567—1995第4章。

3.2 试验设备按GB/T 2567—1995第7章。

3.3 试验机的加载压头应平整、光滑，并具有可调整上下压板平行度的球形支座。

3.4 测定压缩强度时，试验速度为5 mm/min；测定弹性模量和载荷-变形曲线时速度为2 mm/min。

4 试验步骤

4.1 试样制备按GB/T 2567—1995第2章。

4.2 试样外观检查按GB/T 2567—1995第3章。

4.3 试样状态调节按GB/T 2567—1995第5章。

4.4 将试样编号，测量试样任意3处的宽度和厚度（Ⅱ型试样测任意三处的直径），取算术平均值。测量精度按 GB/T 2567—1995 第 6 章。

4.5 安放试样，使试样的中心线与上、下压板中心线对准，确保试样端面与压板表面平行，调整试验机，使压板表面恰好与试样端面接触，并把此时定为测定变形的零点。

4.6 测定压缩弹性模量和载荷-变形曲线时，在上、下压板与试样接触面之间或在试样高度中间安装测量变形仪表。检查仪表，开动试验机，按规定速度施加载荷。在破坏载荷 40%以内，以一定间隔，记录载荷和相应的变形值，有自动记录装置，可连续加载。

4.7 测定压缩强度时，按规定速度对试样施加均匀连续载荷，直至破坏或达到最大载荷，读取破坏载荷或最大载荷。

4.8 有失稳和端部挤压破坏的试样，应予作废。同批有效试样不足 5 个时，应重作试验。

5 计算

5.1 压缩强度按式(1)计算

$$\sigma_c = \frac{P}{F} = \frac{P}{b \cdot h} = \frac{4P}{\pi d^2} \qquad \cdots\cdots (1)$$

式中：σ_c——压缩强度，MPa；

P——破坏载荷或最大载荷，N；

F——试样横截面积，mm^2；

b——试样宽度，mm，

h——试样厚度，mm；

d——试样直径，mm。

5.2 压缩弹性模量按式(2)计算

$$E_c = \frac{L_0 \cdot \Delta P}{b \cdot h \cdot \Delta L} = \frac{4L_0 \cdot \Delta P}{\pi d^2 \cdot \Delta L} \qquad \cdots\cdots (2)$$

式中：E_c——压缩弹性模量，MPa；

ΔP——对应于载荷-变形曲线上初始直线段的载荷增量值，N；

ΔL——与载荷增量 ΔP 对应的 L_0 内的变形增量，mm；

L_0——试样原始高度或试样高度中间安装仪表的标距，mm。

其余同式(1)。

6 试验结果

试验结果按 GB/T 2567—1995 第 8 章。

7 试验报告

试验报告按 GB/T 2567—1995 第 9 章。

附加说明：

本标准由国家建筑材料工业局提出，由全国纤维增强塑料标准化技术委员会归口。

本标准由天马集团公司起草。

本标准主要起草人王玉芬、梁留生。

本标准于 1981 年首次发布。

中华人民共和国国家标准

GB/T 2794—1995
代替 GB 2794—81

胶粘剂粘度的测定

Determination methods for viscosity of adhesives

1995-12-20 发布

1996-08-01 实施

国家技术监督局 发布

胶粘剂粘度的测定

1　主题内容与适用范围

本标准规定了使用旋转粘度计和粘度杯测定胶粘剂粘度方法。

本标准旋转粘度计法适用于牛顿流体或近似牛顿流体特性的胶粘剂粘度测定。

本标准的粘度杯法适用于 50 mL 试样流出时间在 30～100 s 内胶粘剂粘度测定。

2　原理

2.1　旋转粘度计测量的粘度是动力粘度，它是基于表观粘度随剪切速率变化而呈可逆变化。

2.2　粘度杯测量的粘度是条件粘度，它是以一定体积的胶粘剂在一定温度下从规定直径的孔中所流出的时间来表示的粘度。

3　仪器和设备

3.1　旋转粘度计。

3.2　恒温浴：能保持 23±0.5 ℃（也可按胶粘剂要求选用其他温度）。

3.3　温度计：分度为 0.1 ℃。

3.4　容器：直径不小于 6 cm，高度不低于 11 cm 的容器或旋转粘度计上附带的容器。

3.5　粘度杯：1～4 号粘度杯的容量大于 50 mL。规格和尺寸见下图。

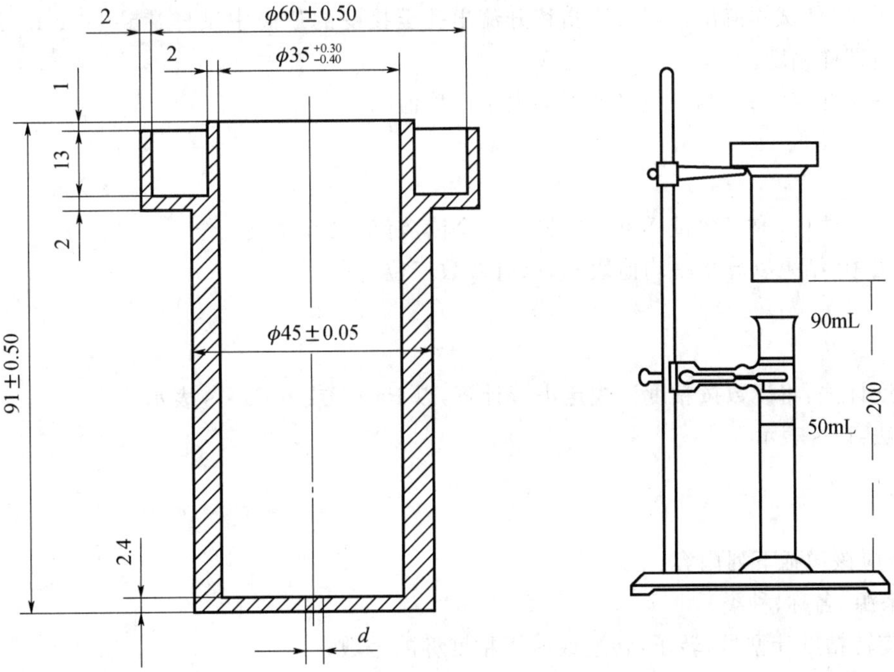

小孔 d 分别为：

d_1＝1.778±0.003

d_2＝2.54±0.003

d_3＝3.81±0.003

d_4＝6.35±0.003

1～4 号粘度杯

3.6 秒表：精度为 0.2 s。
3.7 量筒：50 mL。
3.8 恒温室：能保持 23±0.5 ℃

4 试样

4.1 试样应该均匀无气泡。
4.2 试样量要能满足旋转粘度计和粘度杯测定需要。

5 试验步骤

5.1 旋转粘度计法：
5.1.1 同种试样应该选择适宜的相同转子和转速，使读数在刻度盘的 20%～80%范围内。
5.1.2 将盛有试样的容器放入恒温浴中，使试样温度与试验温度平衡，并保持试样温度均匀。
5.1.3 将转子垂直浸入试样中心部位，并使液面达到转子液位标线(有保护架应装上)。
5.1.4 开动旋转粘度计，读取旋转时指针在圆盘上不变时的读数。
5.1.5 每个试样测定三次。
5.2 粘度杯法：
5.2.1 揩干净粘度杯，并在空气中干燥或用冷风吹干，对光观察粘度杯流出孔应该清洁。
5.2.2 将试样和粘度杯放在恒温室中恒温。
5.2.3 将粘度杯和 50 mL 量筒垂直固定在支架上，流出孔距离量筒底面 20 cm，并在粘度杯流出孔下面放一只 50 mL 量筒。
5.2.4 用手堵住流出孔，将试样倒满粘度杯。
5.2.5 松开手指，使试样流出。记录手指移开流出孔至接受的量筒中试样达到 50 mL 时的时间，以流出时间(s)作为试样粘度。
5.2.6 再做一次测定，二次测定值之差不应大于平均值的 5%。

6 结果表示

6.1 旋转粘度计法中，取三次试样测试中最小一个读数值，取有效数三位。
6.2 粘度杯法中，结果以算术平均值表示，取有效数三位。

7 测定结果

7.1 旋转粘度计法：将读数按粘度计规定进行计算，以 Pa·s 或 mPa·s 表示。
7.2 粘度杯法：以 s 表示。

8 试验报告

试验报告应该包括下列内容：
a. 样品来源、名称、种类；
b. 所用旋转粘度计型号，转子，转速或所用粘度杯的号数；
c. 试验温度；
d. 粘度值。

附加说明：

本标准由中华人民共和国化学工业部提出。
本标准由上海橡胶制品研究所归口。
本标准由上海橡胶制品研究所负责起草。
本标准主要起草人忻仁芬。
本标准等效采用美国试验与材料协会标准 ASTM D 1084—1988《胶粘剂粘度测定方法》。

ICS 83.180
G 38

中华人民共和国国家标准

GB/T 2794—2013
代替 GB/T 2794—1995

胶黏剂黏度的测定 单圆筒旋转黏度计法

Determination for viscosity of adhesives—Single cylinder rotational viscometer method

2013-07-19 发布　　　　2013-12-01 实施

中华人民共和国国家质量监督检验检疫总局
中国国家标准化管理委员会　发布

前　言

本标准按照 GB/T 1.1—2009 给出的规则起草。

本标准代替 GB/T 2794—1995《胶粘剂粘度的测定》，与 GB/T 2794—1995 相比，主要技术变化如下：

——标准名称修改为《胶黏剂黏度的测定　单圆筒旋转黏度计法》；

——删除了黏度杯的测定方法。

本标准由中国石油和化学工业联合会提出。

本标准由全国胶黏剂标准化技术委员会(SAC/TC 185)归口。

本标准起草单位：上海康达化工新材料股份有限公司、上海橡胶制品研究所、佛山市南海霸力化工制品有限公司。

本标准主要起草人：胡红梅、侯一斌、刘正龙、许宁、林华玉。

本标准的历次版本发布情况为：

——GB/T 2794—1995。

胶黏剂黏度的测定
单圆筒旋转黏度计法

1 范围

本标准规定了使用单圆筒旋转黏度计法测定胶黏剂黏度的方法。

本标准适用于液体胶黏剂黏度的测定。

2 原理

圆柱形或圆盘形的转子在待测样品中以恒定速率旋转，由于待测样品的黏度对转子运行的阻力导致产生黏性力矩，使弹性元件偏转产生扭矩，当黏性力矩与偏转扭矩平衡时，通过测量弹性元件的偏转角计算待测样品的黏度。

注：单圆筒旋转黏度计测量的黏度是动力黏度，对于非牛顿流体，剪切力与剪切速率不成线性关系，黏度与剪切速率有关。在特定转子、转速下测定的黏度值称为“表观黏度”，这种黏度测定称为“相对测定”。

3 仪器和设备

3.1 单圆筒旋转黏度计：原理示意图见图1和图2，带有圆柱形或圆盘形的转子结构示意图见图3。

3.2 恒温浴：能保持在规定测定温度的±0.5 ℃，如果需要在较高温度下测定，建议在转子和仪器之间安装连接杆。

3.3 温度计：分度值为0.1 ℃。

3.4 容器：低型烧杯或盛样器，规格尺寸为标称容量600 mL、外径(90.0±2.0)mm、全高(125.0±3.0)mm及最小壁厚1.3 mm。

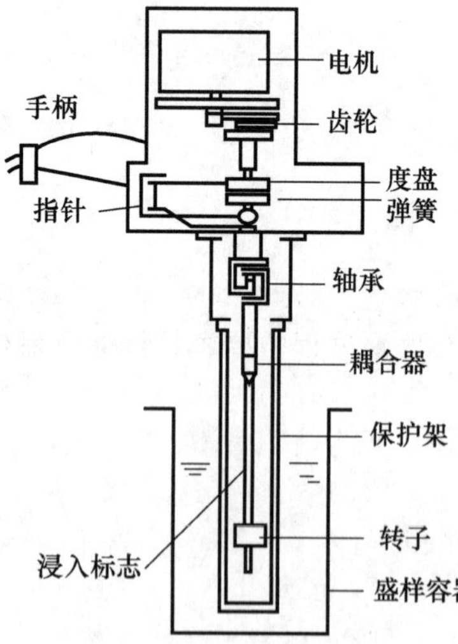

图1 机械式单圆筒旋转黏度计原理示意图

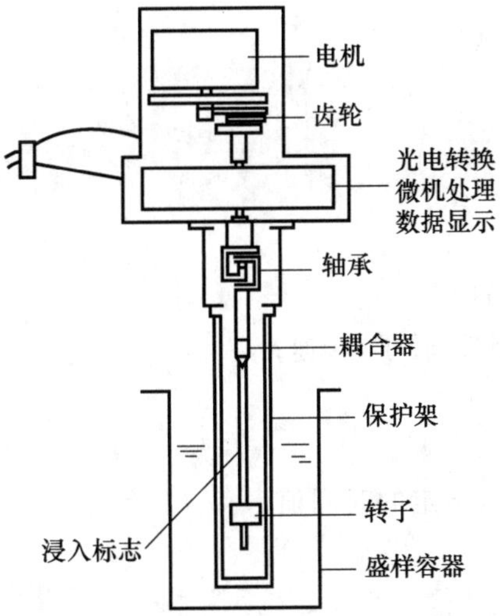

图 2　数显式单圆筒旋转黏度计原理示意图

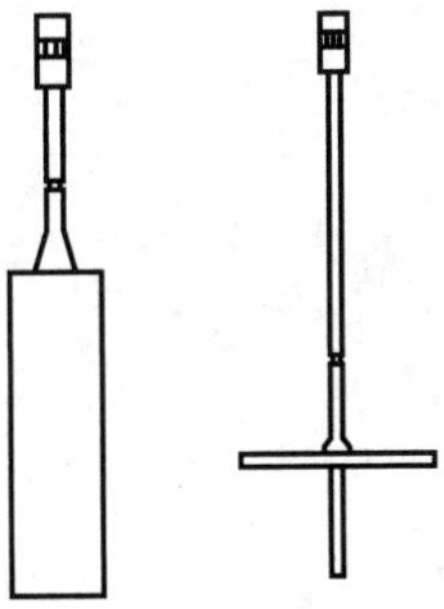

图 3　转子结构示意图

4　试验方法

4.1　在烧杯或盛样器内装满待测定的样品，确保不要引入气泡，如有必要，用抽真空或其他的合适方法消除气泡。如样品易挥发或吸湿等，在恒温过程中要密封烧杯或盛样器。

4.2　将准备好样品的烧杯或盛样器放入恒温浴中，确保时间充分以达到规定的温度，若无特别说明，样品温度应控制在(23.0±0.5)℃。

4.3　选择合适的转子及转速，使读数在最大量程的20%～90%。

4.4　启动电机，根据单圆筒旋转黏度计制造商提供的说明书操作该设备，记录稳定读数。

注：在测定某些胶黏剂的黏度时，仪器的黏度读数不能稳定，会缓慢地变化，需要在指定的时间读取黏度值，如1 min。每个样品只能用于一次测定。

4.5　停止电机，等到转子停止后再次开启电机做第二次测定，直到连续两次测定数值相对平均值的偏差不大于3%，结果取两次测定值的平均数。

4.6　测定完毕，将转子从仪器上拆下用合适的溶剂小心清洗干净。

5 结果表示

结果以 Pa·s 表示,取三位有效数字。

6 试验报告

试验报告应该包括下列内容:

a) 样品来源、名称、种类;

b) 样品混合或准备的详细描述;

c) 所用单圆筒旋转黏度计型号,转子,转速;

d) 黏度值;

e) 试验温度;

f) 有指定测定时间的情况下,指定的时间值;

g) 试验时间。

ICS 87.010
G 51

中华人民共和国国家标准

GB/T 3186—2006/ISO 15528:2000
代替 GB 3186—1982,GB 9285—1988

色漆、清漆和色漆与清漆用原材料　取样

Paints, varnishes and raw materials for paints and varnishes—Sampling

(ISO 15528:2000,IDT)

2006-09-01 发布　　　　2007-02-01 实施

中华人民共和国国家质量监督检验检疫总局
中国国家标准化管理委员会　发布

前　言

本标准等同采用国际标准 ISO 15528:2000《色漆、清漆和色漆与清漆用原材料　取样》(英文版)。

本标准代替 GB 3186—1982 (1989)《涂料产品的取样》和 GB 9285—1988《色漆和清漆用原材料　取样》。

本标准与 GB 3186 和 GB 9285 的主要技术差异为:

——本标准将 GB 3186 和 GB 9285 的内容合并,增加了一些简单适用的取样器具,删除了一些不适用的取样器具;

——本标准删除了对被取样品进行初检的程序。

本标准由中国石油和化学工业协会提出。

本标准由全国涂料和颜料标准化技术委员会归口。

本标准起草单位:中国化工建设总公司常州涂料化工研究院。

本标准主要起草人:黄宁。

GB 3186 于 1982 年首次发布,1989 年确认;GB 9285 于 1988 年首次发布。两标准本次均为第一次修订。

色漆、清漆和色漆与清漆用原材料　取样

1　范围

本标准规定了色漆、清漆和色漆与清漆用原材料的几种人工取样方法。这些产品包括液体以及加热时能液化却不发生化学变化的物料，也包括粉状、粒状和膏状物料。可以从罐、柱状桶、贮槽、集装箱槽车或槽船中取样，也可以从鼓状桶、袋、大包、贮仓、贮仓车或传送带上取样。

2　规范性引用文件

下列文件中的条款通过本标准的引用而成为本标准的条款。凡是注日期的引用文件，其随后所有的修改单（不包括勘误的内容）或修订版均不适用于本标准，然而，鼓励根据本标准达成协议的各方研究是否可使用下列文件的最新版本。凡是不注日期的引用文件，其最新版本适用于本标准。

GB/T 3723—1999　工业用化学产品采样安全通则（idt ISO 3165:1976）

GB/T 4650—1998　工业用化学产品采样词汇（idt ISO 6206:1979）

3　术语和定义

本标准采用 GB/T 4650—1998 中规定的以及下列术语和定义。

3.1

生产批　batch

在同一条件下生产的一定数量的物料。

3.2

（检查）批　lot

需要取样的物料总量，可以由若干生产批或若干取样单元组成。

3.3

单一样品　individual sample

从大量物料中通过一次取样操作所得到的那部分产品。

3.4

代表性样品　representative sample

在所选用的试验方法的精度范围内，具有被取样物料的所有特性的样品。

3.5

平均样品　average sample

等量的单一样品（3.3）的混合物。

3.6

上部样品　top sample

从物料的表面或表面附近取得的单一样品。

3.7

底部样品　bottom sample

从物料的最低处或最低处附近取得的单一样品。

3.8

复合样品　composite sample

从物料的不同深度取得的单一样品。

3.9

间歇样品　intermittent sample

从物料流中间歇地取得的单一样品。

3.10

连续样品　continuous sample

从物料流中连续地取得的样品。

3.11

参考样品　reference sample

已取得的并贮存了一定时间的用于参考目的的单一样品、平均样品或连续样品。

4　一般要求

样品的取样、标识和贮存，以及相关文件的制定应由有经验的人员进行。取样前应选择适宜类型和规格的清洁的取样器具，并了解相关的健康和安全法规，以尽可能减少释放。

选择取样方法应考虑被取物料的物理和化学特性，例如光敏性和氧化性、发生表面反应（形成结皮）的趋势以及吸湿性、生理特性和毒性。

制定取得代表性样品方案的前提是采用符合质量检测和质量管理要求的程序，同时又要被有关各方认可。

样品（包括参考样品）的贮存，应符合质量管理的有关标识、可追溯性和贮存期的要求。

对特别敏感的物料，应提供贮存条件的说明书，以确保样品特别是参考样品在整个贮存期的质量。

有关取样的健康和安全信息参见 GB/T 3723—1999。

5　取样器具

5.1　取样器

5.1.1　总则

取样器的选择取决于被取物料的类型、聚集状态、容器的类型、容器被填装的程度、物料对健康和安全的危害性，以及所需样品的多少。对取样器的一般要求为：

——易于操作；

——易于清洗（表面光滑）；

——易购；

——与被取物料不发生化学反应。

5.1.2　各种取样勺

5.1.2.1　取样勺（铲，也可见 5.1.7）

取样勺主要用于取固体物料的上部样品。

5.1.2.2　液体取样勺

这种取样器是由一个沿其长度方向分成几个隔段的 D 型金属槽和一个活门组成。此活门能沿着整个长度方向垂直移动，从而打开和关闭各隔段（见图 1）。其直径通常为 25～50 mm。

关闭取样勺活门后插入液体中，然后拉开活门让液体进入，最后关闭活门并取出取样勺。

5.1.2.3　粉末取样勺

这种取样勺是敞口的，用于粉末状固体的取样。用金属制成，横截面为半圆型或 C 型，可插入物料钻取芯样（见图 2）。

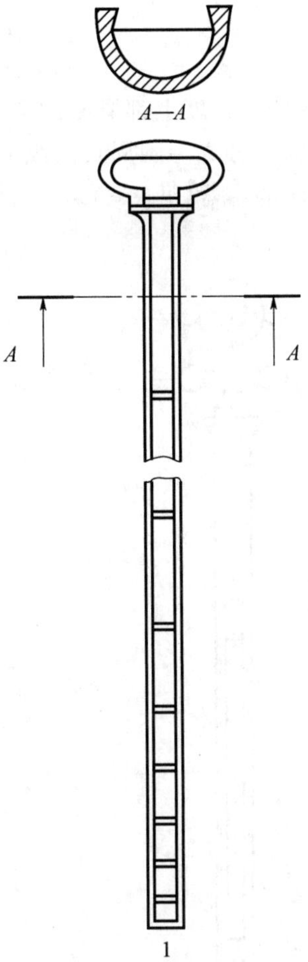

1——槽；

2——活门。

图 1　液体取样勺

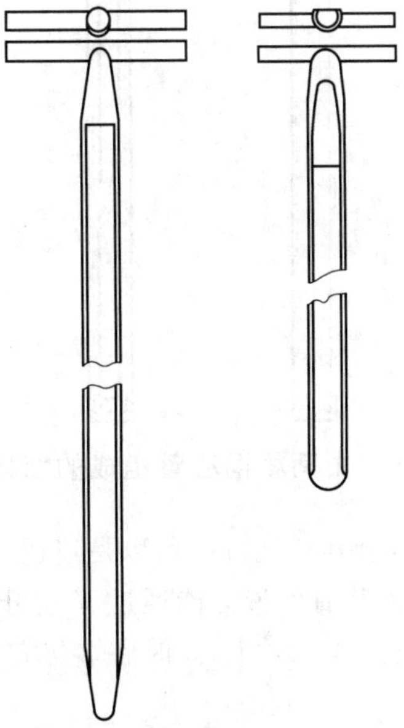

图 2　粉末取样勺

5.1.3 液体取样管

5.1.3.1 同心取样管

这种取样管由两根同心的金属套管组成，二者在整个长度上都紧密配合，且一根管子能在另一根管子内转动。在两根管子上均有一个或一组切成宽约为三分之一圆周长的纵向开口。在某一位置管子是敞开的，让液体进入。通过旋转内管，就成为一个密闭的容器(见图3)。

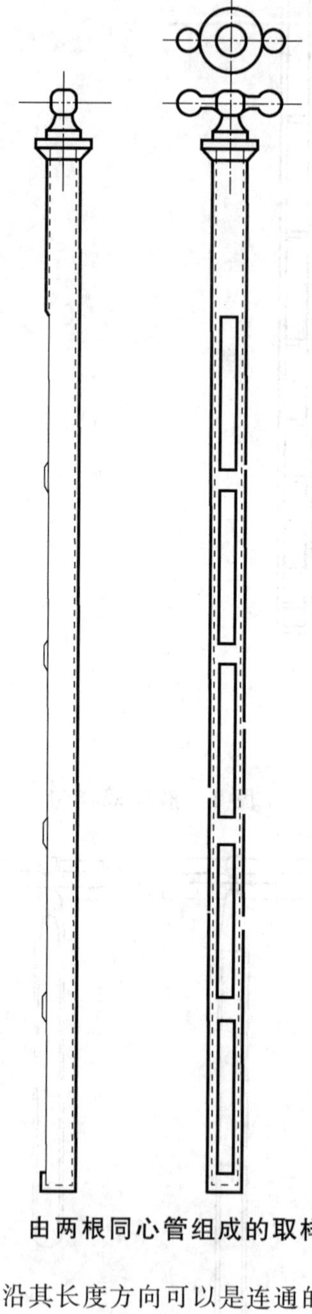

图3 由两根同心管组成的取样管

内管直径通常为20 mm～40 mm，沿其长度方向可以是连通的。在这种情况下，两管在底端成V型开口，以便当纵向开口打开时，取样管内装有的液体能通过V型开口放出。

内管也可分隔成若干个隔段，一般为3～10个，此时底端勿需再开V型口。这种设计能让从容器中不同深度抽取的液体样品彼此分开。

取样管的长度应足以达到容器的底部。取样管插入时关闭，然后打开让液体进入，最后将其关闭并取出。

5.1.3.2 **单管取样管**

单管取样器如图4所示,可用于抽取均匀的液体样品。它是一根金属管或厚壁玻璃管,其直径可为20 mm～40 mm,长度可为400 mm～800 mm,其上端和下端都是圆锥形的,并收缩成为5 mm～10 mm的窄口,上端有两个环以便于操作。

采集单一样品时,先用大拇指或塞子将管子的顶端堵住,并下降到所需的深度,打开顶端一小段时间让液体流入,然后堵住管口并取出。

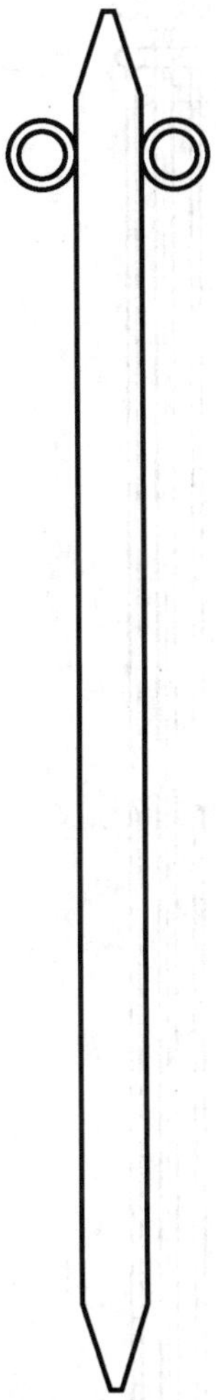

图4 单管取样管

5.1.3.3 **阀门取样管**

阀门取样管,如图5所示,是由底部装有阀门的一根金属管组成,该阀门通过中心杆与顶端螺旋手柄相连。当手柄向下旋动时,阀门关闭。它与前面所述取样管的不同之处是将阀门打开着插入液体中,当取样管浸入液面以下时,液体就进入管子,而被取代的空气通过管子顶部的气孔排出。当取样管的底端接触到容器的底部时,阀门自动关闭。然后旋紧手柄,以使阀门保持关闭状态,并取出装有样品的管子。将取样管的外部擦干净或用清洗装置清洗。对于不同情况,可使用不同长度的取样管。一种铝制的长2 m的取样管适用于公路槽车的取样。图5所示的取样管不适用于已积有沉淀物的产品的取样。

5.1.4 **取样瓶(取样罐)**

这种取样瓶(取样罐)也称浸入式瓶(浸入式罐)(见图6)。它有一个足够重的由防火花金属制成的支架,并与一根由不锈钢或任何其他合适材质制成的链子相连,支架上装有一个由玻璃或任何其他合适材料制成的瓶子。浸入式罐可以是以下几种:

——敞口瓶；

——装有二根不同长度玻璃管的带塞瓶子(调节管子的内径,就可得到对应于容器某一深度的以及某一物料黏度的样品)；

——带塞子的瓶子,该塞子能借助配套的链子在所要求的深度被移去。

浸入式罐特别适用于从大容器(例如贮槽,槽船等)中取样。

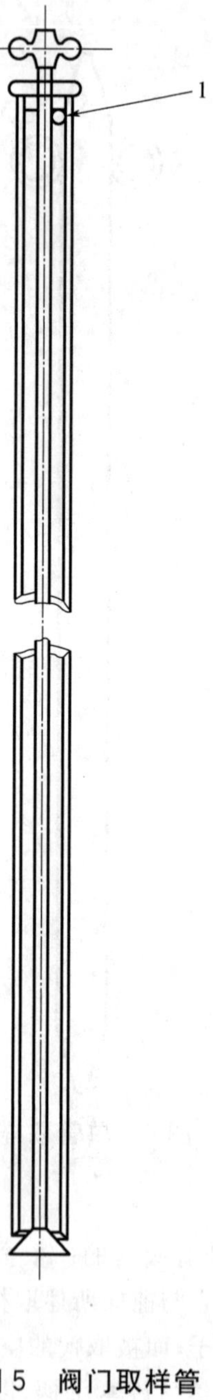

1——气孔。

图 5 阀门取样管

5.1.5 底部(区域)取样器

底部(区域)取样器(见图 7)是一个带有轴阀的圆柱形容器,用防火花金属制成。取样器上连接有一根由不锈钢或任何其他合适材料制成的浸入链条,在阀轴的顶端可连接另一根链条,能让阀在特定的深度打开。当取样器接触到容器底部时阀门自动打开,因此区域取样器特别适用于大容器底部样品的取样。

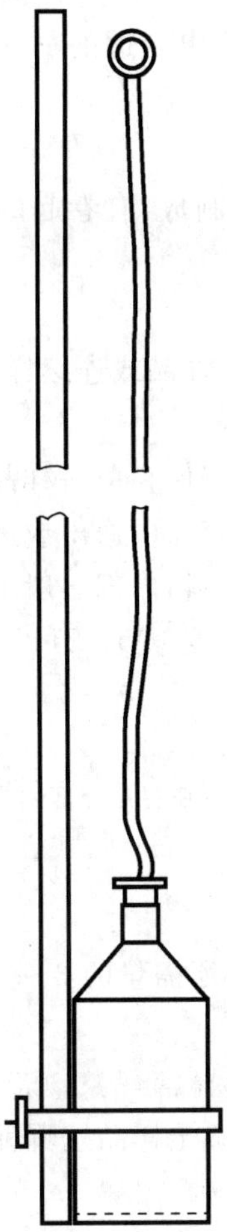

图6　取样罐

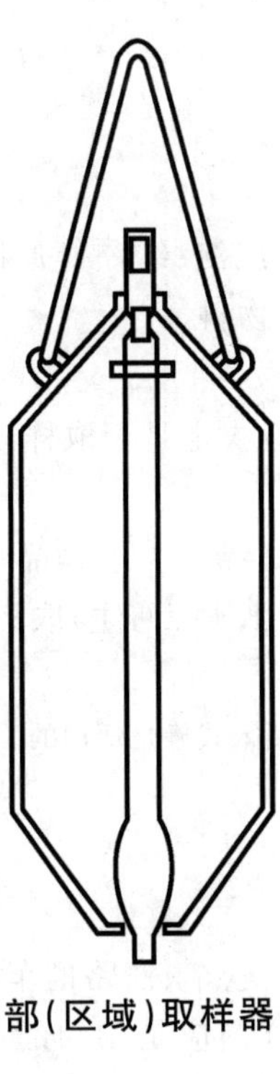

图7　底部(区域)取样器(截面图)

5.1.6 调刀

调刀可以是任何合适的形状和大小,刀片由合适的材料例如不锈钢或塑料制成。调刀特别适用于膏状物料例如腻子的单一样品的取样。

5.1.7 铲(也可见5.1.2.1)

取样铲由合适的材料例如不锈钢或塑料制成,有卷起的边和一根短手柄。取样铲主要用于粒状或粉末状固体物料的取样。

5.1.8 支管

支管适用于从贮槽、槽车或管道中取单一样品或连续样品,并配有一个关闭阀。

5.2 装样容器

带有螺旋盖的罐、瓶、桶或塑料袋均适用于储存单一样品和参考样品。装样容器及盖子的材料应选用能使样品不受光的影响并且没有物料能从容器中逸出或进入容器。

金属容器应配有密封的金属盖,不应有焊料,内部一般不涂色漆和清漆(见注1)。

玻璃容器应配有密封盖,且不受样品的影响(见注2)。

镀锌和铝质容器不应盛放醇类物料。

注1:内部涂漆的容器对许多水性产品是适用的。

注2:深色玻璃能部分地防止光的作用,如需要,可在容器外部用不透明材料覆盖或包裹,以进一步遮护样品。

6 取样程序

6.1 总则

样品的最少量应为2 kg或完成规定试验所需量的3～4倍。所取样品的件数见表1。

6.2 取样前的检查

取样前,应检查物料、容器和取样点有无异常现象。若发现任何异常现象,应在取样报告中注明。然后由取样者决定是否取样,若决定取样,应确定样品按哪种类型取得。

6.3 均匀性

6.3.1 均匀物料

对于均匀物料,取单一样品就足够了。

6.3.2 不均匀物料

6.3.2.1 总则

不均匀物料有暂时性和永久性二种类型。

6.3.2.2 暂时性的不均匀物料

这种现象是由诸如不彻底的混合、泡沫、沉淀、结晶等原因引起,可导致物料密度或黏度等的不同。取样前搅拌或加热这类物料可使其成为均匀物料。

6.3.2.3 永久性的不均匀物料

如果这类物料既不互混也不互溶,此时应决定是否取样以及取样的目的。

对小容器,应选用取样管(5.1.3)取样。

对大容器中物料的取样,至少应取2个样品。上层样品可用取样勺(5.1.2)取样,下层样品可用区域取样器(5.1.5)或合适的浸入式瓶(罐)(5.1.4)(见注)取样,或在容器底阀(如果有的话)处取样。制备样品时,应考虑所取两层样品的相对数量。

注:带有塞子的并能在所需深度将塞子移去的浸入式罐是适用的。

6.4 容器的大小

6.4.1 大容器

6.4.1.1 总则

大容器可理解为贮槽、公路槽车、贮仓、贮仓车、铁路槽车,槽船或平均高度至少1 m的反应器。

除了永久性的不均匀产品外,产品在取样前应是均匀的。对大型容器中复合样品的取样例如用浸入式罐(5.1.4)取样,一般无再现性可言,所以上部样品应选用取样勺(5.1.2)或取样管(5.1.3)取样,中部样品用浸入式罐(5.1.4)取样,距液面十分之九深度处的底部样品用浸入式罐(5.1.4)或区域取样器(5.1.5)取样。当大容器由几个隔段组成时,至少应从每个隔段中取一个样品。如果是相同的产品,那么这几个单一样品(3.3)可以混合成一个平均样品。

对永久性的不均匀物料,按6.3.2.3规定的程序取样。

6.4.1.2 液体

液体或液化了的产品可用取样勺(5.1.2)取上部样品。对其他液位处样品的取样,浸入式罐(5.1.4)是最合适的取样器,区域取样器(5.1.5)则特别适用于取底部样品。

其他可采用的取样程序还有从流出口处取单一样品,但应注意先让足量的液体流出,对在循环、放料或装料过程中,用泵送出的液体可用支管(5.1.8)取样。在泵输送操作过程中,则可用一个合适的支管从旁路取得连续样品。

6.4.1.3 膏状产品

用调刀(5.1.6)、取样勺(5.1.2.1),或者在某些情况下也可用取样管(5.1.3)从膏状产品中取上部样品。

6.4.1.4 固体

对于颗粒或粗粒状粉末固体,一般只能用取样勺(5.1.2)、调刀(5.1.6)或铲(5.1.7)取上部样品。

在容器充装或倒空时,可从传送带或螺旋输送机上取几个间歇样品。

在某些场合也可使用取样管(5.1.3)取样。

6.4.2 小容器

6.4.2.1 总则

小容器包括鼓状桶、柱状桶、袋以及其他类似的容器。一般从每个被取样的容器中取一个样品就足够了。当交付批有若干个容器时,符合统计学要求的正确的取样数列于表1;若取样数低于表中数值,应在取样报告中注明。

表1 被取样容器的最低件数

容器的总数 N	被取样容器的最低件数 n
1~2	全部
3~8	2
9~25	3
26~100	5
101~500	8
501~1 000	13
其后类推	$n = \sqrt{N/2}$

若交付批是由不同生产批的容器组成,那么应对每个生产批的容器取样。

6.4.2.2 液体

用取样勺(5.1.2)取上部样品作为单一样品。不同深度的样品,复合样品或底部样品也可用取样管(5.1.3)取样。

6.4.2.3 膏状产品

膏状产品的取样应按6.4.1.3规定进行。

6.4.2.4 固体

固体样品的取样应按6.4.1.4规定进行。

6.5 样品量的缩减

将按合适的方法取得的全部样品充分混合。

对于液体，在一个清洁、干燥的容器中，最好是不锈钢容器中混合。尽快取出至少 3 份均匀的样品（最终样品），每份样品至少 400 mL 或完成规定试验所需样品量的 3～4 倍，然后将样品装入符合 5.2 要求的容器中。

对于固体，用旋转分样器（格槽缩样器）将全部样品分成四等份。取出 3 份，每份各为 500 g 或完成规定试验所需样品量 3～4 倍的样品，并将样品装入符合 5.2 要求的容器中。

6.6 标识

样品取得后，应贴上符合质量管理要求的能够追溯样品情况的标签。

标签至少应包括下列信息：

——样品名称；

——商品名称和/或代码；

——取样日期；

——样品的生产厂名（若有必要）；

——取样地点，例如工厂，承销商或卖主；

——生产批号或生产日期（若有的话）；

——取样者姓名；

——任何必需的危险性符号。

6.7 贮存

参考样品应装入密闭的容器中在适当的贮存条件下贮存，必要时，在规定的期限内应避光和防潮并符合所有相关的安全法规要求。

6.8 取样报告

取样报告，可以以电子版本的形式存储，除了 6.6 标识上给出的信息外，还应包括下列信息：

——依据标准 GB/T 3186—2006；

——所用的取样器具；

——被取样容器的类型，例如公路槽车、铁路槽车、船仓、桶、袋、贮槽、生产线；

——有关容器包装和/或托运情况的任何说明；

——任何其他说明，例如：取样基数、新的容器，还是回收的容器等；

——取样的深度。

ICS 71.060.50
G 12

中华人民共和国国家标准

GB/T 4209—2008
代替 GB/T 4209—1996

工 业 硅 酸 钠

Sodium silicate for industrial use

2008-04-01 发布　　2008-09-01 实施

中华人民共和国国家质量监督检验检疫总局
中国国家标准化管理委员会 发布

前　言

请注意本标准的某些内容有可能涉及专利。本标准的发布机构不应承担识别这些专利的责任。

本标准修改采用日本标准 JIS K 1408:1966(1985 年确认)《硅酸钠》(日文版)。

本标准根据日本标准 JIS K 1408:1966(1985 年确认)《硅酸钠》重新起草。

考虑到我国国情,在采用日本标准 JIS K 1408:1966(1985 年确认)《硅酸钠》时,本标准做了一些修改。有关技术性差异已编入正文中并在它们所涉及的条款的页边空白处用垂直单线标识。在附录 A 及附录 B 中给出了这些技术性差异、结构性差异及其原因的一览表以供参考。

本标准代替 GB/T 4209—1996《工业硅酸钠》。

本标准与 GB/T 4209—1996 的主要技术差异如下:

——删除了用户不要求的原标准中液—4 和固—3 两型产品的要求,并将原标准中液—5 和固—4 编为液—4 和固—3(1996 年版第 3 章和 4.2,本版第 4 章和 5.2);

——对液—1 型产品优等品的水不溶物质量分数、密度、氧化钠质量分数、二氧化硅质量分数和模数,液—2 型产品优等品的水不溶物质量分数的指标要求进行了调整。对固体硅酸钠一等品的可溶固体总质量分数指标进行了调整(1996 年版 4.2,本版 5.2);

——固—1 和固—2 增加优等品指标要求,并增设铝含量指标(1996 年版 4.2,本版 5.2)。

本标准的附录 A 和附录 B 为资料性附录。

本标准由中国石油和化学工业协会提出。

本标准由全国化学标准化技术委员会无机化工分会(SAC/TC 63/SC 1)归口。

本标准起草单位:青岛东岳泡花碱有限公司、青岛嘉润化工有限公司、滕州市辛绪化工原料有限公司、上海跃达实业有限公司、天津化工研究设计院。

本标准主要起草人:张月花、姜棣、田毓琪、张聿林、仇荣林、仇兴东、张瑾六、郭风鑫。

本标准所代替标准的历次版本发布情况:

——GB/T 4209—1984,GB/T 4209—1996。

工 业 硅 酸 钠

1 范围

本标准规定了工业硅酸钠的分类、分型，要求，试验方法，检验规则，标志、标签，包装、运输、贮存。

本标准适用于工业固体硅酸钠和工业液体硅酸钠。液体硅酸钠主要用作化工原料、填充料、黏结剂、助剂、防腐剂等。固体硅酸钠主要用于制造液体硅酸钠。

2 规范性引用文件

下列文件的条款通过本标准中引用而成为本标准的条款。凡是注日期的引用文件，其随后所有的修改单(不包括勘误的内容)或修订版本均不适用于本标准，然而，鼓励根据本标准达成协议的各方研究是否可使用这些文件的最新版本。凡是不注日期的引用文件，其最新版本适用于本标准。

GB/T 1250　极限数值的表示方法和判定方法

GB/T 3049—2006　工业用化工产品　铁含量测定的通用方法　1,10-菲啰啉分光光度法(ISO 6685:1982,IDT)

GB/T 6678　化工产品采样总则

GB/T 6682—1992　分析实验室用水规格和试验方法(eqv ISO 3696:1987)

GB/T 8946　塑料编织袋

HG/T 3696.1　无机化工产品化学分析用标准滴定溶液的制备

HG/T 3696.2　无机化工产品化学分析用杂质标准溶液的制备

HG/T 3696.3　无机化工产品化学分析用制剂及制品的制备

3 分子式

分子式　$Na_2O \cdot nSiO_2$

4 分类、分型

工业硅酸钠分为二类：

Ⅰ类：液体硅酸钠。Ⅱ类：固体硅酸钠。

液体硅酸钠分为四种型号：液—1、液—2、液—3、液—4。

固体硅酸钠分为三种型号：固—1、固—2、固—3。

液—1、液—2、固—1、固—2、固—3 型产品主要用作黏结剂、填充料和化工原料等。液—3 产品主要用于建材业。液—4 和固—3 型产品用于铸造业中作黏结剂等。

5 要求

5.1　外观：液体硅酸钠为无色、略带色的透明或半透明黏稠状液体。固体硅酸钠为无色、略带色的透明或半透明玻璃块状体。

5.2　工业硅酸钠应符合表 1 和表 2 要求。

表 1 工业液体硅酸钠要求

指标项目	液—1			液—2			液—3			液—4		
	优等品	一等品	合格品	优等品	一等品	合格品	优等品	一等品	合格品	优等品	一等品	合格品
铁(Fe),w/% ≤	0.02	0.05	—	0.02	0.05	—	0.02	0.05	—	0.02	0.05	—
水不溶物,w/% ≤	0.10	0.40	0.50	0.10	0.40	0.50	0.20	0.60	0.80	0.20	0.80	1.00
密度(20 ℃)/(g/mL)	1.336～1.362			1.368～1.394			1.436～1.465			1.526～1.559		
氧化钠(Na_2O),w/% ≥	7.5			8.2			10.2			12.8		
二氧化硅(SiO_2),w/% ≥	25.0			26.0			25.7			29.2		
模数	3.41～3.60			3.10～3.40			2.60～2.90			2.20～2.50		

表 2 工业固体硅酸钠要求

指标项目	固—1			固—2			固—3	
	优等品	一等品	合格品	优等品	一等品	合格品	一等品	合格品
可溶固体,w/% ≥	99.0	98.0	95.0	99.0	98.0	95.0	98.0	95.0
铁(Fe),w/% ≤	0.02	0.12	—	0.02	0.12	—	0.10	—
氧化铝,w/% ≤	0.30	—	—	0.25	—	—	—	
模数	3.41～3.60			3.10～3.40			2.20～2.50	

6 试验方法

6.1 安全提示

本试验方法中使用的部分试剂具有腐蚀性,操作者须小心谨慎!如溅到皮肤上应立即用水冲洗,严重者应立即治疗。使用易燃品时,严禁使用明火加热。

6.2 一般规定

本标准所用试剂和水,在没有注明其他要求时,均指分析纯试剂和 GB/T 6682—1992 中规定的三级水。试验中所需标准滴定溶液、杂质标准溶液、制剂及制品,在没有注明其他要求时,均按 HG/T 3696.1、HG/T 3696.2、HG/T 3696.3 的规定制备。

6.3 外观判别

在自然光下用目视法判定外观。

6.4 铁含量的测定

6.4.1 方法提要

同 GB/T 3049—2006 第 3 章。

6.4.2 试剂

6.4.2.1 盐酸溶液:1+3;

6.4.2.2 甲基橙指示液:1 g/L;以下同 GB/T 3049—2006 第 4 章。

6.4.3 仪器、设备

6.4.3.1 电热恒温干燥箱:可控制在本试验需要的温度范围;

6.4.3.2 玛瑙研钵;

6.4.3.3 50 mL 压力溶弹;以下同 GB/T 3049—2006 第 5 章。

6.4.4 分析步骤

6.4.4.1 工作曲线的绘制

用移液管移取 0.00 mL、0.50 mL、1.00 mL、2.00 mL、3.00 mL、4.00 mL、5.00 mL 铁标准溶液

[1 mL 溶液含铁(Fe)20 μg],分别置于 7 个 100 mL 容量瓶中,以下从 GB/T 3049—2006 的 6.3.2 开始操作,使用适宜的比色皿(3 cm 或 4 cm)绘制工作曲线。

6.4.4.2 **试验溶液的制备**

a) 液体硅酸钠试验溶液的制备

称取约 5 g 试样,精确至 0.01 g,置于 500 mL 烧杯中,加 150 mL 水。加 2 滴甲基橙指示液,滴加 1+3 盐酸溶液中和,再过量 10 mL,煮沸 5 min,冷却至室温。全部移入 250 mL 容量瓶中,用水稀释至刻度,摇匀,此溶液为试验溶液 A。

b) 固体硅酸钠试验溶液的制备

将待测试样置于 105 ℃~110 ℃的电热恒温干燥箱中烘干 1 h,用玛瑙研钵研细至无颗粒感为止,置于 105 ℃~110 ℃电热恒温干燥箱内烘至质量恒定。称取约 1 g 此试样,精确至 0.000 2 g,置于压力溶弹内,加入约 2 mL 水,盖紧溶弹盖。置于电热恒温干燥箱中,使温度升至 180 ℃,并在 180 ℃恒温 2 h。取出溶弹,温度降到 40 ℃时,用 80 ℃以上的热水将试样溶解,全部移入 400 mL 烧杯中,加 2 滴甲基橙指示液,用 1+3 盐酸溶液中和并过量 10 mL,煮沸 5 min,冷却至室温。全部移入 250 mL 容量瓶中,用水稀释至刻度,摇匀,此溶液为试验溶液 B。

6.4.4.3 **空白试验溶液的制备**

在 500 mL 烧杯中,加 150 mL 水,加 2 滴甲基橙指示液,加入 10 mL 1+3 盐酸溶液,煮沸 5 min,冷却至室温,全部移入 250 mL 容量瓶中,用水稀释至刻度,摇匀。

6.4.4.4 **测定**

用移液管移取试验溶液(6.4.4.2):液体硅酸钠优等品取 10 mL、一等品取 5 mL 试验溶液 A;固体硅酸钠优等品取 50 mL、一等品取 10 mL 试验溶液 B,置于 100 mL 容量瓶中。另外用移液管移取与试液相同体积的空白试验溶液(6.4.4.3),分别置于 100 mL 容量瓶中。以下按 GB/T 3049—2006 的 6.4.1,从"加水至 60 mL……"开始进行操作。

从工作曲线中查出试验溶液和空白试验溶液中铁的质量。

6.4.5 **结果计算**

铁含量以铁(Fe)的质量分数 w_1 计,数值以%表示,按式(1)计算:

$$w_1 = \frac{(m_1 - m_2) \times 10^{-6}}{m(V/250)} \times 100 \qquad \cdots\cdots (1)$$

式中:

m_1——从工作曲线上查得的试验溶液中铁的质量的数值,单位为微克(μg);

m_2——从工作曲线上查得的空白试验溶液中铁的质量的数值,单位为微克(μg);

V——移取的试验溶液的体积的数值,单位为毫升(mL);

m——试料质量的数值,单位为克(g)。

取平行测定结果的算术平均值为测定结果,两次平行测定结果的绝对差值液体硅酸钠不大于 0.005%;固体硅酸钠优等品不大于 0.005%,一等品不大于 0.01%。

6.5 **水不溶物含量的测定**

6.5.1 **试剂**

6.5.1.1 酚酞指示液:10 g/L。

6.5.1.2 酸洗石棉:取适量酸洗石棉,浸泡在 1+3 盐酸溶液中,煮沸 20 min,用布氏漏斗过滤并用水洗涤至中性(用 pH 试纸检查)。再用 50 g/L 氢氧化钠溶液浸泡并煮沸 20 min,用布氏漏斗过滤并用水洗涤至中性(用 pH 试纸检查 pH 为 7~9)。用水调成稀糊状,备用。

6.5.2 **仪器、设备**

6.5.2.1 古氏坩埚:容量 30 mL。

将古氏坩埚置于抽滤瓶上,在筛板上下各均匀地铺上厚约 3 mm 处理过的酸洗石棉,用 60 ℃~

80 ℃的水洗至滤液中不含石棉毛为止。取下坩埚于 105 ℃～110 ℃干燥，冷却后称量。再用热水洗涤，于 105 ℃～110 ℃干燥，冷却后称量。如此重复，直至坩埚质量恒定为止。

6.5.3 分析步骤

称取约 5 g 试样，精确至 0.01 g，置于 400 mL 烧杯中，用约 300 mL 60 ℃～80 ℃的水溶解，用已于 105 ℃～110 ℃干燥至质量恒定的古氏坩埚过滤，用 60 ℃～80 ℃的水洗涤残渣至无碱性反应(用 pH 试纸检查 pH 为 7～9)为止。将坩埚和残渣于 105 ℃～110 ℃干燥至质量恒定。

6.5.4 结果计算

水不溶物含量以质量分数 w_2 计，数值以%表示，按式(2)计算：

$$w_2=\frac{m_2-m_1}{m}\times 100 \qquad (2)$$

式中：

m_1——古氏坩埚质量的数值，单位为克(g)；

m_2——水不溶物与古氏坩埚质量的数值，单位为克(g)；

m——试料质量的数值，单位为克(g)。

取平行测定结果的算术平均值为测定结果，两次平行测定结果的绝对差值不大于 0.02%。

6.6 密度的测定

6.6.1 方法提要

将密度计浸于恒温的被测液体中达到平衡状态时，读取密度计与液面弯月面相切的刻度即为该液体的密度。

6.6.2 仪器、设备

6.6.2.1 密度计：分度值为 0.001 g/mL；

6.6.2.2 恒温水浴：温度控制在 20 ℃±0.5 ℃；

6.6.2.3 直形量筒：250 mL；

6.6.2.4 温度计：分度值为 1 ℃。

6.6.3 分析步骤

将待测试样注入清洁、干燥的量筒内，不得有气泡，将量筒置于 20 ℃±0.5 ℃的恒温水浴中。待温度恒定后，将清洁、干燥的密度计缓缓地放入试样中央，使密度计自然下沉。密度计应浮在试样中，不得与筒壁和筒底接触。密度计的上端露在液面外的部分所沾液体不得超过 2～3 分度值，待密度计在试样中稳定后，读出密度计弯月面下缘的刻度，即为 20 ℃试样的密度。

取平行测定结果的算术平均值为测定结果，两次平行测定结果的绝对差值不大于 0.001 g/mL。

6.7 氧化钠含量的侧定

6.7.1 方法提要

以甲基红为指示剂，用盐酸标准滴定溶液滴定总碱度。

6.7.2 试剂

6.7.2.1 盐酸标准滴定溶液：$c(HCl)\approx 0.2$ mol/L；

a) 配制：量取 18 mL 盐酸，注入 1 000 mL 水中，摇匀。

b) 标定：称取约 0.4 g 于 270 ℃～300 ℃灼烧至质量恒定的基准无水碳酸钠，精确至 0.000 1 g，溶于 50 mL 水中，加 10 滴溴甲酚绿-甲基红混合指示液，用配制好的盐酸标准滴定溶液滴定至溶液由绿色变为暗红色，煮沸 2 min，冷却后继续滴定至溶液再呈暗红色。同时作空白试验。

c) 计算：盐酸标准滴定溶液的实际浓度以 c 计，数值以 mol/L 表示，按式(3)计算：

$$c=\frac{m\times 1000}{(V_1-V_2)\times M} \qquad (3)$$

式中：

m——基准无水碳酸钠的质量的数值，单位为克(g)；

V_1——滴定所消耗的盐酸标准滴定溶液体积的数值，单位为毫升(mL)；

V_2——空白试验消耗的盐酸标准滴定溶液体积的数值，单位为毫升(mL)；

M——无水碳酸钠($1/2Na_2CO_3$)摩尔质量的数值，单位为克每摩尔(g/mol)（M=52.99)。

6.7.2.2 甲基红指示液：1 g/L。

6.7.3 仪器、设备

6.7.3.1 电热恒温干燥箱：可控制在本试验需要的温度范围；

6.7.3.2 玛瑙研钵；

6.7.3.3 50 mL 压力溶弹。

6.7.4 分析步骤

6.7.4.1 试验溶液的制备

a) 液体硅酸钠试验溶液的制备：称取约 5 g 试样，精确至 0.000 2 g，移入 250 mL 容量瓶中，用水溶解，稀释至刻度，摇匀，此溶液为试验溶液 C。

b) 固体硅酸钠试验溶液的制备：将待测试样置于 105 ℃～110 ℃的电热恒温干燥箱中烘干 1 h，用玛瑙研钵研细至无颗粒感为止，置于 105 ℃～110 ℃电热恒温干燥箱内干燥至质量恒定。称取约 1 g 试样，精确至 0.000 2 g，置于压力溶弹内，加入约 2 mL 水，盖紧溶弹盖，置于电热恒温干燥箱中，使温度升至 180 ℃，保持 2 h。取出溶弹，温度降到 40 ℃时，用 80 ℃以上的热水将试样溶解，转移至 250 mL 容量瓶中，冷却至室温，用水稀释至刻度，摇匀，此溶液为试验溶液 D。

6.7.4.2 **测定**

用移液管移取 50 mL 试验溶液 C 或 D(6.7.4.1)置于 250 mL 锥形瓶内，加 10 滴甲基红指示液，用盐酸标准滴定溶液滴定至溶液由黄色变为微红色即为终点。滴定后的溶液为试验溶液 E，保留此溶液用于测定二氧化硅含量。

6.7.5 结果计算

氧化钠含量以氧化钠(Na_2O)的质量分数 w_3 计，数值以%表示，按式(4)计算：

$$w_3=\frac{(V/1\ 000)cM}{m(50/250)}\times 1\ 000 \qquad (4)$$

式中：

V——滴定所消耗的盐酸标准滴定溶液体积的数值，单位为毫升(mL)；

c——盐酸标准滴定溶液浓度的准确数值，单位为摩尔每升(mol/L)；

m——试料质量的数值，单位为克(g)；

M——氧化钠($1/2Na_2O$)摩尔质量的数值，单位为克每摩尔(g/mol)（M=30.99)。

取平行测定结果的算术平均值为测定结果，两次平行测定结果的绝对差值不大于 0.1%。

6.8 二氧化硅含量的测定

6.8.1 方法提要

在已测定氧化钠含量后的溶液中，加入过量氟化钠，生成定量的氢氧化钠。加入过量盐酸溶液，再用氢氧化钠标准滴定溶液返滴定。

6.8.2 试剂

6.8.2.1 氟化钠；

6.8.2.2 盐酸标准滴定溶液：$c(HCl)\approx 0.5$ mol/L；

6.8.2.3 氢氧化钠标准滴定溶液：$c(NaOH)\approx 0.5$ mol/L；

6.8.2.4 甲基红指示液：1 g/L。

6.8.3 分析步骤

在测定氧化钠含量后的试验溶液 E(6.7.4.2)中,加入 3 g±0.1 g 氟化钠,摇动使其溶解,此时溶液又变成黄色,立即用盐酸标准滴定溶液滴定至红色不变,再过量 2 mL～3 mL,准确记录盐酸标准滴定溶液的总体积。然后用氢氧化钠标准滴定溶液滴定至黄色为终点。

同时做空白试验,在 250 mL 锥形瓶中,加约 50 mL 水、10 滴甲基红指示液,加入 3 g±0.1 g 氟化钠,立即用盐酸标准滴定溶液滴定至红色不变,再过量 2 mL～3 mL,准确记录盐酸标准滴定溶液的总体积。然后用氢氧化钠标准滴定溶液滴定至黄色为终点。

6.8.4 结果计算

二氧化硅含量以二氧化硅(SiO_2)的质量分数 w_4 计,数值以%表示,按式(5)计算:

$$w_4=\frac{[(c_1V_1-c_2V_2)-(c_1V_3-c_2V_4)]}{m(50/250)\times 1000}\times 100 \qquad (5)$$

式中:

c_1——盐酸标准滴定溶液浓度的准确数值,单位为摩尔每升(mol/L);

c_2——氢氧化钠标准滴定溶液浓度的准确数值,单位为摩尔每升(mol/L);

V_1——滴定中所消耗的盐酸标准滴定溶液体积的数值,单位为毫升(mL);

V_2——滴定中消耗的氢氧化钠标准滴定溶液体积的数值,单位为毫升(mL);

V_3——空白试验消耗的盐酸标准滴定溶液体积的数值,单位为毫升(mL);

V_4——空白试验消耗的氢氧化钠标准滴定溶液体积的数值,单位为毫升(mL);

M——二氧化硅($1/4SiO_2$)摩尔质量的数值,单位为克每摩尔(g/mol)(M=15.02);

m——6.7.4.1 中试料质量的数值,单位为克(g)。

取平行测定结果的算术平均值为测定结果,两次平行测定结果的绝对差值不大于 0.2%。

6.9 模数(M_s)的计算

模数以二氧化硅摩尔数与氧化钠摩尔数的比值 M_s 计,按式(6)计算:

$$M_s=\frac{w_4}{w_3}\times 1.032 \qquad (6)$$

式中:

w_3——氧化钠(Na_2O)的质量分数,数值以%表示(6.7.5);

w_4——二氧化硅(SiO_2)的质量分数,数值以%表示(6.8.4);

1.032——氧化钠相对分子质量与二氧化硅相对分子质量的比值。

6.10 可溶固体总含量的计算

6.10.1 方法提要

试样溶解后,测得的氧化钠的质量分数与二氧化硅的质量分数之和即为可溶固体总含量。

6.10.2 结果计算

可溶固体总含量以质量分数 w_5 计,数值以%表示,按式(7)计算:

$$w_5=w_3+w_4 \qquad (7)$$

式中:

w_3——氧化钠(Na_2O)的质量分数,数值以%表示(6.7.5);

w_4——二氧化硅(SiO_2)的质量分数,数值以%表示(6.8.4)。

6.11 铝含量的测定

6.11.1 方法提要

在 pH 值为 4～5 时,样品中的铝与铬天青 S 生成蓝色的四元胶束,在 570 nm 波长下,使用分光光度计进行测定。

6.11.2 试剂

6.11.2.1 氢氟酸;

6.11.2.2 高氯酸；

6.11.2.3 氢氧化钠溶液：50 g/L；

6.11.2.4 盐酸溶液：1+1；

6.11.2.5 硫酸溶液：1+1；

6.11.2.6 抗坏血酸溶液：10 g/L（有效期为1周）；

6.11.2.7 磷酸二氢钾溶液：5 g/L；

6.11.2.8 乙酸-乙酸钠缓冲溶液：pH值为4～5；

称取68.0 g乙酸钠（$CH_3COONa \cdot 3H_2O$），溶于470 mL水中，加30 mL乙酸。

6.11.2.9 铬天青S溶液：1 g/L（使用期为一个月）；

6.11.2.10 铝标准溶液：1 mL溶液含铝（Al）0.01 mg；

用移液管移取1 mL按HG/T 3696.2配制的铝标准溶液，置于100 mL容量瓶中，用水稀释至刻度，摇匀。

6.11.2.11 甲基橙指示液：5 g/L；

称取0.5 g甲基橙，溶于70 ℃的水中，冷却后用水稀释至100 mL。

6.11.3 仪器、设备

6.11.3.1 分光光度计，配有2 cm比色皿；

6.11.3.2 铂坩埚：容量为50 mL。

6.11.4 分析步骤

6.11.4.1 工作曲线的绘制

用移液管移取0.00 mL、1.00 mL、2.00 mL、4.00 mL、6.00 mL、8.00 mL、10.00 mL铝标准溶液，分别置于7个100 mL容量瓶中，用水稀释至约50 mL，加入1滴甲基橙指示液，用氢氧化钠溶液调节溶液变为黄色，加6滴盐酸溶液，摇匀。加入2 mL抗坏血酸溶液，在不断摇动下加入2 mL磷酸二氢钾溶液。加入10 mL乙酸-乙酸钠缓冲溶液，摇匀，准确加入5 mL铬天青S溶液，摇匀。用水稀释至刻度，摇匀，放置5 min。在570 nm波长下，用2 cm比色皿，以水调零，测量其吸光度（于1 h内测定完毕）。

从每个标准溶液的吸光度中减去试剂空白溶液的吸光度，以铝质量（mg）为横坐标，对应的吸光度为纵坐标，绘制工作曲线。

6.11.4.2 测定

将试样研细至无颗粒感，于105 ℃～110 ℃干燥至质量恒定，称取0.2 g～0.3 g试样，精确至0.001 g，置于铂坩埚中。加数滴水，加10滴硫酸溶液，加15 mL氢氟酸，于低温电热板上蒸至近干，再加入15 mL氢氟酸，继续置于电热板上蒸干。加2 mL高氯酸蒸至不冒烟，且坩埚中样品不能蒸干。加入2 mL盐酸溶液，置于电炉上加热溶解。冷却后转移至250 mL容量瓶中，用水稀释至刻度，摇匀。

用移液管移取25 mL试验溶液，置于100 mL容量瓶中，用水稀释至约50 mL，以下按6.11.4.1从"加入1滴甲基橙指示液……"开始，至"……测量其吸光度"为止。空白试验是取50 mL水，加6滴盐酸溶液，以下与试样同时同样处理。从工作曲线上查出试验溶液和空白试验溶液中铝的质量。

6.11.5 结果计算

氧化铝含量以三氧化二铝（Al_2O_3）的质量分数 w_6 计，数值以%表示，按式（8）计算：

$$w_6 = \frac{(m_1 - m_0) \times 1.890 \times 10^{-3}}{m(25/250)} \times 100 \qquad \cdots\cdots (8)$$

式中：

m_1——从工作曲线上查得的试验溶液中铝的质量的数值，单位为毫克（mg）；

m_0——从工作曲线上查得的空白试验溶液中铝的质量的数值，单位为毫克（mg）；

m——试料质量的数值，单位为克（g）；

1.890——铝换算为氧化铝的系数。

取平行测定结果的算术平均值为测定结果，平行测定结果的绝对差值不大于0.05%。

7 检验规则

7.1 本标准要求中规定的所有指标项目为出厂检验项目，应逐批检验。

7.2 生产企业用相同材料，基本相同的生产条件，连续生产或同一班组生产的同一级别的产品为一批。液体硅酸钠每批产品不超过500 t，固体硅酸钠每批产品不超过400 t。

7.3 按GB/T 6678的规定确定采样单元数。液体硅酸钠的采样方法：从混合均匀的成品液体硅酸钠储罐的上、中、下三点采样，取不少于250 mL的平均试样，立即装入两个清洁、干燥、带有盖子的塑料瓶中，密封。固体硅酸钠的采样方法：按确定的采样单元数，随机取样。每袋所取样品不少于50 g。将所取样品充分混合，用四分法缩分至约500 g，立即装入两个清洁、干燥的广口瓶中，密封。瓶上粘贴标签，注明：生产厂名、产品名称、型号、级别、批号、采样日期和采样者姓名。一瓶作为实验室样品，另一瓶保存备查，保存时间由生产厂根据实际情况确定。

7.4 工业硅酸钠由生产厂的质量监督检验部门按本标准的规定进行检验。生产厂应保证每批出厂的产品都符合本标准的要求。

7.5 使用单位有权按照本标准的规定对收到的工业硅酸钠进行验收；验收应在货到之日算起的一个月内进行。

7.6 检验结果中如有指标不符合本标准要求时，应重新自两倍量的包装袋中采样进行复验，复验结果即使只有一项指标不符合本标准要求时，则整批产品为不合格。

7.7 采用GB/T 1250规定的修约值比较法判定检验结果是否符合标准。

8 标志、标签

8.1 工业硅酸钠包装上要有牢固清晰的标志，内容包括：生产厂名、厂址、产品名称、型号、级别、净含量、批号(或生产日期)、本标准编号。

8.2 每批出厂的工业硅酸钠都应附有质量证明书，内容包括：生产厂名、厂址、产品名称、型号、级别、净含量、批号(或生产日期)、产品质量符合本标准的证明和本标准编号。

9 包装、运输、贮存

9.1 工业液体硅酸钠采用清洁的铁桶、塑料桶或槽车密封包装。工业固体硅酸钠采用塑料编织袋包装。每袋净含量50 kg，也可根据用户要求的规格进行包装。桶、槽车包装的产品净含量由供需双方协商或按槽车的固有体积而定。

9.2 包装的塑料编织袋按GB/T 8946的规定选择相应型号，采用缝合，也可以用维尼龙绳或其他质量相当的绳封口。铁桶、塑料桶、槽车采用压边、抱箍或螺旋方式封口。

9.3 工业硅酸钠在运输过程中应避免容器破损。

9.4 工业硅酸钠应贮存在通风干燥的仓库内。

附　录　A
（资料性附录）
本标准与日本标准技术性差异及其原因一览表

表A.1给出了本标准与日本标准JIS K 1408:1966（1985年确认）《硅酸钠》（日文版）技术性差异及其原因。

表A.1　本标准与日本标准JIS K 1408:1966（1985年确认）技术性差异及原因一览表

本标准的章条编号	技术性差异	原因
5.2	本标准设置的是密度指标，日本标准设置的是以波美度表示的比重指标。	由于波美度不是国际单位，因此本标准设置为密度指标。
	根据我国国情对液体硅酸钠和固体硅酸钠进行分型。并对指标值做了调整。	根据用户的要求进行设置。
	固体硅酸钠增设了可溶固体总质量分数和模数两指标。	根据用户的要求。
	固体硅酸钠增设了铝含量指标要求。	根据用户的要求。
6.4、6.5、6.6、6.7、6.8	铁含量、水不溶物含量、密度、氧化钠含量、二氧化硅含量的测定方法进行适当改进。	本标准采用了更准确、可靠、简便的测定方法。

附　录　B
（资料性附录）
本标准与日本标准的结构性差异一览表

表 B.1 给出了本标准与日本标准 JIS K 1408:1966(1985 年确认)《硅酸钠》(日文版)的结构性差异。

表 B.1　本标准与日本标准 JIS K 1408:1966(1985 年确认)的结构性差异一览表

本标准		JIS K 1408:1966(1985 年确认)《硅酸钠》	
章节	内容	章节	内容
前言	前言	—	—
1	范围	1	适用范围
2	规范性引用标准	—	—
3	分子式	—	—
4	分类、分型	—	—
5	要求	2	指标
5.2	工业硅酸钠附合表 1 和表 2 要求	—	—
—	—	3	取样方法
6	试验方法	4	检验方法
7	检验规则	—	—
8	标志、标签	5	标志
9	包装、运输、贮存	—	—

ICS 71.040.50
G 04

中华人民共和国国家标准

GB/T 4472—2011
代替 GB/T 4472—1984

化工产品密度、相对密度的测定

Detemination of density and relative density for chemical products

2011-12-30 发布　　2012-10-01 实施

中华人民共和国国家质量监督检验检疫总局
中国国家标准化管理委员会　发布

前言

本标准按照 GB/T 1.1—2009 给出的规则起草。

本标准代替 GB/T 4472—1984《化工产品密度、相对密度测定通则》，与 GB/T 4472—1984 相比，除编辑性修改外主要技术变化如下：

——修改了标准名称，由《化工产品密度、相对密度测定通则》改为《化工产品密度、相对密度的测定》；

——增加了前言；

——修改了术语和定义中密度(质量密度)和相对密度的定义、单位与符号(见第 3 章，1984 年版的第 2 章)；

——修改固体密度测定中"天平法"的名称为"静水力学称量法"(见 4.2.3，1984 年的版 3.2.3)；

——修改了标准中的部分计量单位使之与我国法定计量单位一致；

——修改了试验报告的部分内容，使之与国际惯例接轨(见第 5 章，1984 年版的第 4 章)；

——删除了原标准的附录 A、附录 B、附录 C、附录 D，把原附录 E 成为了附录 A。

本标准由中国石油和化学工业联合会提出。

本标准由全国化学标准化技术委员会(SAC/TC 63)归口。

本标准起草单位：中国化工经济技术发展中心、浙江省化工研究院、中化化工标准化研究所。

本标准主要起草人：魏静、方路、魏乃新、钟之万。

本标准于 1984 年首次发布。

化工产品密度、相对密度的测定

1 范围

本标准规定了化工产品密度和相对密度测定的术语和定义，固体、液体和气体化工产品的密度和相对密度测定的方法。

本标准适用于一般化工产品密度和相对密度的测定。

本标准不适用于炭黑、开孔式泡沫橡胶或塑料等特殊状态的化工产品密度、相对密度的测定。

2 规范性引用文件

下列文件对于本文件的应用是必不可少的。凡是注日期的引用文件，仅注日期的版本适用于本文件。凡是不注日期的引用文件，其最新版本(包括所有的修改单)适用于本文件。

GB/T 6682 分析实验室用水规格和试验方法

3 术语和定义

下列术语和定义适用于本文件。

3.1

密度(质量密度) density

$\boldsymbol{\rho}$

质量除以体积。$\rho = m/V$。其单位为千克每立方米(kg/m^3)或用其倍数单位：兆克每立方米(Mg/m^3)、千克每立方分米(kg/dm^3)、克每立方厘米(g/cm^3)表示。也可以用以下单位表示：吨每立方米(t/m^3)、千克每升(kg/L)、克每升(g/L)、毫克每升(mg/L)、微克每升(μg/L)、纳(诺)克每升(ng/L)。

3.2

相对密度 relative density

$\boldsymbol{d}$

在给定条件下，某一物质的密度与另一参考物质的密度之比。$d = \rho/\rho_0$[一般 $\rho_0 = \rho(H_2O, 4\ ℃)$]，其 SI 单位为 1。

3.2.1

固体的相对密度 relative density of solid

在环境温度(20 ℃)下，一种物质的密度与 4 ℃时水的密度的比值。以相对密度 d(水=1)表示。

3.2.2

液体的相对密度 relative density of liquid

在环境温度(20 ℃)下，一种物质的密度与 4 ℃时水的密度的比值。以相对密度 d(水=1)表示。

3.2.3

气体的相对密度 relative density of gas

在给定条件下，某一气体或某一物质的蒸气密度与参考物质(空气)密度的比值。以相对密度 d(空气=1)或蒸气的相对密度 d(空气=1)表示。

4 试验方法

4.1 一般要求

4.1.1 所有仪器应清洁，使用之前应干燥、校正。

4.1.2 加热试样时，应避免由于挥发性组分的损失而引起的误差。

4.1.3 本实验所用的试剂和水，在没有注明其他要求时，均指分析纯试剂和符合 GB/T 6682 中规定的三级水。

4.2 固体密度的测定

4.2.1 对试样的要求

4.2.1.1 粉、粒状试样取 2 g～5 g，片、棒或管状试样取 1 g～30 g。

4.2.1.2 成型试样应清洁、无裂缝和气泡等缺陷。

4.2.1.3 试样需要进行干燥处理时，应按产品标准规定进行。

4.2.1.4 试样在试验前应在规定室温条件下放置 2 h 以上，放置时应避免阳光照射，远离热源。当试验温度与室温相差大时，应延长放置时间，以达到温度均衡。

4.2.2 方法 1：密度瓶法

4.2.2.1 方法提要

把试样放进已知体积的密度瓶中，加入测定介质，试样的体积可由密度瓶体积减去测定介质的体积求得。则试样密度为试样质量与其体积之比。

4.2.2.2 仪器

4.2.2.2.1 分析天平：分度值不低于 0.000 1 g。

4.2.2.2.2 密度瓶：25 cm^3（见图 1 和图 2）。在测定温度高于天平室温度时使用图 1 所示的密度瓶。

单位为毫米

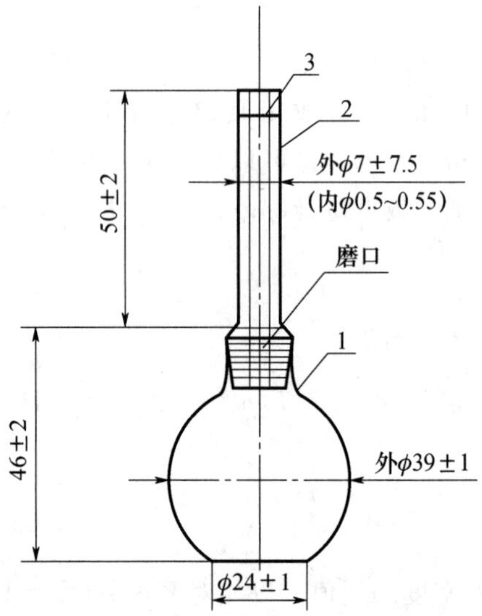

1——主体；
2——盖；
3——毛细管。

图 1 密度瓶

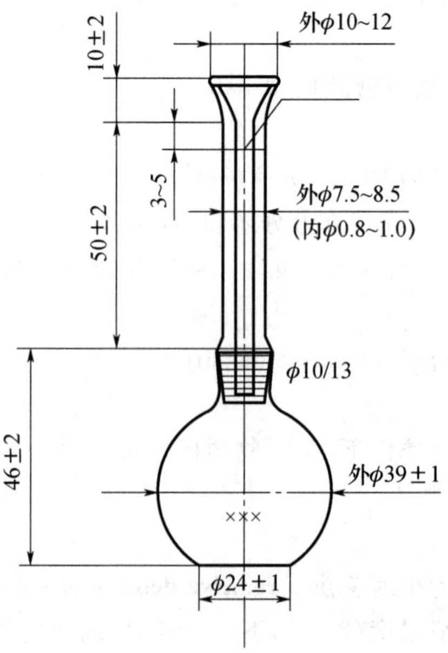

图 2 密度瓶

4.2.2.2.3 恒温水浴：温度控制在(23±0.5)℃。

4.2.2.2.4 温度计：分度值为 0.5 ℃。

4.2.2.3 试验条件

4.2.2.3.1 测定介质应纯净并且不能使试样溶解，溶胀及发生反应，但试样表面应为介质所湿润。

4.2.2.3.2 测定介质一般用水，也可选用其他介质（如二甲苯、煤油等）。

4.2.2.4 操作步骤

4.2.2.4.1 称取空密度瓶的质量，再加入试样称量，然后注入部分测定介质，轻微震荡，使试样充分湿润后，继续将密度瓶注满，试样表面和介质中不得有气泡。当以水为测定介质时，若有悬浮或湿润不好的现象可加(0.5～1)滴湿润剂(如磺化油等)。

4.2.2.4.2 将装满测定介质和试样的密度瓶盖严，放入(23±0.5)℃水浴中恒温30 min以上，取出擦干，立即称量。若使用图2所示密度瓶则恒温后盖严，用同温度下恒温同样时间的介质调节液面至密度瓶刻度线处。

4.2.2.4.3 将密度瓶洗净，干燥，充满测定介质，将密度瓶按4.2.2.4.2中"放入(23±0.5)℃水浴中……"开始重复上述操作。

4.2.2.5 结果计算

4.2.2.5.1 密度瓶的体积V，单位以立方厘米(cm^3)表示，按式(1)计算：

$$V=\frac{m_1-m}{\rho_0} \qquad \cdots\cdots (1)$$

式中：

m——空密度瓶质量的数值，单位为克(g)；

m_1——充满测定介质的密度瓶质量的数值，单位为克(g)；

ρ_0——测定温度下测定介质密度的数值，单位为克每立方厘米(g/cm^3)。

4.2.2.5.2 密度瓶中测定介质的体积V_1，单位以立方厘米(cm^3)表示，按式(2)计算：

$$V_1=\frac{m_2-m_3}{\rho_0} \qquad \cdots\cdots (2)$$

式中：

m_2——加入适量试样并充满测定介质的密度瓶质量的数值，单位为克(g)；

m_3——加入适量试样的密度瓶的质量的数值，单位为克(g)。

4.2.2.5.3 试样的密度ρ，单位以克每立方厘米(g/cm^3)表示，按式(3)计算：

$$\rho=\frac{m_3-m}{V-V_1} \qquad \cdots\cdots (3)$$

式中：

m_3——加入适量试样的密度瓶质量的数值，单位为克(g)；

m——空密度瓶的质量的数值，单位为克(g)；

V——密度瓶的体积的数值，单位为立方厘米(cm^3)；

V_1——密度瓶中测定介质的体积的数值，单位为立方厘米(cm^3)。

4.2.3 方法2：静水力学称量法

4.2.3.1 原理

根据阿基米德原理，用天平分别测定固体试样在空气和在测定介质中的质量，当试样浸没于测定介质中时，其质量小于在空气中的质量，减少值为试样排开同体积测定介质的质量，试样的体积等于排开测定介质的体积。

4.2.3.2 仪器

4.2.3.2.1 分析天平：分度值为0.000 1 g。

4.2.3.2.2 天平盘跨架：尺寸应适合于放置在天平盘和吊篮的空档中(见图3)。

4.2.3.3 试验步骤

4.2.3.3.1 称量试样在空气中的质量。

4.2.3.3.2 把跨架置于天平盘和吊篮的空档中，彼此不能有任何部分接触。

4.2.3.3.3 把盛有测定介质的烧杯置于跨架上。

4.2.3.3.4 将所使用的毛发丝挂在天平钩上，称其在测定介质中的质量。

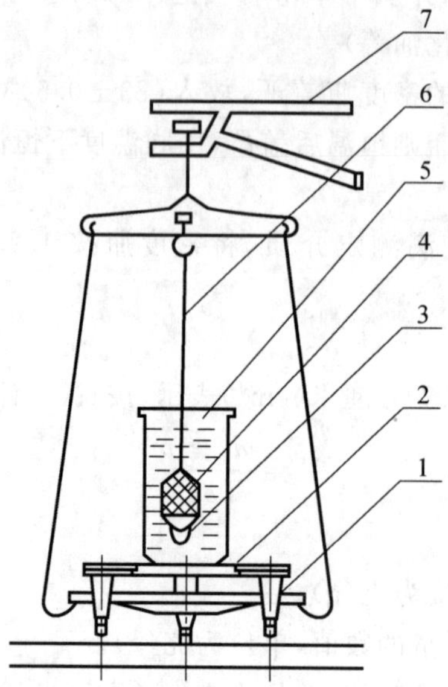

1——天平盘；

2——跨架；

3——坠子；

4——试样；

5——烧杯；

6——吊丝；

7——天平梁臂。

图3　固体密度测定装置示意图

4.2.3.3.5　将已知质量的试样，先用测定介质完全湿润其表面，然后用毛发丝将试样套好，放入温度为(23±0.5)℃测定介质中，不得有气泡，试样的任何部位不得与烧杯接触，待试样与测定介质温度一致时，称其在测定介质中的质量。

4.2.3.3.6　当固体的密度小于1 g/cm³ 时，则在毛发丝上另挂一个坠子，把试样坠入测定介质中进行称量，但应测定坠子及毛发丝在测定介质中的质量。

4.2.3.4　结果计算

4.2.3.4.1　试样在试验温度下的密度 ρ，单位以克每立方厘米(g/cm³)表示，按式(4)计算：

$$\rho=\frac{m_1\times\rho_0}{m_1-m_2} \qquad \cdots\cdots(4)$$

式中：

m_1——试样在空气中质量的数值，单位为克(g)；

m_2——试样在测定介质中的质量的数值，单位为克(g)；

ρ_0——测定介质在试验温度下的密度的数值，单位为克每立方厘米(g/cm³)。

4.2.3.4.2　当使用坠子时，按式(5)计算：

$$\rho=\frac{m_1\times\rho_0}{m_1+m_3-m_4} \qquad \cdots\cdots(5)$$

式中：

m_1——试样在空气中的质量的数值，单位为克(g)；

m_3——坠子在测定介质中的质量的数值，单位为克(g)；

m_4——试样和坠子在测定介质中的质量的数值，单位为克(g)；

ρ_0——测定介质在试验温度下的密度的数值，单位为克每立方厘米(g/cm^3)。

当用水为测定介质时，可以实测水的温度，然后查得该温度下的实际密度代入公式计算。

4.3 液体密度的测定

4.3.1 方法1:密度瓶法

4.3.1.1 原理

在同一温度下，用水标定密度瓶体积，然后测定同体积试样的质量以求出其密度。

4.3.1.2 仪器

4.3.1.2.1 分析天平:分度值为0.000 1 g。

4.3.1.2.2 密度瓶:(25～50)cm^3(见图1和图4)。

4.3.1.2.3 恒温水浴:温度控制在(20±0.1)℃。

4.3.1.2.4 温度计:分度值为0.1 ℃。

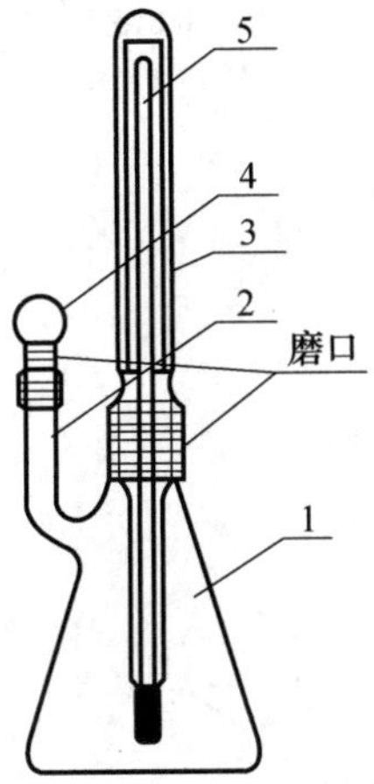

1——主体；

2——侧孔；

3——毛细管；

4——罩；

5——温度计。

图4 密度瓶

4.3.1.3 操作步骤

4.3.1.3.1 洗净并干燥密度瓶，带塞称量。

4.3.1.3.2 用新煮沸并冷却至20 ℃的水注满密度瓶，不得带入气泡，装好后立即浸入20 ℃±0.1 ℃的恒温水浴中，恒温20 min以上取出，用滤纸除去溢出毛细管的水，擦干后立即称量。

4.3.1.3.3 将密度瓶里的水倾出，洗净，干燥后称量。以试样代替水，同上操作，测得试样的质量。

4.3.1.4 结果计算

所测液体样品的密度ρ，单位以克每立方厘米(g/cm^3)表示，按式(6)计算：

$$\rho=\frac{m_1+A}{m_2+A}\times\rho_0 \qquad \cdots\cdots\cdots\cdots (6)$$

式中：

m_1——充满密度瓶所需试样的质量的数值，单位为克(g)；

m_2——充满密度瓶所需水的质量的数值，单位为克(g)；

ρ_0——在20 ℃时水的密度的数值，单位为克每立方厘米(g/cm^3)；

A——浮力校正为$\rho_1\times V$。其中ρ_1是干燥空气在20 ℃、101.325 kPa的密度；V是所取试样的体

积(cm^3);但一般情况下,A 的影响很小,可以忽略不计。

4.3.2 方法2:韦氏天平法

4.3.2.1 原理

在水和被测试样中,分别测量"浮锤"的浮力,由游码的读数计算出试样的密度。

4.3.2.2 仪器

4.3.2.2.1 韦氏天平(见图5)。

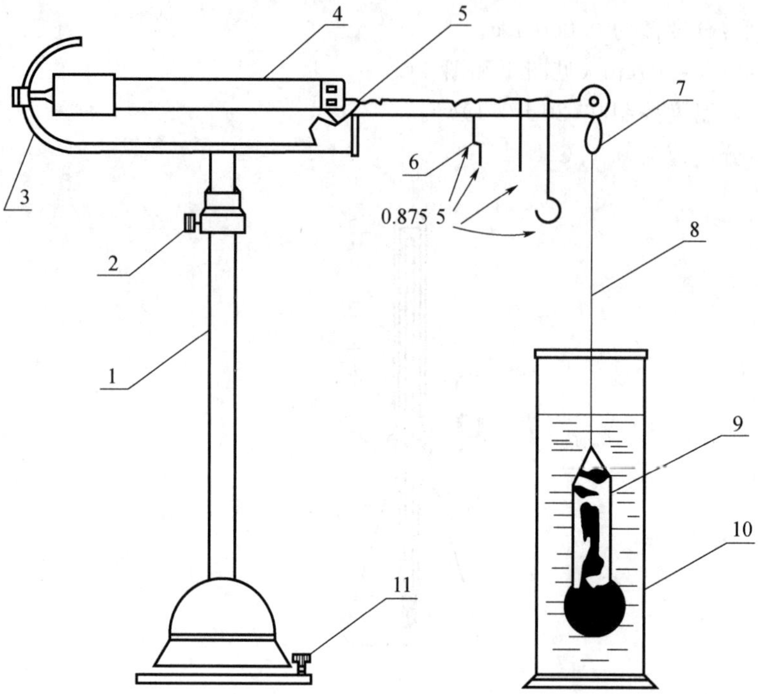

1——支架;
2——调节器;
3——指针;
4——横梁;
5——刀口;
6——游码;
7——小钩;
8——细铂丝;
9——游锤;
10——玻璃筒;
11——调整螺丝。

图5 韦氏天平

4.3.2.2.2 恒温水浴:温度控制在(20±0.1)℃。

4.3.2.2.3 温度计:分度值为0.1 ℃。

4.3.2.3 操作步骤

4.3.2.3.1 将韦氏天平安装好,浮锤通过细铂丝挂在小钩上,旋转调整螺丝,使两个指针对正为止。

4.3.2.3.2 向玻璃筒缓慢注入预先煮沸并冷却至约20 ℃的水,将浮锤全部浸入水中,不得带入气泡,把玻璃筒置于(20±0.1)℃的恒温水浴中恒温20 min以上,待温度一致时,通过调节天平的游码,使天平梁平衡,记录读数。

4.3.2.3.3 取出浮锤,干燥后在相同温度下加待测的试样同样操作。

4.3.2.4 结果计算

所测试样的密度 ρ,单位以克每立方厘米(g/cm^3)表示,按式(7)计算:

$$\rho = \frac{\rho_2}{\rho_1} \times \rho_0 \qquad (7)$$

式中:

ρ_1——在水中游码的读数,单位为克每立方厘米(g/cm^3);

ρ_2——在被测试样中游码的读数，单位为克每立方厘米（g/cm³）；

ρ_0——在 20 ℃时水的密度的数值，单位为克每立方厘米（g/cm³）。

4.3.3 方法 3：密度计法

4.3.3.1 方法提要

由密度计在被测定液体中达到平衡状态时所浸没的深度读出该液体的密度。

4.3.3.2 仪器

4.3.3.2.1 密度计：分度值为 0.001 g/cm³（见图 6）。

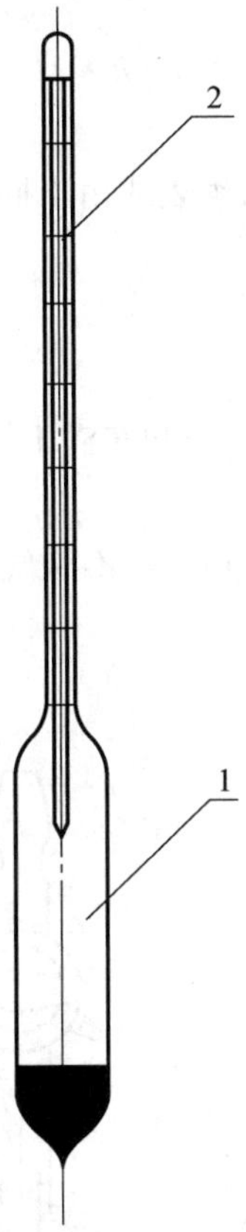

1——躯体；

2——颈部。

图 6 密度计

4.3.3.2.2 恒温水浴：温度控制在（20±0.1）℃。

4.3.3.2.3 玻璃量筒：250 mL～500 mL。

4.3.3.2.4 温度计（0～50）℃，分度值为 0.1 ℃。

4.3.3.3 操作步骤

4.3.3.3.1 在恒温（20±0.1）℃下的测定：将待测试样注入清洁、干燥的量筒内，不得有气泡，将量筒置于（20±0.1）℃的恒温水浴中。待温度恒定后，将清洁干燥的密度计缓缓地放入试样中，其下端应离筒底 2 cm 以上，不能与筒壁接触，密度计的上端露出在液面外的部分所沾液体不得超过（2～3）分度，待密度计在液体中稳定后，读出密度计弯月面下缘的刻度（标有读弯月面上缘的密度计除外），即为 20 ℃时试样的密度。

4.3.3.3.2 在常温下的测定：当试样的温度与室温一致时按上述操作在室温下进行。

4.3.3.4 试验结果

4.3.3.4.1 常温 t ℃下测定试样的密度 ρ_t，克每立方厘米（g/cm³）表示，按式（8）计算：

$$\rho_t = \rho_t + \rho_t \times \alpha(20 - t) \quad \cdots\cdots\cdots\cdots\cdots\cdots (8)$$

式中：

ρ_t——试样在 t ℃时密度计的读数值，单位为克每立方厘米（g/cm^3）；

α——密度计的玻璃膨胀系数，一般为 0.000025；

20——密度计的标准温度，单位为摄氏度（℃）；

t——测定时的温度，单位为摄氏度（℃）。

4.3.3.4.2 常温 t ℃下试样的密度 ρ_t 换算为 20 ℃的密度 ρ_{20}，克每立方厘米（g/cm^3）表示，按式（9）计算：

$$\rho_{20} = \rho_t + k \times (t - 20) \quad \cdots\cdots\cdots\cdots\cdots\cdots (9)$$

式中：

k——试样密度的温度校正系数（可根据查表或由不同液态化工产品实测求得）。

4.4 气体密度的测定

4.4.1 方法 1：密度瓶法

4.4.1.1 原理

用水校正密度瓶的体积，分别测定充满试样和充满干燥空气的密度瓶质量，以求出试样的密度。

4.4.1.2 仪器

4.4.1.2.1 气体密度瓶：容量 250 cm^3 以上并确定不漏气（见图 7）。

单位为毫米

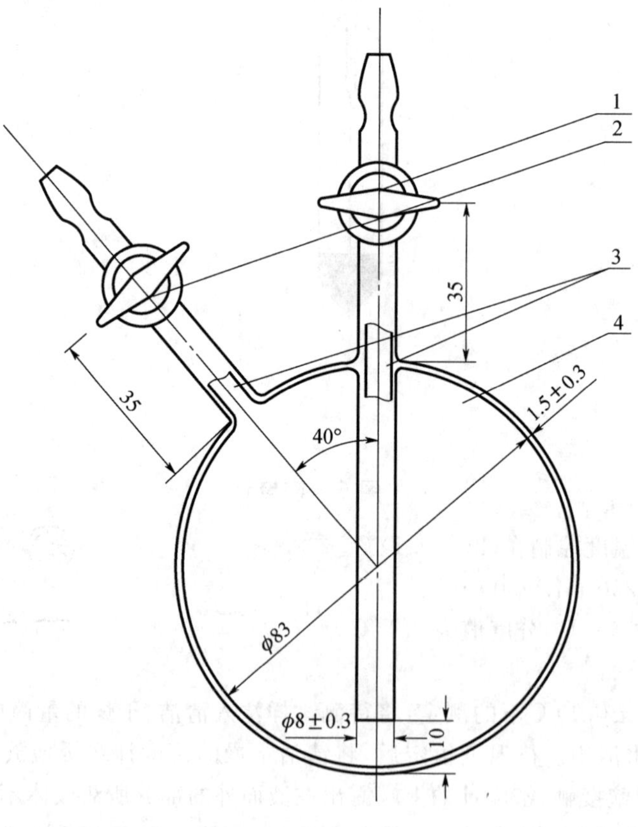

1——真空活塞；

2——真空活塞；

3——毛细管；

4——主体。

图 7 密度计

4.4.1.2.2 干燥管：容量大小根据需要选择，内装的干燥剂根据气体性质选择。

4.4.1.2.3 分析天平：负荷 200 g，分度值 0.000 1 g。负荷 500 g，分度值 0.000 1 g(校正密度瓶体积用)。

4.4.1.2.4 气压计分度值为 50 Pa。

4.4.1.2.5 温度计：分度值 0.1 ℃。

4.4.1.3 **操作步骤**

4.4.1.3.1 测定比空气轻的气体(气体取样装置见图 8)。

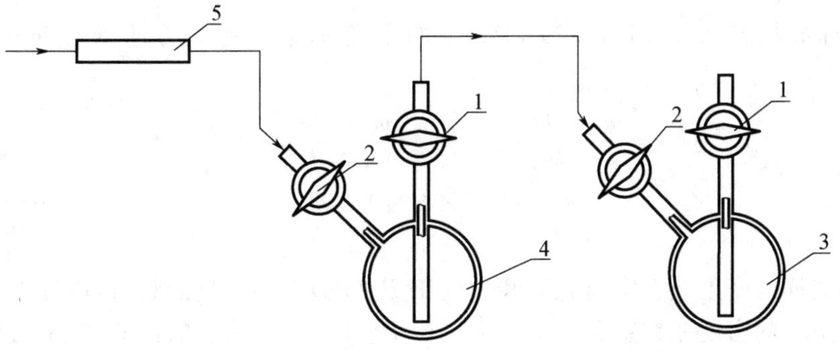

1——真空活塞；

2——真空活塞；

3——测定瓶；

4——充气瓶；

5——干燥瓶。

图 8 气体密度瓶法密度测定取样装置图

将干燥的、已校正过的密度瓶(简称测定瓶)(校正方法见附录 A)与另一类似的取样用密度瓶(简称充气瓶)相联，前者的侧管与后者的直管连接，在充气瓶的侧管上接一个干燥管。在保证正压的情况下通过干燥管徐徐通入试样，充分置换，待两个密度瓶都充满试样后，立即关闭测定瓶的活塞 1 和充气瓶的活塞 2。当两瓶达到天平的室温时，迅速打开充气瓶的活塞 2，当瓶内气压与大气压平衡时，立即关闭测定瓶的活塞 2，拆下充气瓶，称量测定瓶和其内部气体的质量(m_3)。

4.4.1.3.2 测定比空气重的气体(气体取样装置见图 9)。

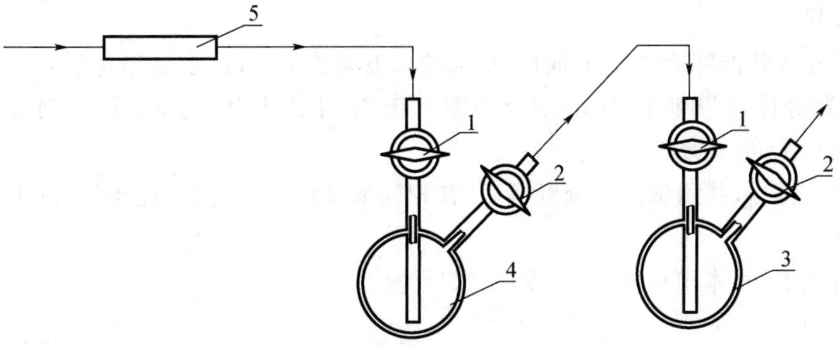

1——真空活塞；

2——真空活塞；

3——测定瓶；

4——充气瓶；

5——干燥管。

图 9 气体密度瓶法密度测定取样装置图

将干燥管与充气瓶的直管连接，测定瓶的直管与充气瓶的侧管连接。经干燥管通入试样进行充分置换，待两个密度瓶都充满试样后，立即关闭测定瓶的活塞 2 和充气瓶的活塞 1。当两个密度瓶达到天平室的室温时，迅速打开充气瓶的活塞 1，当瓶内气压与大气压平衡时，立即关闭测定瓶的活塞 1，拆下充气瓶，称量测定瓶和其内部气体的质量(m_3)。

4.4.1.3.3 用干燥、洁净的空气充分置换测定瓶中的气体，待测定瓶达到室温和大气压后，称量测定瓶的质量(m_4)。

4.4.1.3.4 记录大气压 P_a(kPa)和室温 t_2(℃)。

4.4.1.4 **结果计算**

测定试样在标准状态(0 ℃，101.325 kPa)下的密度 ρ，以克每立方厘米(g/cm^3)表示，按式(10)计算：

$$\rho=\frac{m_3-(m_4-A)}{V\times k}=\frac{m_3-m_4}{V\times k}+1.2928 \qquad (10)$$

$$A=V\times k\times 1.2928 \qquad (11)$$

式中：

m_3——充满式样的密度瓶在室温 t_2℃和大气压 P_2(Pa)下的质量的数值，单位为克(g)；

m_4——充满空气的密度瓶在室温 t_2℃和大气压 P_2(Pa)下的质量的数值，单位为克(g)；

A——密度瓶内的空气在室温 t_2℃和大气压 P_2(kPa)下的质量的数值，单位为克(g)；

V——密度瓶的体积的数值，单位为立方厘米(cm^3)；

k——把气体体积换算成标准状态下的系数；

1.292 8——干燥空气在标准状态下的密度，单位为克每立方厘米(g/cm^3)。

4.4.2 **方法 2:气体流出法(扩散法)**

警告:易燃、易爆、有毒的气体应在通风橱内测定。

4.4.2.1 **原理**

在同温、同压下，等体积的气体流过锐孔的时间和气体密度的平方根成正比。如果要求更准确的结果，则应采用密度瓶法。

4.4.2.2 **仪器**

4.4.2.2.1 气体扩散计(见图 10)。

4.4.2.2.2 温度计:(0～50)℃，分度值为 0.1 ℃。

4.4.2.2.3 秒表:分度值为 0.1 s。

4.4.2.3 **操作步骤**

4.4.2.3.1 把水充入外部圆筒 3，打开阀门 9，水进入玻璃内管 4，待水温稳定后，从阀门 9 处压入空气至下刻线 1，停留数分钟，打开阀门 10，气体由“喷嘴”流出，水面上升，记录水面从刻线 1 上升至刻线 6 所需的时间，准确到 0.1 s。重复 2 或 3 次。

4.4.2.3.2 将空气排尽，并用试样充分置换后，在相同的条件下，重复上述操作，测定试样流出时间。

4.4.3 **结果计算**

4.4.3.1 一般情况下，气体相对密度 d，按式(12)计算：

$$d=\frac{\tau^2}{{\tau_1}^2} \qquad (12)$$

式中：

τ ——试样平均流出时间的数值，单位为秒(s)；

τ_1 ——空气平均流出时间的数值，单位为秒(s)。

4.4.3.2 若空气和试样被水蒸气饱和，则干燥气体的相对密度 d，按式(13)计算：

$$d=\frac{\tau^2}{\tau_1^2}+\frac{0.627\times P}{P+P_2-P_1}\times\left(\frac{\tau^2}{\tau_1^2}-1\right) \qquad (13)$$

$$P = \frac{h}{2 \times 13.546} \quad \cdots\cdots (14)$$

式中：

P——测定时外部大气压的数值，单位为千帕(kPa)；

P_1——测定温度下的饱和水蒸气压的数值，单位为千帕(kPa)；

P_2——两刻线(1、6)之间水位差造成的平均压力的数值，单位为千帕(kPa)；

h——水位差高度的数值，单位为毫米(mm)；

13.546——水银的相对密度。

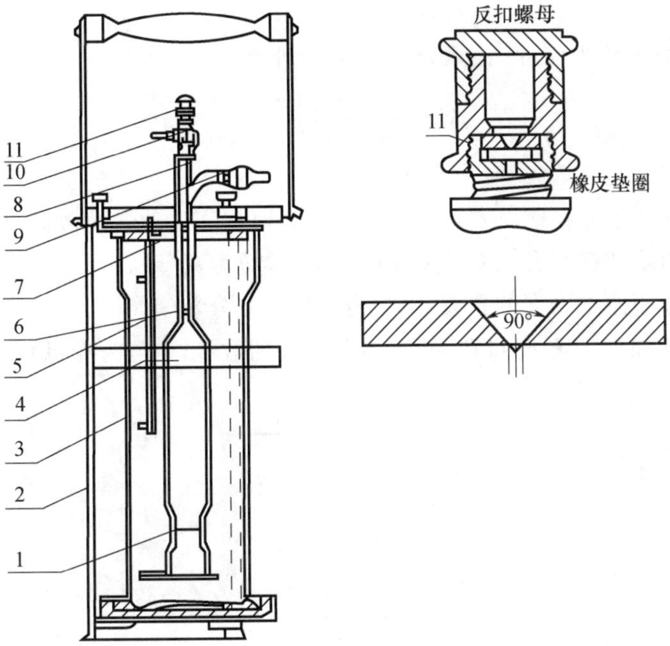

1——下部刻线；
2——支柱；
3——外部圆形容器；
4——内部玻璃圆管；
5——温度计；
6——上部刻线；
7——带衬套的盖子；
8——叉式金属管；
9——阀门；
10——阀门；
11——喷嘴。

图 10　气体扩散计

4.4.3.3　被测气体密度 ρ，以克每立方分米(g/dm^3)表示，按式(15)计算：

$$\rho = d \times 1.2928 \quad \cdots\cdots (15)$$

式中：

1.292 8——干燥的空气在标准状态下的密度，单位为克每立方分米(g/dm^3)。

5　试验报告

5.1　报告产品密度或相对密度时应使用本标准规定的单位与符号。

5.2　报告固体和液体密度时，需注明温度，例如：密度(20 ℃)：××g/dm^3。

5.3　报告气体密度时要注明温度和压力，例如：密度(20 ℃，101.325 kPa)：0××g/dm^3。

5.4　报告固体和液体相对密度时，采用下述方法：相对密度(水＝1)：××。

5.5　报告气体或某一物质的蒸气相对密度时，采用下述方法：相对密度(空气＝1)：××；蒸气相对密度(空气＝1)：××。

附 录 A
(规范性附录)
气体密度瓶体积的校正

密度瓶的体积一年至少校正一次,校正时将缓缓通过干燥管的洁净空气充入密度瓶,测定它在室温和大气压下的质量 m_1。在充满新煮沸并冷却至室温的水,然后擦干并用滤纸除净 1、2 两个活塞口上的水(见图 7)测定其质量 m_2。记录大气压 P_a 和室温 t_0 大气压应准确测定至 50 Pa。室温应准确测量至 0.1 ℃。

密度瓶体积 V,以立方分米(dm^3)表示,按式(A.1)计算:

$$V=\frac{m_2-m_1}{(\rho_0-\rho_a)\times 1000} \qquad \text{(A.1)}$$

式中:

m_1——充满空气的密度瓶在室温 t_0℃和大气压 P_1(kPa)下的质量的数值,单位为克(g);

m_2——装满水的密度瓶在室温 t_0℃的质量的数值,单位为克(g);

ρ_0——在室温 t_0℃下水的密度的数值,单位为克每立方分米(g/dm^3);

ρ_a——在室温 t_0℃和大气压 P_1(kPa)下的空气密度的数值,单位为克每立方分米(g/dm^3)。

ICS 71.040.30
G 60

中华人民共和国国家标准

GB/T 6682—2008
代替 GB/T 6682—1992

分析实验室用水规格和试验方法

Water for analytical laboratory use—Specification and test methods

(ISO 3696:1987,MOD)

2008-05-15 发布　　　　2008-11-01 实施

中华人民共和国国家质量监督检验检疫总局
中国国家标准化管理委员会　发布

前 言

本标准修改采用ISO 3696:1987《分析实验室用水规格和试验方法》(英文版)。

考虑我国国情,本标准在采用ISO 3696:1987时做了一些修改。有关技术性差异已编入正文中并在它们所涉及的条款的页边空白处用垂直单线标识。在附录A中列出了本标准章条编号与ISO 3696:1987章条编号对照一览表。在附录B中给出了本标准与ISO 3696:1987技术性差异及其原因一览表以供参考。

本标准代替GB/T 6682—1992《分析实验室用水规格和试验方法》,与GB/T 6682—1992相比主要变化如下:

——增加了实验报告(本版的第8章)。

本标准的附录C为规范性附录,附录A、附录B为资料性附录。

本标准由中国石油和化学工业协会提出。

本标准由全国化学标准化技术委员会化学试剂分会(SAC/TC 63/SC 3)归口。

本标准起草单位:国药集团化学试剂有限公司。

本标准主要起草人:陈浩云、陈红。

本标准于1986年首次发布,于1992年第一次修订。

分析实验室用水规格和试验方法

1 范围

本标准规定了分析实验室用水的级别、规格、取样及贮存、试验方法和试验报告。

本标准适用于化学分析和无机痕量分析等试验用水。可根据实际工作需要选用不同级别的水。

2 规范性引用文件

下列文件中的条款通过本标准的引用而成为本标准的条款。凡是注日期的引用文件,其随后所有的修改单(不包括勘误的内容)或修订版均不适用于本标准,然而,鼓励根据本标准达成协议的各方研究是否可使用这些文件的最新版本。凡是不注日期的引用文件,其最新版本适用于本标准。

GB/T 601 化学试剂 标准滴定溶液的制备

GB/T 602 化学试剂 杂质测定用标准溶液的制备(GB/T 602 2002,ISO 6353-1:1982,NEQ)

GB/T 603 化学试剂 试验方法中所用制剂及制品的制备(GB/T 603—2002,ISO 6353-1:1982,NEQ)

GB/T 9721 化学试剂 分子吸收分光光度法通则(紫外和可见光部分)

GB/T 9724 化学试剂 pH 值测定通则(GB/T 9724—2007,ISO 6353-1:1982,NEQ)

GB/T 9740 化学试剂 蒸发残渣测定通用方法(GB/T 9740—2008,ISO 6353-1:1982,NEQ)

3 外观

分析实验室用水目视观察应为无色透明液体。

4 级别

分析实验室用水的原水应为饮用水或适当纯度的水。

分析实验室用水共分三个级别:一级水、二级水和三级水。

4.1 一级水

一级水用于有严格要求的分析试验,包括对颗粒有要求的试验。如高效液相色谱分析用水。

一级水可用二级水经过石英设备蒸馏或离子交换混合床处理后,再经 0.2μm 微孔滤膜过滤来制取。

4.2 二级水

二级水用于无机痕量分析等试验,如原子吸收光谱分析用水。

二级水可用多次蒸馏或离子交换等方法制取。

4.3 三级水

三级水用于一般化学分析试验。

三级水可用蒸馏或离子交换等方法制取。

5 规格

分析实验室用水的规格见表 1。

表 1

名称	一级	二级	三级
pH 值范围(25 ℃)	—	—	5.0～7.5
电导率(25 ℃)/(mS/m)	≤0.01	≤0.10	≤0.50
可氧化物质含量(以 O 计)/(mg/L)	—	≤0.08	≤0.4
吸光度(254 nm,1 cm 光程)	≤0.001	≤0.01	—
蒸发残渣(105 ℃±2 ℃)含量/(mg/L)	—	≤1.0	≤2.0
可溶性硅(以 SiO_2 计)含量/(mg/L)	≤0.01	≤0.02	—
注 1:由于在一级水、二级水的纯度下,难于测定其真实的 pH 值,因此,对一级水、二级水的 pH 值范围不做规定。 注 2:由于在一级水的纯度下,难于测定可氧化物质和蒸发残渣,对其限量不做规定。可用其他条件和制备方法来保证一级水的质量。			

6 取样及贮存

6.1 容器

6.1.1 各级用水均使用密闭的、专用聚乙烯容器。三级水也可使用密闭、专用的玻璃容器。

6.1.2 新容器在使用前需用盐酸溶液(质量分数为 20%)浸泡 2 d～3 d,再用待测水反复冲洗,并注满待测水浸泡 6 h 以上。

6.2 取样

按本标准进行试验,至少应取 3 L 有代表性水样。

取样前用待测水反复清洗容器,取样时要避免沾污。水样应注满容器。

6.3 贮存

各级用水在贮存期间,其沾污的主要来源是容器可溶成分的溶解、空气中二氧化碳和其他杂质。因此,一级水不可贮存,使用前制备。二级水、三级水可适量制备,分别贮存在预先经同级水清洗过的相应容器中。

各级用水在运输过程中应避免沾污。

7 试验方法

在试验方法中,各项试验必须在洁净环境中进行,并采取适当措施,以避免试样的沾污。水样均按精确至 0.1 mL 量取,所用溶液以"%"表示的均为质量分数。

试验中均使用分析纯试剂和相应级别的水。

7.1 pH 值

量取 100 mL 水样,按 GB/T 9724 的规定测定。

7.2 电导率

7.2.1 仪器

7.2.1.1 用于一、二级水测定的电导仪:配备电极常数为 0.01 cm^{-1}～0.1 cm^{-1} 的"在线"电导池。并具有温度自动补偿功能。

若电导仪不具温度补偿功能,可装"在线"热交换器,使测定时水温控制在 25 ℃±1 ℃。或记录水温度,按附录 C 进行换算。

7.2.1.2 用于三级水测定的电导仪:配备电极常数为 0.1 cm^{-1}～1 cm^{-1} 的电导池。并具有温度自动补偿功能。

若电导仪不具温度补偿功能，可装恒温水浴槽，使待测水样温度控制在25 ℃±1 ℃。或记录水温度，按附录C进行换算。

7.2.2 **测定步骤**

7.2.2.1 按电导仪说明书安装调试仪器。

7.2.2.2 一、二级水的测量：将电导池装在水处理装置流动出水口处，调节水流速，赶净管道及电导池内的气泡，即可进行测量。

7.2.2.3 三级水的测量：取400 mL水样于锥形瓶中，插入电导池后即可进行测量。

7.2.3 **注意事项**

测量用的电导仪和电导池应定期进行检定。

7.3 **可氧化物质**

7.3.1 **制剂的制备**

7.3.1.1 **硫酸溶液(20%)**

按GB/T 603的规定配制。

7.3.1.2 **高锰酸钾标准滴定溶液** $\left[c\left(\frac{1}{5}\mathrm{KMnO_4}\right)=0.01\ \mathrm{mol/L}\right]$

按GB/T 601的规定配制。

7.3.2 **测定步骤**

量取1 000 mL二级水，注入烧杯中，加入5.0 mL硫酸溶液(20%)，混匀。

量取200 mL三级水，注入烧杯中，加入1.0 mL硫酸溶液(20%)，混匀。

在上述已酸化的试液中，分别加入1.00 mL高锰酸钾标准滴定溶液$\left[c\left(\frac{1}{5}\mathrm{KMnO_4}\right)=0.01\ \mathrm{mol/L}\right]$，混匀，盖上表面皿，加热至沸并保持5 min。溶液的粉红色不得完全消失。

7.4 **吸光度**

按GB/T 9721的规定测定。

7.4.1 **仪器条件**

石英吸收池：厚度1 cm和2 cm。

7.4.2 **测定步骤**

将水样分别注入1 cm及2 cm吸收池中，于254 nm处，以1 cm吸收池中水样为参比，测定2 cm吸收池中水样的吸光度。

若仪器的灵敏度不够时，可适当增加测量吸收池的厚度。

7.5 **蒸发残渣**

7.5.1 **仪器**

7.5.1.1 旋转蒸发器：配备500 mL蒸馏瓶。

7.5.1.2 恒温水浴。

7.5.1.3 蒸发皿：材质可选用铂、石英、硼硅玻璃。

7.5.1.4 电烘箱：温度可控制在105 ℃±2 ℃。

7.5.2 **测定步骤**

7.5.2.1 **水样预浓集**

量取1 000 mL二级水(三级水取500 mL)。将水样分几次加入旋转蒸发器的蒸馏瓶中，于水浴上减压蒸发(避免蒸干)。待水样最后蒸至约50 mL时，停止加热。

7.5.2.2 **测定**

将上述预浓集的水样，转移至一个已于105 ℃±2 ℃恒量的蒸发皿中，并用5mL～10mL水样分2次～3次冲洗蒸馏瓶，将洗液与预浓集水样合并于蒸发皿中，按GB/T 9740的规定测定。

7.6 可溶性硅

7.6.1 制剂的制备

7.6.1.1 二氧化硅标准溶液(1 mg/mL)

按GB/T 602的规定配制。

7.6.1.2 二氧化硅标准溶液(0.01 mg/mL)

量取1.00 mL二氧化硅标准溶液(1 mg/mL)于100 mL容量瓶中,稀释至刻度,摇匀。转移至聚乙烯瓶中,临用前配制。

7.6.1.3 钼酸铵溶液(50 g/L)

称取5.0 g钼酸铵[$(NH_4)_6Mo_7O_{24}\cdot 4H_2O$],溶于水,加20.0 mL硫酸溶液(20%),稀释至100 mL,摇匀。贮存于聚乙烯瓶中。若发现有沉淀时应重新配制。

7.6.1.4 对甲氨基酚硫酸盐(米吐尔)溶液(2 g/L)

称取0.20 g对甲氨基酚硫酸盐,溶于水,加20.0 g偏重亚硫酸钠(焦亚硫酸钠),溶解并稀释至100 mL,摇匀。贮存于聚乙烯瓶中。避光保存,有效期两周。

7.6.1.5 硫酸溶液(20%)

按GB/T 603的规定配制。

7.6.1.6 草酸溶液(50 g/L)

称取5.0 g草酸,溶于水,并稀释至100 mL。贮存于聚乙烯瓶中。

7.6.2 仪器

7.6.2.1 铂皿:容量为250 mL。

7.6.2.2 比色管:容量为50 mL。

7.6.2.3 水浴:可控制恒温为约60 ℃。

7.6.3 测定步骤

量取520 mL一级水(二级水取270 mL),注入铂皿中,在防尘条件下,亚沸蒸发至约20 mL,停止加热,冷却至室温,加1.0 mL钼酸铵溶液(50 g/L),摇匀,放置5 min后,加1.0 mL草酸溶液(50 g/L),摇匀,放置1 min后,加1.0 mL对甲氨基酚硫酸盐溶液(2 g/L),摇匀。移入比色管中,稀释至25 mL,摇匀,于60 ℃水浴中保温10 min。溶液所呈蓝色不得深于标准比色溶液。

标准比色溶液的制备是取0.50 mL二氧化硅标准溶液(0.01 mg/mL),用水样稀释至20 mL后,与同体积试液同时同样处理。

8 试验报告

试验报告应包括下列内容:

a) 样品的确定;

b) 参考采用的方法;

c) 结果及其表述方法;

d) 测定中异常现象的说明;

e) 不包括在本标准中的任意操作。

附 录 A
(资料性附录)
本标准章条编号与 ISO 3696:1987 章条编号对照

A.1 本标准章条编号与 ISO 3696:1987 章条编号对照一览表,见表 A.1。

表 A.1 本标准章条编号与 ISO 3696:1987 章条编号对照

本标准章条编号	对应的国际标准章条编号
1	1
2	—
3	2
4	3
5	4
6	5、6
7	7
7.1	7.1
7.2	7.2
7.3	7.3
7.4	7.4
7.5	7.5
7.6	7.6
8	8

附 录 B
（资料性附录）
本标准与 ISO 3696:1987 技术性差异及其原因

B.1 本标准与 ISO 3696:1987 技术性差异及其原因一览表，见表 B.1。

表 B.1 本标准与 ISO 3696:1987 技术性差异及其原因

标准的章条编号	技术性差异	原因
1	在范围的文字叙述上有所调整。	根据我国标准编写规则进行编写。
2	增加了规范性引用文件。	以适合我国国情。
6	在取样及贮存的文字叙述上有所调整。	以适合我国国情。
7.1	按 GB/T 9724 规定用玻璃-饱和甘汞电极代替银-氯化银电极。	此电极在我国使用较普遍。
7.2	增加了将实际水温下测定的电导率换算成 25 ℃时的方法。	以适合我国国情。
7.3.1.1	按 GB/T 603 制备硫酸溶液(20%)代替 1 mol/L 硫酸溶液。	引用国标通则。
7.5.1.1	用 500 mL 蒸馏瓶代替 250 mL 蒸馏瓶。	此规格蒸馏瓶使用方便。
7.5.1.4	按 GB/T 9740 规定采用 105 ℃±20 ℃电烘箱代替 110 ℃±2 ℃电烘箱。	引用国标通则。
7.6.1.1	按 GB/T 602 制备 0.1 mg/mL 硅标准溶液。	引用国标通则。
7.6.1.2	用 1 mL 溶液含有 0.01 mgSiO_2 代替 1 mL 溶液含有 0.005 mgSiO_2。	增加可操作性。
7.6.1.5	按 GB/T 603 制备硫酸溶液(20%)代替 2.5 mol/L 硫酸溶液。	引用国标通则。

附 录 C
(规范性附录)
电导率的换算公式

C.1 当电导率测定温度在 t ℃时，可换算为 25 ℃下的电导率。

25 ℃时各级水的电导率 K_{25}，数值以“mS/m”表示，按式(C.1)计算：

$$K_{25} = k_t(K_t - K_{p.t}) + 0.005\ 48 \quad \cdots\cdots\cdots\cdots (C.1)$$

式中：

k_t——换算系数；

K_t——t ℃时各级水的电导率，单位为毫西每米(mS/m)；

$K_{p.t}$——t ℃时理论纯水的电导率，单位为毫西每米(mS/m)；

0.005 48——25 ℃时理论纯水的电导率，单位为毫西每米(mS/m)。

理论纯水的电导率($K_{p.t}$)和换算系数(k_t)见表 C.1。

表 C.1 理论纯水的电导率和换算系数

t/℃	k_t/(mS/m)	$K_{p.t}$/(mS/m)	t/℃	k_t/(mS/m)	$K_{p.t}$/(mS/m)
0	1.797 5	0.001 16	23	1.043 6	0.004 90
1	1.755 0	0.001 23	24	1.021 3	0.005 19
2	1.713 5	0.001 32	25	1.000 0	0.005 48
3	1.672 8	0.001 43	26	0.979 5	0.005 78
4	1.632 9	0.001 54	27	0.960 0	0.006 07
5	1.594 0	0.001 65	28	0.941 3	0.006 40
6	1.555 9	0.001 78	29	0.923 4	0.006 74
7	1.518 8	0.001 90	30	0.906 5	0.007 12
8	1.482 5	0.002 01	31	0.890 4	0.007 49
9	1.447 0	0.002 16	32	0.875 3	0.007 84
10	1.412 5	0.002 30	33	0.861 0	0.008 22
11	1.378 8	0.002 45	34	0.847 5	0.008 61
12	1.346 1	0.002 60	35	0.835 0	0.009 07
13	1.314 2	0.002 76	36	0.823 3	0.009 50
14	1.283 1	0.002 92	37	0.812 6	0.009 94
15	1.253 0	0.003 12	38	0.802 7	0.010 44
16	1.223 7	0.003 30	39	0.793 6	0.010 88
17	1.195 4	0.003 49	40	0.785 5	0.011 36
18	1.167 9	0.003 70	41	0.778 2	0.011 89
19	1.141 2	0.003 91	42	0.771 9	0.012 40
20	1.115 5	0.004 18	43	0.766 4	0.012 98
21	1.090 6	0.004 41	44	0.761 7	0.013 51
22	1.066 7	0.004 66	45	0.758 0	0.014 10

表 C.1(续)

t/ ℃	k_t/(mS/m)	$K_{p.t}$/(mS/m)	t/ ℃	k_t/(mS/m)	$K_{p.t}$/(mS/m)
46	0.755 1	0.014 64	49	0.751 8	0.016 50
47	0.753 2	0.015 21	50	0.752 5	0.017 28
48	0.752 1	0.015 82			

UDC 661.182：620.176
G 38

中华人民共和国国家标准

GB 7124—86

胶粘剂拉伸剪切强度测定方法
（金属对金属）

The method for determination of strength properties of adhesive in shear by tension loading (Metal to metal)

1986-12-30 发布　　　　1987-10-01 实施

国家标准局　批准

胶粘剂拉伸剪切强度测定方法(金属对金属)

1 适用范围

本标准规定了在室温下金属对金属搭接的胶粘剂拉伸剪切强度测定方法。本标准适用于规定条件下制备、测试的标准试样。

本标准等效采用 ISO 4587—1979《胶粘剂——高强度胶粘剂拉伸搭接剪切强度的测定》。

2 原理

试样为单搭接结构。在试样的搭接面上施加纵向拉伸剪切力,测定试样能承受的最大负荷。搭接面上的平均剪应力为胶粘剂的金属对金属搭接的拉伸剪切强度。

3 装置

3.1 试验机

使用的试验机应使试样的破坏负荷在满标负荷的 15%～85%之间。试验机的力值示值误差不应大于 1%。

试验机应配备一副自动调心的试样夹持器,使力线与试样中心线保持一致。

试验机应保证试样夹持器的移动速度在 5±1 mm/min 内保持稳定。

3.2 量具

测量试样搭接面长度和宽度的量具精度不低于 0.05mm。

3.3 夹具

胶接试样的夹具应能保证胶接的试样符合第 4 章的要求。

注:在保证金属片不破坏的情况下,试样与试样夹持器也可用销、孔连接的方法。但不能用于仲裁试验。

4 试样

4.1 除非另有规定,试样应符合图 1 的形状和尺寸。标准试样的搭接长度是 12.5±0.5mm,金属片的厚度是 2.0±0.1mm[1)]。试样的搭接长度或金属片的厚度不同对试验结果会有影响。

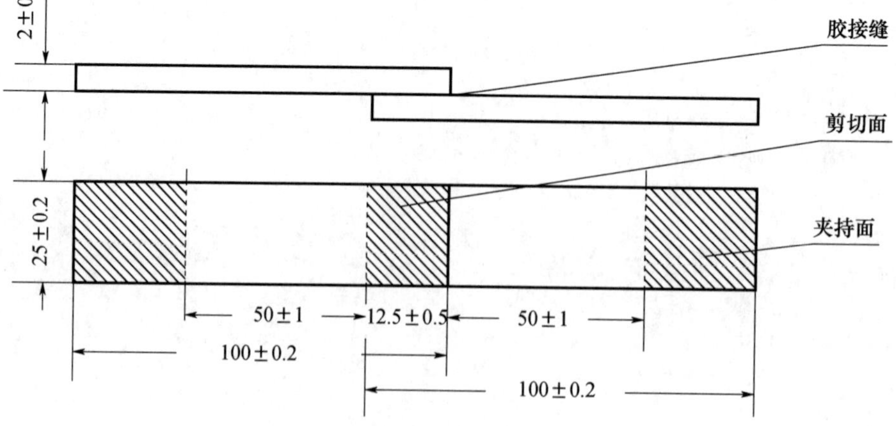

图 1 试样形状和尺寸

采用说明:

1)ISO 4587 厚度为 1.6±0.1mm。

4.2 建议使用 LY12－CZ 铝合金、1 Cr18Ni9 Ti 不锈钢、45 碳钢，T2 铜等金属材料。

4.3 常规试验，试样数量不应少于 5 个。仲裁试验试样数量不应少于 10 个。

注：①对于高强度胶粘剂，测试时如出现金属材料屈服或破坏的情况，则可适当增加金属片厚度或减少搭接长度。两者中选择前者较好。

②测试时金属片所受的应力不要超过其屈服强度 σ_s，金属片的厚度 t 可按下式计算：

$$t=\frac{L\cdot\tau}{\sigma_s}$$

式中：t——金属片厚度，mm；

L——试样搭接长度，mm；

τ——胶粘剂拉伸剪切强度，MPa；

σ_s——金属材料屈服强度，MPa。

5 试样制备

5.1 试样可用不带槽（如图 2）或带槽的（如图 3）的平板制备，也可单片制备。

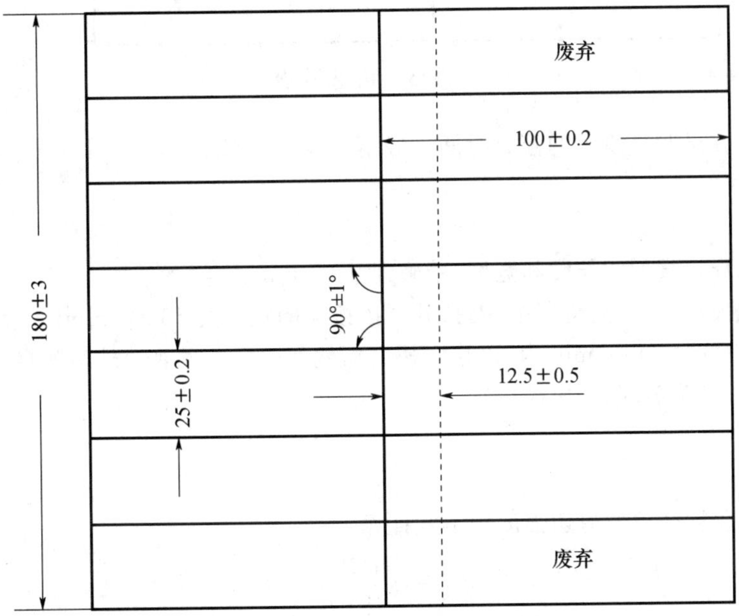

图 2 标准试板

5.2 胶接用的金属片表面应平整，不应有弯曲、翘曲、歪斜等变形。金属片应无毛刺，边缘保持直角。

5.3 胶接时，金属片的表面处理，胶粘剂的配比，涂胶量，涂胶次数、晾置时间等胶接工艺以及胶粘剂的固化温度、压力、时间等均按胶粘剂的使用要求进行。

5.4 制备试样都应使用夹具，以保证试样正确地搭接和精确地定位。

5.5 切割已胶接的平板时，要防止试样过热，应尽量避免损伤胶接缝。

6 试验条件

除非另有规定，试样的停放时间和试验环境应符合下列要求。

6.1 试样制备后到试验的最短时间为 16 h，最长时间为 1 个月。

6.2 试验应在温度为 23＋2 ℃的环境中进行。仲裁试验或对温度、湿度敏感的胶粘剂应在温度为 23±2 ℃、相对湿度为 45％～55％的环境中进行。

6.3 对仅有温度要求的测试，测试前试样在试验温度下停放时间不应少于半小时；对有温度、湿度要求

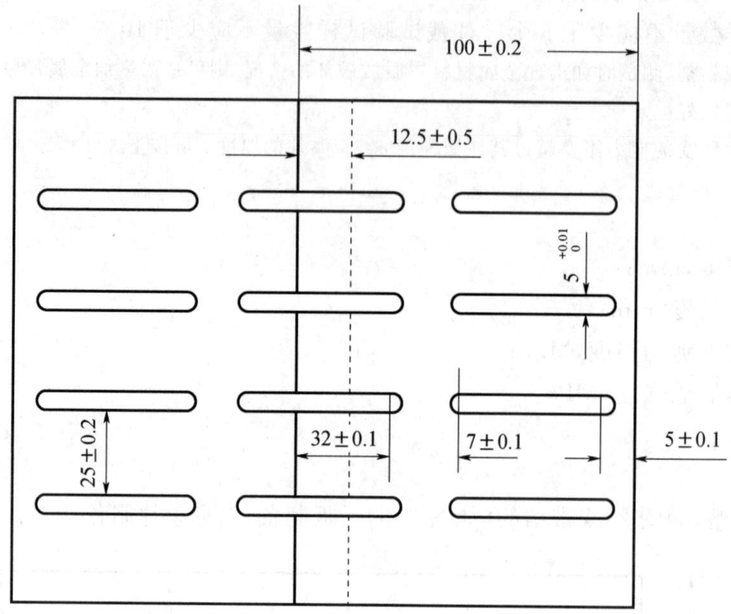

图 3 可选试板

的测试，测试前试样在试验环境下的停放时间一般不应少于 16 h。

7 试验步骤

7.1 用量具测量试样搭接面的长度和宽度，精确到 0.05 mm。

7.2 把试样对称地夹在上、下夹持器中，夹持处至搭接端的距离为 50±1 mm。

7.3 开动试验机，在 5±1 mm/min 内，以稳定速度加载。记录试样剪切破坏的最大负荷。记录胶接破坏的类型(内聚破坏、粘附破坏、金属破坏)。

8 试验结果

8.1 对金属搭接的胶粘剂拉伸剪切强度按下式计算：

$$\tau=\frac{P}{B\cdot L}$$

式中：τ ——胶粘剂拉伸剪切强度，MPa；

P——试样剪切破坏的最大负荷，N；

B——试样搭接面宽度，mm；

L——试样搭接面长度，mm。

8.2 试验结果以剪切强度的算术平均值、最高值、最低值表示。取三位有效数字。

9 试验报告

试验报告应包括下列内容：

a. 胶粘剂的型号和批号；

b. 金属材料的型号、厚度及表面处理方法；

c. 试样制备方法(不带槽平板、带槽平板、单片)和胶接工艺的必要说明；

d. 试样搭接长度；

e. 试样数量；

f. 试验结果(算术平均值、最高值、最低值)；

g. 试样的破坏类型和数量；

h. 胶层的平均厚度；

i. 与本标准不同之处。

附加说明：

本标准由中华人民共和国化学工业部提出，由上海橡胶制品研究所归口。

本标准由上海橡胶制品研究所、航空工业部第621研究所、上海合成树脂研究所负责起草。

本标准主要起草人居隐翰、颜铁锽。

ICS 83.180
G 38

中华人民共和国国家标准

GB/T 7124—2008/ISO 4587:2003
代替 GB/T 7124—1986

胶粘剂　拉伸剪切强度的测定（刚性材料对刚性材料）

Adhesives—Determination of tensile lap-shear strength of rigid-to-rigid bonded assemblies

（ISO 4587:2003,IDT）

2008-06-04 发布　　　　2008-12-01 实施

中华人民共和国国家质量监督检验检疫总局
中国国家标准化管理委员会　发布

前　言

本标准等同采用 ISO 4587:2003《胶粘剂——拉伸剪切强度的测定(刚性材料对刚性材料)》(英文版)。

本标准代替 GB/T 7124—1986《胶粘剂拉伸剪切强度测定方法(金属对金属)》。

本标准等同翻译 ISO 4587:2003,规范性引用文件用国家标准取代了国际标准,所引用的标准内容与国际标准没有差异。

为便于使用,本标准作下列编辑性修改:

a) “本国际标准”一词改为“本标准”;

b) 删除了国际标准的前言;

c) 用小数点“.”代替作为小数点的逗号“,”。

本标准与 GB 7124—1986 相比主要的差别如下:

——修改了标准的名称;

——增加了规范性引用文件(本版的第 2 章);

——粘接的材料从金属扩展为刚性材料(1986 年版的第一章;本版的第一章);

——试样的粘接面长度由 12.5±0.5 mm 改为 12.5 mm±0.25 mm(1986 年版的 4.1;本版的 5.1);

——试板厚度由 2.0±0.1 mm 改为 1.6 mm±0.1 mm(1986 年版的 4.1;本版的 5.1);

——增加了胶层厚度,及其控制方法(本版的 5.2);

——将测试速度由原来的“5±1 mm/min”改为“将剪切力变化速率定在每分钟 8.3 MPa～9.8 MPa 之间。”(1986 年版的 3.1;本版的第七章);

——试验结果的表示由“算术平均值、最高值、最低值”改为“每个试样的破坏载荷或拉伸剪切强度,算术平均值和标准偏差。”(1986 年版的 8.2;本版的第八章)。

本标准由中国石油和化学工业协会提出。

本标准由全国胶粘剂标准化技术委员会归口。

本标准起草单位:上海橡胶制品研究所、北京天山新材料技术有限责任公司。

本标准主要起草人:杨晨耘、郑惠英、许宁。

本标准所代替标准的历次版本发布情况为:

——GB/T 7124—1986。

胶粘剂　拉伸剪切强度的测定（刚性材料对刚性材料）

1　范围

本标准规定了刚性材料对刚性材料胶接件的拉伸剪切强度的测定方法。

本标准也规定了试样制备及测试的条件。本试验过程不作为设计资料。

2　规范性引用文件

下列文件中的条款通过本标准的引用而成为本标准的条款。凡是注日期的引用文件，其随后所有的修改单（不包括勘误的内容）或修订版均不适用于本标准，然而，鼓励根据本标准达成协议的各方研究是否可使用这些文件的最新版本。凡是不注日期的引用文件，其最新版本适用于本标准。

GB/T 2918　塑料试样状态调节和试验的标准环境（GB/T 2918—1998，idt ISO 291：1997）

GB/T 16997　胶粘剂　主要破坏类型的表示法（GB/T 16977—1997，idt ISO 10365：1992）

ISO 527-1：1993　塑料拉伸性能的测定　第1部分　总则

ISO 17212　结构粘合剂　粘结前金属和塑料表面处理指南

3　原理

胶粘剂拉伸剪切强度是在平行于粘接面且在试样主轴方向上施加一拉伸力，测出的刚性材料单搭接粘接处的剪切应力。

注1：单搭接胶接件经济、实用且易于制备。该试样是胶粘剂、粘结制品的开发、评价和对比研究，包括制造品质控制方面最为广泛的应用形式。

注2：从单搭接胶接件得到的剪切强度值不能作为结构胶接的设计应力。

4　装置

4.1　拉力试验机

选择使用的拉力试验机应使试样的破坏载荷在满标负荷的10%～80%之间。试验机的响应时间应足够短以保证断裂时间判定的准确性。试验机力值示值误差不得大于1%。试验机应保持ISO 527-1第7章中所规定的恒定的速度。可选用具有载荷变化均匀的试验机，可将载荷变化维持在8.3 MPa/min～9.7 MPa/min之间。试验机应配置一副可自动调心的夹具。加载时，夹具及其附件（见注）与试样无相对移动，保证试样长轴与施力方向一致，并与夹具中心线保持一致。

注：应避免夹具与胶接件由螺栓固定产生附加的应力集中。

5　试样

5.1　试样应符合图1的形状和尺寸。粘接面长度为12.5 mm±0.25 mm。试片主轴方向应与金属胶接件的切割方向相一致。

单位为毫米

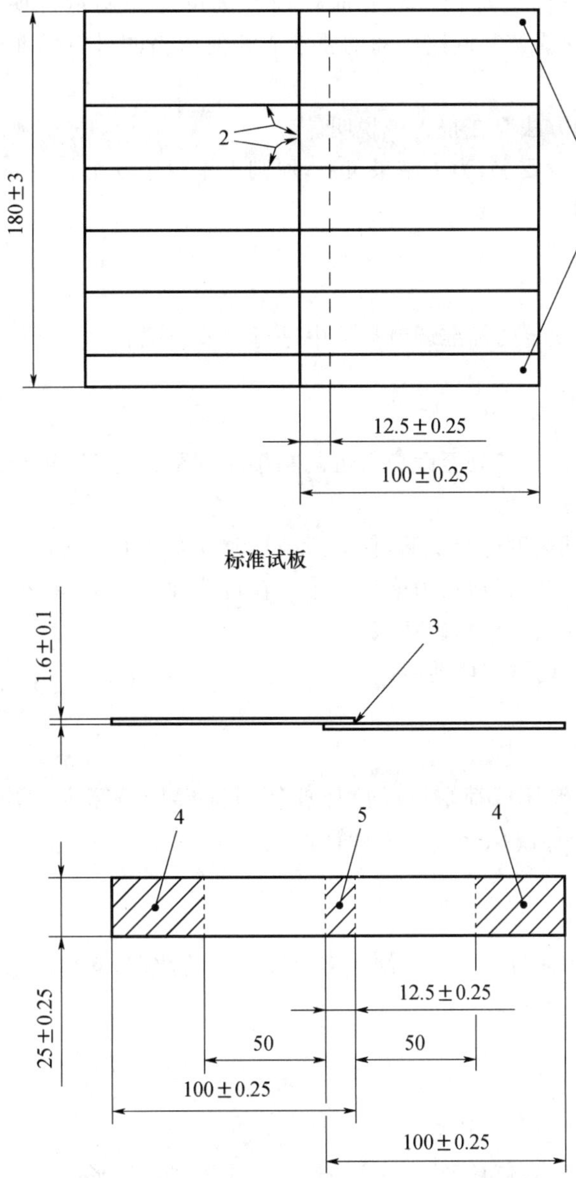

1——舍弃部分；

2——夹角 90°±1°；

3——胶粘剂；

4——夹持区域；

5——剪切区域。

图 1 试样及试板的形状和尺寸

注 1：选择不同于图 1 中试样尺寸可能会导致对试验的结果解释困难，因为不允许在此种情况下直接进行对比试验。

注 2：强烈推荐在粘接过程中使用夹具对胶接件来进行准确定位。

5.2 试样可用平板制备，也可单片制备。在选择不同的制备方式时，应考虑到机加工中，试样是否会被机械破坏(包括加热过度)。在单片制备试样时应特别小心，确保两被粘接试片精确对齐，尽可能使胶层厚度均匀，一致。

典型的胶层厚度为 0.2 mm。胶层厚度可用插入间隔导线或小玻璃球来控制。如果使用间隔导线，则导线应该平行于施力方向，使导线对粘接部位的影响最小。

5.3 胶接件表面应适当处理以适宜粘接。表面处理方法可遵照制造说明或其他适用的标准(ISO 17212)。胶粘剂的应用和固化应按其制造厂商的要求或其他适当的材料标准进行。在胶接过程中压出来的溢胶需及时清理。

对于胶接件，其表面处理方法应在报告中说明。

5.4 试样的数量决定于精密度要求，为了结果可靠，原则上不少于5个。

5.5 试样的尺寸测量精确到±0.1 mm。

6 调节

试样需在GB/T 2918中规定的标准调节环境中进行调节和试验。

7 试验步骤

将试样对称地夹在夹具上，夹持处至距离最近的粘接端的距离为50 mm±1 mm。夹具中可使用垫片，以保证作用力在粘接面内。

拉力试验机以恒定的测试速度进行试验，使一般破坏时间介于65 s±20 s。

若拉力机可以恒定速率加载，将剪切力变化速率定在每分钟8.3 MPa～9.8 MPa之间。

记录试样剪切破坏的最大负荷作为破坏载荷。

按GB/T 16997中的规定记录破坏类型。

8 结果表述

试验结果以有效试样的破坏载荷(N)或拉伸剪切强度(MPa)算术平均值表示。拉伸剪切强度(MPa)由破坏载荷(N)除以剪切面积(mm^2)来计算。

9 精确度

该测试方法被广泛使用和认可。但由于缺少多个实验室的数据，其精度未确定。

10 试验报告

试验报告应包括以下内容：

a) 本标准编号。

b) 被测胶粘剂的完整表述，包括型号、来源、制造商代码、批号、形态等等。

c) 试材的完整表述，包括材料性质和表面处理。

d) 粘接过程的表述，包括胶粘剂的使用方法，干燥和预处理条件(当需要时)，固化或凝固时间，固化温度和压力。

e) 胶层成形后的平均厚度(实际厚度)，以及控制厚度的方法。

f) 试样的完整描述，不论是单片制备或是平板制备，都应包括粘接部位的尺寸、构造。如果试样为平板制备，应描述平板数量、切片过程、条件以及试样个数。

g) 试样制备及测试的环境参数。

h) 测试速度(载荷的加载速度)。

i) 每个试样的破坏载荷或拉伸剪切强度，算术平均值和标准偏差。

j) 按照GB/T 16997中的规定来描述破坏类型。

k) 描述任何与规定程序的差异和任何有可能影响结果的事件。

ICS 91.100.30
Q 12

中华人民共和国国家标准

GB/T 8077—2012
代替 GB/T 8077—2000

混凝土外加剂匀质性试验方法

Methods for testing uniformity of concrete admixture

2012-12-31 发布　　2013-08-01 实施

中华人民共和国国家质量监督检验检疫总局
中国国家标准化管理委员会　发布

前　言

本标准按照 GB/T 1.1—2009 给出的规则起草。

本标准代替 GB/T 8077—2000《混凝土外加剂匀质性试验方法》。

本标准与 GB/T 8077—2000 的主要差异如下：

——本标准范围中增加了高性能减水剂，删除了膨胀剂（见第 1 章和 2000 版第 1 章）；

——增加了含固量测定方法和含水率测定方法，删除了固体含最测定方法（见第 5 章、第 6 章和 2000 版第 4 章）；

——表面张力试验方法中取消了界面张力仪（见第 10 章和 2000 版第 8 章）；

——增加了离子色谱法测定氯离子试验方法（见第 11 章）；

——删除了还原糖含量试验方法（见 2000 版第 11 章）；

——水泥净浆流动度试验方法中设备进行了调整（见第 13 章和 2000 版第 12 章）；

——增加了水泥胶砂减水率试验方法，删除了水泥砂浆工作性试验方法（见第 14 章和 2000 版第 13 章）；

——增加了总碱量空白试验（见第 15 章）。

本标准由中国建筑材料联合会提出。

本标准由全国水泥制品标准化技术委员会（SAC/TC 197）归口。

本标准负责起草单位：苏州混凝土水泥制品研究院有限公司、浙江五龙新材股份有限公司、上海市建筑科学研究院（集团）有限公司。

本标准参加起草单位：中国建筑材料科学研究总院、中治建筑研究总院有限公司、浙江大东吴集团建设新材料有限公司、浙江省天和建材集团有限公司、江苏海润化工有限公司、江苏特密斯混凝土外加剂有限公司、江苏超力建材科技有限公司、江苏中凯新材料有限公司、广东瑞安科技实业有限公司、河北久强建材有限公司、四川柯帅外加剂有限公司、上海中技桩业股份有限公司、张家港市一达水泥混凝土外加剂有限公司、苏州市兴邦化学建材有限公司、安徽淮河化工股份有限公司、张家港嘉成建设材料有限公司、格雷斯中国有限公司、国家水泥混凝土制品质量监督检验中心。

本标准主要起草人：郭涛、王玲、王娜、田培、宋永良、姚利君、俞伟青、郎剑雷、刘恒坤、陈国忠、徐兆桐、陈宗达、沈鑫根、韩红良、丁继英、毛荣良、付长红、袁庆元、高军峰、邓成刚。

本标准所代替的历次版本发布情况为：

——GB/T 8077—1987、GB/T 8077—2000。

混凝土外加剂匀质性试验方法

1 范围

本标准规定了用于水泥混凝土中外加剂的匀质性试验方法。

本标准适用于高性能减水剂(早强型、标准型、缓凝型)、高效减水剂(标准型、缓凝型)、普通减水剂(早强型、标准型、缓凝型)、引气减水剂、泵送剂、早强剂、缓凝剂、引气剂、防水剂、防冻剂和速凝剂共十一类混凝土外加剂。

2 规范性引用文件

下列文件对于本文件的应用是必不可少的。凡是注日期的引用文件,仅注日期的版本适用于本文件。凡是不注日期的引用文件,其最新版本(包括所有的修改单)适用于本文件。

GB/T 176 水泥化学分析方法

GB/T 2419 水泥胶砂流动度测定方法

JC/T 681 行星式水泥胶砂搅拌机

JC/T 729 水泥净浆搅拌机

3 术语和定义

下列术语和定义适用于本文件。

3.1

重复性条件 repeatabijity conditions

在同一实验室,由同一操作员使用相同的设备,按相同的测试方法,在短时间内对同一被测对象相互独立进行的测试条件。

3.2

再现性条件 reproducibility conditions

在不同的实验室,由不同的操作员使用不同设备,按相同的测试方法,对同一被测对象相互独立进行的测试条件。

3.3

重复性限 repeatability limit

一个数值,在重复性条件(3.1)下,两个测试结果的绝对差小于或等于此数的概率为95%。

3.4

再现性限 reproducibility Iimit

一个数值,在再现性条件(3.2)下,两个测试结果的绝对差小于或等于此数的概率为95%。

4 试验的基本要求

4.1 试验次数与要求

每项测定的试验次数规定为两次。用两次试验结果的平均值表示测定结果。

4.2 水

本标准所用的水为蒸馏水或同等纯度的水(水泥净浆流动度、水泥砂浆减水率除外)。

4.3 化学试剂

本标准所用的化学试剂除特别注明外,均为分析纯化学试剂。

4.4 空白试验

使用相同量的试剂，不加入试样，按照相同的测定步骤进行试验，对得到的测定结果进行校正。

4.5 灼烧

将滤纸和沉淀放入预先已灼烧并恒量的坩埚中，为避免产生火焰，在氧化性气氛中缓慢干燥、灰化，灰化至无黑色炭颗粒后，放入高温炉中，在规定的温度下灼烧。在干燥器中冷却至室温，称量。

4.6 恒量

经第一次灼烧、冷却、称量后，通过连续对每次 15 min 的灼烧，然后冷却、称量的方法来检查恒定质量，当连续两次称量之差小 0.000 5 g 时，即达到恒量。

4.7 检查氯离子(Cl^-)(硝酸银检验)

按规定洗涤沉淀数次后，用数滴水淋洗漏斗的下端，用数毫升水洗涤滤纸和沉淀，将滤液收集在试管中，加几滴硝酸银溶液(5 g/L)，观察试管中溶液是否浑浊。如果浑浊，继续洗涤并检验，直至用硝酸银检验不再浑浊为止。

5 含固量

5.1 方法提要

将已恒量的称量瓶内放入被测液体试样于一定的温度下烘至恒量。

5.2 仪器

要求如下：

a) 天平：分度值 0.000 1 g；

b) 鼓风电热恒温干燥箱：温度范围 0 ℃～200 ℃；

c) 带盖称量瓶：65 mm×25 mm；

d) 干燥器：内盛变色硅胶。

5.3 试验步骤

5.3.1 将洁净带盖称量瓶放入烘箱内，于 100 ℃～105 ℃烘 30 min，取出置于干燥器内，冷却 30 min 后称量，重复上述步骤直至恒量，其质量为 m_0。

5.3.2 将被测液体试样装入已经恒量的称量瓶内，盖上盖称出液体试样及称量瓶的总质量为 m_1。

液体试样称量：3.000 0 g～5.000 0 g。

5.3.3 将盛有液体试样的称量瓶放入烘箱内，开启瓶盖，升温至 100 ℃～105 ℃(特殊品种除外)烘干，盖上盖置于干燥器内冷却 30 min 后称量，重复上述步骤直至恒量，其质量为 m_2。

5.4 结果表示

含固量 $X_{固}$ 按式(1)计算：

$$X_{固} = \frac{m_2 - m_0}{m_1 - m_0} \times 100 \quad \cdots\cdots (1)$$

式中：

$X_{固}$——含固量，%；

m_0——称量瓶的质量，单位为克(g)；

m_1——称量瓶加液体试样的质量，单位为克(g)；

m_2——称量瓶加液体试样烘干后的质量，单位为克(g)。

5.5 重复性限和再现性限

重复性限为 0.30%；

再现性限为 0.50%。

6 含水率

6.1 方法提要

将已恒量的称量瓶内放入被测粉状试样于一定的温度下烘至恒量。

6.2 仪器

要求如下：

a) 天平：分度值 0.000 1 g；

b) 鼓风电热恒温干燥箱：温度范围 0 ℃～200 ℃；

c) 带盖称量瓶：65 mm×25 mm；

d) 干燥器：内盛变色硅胶。

6.3 试验步骤

6.3.1 将洁净带盖称量瓶放入烘箱内，于 100 ℃～105 ℃烘 30 min，取出置于干燥器内，冷却 30 min 后称量，重复上述步骤直至恒量，其质量为 m_0。

6.3.2 将被测粉状试样装入已经恒量的称量瓶内，盖上盖称出粉状试样及称量瓶的总质量为 m_1。

粉状试样称量：1.000 0 g～2.000 0 g。

6.3.3 将盛有粉状试样的称量瓶放入烘箱内，开启瓶盖，升温至 100 ℃～105 ℃（特殊品种除外）烘干，盖上盖置于干燥器内冷却 30 min 后称量，重复上述步骤直至恒量，其质量为 m_2。

6.4 结果表示

含水率 $X_{水}$ 按式(2)计算：

$$X_{水}=\frac{m_1-m_2}{m_1-m_0}\times 100 \quad\cdots\cdots(2)$$

式中：

$X_{水}$——含水率，%；

m_0——称量瓶的质量，单位为克(g)；

m_1——称量瓶加粉状试样的质量，单位为克(g)；

m_2——称量瓶加粉状试样烘干后的质量，单位为克(g)。

6.5 重复性限和再现性限

重复性限为 0.30%；

再现性限为 0.50%。

7 密度

7.1 比重瓶法

7.1.1 方法提要

将已校正容积(V 值)的比重瓶，灌满被测溶液，在 20 ℃±1 ℃恒温，在天平上称出其质量。

7.1.2 测试条件

条件如下：

a) 被测溶液的温度为 20 ℃±1 ℃；

b) 如有沉淀应滤去。

7.1.3 仪器

要求如下：

a) 比重瓶：25 mL 或 50 mL；

b) 天平：分度值 0.000 1 g；

c) 干燥器：内盛变色硅胶；

d） 超级恒温器或同等条件的恒温设备。

7.1.4 试验步骤

7.1.4.1 比重瓶容积的校正

比重瓶依次用水、乙醇、丙酮和乙醚洗涤并吹干，塞子连瓶一起放入干燥器内，取出，称量比重瓶之质量为 m_0，直至恒量。然后将预先煮沸并经冷却的水装入瓶内，塞上塞子，使多余的水分从塞子毛细管流出，用吸水纸吸干瓶外的水。注意不能让吸水纸吸出塞子毛细管里的水，水要保持与毛细管上口相平，立即在天平称出比重瓶装满水后的质量 m_1。

比重瓶在 20 ℃时容积 V 按式(3)计算。

$$V=\frac{m_1-m_0}{0.9982} \quad\cdots\cdots(3)$$

式中：

V——比重瓶在 20 ℃时容积，单位为毫升(mL)；

m_0——干燥的比重瓶质量，单位为克(g)；

m_1——比重瓶盛满 20 ℃水的质量，单位为克(g)；

0.998 2——20 ℃时纯水的密度，单位为克每毫升(g/mL)。

7.1.4.2 外加剂溶液密度 $\boldsymbol{\rho}$ 的测定

将已校正 V 值的比重瓶洗净、干燥、灌满被测溶液，塞上塞子后浸入 20 ℃±1 ℃超级恒温器内，恒温 20 min 后取出，用吸水纸吸干瓶外的水及由毛细管溢出的溶液后，在天平上称出比重瓶装满外加剂溶液后的质量为 m_2。

7.1.5 结果表示

外加剂溶液的密度 ρ 按式(4)计算：

$$\rho=\frac{m_2-m_0}{V}=\frac{m_2-m_0}{m_1-m_0}\times 0.9982 \quad\cdots\cdots(4)$$

式中：

ρ——20 ℃时外加剂溶液密度，单位为克每毫升(g/mL)；

m_2——比重瓶装满 20 ℃外加剂溶液后的质量，单位为克(g)。

7.1.6 重复性限和再现性限

重复性限为 0.001 g/mL；

再现性限为 0.002 g/mL。

7.2 液体比重天平法

7.2.1 方法提要

在液体比重天平的一端挂有一标准体积与质量之测锤，浸没于液体之中获得浮力而使横梁失去平衡，然后在横梁的 V 形槽里放置各种定量骑码使横梁恢复平衡，所加骑码之读数 d，再乘以 0.998 2 g/mL 即为被测溶液的密度 ρ 值。

7.2.2 测试条件

测试条件同 7.1.2。

7.2.3 仪器

要求如下：

a） 液体比重天平(构造示意见图 1)；

b） 超级恒温器或同等条件的恒温设备。

7.2.4 试验步骤

7.2.4.1 液体比重天平的调试

将液体比重天平安装在平稳不受震动的水泥台上，其周围不得有强力磁源及腐蚀性气体，在横梁

(2)的末端钩子上挂上等重砝码(8),调节水平调节螺丝(9),使横梁上的指针与托架指针成水平线相对,天平即调成水平位置;如无法调节平衡时,可将平衡调节器(3)的定位小螺丝钉松开,然后略微轻动平衡调节(3),直至平衡为止。仍将中间定位螺丝钉旋紧,防止松动。

将等重砝码取下,换上整套测锤(6),此时天平应保持平衡,允许有±0.000 5 的误差存在。

如果天平灵敏度过高,可将灵敏度调节(4)旋低,反之旋高。

7.2.4.2 外加剂溶液密度 ρ 的测定

将已恒温的被测溶液倒入量筒(7)内,将液体比重天平的测锤浸没在量筒中被测溶液的中央,这时横梁失去平衡,在横梁 V 形槽与小钩上加放各种骑码后使之恢复平衡,所加骑码之读数 d,再乘以 0.998 2 g/mL,即为被测溶液的密度 ρ 值。

7.2.5 结果表示

将测得的数值 d 代入式(5)计算出密度 ρ:

$$\rho = 0.9982 \times d \qquad (5)$$

式中:

d——20 ℃时被测溶液所加骑码的数值。

7.2.6 重复性限和再现性限

重复性限为 0.001 g/mL;

再现性限为 0.002 g/mL。

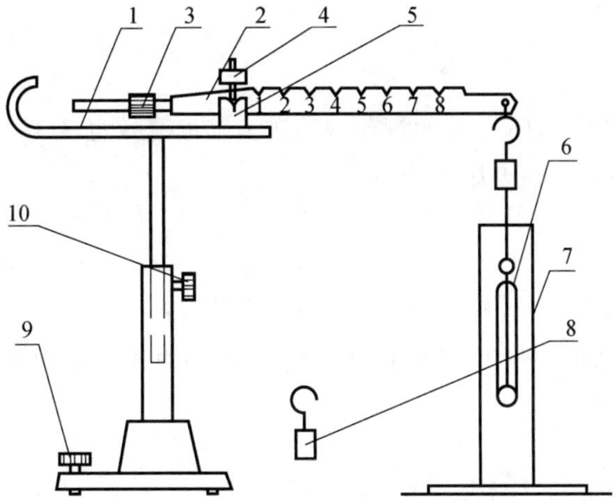

1——托架;
2——横梁;
3——平衡调节器;
4——灵敏度调节器;
5——玛瑙刃座;
6——测锤;
7——玻筒;
8——等重砝码;
9——水平调节;
10——紧固螺钉。

图 1 液体比重天平

7.3 精密密度计法

7.3.1 方法提要

先以波美比重计测出溶液的密度,再参考波美比重计所测的数据,以精密密度计准确测出试样的密度 ρ 值。

7.3.2 测试条件

测试条件同 7.1.2。

7.3.3 仪器

要求如下:

a） 波美比重计；

b） 精密密度计；

c） 超级恒温器或同等条件的恒温设备。

7.3.4 试验步骤

将已恒温的外加剂倒入 500 mL 玻璃量筒内，以波美比重计插入溶液中测出该溶液的密度。

参考波美比重计所测溶液的数据，选择这一刻度范围的精密密度计插入溶液中，精确读出溶液凹液面与精密密度计相齐的刻度即为该溶液的密度 ρ。

7.3.5 结果表示

测得的数据即为 20 ℃时外加剂溶液的密度。

7.3.6 重复性限和再现性限

重复性限为 0.001 g/mL；

再现性限为 0.002 g/mL。

8 细度

8.1 方法提要

采用孔径为 0.315 mm 的试验筛，称取烘干试样倒入筛内，用人工筛样，称量筛余物质量，按式(6)计算出筛余物的百分含量。

8.2 仪器

要求如下：

a） 天平：分度值 0.001 g；

b） 试验筛：采用孔径为 0.315 mm 的铜丝网筛布。筛框有效直径 150 mm、高 50 mm。筛布应紧绷在筛框上，接缝应严密，并附有筛盖。

8.3 试验步骤

外加剂试样应充分拌匀并经 100 ℃～105 ℃（特殊品种除外）烘干，称取烘干试样 10 g，称准至 0.001 g 倒入筛内，用人工筛样，将近筛完时，应一手执筛往复摇动，一手拍打，摇动速度每分钟约 120 次。其间，筛子应向一定方向旋转数次，使试样分散在筛布上，直至每分钟通过质量不超过 0.005 g 时为止。称量筛余物，称准至 0.001 g。

8.4 结果表示

细度用筛余(%)表示按式(6)计算：

$$筛余=\frac{m_1}{m_0}\times 100 \quad \cdots\cdots (6)$$

式中：

m_1——筛余物质量，单位为克(g)；

m_0——试样质量，单位为克(g)。

8.5 重复性限和再现性限

重复性限为 0.40%；

再现性限为 0.60%。

9 pH 值

9.1 方法提要

根据奈斯特(Nernst)方程 $E=E_0+0.059\ 15\lg[H^+]$，$E=E_0-0.059\ 15\ pH$，利用一对电极在不同 pH 值溶液中能产生不同电位差，这一对电极由测试电极（玻璃电极）和参比电极（饱和甘汞电极）组成，在 25 ℃时每相差一个单位 pH 值时产生 59.15 mV 的电位差，pH 值可在仪器的刻度表上直接读出。

9.2 仪器

要求如下：

a) 酸度计；

b) 甘汞电极；

c) 玻璃电极；

d) 复合电极；

e) 天平：分度值 0.000 1 g。

9.3 测试条件

条件如下：

a) 液体试样直接测试；

b) 粉体试样溶液的浓度为 10 g/L；

c) 被测溶液的温度为 20 ℃±3 ℃。

9.4 试验步骤

9.4.1 校正

按仪器的出厂说明书校正仪器。

9.4.2 测量

当仪器校正好后，先用水，再用测试溶液冲洗电极，然后再将电极浸入被测溶液中轻轻摇动试杯，使溶液均匀。待到酸度计的读数稳定 1 min，记录读数。测量结束后，用水冲洗电极，以待下次测量。

9.5 结果表示

酸度计测出的结果即为溶液的 pH 值。

9.6 重复性限和再现性限

重复性限为 0.2；

再现性限为 0.5。

10 表面张力

10.1 方法提要

铂环与液面接触后，在铂环内形成液膜，提起铂环时所需的力与液体表面张力相平衡，测定液膜脱离液面的力之大小。

10.2 测试条件

条件如下：

a) 液体试样直接测试；

b) 粉状试样溶液的浓度为 10 g/L；

c) 被测溶液的温度为 20 ℃±1 ℃；

d) 如有沉淀应滤去。

10.3 仪器

要求如下：

a) 自动界面张力仪；

b) 天平：分度值 0.000 1 g。

10.4 试验步骤

10.4.1 用比重瓶或液体比重天平测定该外加剂溶液的密度。

10.4.2 在测量之前，应把铂环和玻璃器皿很好进行清洗彻底去掉油污。

10.4.3 空白试验用无水乙醇作标样，测定其表面张力，测定值与理论值之差不得超过 0.5 mN/m。

10.4.4 被测液体倒入准备好的玻璃杯中约 20 mm～25 mm 高，将其放在仪器托盘的中间位置上。

10.4.5 按下操作面板的“上升”按钮，铂环与被测溶液接触，并使铂环浸入到液体 5 mm～7 mm。

10.4.6 按下“停”的按钮，再按“下降”按钮，托盘和被测液体开始下降。

10.4.7 直至环被拉脱离开液面，记录显示器上的最大值 P。

10.5 结果表示

溶液表面张力 σ 按式(7)计算：

$$\sigma = F \cdot P \qquad \cdots\cdots (7)$$

式中：

σ——溶液的表面张力，单位为米牛顿每米(mN/m)；

P——显示器上的最大值，单位为米牛顿每米(mN/m)；

F——校正因子。

校正因子 F 按式(8)计算：

$$F = 0.7250 + \sqrt{\frac{0.01452P}{C^2(\rho - \rho_0)} + 0.04534 - \frac{1.679}{R/r}} \qquad \cdots\cdots (8)$$

式中：

C——铂环周长 $2\pi R$，单位为厘米(cm)；

R——铂环内半径和铂丝半径之和，单位为厘米(cm)；

σ_0——空气密度，单位为克每毫升(g/mL)；

ρ——被测溶液密度，单位为克每毫升(g/mL)；

r——铂丝半径，单位为厘米(cm)。

10.6 重复性限和再现性限

重复性限为 1.0 mN/m；

再现性限为 1.5 mN/m。

11 氯离子含量

11.1 电位滴定法

11.1.1 方法提要

用电位滴定法，以银电极或氯电极为指示电极，其电势随 Ag＋浓度而变化。以甘汞电极为参比电极，用电位计或酸度计测定两电极在溶液中组成原电池的电势，银离子与氯离子反应生成溶解度很小的氯化银白色沉淀。在等当点前滴入硝酸银生成氯化银沉淀，两电极间电势变化缓慢，等当点时氯离子全部生成氯化银沉淀，这时滴入少量硝酸银即引起电势急剧变化，指示出滴定终点。

11.1.2 试剂

要求如下：

a) 硝酸(1＋1)；

b) 硝酸银溶液(17 g/L)：准确称取约 17 g 硝酸银($AgNO_3$)，用水溶解，放入 1 L 棕色容量瓶中稀释至刻度，摇匀，用 0.100 0 mol/L 氯化钠标准溶液对硝酸银溶液进行标定。

c) 氯化钠标准溶液(0.100 0 mol/L)：称取约 10 g 氯化钠(基准试剂)，盛在称量瓶中，于 130 ℃～150 ℃烘干 2 h，在干燥器内冷却后精确称取 5.844 3 g，用水溶解并稀释至 1 L，摇匀。

标定硝酸银溶液(17 g/L)：

用移液管吸取 10 mL 0.100 0 mol/L 的氯化钠标准溶液于烧杯中，加水稀释至 200 mL，加 4 mL 硝酸(1＋1)，在电磁搅拌下，用硝酸银溶液以电位滴定法测定终点，过等当点后，在同一溶液中再加入 0.100 0 mol/L 氯化钠标准溶液 10 mL，继续用硝酸银溶液滴定至第二个终点，用二次微商法计算出硝酸银溶液消耗的体积 V_{01}，V_{02}，见附录 A。

体积 V_0，按式(9)计算：

$$V_0 = V_{02} - V_{01} \qquad (9)$$

式中：

V_0——10 mL 0.100 0 mol/L 氯化钠标准溶液消耗硝酸银溶液的体积，单位为毫升(mL)；

V_{01}——空白试验中 200 mL 水，加 4 mL 硝酸(1+1)加 10 mL 0.100 0 mol/L 氯化钠标准溶液所消耗硝酸银溶液的体积，单位为毫升(mL)；

V_{02}——空白试验中 200 mL 水，加 4 mL 硝酸(1+1)加 20 mL 0.100 0 mol/L 氯化钠标准溶液所消耗硝酸银溶液的体积，单位为毫升(mL)。

硝酸银溶液的浓度 c 按式(10)计算：

$$c = \frac{c'V'}{V_0} \qquad (10)$$

式中：

c——硝酸银溶液的浓度，单位为摩尔每升(mol/L)；

c'——氯化钠标准溶液的浓度，单位为摩尔每升(mol/L)；

V'——氯化钠标准溶液的体积，单位为毫升(mL)。

11.1.3 仪器

要求如下：

a) 电位测定仪或酸度仪；

b) 银电极或氯电极；

c) 甘汞电极；

d) 电磁搅拌器；

e) 滴定管(25 mL)；

f) 移液管(10 mL)；

g) 天平：分度值 0.000 1 g。

11.1.4 试验步骤

11.1.4.1 准确称取外加剂试样 0.500 0 g～5.000 0 g，放入烧杯中，加 200 mL 水和 4 mL 硝酸(1+1)，使溶液呈酸性，搅拌至完全溶解，如不能完全溶解，可用快速定性滤纸过滤，并用蒸馏水洗涤残渣至无氯离子为止。

11.1.4.2 用移液管加入 10 mL 0.100 0 mol/L 的氯化钠标准溶液，烧杯内加入电磁搅拌子，将烧杯放在电磁搅拌器上，开动搅拌器并插入银电极(或氯电极)及甘汞电极，两电极与电位计或酸度计相连接，用硝酸银溶液缓慢滴定，记录电势和对应的滴定管读数。

由于接近等当点时，电势增加很快，此时要缓慢滴加硝酸银溶液，每次定量加入 0.1 mL，当电势发生突变时，表示等当点已过，此时继续滴入硝酸银溶液，直至电势趋向变化平缓。得到第一个终点时硝酸银溶液消耗的体积 V_1。

11.1.4.3 在同一溶液中，用移液管再加入 10 mL 0.100 0 mol/L 氯化钠标准溶液(此时溶液电势降低)，继续用硝酸银溶液滴定，直至第二个等当点出现，记录电势和对应的 0.1 mol/L 硝酸银溶液消耗的体积 V_2。

11.1.4.4 空白试验 在干净的烧杯中加入 200 mL 水和 4 mL 硝酸(1+1)。用移液管加入 10 mL 0.100 0 mol/L 氯化钠标准溶液，在不加入试样的情况下，在电磁搅拌下，缓慢滴加硝酸银溶液，记录电势和对应的滴定管读数，直至第一个终点出现。过等当点后，在同一溶液中，再用移液管加入 0.100 0 mol/L 氯化钠标准溶液 10 mL，继续用硝酸银溶液滴定至第二个终点，用二次微商法计算出硝酸银溶液消耗的体积 V_{01} 及 V_{02}。

11.1.5 结果表示

用二次微商法计算结果，见附录 A。通过电压对体积二次导数(即 $\Delta^2 E/\Delta V^2$)变成零的办法来求出滴定终点。假如在邻近等当点时，每次加入的硝酸银溶液是相等的，此函数($\Delta^2E/\Delta V^2$)必定会在正负两个符号发生变化的体积之间的某一点变成零，对应这一点的体积即为终点体积，可用内插法求得。

外加剂中氯离子所消耗的硝酸银体积 V 按式(11)计算：

$$V=\frac{(V_1-V_{01})+(V_2-V_{02})}{2} \qquad \cdots\cdots\cdots\cdots (11)$$

式中：

V_1——试样溶液加 10 mL 0.100 0 mol/L 氯化钠标准溶液所消耗的硝酸银溶液体积，单位为毫升(mL)；

V_2——试样溶液加 20 mL 0.100 0 mol/L 氯化钠标准溶液所消耗的硝酸银溶液体积，单位为毫升(mL)。

外加剂中氯离子含量 X_{Cl^-} 按式(12)计算：

$$X_{Cl^-}=\frac{c\times V\times 35.45}{m\times 1\ 000}\times 100 \qquad \cdots\cdots\cdots\cdots (12)$$

式中：

X_{Cl^-}——外加剂中氯离子含量，%；

V——外加剂中氯离子所消耗硝酸银溶液体积，单位为毫升(mL)；

m——外加剂样品质量，单位为克(g)。

11.1.6 重复性限和再现性限

重复性限为 0.05%；

再现性限为 0.08%。

11.2 离子色谱法

11.2.1 方法提要

离子色谱法是液相色谱分析方法的一种，样品溶液经阴离子色谱柱分离，溶液中的阴离子 F^-、Cl^-、SO_4^{2-}、NO_3^- 被分离，同时被电导池检测。测定溶液中氯离子峰面积或峰高。

11.2.2 试剂和材料

要求如下：

a) 氮气：纯度不小于 99.8%。

b) 硝酸：优级纯。

c) 实验室用水：一级水(电导率小于 18 MΩ·cm，0.2 μm 超滤膜过滤)。

d) 氯离子标准溶液(1 mg/mL)：准确称取预先在 550 ℃～600 ℃加热 40 min～50 min 后，并在干燥器中冷却至室温的氯化钠(标准试剂)1.648 g，用水溶解，移入 1 000 mL 容量瓶中，用水稀释至刻度。

e) 氯离子标准溶液(100 μg/mL)：准确移取上述标准溶液 100 mL 至 1 000 mL 容量瓶中，用水稀释至刻度。

f) 氯离子标准溶液系列：准确移取 1 mL，5 mL，10 mL，15 mL，20 mL，25 mL(100 μg/mL 的氯离子的标准溶液)至 100 mL 容量瓶中，稀释至刻度。此标准溶液系列浓度分别为：1 μg/mL，5 μg/mL，10 μg/mL，15 μg/mL，20 μg/mL，25 μg/mL。

11.2.3 仪器

要求如下：

a) 离子色谱仪：包括电导检测器，抑制器，阴离子分离柱，进样定量环(25 μL，50 μL，100 μL)。

b) 0.22 μm 水性针头微孔滤器。

c) On Guard Rp 柱：功能基为聚二乙烯基苯。

d) 注射器：1.0 mL、2.5 mL。

e) 淋洗液体系选择

碳酸盐淋洗液体系：阴离子柱填料为聚苯乙烯、有机硅、聚乙烯醇或聚丙烯酸酯阴离子交换树脂。

氢氧化钾淋洗液体系：阴离子色谱柱 IonPacAs18 型分离柱(250 mm×4 mm)和 IonPacAG18 型保护柱(50 mm×4 mm)；或性能相当的离子色谱柱。

f) 抑制器：连续自动再生膜阴离子抑制器或微填充床抑制器。

g) 检出限：0.01 μg/mL。

11.2.4 试验步骤

11.2.4.1 称量和溶解

准确称取 1 g 外加剂试样，精确至 0.1 mg。放入 100 mL 烧杯中，加 50 mL 水和 5 滴硝酸溶解试样。试样能被水溶解时，直接移入 100 mL 容量瓶，稀释至刻度；当试样不能被水溶解时，采用超声和加热的方法溶解试样，再用快速滤纸过滤，滤液用 100 mL 容量瓶承接，用水稀释至刻度。

11.2.4.2 去除样品中的有机物

混凝土外加剂中的可溶性有机物可以用 On Guard RP 柱去除。

11.2.4.3 测定色谱图

将上述处理好的溶液注入离子色谱中分离，得到色谱图，测定所得色谱峰的峰面积或峰高。

11.2.4.4 氯离子含量标准曲线的绘制

在重复性条件下进行空白试验。将氯离子标准溶液系列分别在离子色谱中分离，得到色谱图，测定所得色谱峰的峰面积或峰高。以氯离子浓度为横坐标，峰面积或峰高为纵坐标绘制标准曲线。

11.2.5 结果表示

将样品的氯离子峰面积或峰高对照标准曲线，求出样品溶液的氯离子浓度 c_1，并按照式(13)计算出试样中氯离子含量。

$$X_{Cl^-}=\frac{c_1\times V_1\times 10^{-6}}{m}\times 100 \qquad \cdots\cdots (13)$$

式中：

X_{Cl^-}——样品中氯离子含量，%；

c_1——由标准曲线求得的试样溶液中氯离子的浓度，单位为微克每毫升(μg/mL)；

V_1——样品溶液的体积，单位数值为 100 毫升(mL)；

m——外加剂样品质量，单位为克(g)。

11.2.6 重复性限

表 1

Cl^- 含量范围/%	<0.01	0.01～0.1	0.1～1	1～10	>10
重复性限/%	0.001	0.02	0.10	0.20	0.25

12 硫酸钠含量

12.1 重量法

12.1.1 方法提要

氯化钡溶液与外加剂试样中的硫酸盐生成溶解度极小的硫酸钡沉淀，称量经高温灼烧后的沉淀来计算硫酸钠的含量。

12.1.2 试剂

要求如下：

a) 盐酸(1+1)；

b) 氯化铵溶液(50 g/L);

c) 氯化钡溶液(100 g/L);

d) 硝酸银溶液(1 g/L)。

12.1.3 仪器

要求如下:

a) 电阻高温炉:最高使用温度不低于 900 ℃;

b) 天平:分度值 0.000 1 g;

c) 电磁电热式搅拌器;

d) 瓷坩埚:18 mL~30 mL;

e) 烧杯:400 mL;

f) 长颈漏斗;

g) 慢速定量滤纸,快速定性滤纸。

12.1.4 试验步骤

12.1.4.1 准确称取试样约 0.5 g,于 400 mL 烧杯中,加入 200 mL 水搅拌溶解,再加入氯化铵溶液 50 mL,加热煮沸后,用快速定性滤纸过滤,用水洗涤数次后,将滤液浓缩至 200 mL 左右,滴加盐酸(1+1)至浓缩滤液显示酸性,再多加 5~10 滴盐酸,煮沸后在不断搅拌下趁热滴加氯化钡溶液 10 mL,继续煮沸 15 min,取下烧杯,置于加热板上,保持 50 ℃~60 ℃静置 2 h~4 h 或常温静置 8 h。

12.1.4.2 用两张慢速定量滤纸过滤,烧杯中的沉淀用 70 ℃水洗净,使沉淀全部转移到滤纸上,用温热水洗涤沉淀至无氯根为止(用硝酸银溶液检验)。

12.1.4.3 将沉淀与滤纸移入预先灼烧恒重的坩埚中,小火烘干,灰化。

12.1.4.4 在 800 ℃电阻高温炉中灼烧 30 min,然后在干燥器里冷却至室温(约 30 min),取出称量,再将坩埚放回高温炉中,灼烧 20 min,取出冷却至室温称量,如此反复直至恒量。

12.1.5 结果表示

外加剂中硫酸钠含量 $X_{Na_2SO_4}$ 按式(14)计算:

$$X_{Na_2SO_4}=\frac{(m_2-m_1)\times 0.6086}{m}\times 100 \quad \cdots\cdots (14)$$

式中:

$X_{Na_2SO_4}$——外加剂中硫酸钠含量,%;

m——试样质量,单位为克(g);

m_1——空坩埚质量,单位为克(g);

m_2——灼烧后滤渣加坩埚质量,单位为克(g);

0.6086——硫酸钡换算成硫酸钠的系数。

12.1.6 重复性限和再现性限

重复性限为 0.50%;

再现性限为 0.80%。

12.2 离子交换重量法

12.2.1 方法提要

同 12.1.1。

12.2.2 试剂

同 12.1.2 并增加预先经活化处理过的 717-OH 型阴离子交换树脂。

12.2.3 仪器

同 12.1.3。

12.2.4 试验步骤

12.2.4.1 采用重量法测定，试样加入氯化铵溶液沉淀处理过程中，发现絮凝物而不易过滤时改用离子交换重量法。准确称取外加剂样品 0.200 0 g～0.500 0 g，置于盛有 6 g 717-OH 型阴离子交换树脂的 100 mL 烧杯中，加入 60 mL 水和电磁搅拌棒，在电磁电热式搅拌器上加热至 60 ℃～65 ℃，搅拌 10 min，进行离子交换。

12.2.4.2 将烧杯取下，用快速定性滤纸于三角漏斗上过滤，弃去滤液。

12.2.4.3 然后用 50 ℃～60 ℃氯化铵溶液洗涤树脂五次，再用温水洗涤五次，将洗液收集于另一干净的 300 mL 烧杯中，滴加盐酸(1+1)至溶液显示酸性，再多加 5～10 滴盐酸，煮沸后在不断搅拌下趁热滴加氯化钡溶液 10 mL，继续煮沸 15 min，取下烧杯，置于加热板上保持 50 ℃～60 ℃，静置 2 h～4 h 或常温静置 8 h。

12.2.4.4 重复 12.1.4.2～12.1.4.4 的步骤。

12.2.5 结果表示

同 12.1.5。

12.2.6 重复性限和再现性限

同 12.1.6。

13 水泥净浆流动度

13.1 方法提要

在水泥净浆搅拌机中，加入一定量的水泥、外加剂和水进行搅拌。将搅拌好的净浆注入截锥圆模内，提起截锥圆模，测定水泥净浆在玻璃平面上自由流淌的最大直径。

13.2 仪器

要求如下：

a) 双转双速水泥净浆搅拌机：符合 JC/T 729 的要求；

b) 截锥圆模：上口直径 36 mm，下口直径 60 mm，高度为 60 mm，内壁光滑无接缝的金属制品；

c) 玻璃板：400 mm×400 mm×5 mm；

d) 秒表；

e) 钢直尺：300 mm；

f) 刮刀；

g) 天平：分度值 0.01 g；

h) 天平：分度值 1 g。

13.3 试验步骤

13.3.1 将玻璃板放置在水平位置，用湿布抹擦玻璃板、截锥圆模、搅拌器及搅拌锅，使其表面湿而不带水渍。将截锥圆模放在玻璃板的中央，并用湿布覆盖待用。

13.3.2 称取水泥 300 g，倒入搅拌锅内。加入推荐掺量的外加剂及 87 g 或 105 g 水，立即搅拌(慢速 120 s，停 15 s，快速 120 s)。

13.3.3 将拌好的净浆迅速注入截锥圆模内，用刮刀刮平，将截锥圆模按垂直方向提起，同时开启秒表计时，任水泥净浆在玻璃板上流动，至 30 s，用直尺量取流淌部分互相垂直的两个方向的最大直径，取平均值作为水泥净浆流动度。

13.4 结果表示

表示净浆流动度时，应注明用水量，所用水泥的强度等级标号、名称、型号及生产厂和外加剂掺量。

13.5 重复性限和再现性限

重复性限为 5 mm；

再现性限为 10 mm。

14 水泥胶砂减水率

14.1 方法提要

先测定基准胶砂流动度的用水量，再测定掺外加剂胶砂流动度的用水量，经计算得出水泥胶砂减水率。

14.2 仪器

要求如下：

a) 胶砂搅拌机：符合 JC/T 681 的要求；

b) 跳桌、截锥圆模及模套、圆柱捣棒、卡尺均应符合 GB/T 2419 的规定；

c) 抹刀；

d) 天平：分度值 0.01 g；

e) 天平：分度值 1 g。

14.3 材料

要求如下：

a) 水泥；

b) 水泥强度检验用 ISO 标准砂；

c) 外加剂。

14.4 试验步骤

14.4.1 基准胶砂流动度用水量的测定

14.4.1.1 先使搅拌机处于待工作状态，然后按以下程序进行操作：把水加入锅里，再加入水泥 450 g，把锅放在固定架上，上升至固定位置，然后立即开动机器，低速搅拌 30 s 后，在第二个 30 s 开始的同时均匀地将砂子加入，机器转至高速再拌 30 s。停拌 90 s，在第一个 15 s 内用一抹刀将叶片和锅壁上的胶砂刮入锅中，在高速下继续搅拌 60 s，各个阶段搅拌时间误差应在±1 s 以内。

14.4.1.2 在拌和胶砂的同时，用湿布抹擦跳桌的玻璃台面，捣棒、截锥圆模及模套内壁，并把它们置于玻璃台面中心，盖上湿布，备用。

14.4.1.3 将拌好的胶砂迅速地分两次装入模内，第一次装至截锥圆模的三分之二处，用抹刀在相互垂直的两个方向各划 5 次，并用捣棒自边缘向中心均匀捣 15 次，接着装第二层胶砂，装至高出截锥圆模约 20 mm，用抹刀划 10 次，同样用捣棒捣 10 次，在装胶砂与捣实时，用手将截锥圆模按住，不要使其产生移动。

14.4.1.4 捣好后取下模套，用抹刀将高出截锥圆模的胶砂刮去并抹平，随即将截锥圆模垂直向上提起置于台上，立即开动跳桌，以每秒一次的频率使跳桌连续跳动 25 次。

14.4.1.5 跳动完毕用卡尺量出胶砂底部流动直径，取互相垂直的两个直径的平均值为该用水量时的胶砂流动度，用 mm 表示。

14.4.1.6 重复上述步骤，直至流动度达到(180±5)mm。当胶砂流动度为(180±5)mm 时的用水量即为基准胶砂流动度的用水量 M_0。

14.4.2 掺外加剂胶砂流动度用水量的测定

将水和外加剂加入锅里搅拌均匀，按 14.4.1 的操作步骤测出掺外加剂胶砂流动度达(180±5)mm 时的用水量 M_1。

14.5 结果表示

14.5.1 胶砂减水率(%)按式(15)计算：

$$胶砂减水率 = \frac{M_0 - M_1}{M_0} \times 100 \qquad \cdots\cdots (15)$$

式中：

M_0——基准胶砂流动度为(180±5)mm 时的用水量,单位为克(g);

M_1——掺外加剂的胶砂流动度为(180±5)mm 时的用水量,单位为克(g)。

14.5.2 注明所用水泥的标号、名称、型号及生产厂。

14.6 重复性限和再现性限

重复性限为 1.0%;

再现性限为 1.5%。

15 总碱量

15.1 火焰光度法

15.1.1 方法提要

试样用约 80 ℃的热水溶解,以氨水分离铁、铝;以碳酸钙分离钙、镁。滤液中的碱(钾和钠),采用相应的滤光片,用火焰光度计进行测定。

15.1.2 试剂与仪器

要求如下:

a) 盐酸(1+1);

b) 氨水(1+1);

c) 碳酸铵溶液(100 g/L);

d) 氧化钾、氧化钠标准溶液:精确称取已在 130 ℃~150 ℃烘过 2 h 的氯化钾(KCl 光谱纯)0.792 0 g 及氯化钠(NaCl 光谱纯)0.943 0 g,置于烧杯中,加水溶解后,移入 1 000 mL 容量瓶中,用水稀释至标线,摇匀,转移至干燥的带盖的塑料瓶中。此标准溶液每毫升相当于氧化钾及氧化钠 0.5 mg;

e) 甲基红指示剂(2 g/L 乙醇溶液);

f) 火焰光度计;

g) 天平:分度值 0.000 1 g。

15.1.3 试验步骤

15.1.3.1 分别向 100 mL 容量瓶中注入 0.00 mL;1.00 mL;2.00 mL;4.00 mL;8.00 mL;12.00 mL 的氧化钾、氧化钠标准溶液(分别相当于氧化钾、氧化钠各 0.00 mg;0.50 mg;1.00 mg;2.00 mg;4.00 mg;6.00 mg),用水稀释至标线,摇匀,然后分别于火焰光度计上按仪器使用规程进行测定,根据测得的检流计读数与溶液的浓度关系,分别绘制氧化钾及氧化钠的工作曲线。

15.1.3.2 准确称取一定量的试样置于 150 mL 的瓷蒸发皿中,用 80 ℃左右的热水润湿并稀释至 30 mL,置于电热板上加热蒸发,保持微沸 5 min 后取下,冷却,加 1 滴甲基红指示剂,滴加氨水(1+1),使溶液呈黄色;加入 10 mL 碳酸铵溶液,搅拌,置于电热板上加热并保持微沸 10 min,用中速滤纸过滤,以热水洗涤,滤液及洗液盛于容量瓶中,冷却至室温,以盐酸(1+1)中和至溶液呈红色,然后用水稀释至标线,摇匀,以火焰光度计按仪器使用规程进行测定。称样量及稀释倍数见表 2。

15.1.3.3 同时进行空白试验。

表 2

总碱量/%	称样量/g	稀释体积/mL	稀释倍数(n)
1.00	0.20	100	1
1.00~5.00	0.10	250	2.5
5.00~10.00	0.05	250 或 500	2.5 或 5
大于 10.00	0.05	500 或 1 000	5 或 10

15.1.4 结果表示

15.1.4.1 氧化钾与氧化钠含量计量

氧化钾百分含量 X_{K_2O} 按式(16)计算：

$$X_{K_2O}=\frac{c_1 \times n}{m \times 1\ 000} \times 100 \qquad (16)$$

式中：

X_{K_2O}——外加剂中氧化钾含量，%；

c_1——在工作曲线上查得每100 mL被测定液中氧化钾的含量，单位为毫克(mg)；

n——被测溶液的稀释倍数；

m——试样质量，克(g)。

氧化钠百分含量 X_{Na_2O} 按式(17)计算：

$$X_{Na_2O}=\frac{c_2 \times n}{m \times 1\ 000} \times 100 \qquad (17)$$

式中：

X_{Na_2O}——外加剂中氧化钠含量，%；

c_2——在工作曲线上查得每100 mL被测溶液中氧化钠的含量，单位为毫克(mg)。

15.1.4.2 $X_{总碱量}$ 按式(18)计算：

$$X_{总碱量}=0.658 \times X_{K_2O}+X_{Na_2O} \qquad (18)$$

式中：

$X_{总碱量}$——外加剂中的总碱量，%。

15.1.5 重复性限和再现性限

表3

总碱量/%	重复性限/%	再现性限/%
1.00	0.10	0.15
1.00～5.00	0.20	0.30
5.00～10.00	0.30	0.50
大于10.00	0.50	0.80

15.2 原子吸收光谱法

见GB/T 176—2008中第34章。

附 录 A
（资料性附录）
二次微商法计算混凝土外加剂中氯离子百分含量实例

A.1 空白试验及硝酸银浓度的标定

空白试验记录格式见表A.1。

表 A.1

加 10 mL 0.100 0 mol/L 氯化钠				加 20 mL 0.100 0 mol/L 氯化钠			
滴加硝酸银体积 V_{01}/mL	电势 E/mV	$\Delta E/\Delta V$/(mV/mL)	$\Delta^2 E/\Delta V^2$/(mV/mL²)	滴加硝酸银体积 V_{02}/mL	电势 E/mV	$\Delta E/\Delta V$/(mV/mL)	$\Delta^2 E/\Delta V^2$/(mV/mL²)
10.30	242			20.20	240		
10.40	253	110		20.30	251	110	
10.50	267	140	300	20.40	264	130	200
10.60	280	130	−100	20.50	276	120	−100

计算：

$$V_{01}=10.40+0.10\times\frac{300}{300+100}=10.48(\text{mL})$$

$$V_{02}=20.30+0.10\times\frac{200}{200+100}=20.37(\text{mL})$$

$$C_{\text{AgNO}_3}=\frac{10.00\times 0.1000}{20.37-10.48}=0.1011(\text{mol/L})$$

A.2 外加剂样品的试验

称取外加剂样品0.769 6 g，加200 mL蒸馏水，溶解后加4 mL硝酸(1+1)，用硝酸银溶液滴定，外加剂样品试验记录格式见表A.2。

表 A.2

加 10 mL 0.100 0 mol/L 氯化钠				加 20 mL 0.100 0 mol/L 氯化钠			
滴加硝酸银体积 V_1/mL	电势 E/mV	$\Delta E/\Delta V$/(mV/mL)	$\Delta^2 E/\Delta V^2$/(mV/mL²)	滴加硝酸银体积 V_2/mL	电势 E/mV	$\Delta E/\Delta V$/(mV/mL)	$\Delta^2 E/\Delta V^2$/(mV/mL²)
13.20	244			23.20	241		
13.30	256	120		23.30	252	110	
13.40	269	130	100	23.40	264	120	100
13.50	280	110	−200	23.50	275	110	−100

计算：

$$V_1=13.30+0.1\times\frac{100}{100+200}=13.33(\text{mL})$$

$$V_2 = 23.30 + 0.1 \times \frac{100}{100 + 100} = 23.35(\text{mL})$$

$$V = \frac{(13.33 - 10.48) + (23.35 - 20.37)}{2} = 2.92(\text{mL})$$

$$\text{Cl}^- = \frac{35.45 \times 0.1011 \times 2.92}{0.769\,6 \times 1\,000} \times 100 = 1.36(\%)$$

ICS 77.040.30
N 51

中华人民共和国国家标准

GB/T 10247—2008
代替 GB/T 10247—1988

粘度测量方法

Methods of viscosity measurement

2008-06-20 发布 2009-01-01 实施

中华人民共和国国家质量监督检验检疫总局
中国国家标准化管理委员会 发布

前　言

请注意本标准的某些内容有可能涉及专利。本标准的发布机构不应承担识别这些专利的责任。

本标准代替 GB/T 10247—1988《粘度测试方法》。

与 GB/T 10247—1988 相比较，本标准的主要变化如下：

——增加了前言和参考文献的内容；

——增加了 2.6.2、3.6.2 再现性测量中的注；

——修改了 4.6.2、5.6.2 再现性测量中的注内容；

——修改了 4.6.1 重复性内容。

本标准的附录 A、附录 B、附录 C 和附录 E 为规范性附录，附录 D 为资料性附录。

本标准由中国机械工业联合会提出。

本标准由全国工业过程测量和控制标准化技术委员会分析仪器分技术委员会归口。

本标准起草单位：成都仪器厂、中国计量科学研究院化学计量与分析科学研究所、中国石油大学（北京）、上海精密科学仪器有限公司。

本标准主要起草人：余永惠、张传思、吕仲兰、张劲军、吴亚锋、董莉。

本标准所代替标准的历次版本发布情况为：

——GB/T 10247—1988。

粘度测量方法

1 范围

本标准规定了毛细管法、落球法、旋转法和振动法测量流体运动粘度和动力粘度的通用方法。

本标准适用于牛顿流体的粘度测量，不适用于非牛顿流体的粘度测量。

2 毛细管法

2.1 适用性

本方法适用于实验室取样测量 10^5 mm^2/s 以下的运动粘度。

2.2 测量原理

测量一定体积的流体在重力作用下，以匀速层流状态流经毛细管所需的时间求运动粘度，其基本公式：

$$\nu=\frac{100\pi d^4 ght}{128Vl}-\frac{E}{t^2} \qquad \cdots\cdots (1)$$

式中：

ν——流体的运动粘度，单位为二次方毫米每秒(mm^2/s)；

π——圆周率；

d——毛细管内径，单位为厘米(cm)；

l——毛细管长度，单位为厘米(cm)；

h——平均有效液柱高度，单位为厘米(cm)；

V——流体流经毛细管的计时体积，单位为立方厘米(cm^3)；

g——重力加速度，单位为厘米每二次方秒(cm/s^2)；

t——体积为 V 的流体的流动时间，单位为秒(s)；

E——动能系数。

对于相对测量，公式(1)可写成

$$\nu=Ct-\frac{E}{t^2} \qquad \cdots\cdots (2)$$

式中：

C——用标准粘度液(以下简称标准液)标定的粘度计常数，单位为二次方毫米每二次方秒(mm^2/s^2)。

如果 $E/t^2 \ll Ct$(见附录 B)，则公式(2)可写成

$$\nu=Ct \qquad \cdots\cdots (3)$$

2.3 设备和材料

2.3.1 粘度计

玻璃毛细管粘度计需经校准。本标准列出四种可供选用的玻璃毛细管粘度计，它们是平开维奇粘度计(简称平氏粘度计)，坎农-芬斯克粘度计(简称芬氏粘度计)、乌别洛特粘度计(简称乌氏粘度计)、逆流型坎农-芬斯克粘度计(简称逆流粘度计)，详细规格见附录 A。

2.3.2 恒温槽

恒温槽的深度应能满足 2.4.3.2 的要求。槽壁应由透明材料做成，或有观察窗。在设定温度下，恒温槽温度波动度，对于精密的粘度测量(以下简称精密型)，应不超过±0.01 ℃；对于工业的粘度测量(以下简称工业型)，应不超过±0.1 ℃。温场均匀性分别不大于 0.02 ℃、不大于 0.2 ℃。

2.3.3 温度计

采用经校准并修正，分度值不大于 0.01 ℃(精密型)及 0.1 ℃(工业型)的水银温度计或其他测温设备。

2.3.4 密度计

采用经校准并修正，其分度值为 0.001 g/cm^3 的密度计。

2.3.5 计时器

采用经校准并修正，其分辨率不大于 0.1 s，测量误差不大于 0.05%的秒表或其他计时设备。

2.3.6 其他

电烘箱或吹风机、真空泵或其他抽气设备，粘度计夹子、线坠或其他调垂直装置、乳胶管、能有效清洗粘度计的溶剂或洗液等。

2.4 测量步骤

2.4.1 准备

2.4.1.1 试样的处理

对于含有机械杂质的试样应事先过滤。

2.4.1.2 粘度计的选择

选择适当内径的粘度计，使得流动时间在 200 s 以上。平氏粘度计、乌氏粘度计和芬氏粘度计的最细内径的流动时间分别不得小于 350 s、300 s 和 250 s，详见附录 A。

2.4.1.3 粘度计的清洗及干燥

粘度计在使用前用适当的非碱性溶剂清洗并干燥。对于新购置、长期未使用过的或沾有污垢的粘度计，要用铬酸洗液浸泡 2 h 以上，再用自来水、蒸馏水洗净及烘干。

2.4.2 装液

2.4.2.1 按 2.4.2.2 和 2.4.2.4 装液，试样温度应控制在试验温度±2 ℃的范围内。

2.4.2.2 对于平氏粘度计及芬氏粘度计(见图 A.1、图 A.2)，把其倒转过来，让管 N 插入试样中，将试样吸入至计时球的下标线 F，迅速倒转粘度计并擦净管口。

2.4.2.3 对于乌氏粘度计(见图 A.3)，把试样从管 L 装入下储器 A，使液面处于上、下装液标线 G 与 H 之间。

2.4.2.4 对于逆流粘度计(见图 A.4)按 2.4.2.1 方法将试样吸到刻线 G，迅速倒转粘度计，密闭管 N(采用套上带水止夹的乳胶管等方法)以防试样流入计时球。

2.4.3 安装

2.4.3.1 把装好试样的粘度计的管 N(乌氏粘度计的管 N 与 M)套上干净的乳胶管。

2.4.3.2 用粘度计夹具或支架把粘度计固定在恒温槽中，让恒温槽液面高于计时球 C(逆流粘度计的上储器 D)20 mm 以上，使粘度计底部高于恒温槽底 20 mm 以上。

2.4.3.3 调节粘度计使毛细管垂直(对于芬氏粘度计，使计时球 C 及下储器 A 处于同一垂线上)。

2.4.4 恒温

测量之前，粘度计在恒温槽中、在测量温度下恒温至少 15 min。对粘度大的试样适当延长恒温时间。

2.4.5 测量

2.4.5.1 对于平氏粘度计和芬氏粘度计，将管 N 与抽气设备(真空泵，洗耳球或注射器等)连通，把试样吸入计时球，至上标线 E 以上约 5 mm 处，使管 N 与大气相通，试样自然流下，测量试样弯月面最低点通过计时球上下标线 E、F 的时间。不重装试样，重复测量两次流动时间，取平均值。两次测量的流动时间之差应不大于平均值的 0.2%(精密型)及 0.5%(工业型)。

2.4.5.2 对于乌氏粘度计，密封管 M，将管 N 与抽气设备相连，将液体吸至计时球上标线 E 以上约 5 mm 处，使管 M 及 N 均与大气相通，液体自然流下，测量与取值同 2.4.5.1。

2.4.5.3　对于逆流粘度计，使管 N 与大气相通，液体自然流下，测量液面的上缘从计时球 C 的下标线 E 升至上标线 F 所需的时间。对于每一种试样要作两次平行测量(测量第一次，粘度计要清洗烘干后，再作第二次测量，或用两支粘度计各测量一次)。两次测量的流动时间之差应不大于平均值的 0.35%(精密型)及 1.0%(工业型)，否则应重新测量。取两次流动时间的平均值为测量结果。

2.5　结果计算

2.5.1　运动粘度的计算

把按 2.4.5 方法测量的流动时间代入公式(3)计算运动粘度。

在精密度测量时，可按附录 B 对结果进行修正。

2.5.2　动力粘度的计算

用公式(4)计算试样的动力粘度。

$$\eta = \nu\rho \qquad \cdots\cdots(4)$$

式中：

η——试样的动力粘度，单位为毫帕秒(mPa·s)；

ρ——与测量运动粘度相同的温度下试样的密度，单位为克每立方厘米(g/cm^3)。

2.6　精密度

2.6.1　重复性

同一操作者，在同一实验室，用同一台粘度计，对同一试样作两次平行测量，两次测量结果之差应不大于平均值的 0.35%(精密型)或 1.0%(工业型)。

2.6.2　再现性

不同操作者，在不同实验室，用相同类型的不同粘度计，对同一试样测量，测量结果之差应不大于平均值的 0.7%(精密型)或 2%(工业型)。

注：为了得到可靠的再现性结果，需要在相同试验温度下，对同一试样进行测量。

2.7　测量报告

报告运动粘度或动力粘度两者的试验结果，分别对测量值或计算值给出四位有效数字(精密型)和三位有效数字(工业型)，并注明是依据本标准进行试验。按附录 E 规定填写。

3　落球法

3.1　适用性

本方法适用于实验室取样测量，量程较宽，特别适合高粘度试样在低剪切速率下的粘度测量。

3.2　测量原理

3.2.1　直落式

通过测量球在液体中匀速自由下落一定距离所需的时间求动力粘度，见公式(5)：

$$\eta = \frac{100d_1^2(\rho_0 - \rho)gt_1}{18l_1}f \qquad \cdots\cdots(5)$$

式中：

d_1——球的直径，单位为厘米(cm)；

ρ_0——球的密度，单位为克每立方厘米(g/cm^3)；

ρ——液体的密度，单位为克每立方厘米(g/cm^3)；

l_1——球的下落距离，单位为厘米(cm)；

t_1——球下落 l_1 距离所需时间，单位为秒(s)；

f——对于管壁影响的修正系数。

$$f = 1 - 2.104\frac{d_1}{D} + 2.09\left(\frac{d_1}{D}\right)^3 - 0.95\left(\frac{d_1}{D}\right)^5$$

式中：

D——试样管的内径，单位为厘米(cm)；

对于相对测量，公式(5)可写成

$$\eta = K(\rho_0 - \rho)t_1 \quad \cdots\cdots (6)$$

式中：

K——球的常数(用标准液标定)，单位为毫帕秒立方厘米每克($mPa \cdot s \cdot cm^3 \cdot g^{-1}$)。

3.2.2 滚落式

通过测量固体球在充满试样的倾斜管子中沿管壁滚动，下落一定距离所需的时间计算粘度。此方法只适用于作相对测量。按公式(6)计算粘度。

3.3 设备和材料

3.3.1 测量球

直落式采用直径为1 mm～4 mm的若干种轴承钢球，滚落式采用直径为11 mm～15.8 mm的不锈钢、合金钢或玻璃球。

3.3.2 试样管

试样管的计时标线间隔不应小于50 mm，直落式的试样管的直径必须是测量球直径的5倍～10倍。

3.3.3 恒温槽

直落式恒温槽的深度应满足3.4.2.1要求。槽体必须由透明材料制成，或有观察窗，如图1所示。滚落式的保温套由恒温槽循环提供恒温液，如图2所示。在设定温度下，恒温槽温度波动度应不超过±0.1 ℃。

3.3.4 温度计

采用经校准并修正过的，其分辨率不大于0.1 ℃水银温度计或其他测温设备。

3.3.5 计时器

同2.3.5。

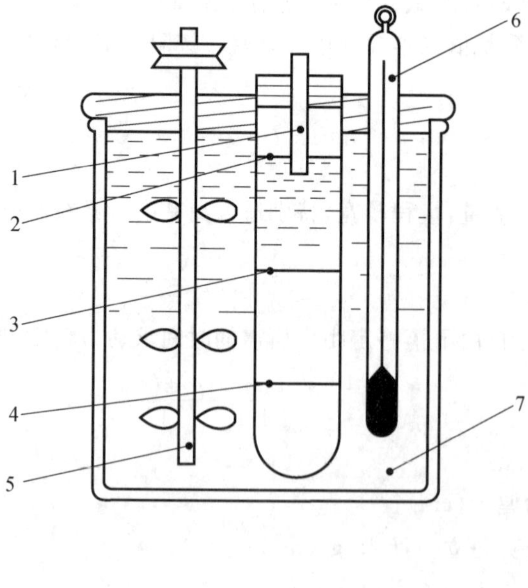

1——导向管；

2——试样面；

3——上标线 m_1；

4——下标线 m_2；

5——搅拌器；

6——温度计；

7——恒温槽。

图1 直落式恒温槽示意图

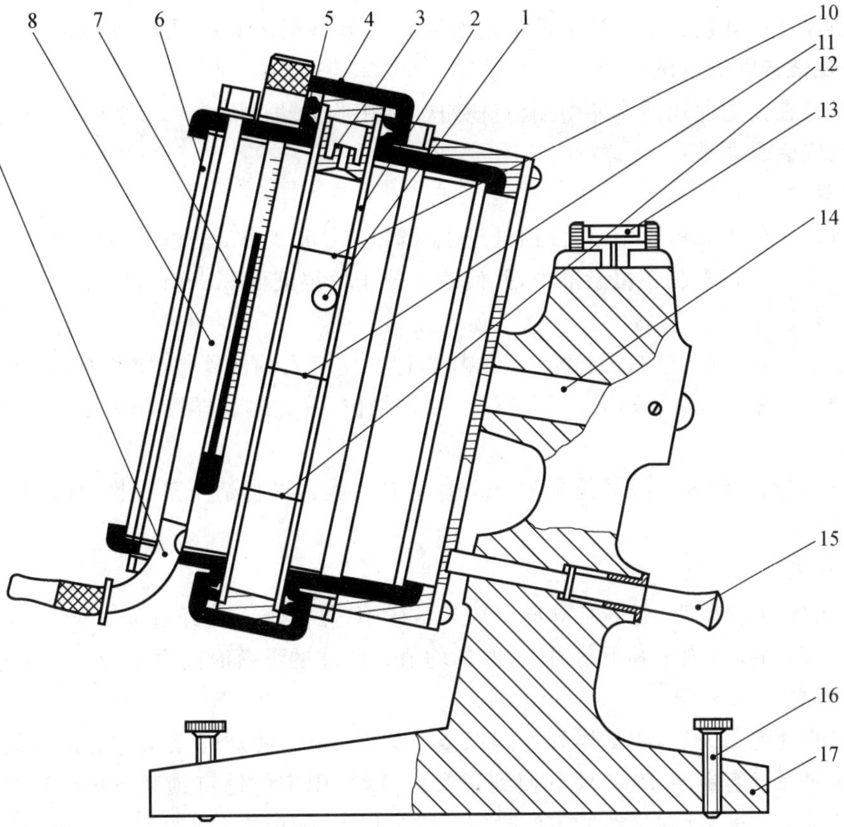

1——球；
2——试样管；
3——排气塞；
4——螺帽；
5——密封盖；
6——保温套；
7——温度计；
8——进水管；
9——出水管；
10——计时标线 m_1；
11——计时标线 m_3；
12——计时标线 m_2；
13——水准泡；
14——转轴；
15——定位销钉；
16——水平螺钉；
17——支架。

图 2　滚落式恒温槽示意图

3.3.6　其他

吹风机、小球夹具、管刷、有机溶剂等。

3.4　测量步骤

3.4.1　准备

3.4.1.1　试样的处理

同 2.4.1.1。

3.4.1.2 球的选择

选择适当尺寸的球使其在试样中的下落速度不大于1.67 mm/s(相当于50 mm/30 s)。

3.4.1.3 球及试样管的清洗

球及试样管在使用前用适当的溶剂清洗数次,并用吹风机吹干。

3.4.2 装液、安装及调节

3.4.2.1 直落式

按图1将试样装入试样管中,使液面处于上计时标线 m_1 50 mm以上,塞上中心处带有垂直导向管的塞子。把试样管垂直安装在恒温槽中,并使液面处于恒温液面20 mm以下。

3.4.2.2 滚落式

按图2盖上试样管底部的密封盖5及螺帽4,把试样装入试样管中,使液面低于管端约15 mm,放入球,盖上排气塞3,密封盖5及螺帽4,调节仪器的水平位置(此时试样管与垂线成10°角)。

3.4.3 恒温

测量之前,在测量温度下恒温至少15 min。对粘度大的试样适当延长恒温时间。

3.4.4 测量

3.4.4.1 直落式

待试样中的气泡消失后,把球从导向管放入试样中,测量球下落经过 m_1、m_2 计时标线所需时间,投入第二个同样尺寸的球,测量其下落时间,取平均值。两球的下落时间之差应不大于平均值的1%。

3.4.4.2 滚落式

待试样中的气泡消失后,将试样管连同保温套旋转180°,使球降至试样管的顶端(此时顶端朝下),再把试样管连同保温套倒转180°,使其回到正常位置,并用定位销钉锁紧。球由顶端沿管壁滚动下落,测量球下落经过 m_1、m_2 计时标线所需的时间。重复以上操作测量球的下落时间,取平均值。两次下落时间之差应不大于平均值的1%。

3.5 结果计算

3.5.1 绝对法(仅直落式适用)测量结果的计算

按公式(5)计算试样的动力粘度 η,其中 d_1、D、ρ_0、l_1 的测量按附录C规定。

3.5.2 相对法测量结果的计算

把测得的平均时间 t 代入公式(6),计算试样的动力粘度 η。球的密度 ρ_0 及试样的密度 ρ 的测量分别同3.5.1及2.5.2。

3.6 精密度

3.6.1 重复性

同一操作者,在同一实验室,用同一台粘度计,对同一试样作两次平行测量,两次测量结果之差应不大于平均值的1.5%。

3.6.2 再现性

不同操作者,在不同实验室,用相同类型的不同粘度计,对同一试样测量,两次测量结果之差应不大于平均值的3%。

注:为了得到可靠的再现性结果,需要在相同试验温度下,对同一试样进行测量。

3.7 测量报告

报告动力粘度的试验结果,对测量值或计算值给出三位有效数字,并注明是依据本标准进行试验。按附录E规定填写。

4 旋转法

4.1 适用性

本方法测量范围宽,适用于实验室取样测量。

4.2 测量原理

使圆筒(圆锥)在流体中旋转或圆筒(圆锥)静止而停周围的流体旋转流动,流体的粘性扭矩将作用于圆筒(圆锥),流体的动力粘度与扭矩的关系可用公式(7)表示:

$$\eta_1 = \frac{AM}{n_1} \qquad \cdots\cdots (7)$$

式中:

η_1——流体的动力粘度,单位为帕秒(Pa·s);

M——流体作用于圆筒(圆锥)的粘性扭矩,单位为牛顿米(N·m);

n_1——圆筒(圆锥)的旋转速度,单位为弧度每秒(rad/s);

A——常数,单位为每立方米(m^{-3})。

在选定的转速下,流体动力粘度仅与扭矩有关,可按公式(8)求得动力粘度。

$$\eta_1 = K_1 \alpha \qquad \cdots\cdots (8)$$

式中:

K_1——粘度计常数,单位为帕秒(Pa·s);

α——粘度计示值。

在选定的剪切速率下,流体动力粘度仅与剪切应力有关。根据牛顿内摩擦定律,流体的动力粘度与剪切速率关系如下,可按公式(9)求得动力粘度。

$$\eta_1 = \frac{\tau}{\dot{\gamma}} = \frac{Z\alpha}{\gamma} \qquad \cdots\cdots (9)$$

式中:

τ——流体作用于圆筒(圆锥)的剪切应力,单位为帕(Pa);

$\dot{\gamma}$——流体的剪切速率,单位为每秒(s^{-1});

Z——粘度计测量系统常数,单位为帕(Pa)。

4.3 设备和材料

4.3.1 粘度计

根据粘度范围、剪切应力、剪切速率、准确度和试样量选择粘度计型式。常用的三种旋转粘度计型式参见附录D。

旋转粘度计需经校准。

4.3.2 恒温槽

在设定温度下,温度波动度不超过±0.1 ℃,可以对外输出循环恒温水。

4.3.3 温度计

同3.3.4。

4.3.4 其他

取样器皿、溶剂或洗液、白绸、卷筒纸等。

4.4 测量步骤

4.4.1 安装

按粘度计说明书安装,有水平要求的粘度计需调节支座螺钉达到水平。

4.4.2 清洗

用适当的溶剂清洗取样器皿、测量系统,用白绸或卷筒纸擦干(或吹干)后备用。

4.4.3 装料

目测试样无杂质和气泡后,按规定准确取样。

4.4.4 恒温

试样在测试温度下充分恒温,以保证示值稳定。参考恒温时间:锥-板、同轴圆筒、单圆筒系统依次为

0.5 h、1 h、2 h。

单圆筒系统试样用料多，应注意检测试样内层的温度，使之符合要求。

4.4.5 测量

4.4.5.1 启动粘度计，待示值稳定后读数，然后关断电源。如此重复测量三次示值，其与平均值的最大偏差应不超过平均值的±1.5%，否则，应重新测量。取三次示值的平均值为该次测量结果。

4.5 结果计算

4.5.1 根据公式(8)、公式(9)计算粘度。

4.5.2 示值受电网频率影响的粘度计(见粘度计说明书)，若电网频率变化超过±1%，应对测量结果加以修正。

$$\eta_S = \eta_C \times \frac{f_B}{f_S} \qquad \cdots\cdots\cdots\cdots (10)$$

式中：

η_S——实际粘度，单位为帕秒(Pa·s)；

η_C——测量粘度，单位为帕秒(Pa·s)；

f_B——电网标称频率，单位为赫兹(Hz)；

f_S——电网实测频率，单位为赫兹(Hz)。

4.6 精密度

4.6.1 重复性

同一操作者，在同一实验室，用同一台粘度计，对同一试样作两次平行测量，其结果与平均值之差应不大于所选粘度计的固有误差。

4.6.2 再现性

不同操作者，在不同实验室，用相同类型的不同粘度计，对同一试样测量，其结果与平均值之差应不超过所选粘度计固有误差的1.5倍。

注：为了得到可靠的再现性结果，需要在相同试验温度下，对同一试样进行测量。

4.7 测量报告

报告动力粘度的试验结果，对测量值或计算值给出三位有效数字，并注明是依据本标准进行试验。按附录E规定填写。

5 振动法

5.1 适用性

本方法适用于实验室和工业过程测量1 000 mPa·s以下的粘度。

5.2 测量原理

用一定强度的磁脉冲激励测头使振动体振动。振动体置于被测流体中时，受流体粘性阻力作用振动将衰减，其衰减系数与流体的动力粘度和密度的关系可用公式(11)表示。

$$\alpha_1 = K_2\sqrt{\eta\rho} \qquad \cdots\cdots\cdots\cdots (11)$$

式中：

α_1——衰减系数，单位为毫帕秒克每立方厘米($mPa \cdot s \cdot g \cdot cm^{-3}$)；

K_2——粘度计常数，单位为毫帕秒克每立方厘米的平方根($\sqrt{mPa \cdot s \cdot g \cdot cm^{-3}}$)。

5.3 设备和材料

5.3.1 粘度计

振动粘度计需经校准。

5.3.2 恒温槽

在设定温度下，温度波动度不超过±0.1 ℃。

5.3.3　**温度计**

同3.3.4。

5.3.4　**密度计**

同2.3.4。

5.3.5　**其他**

试样容器(有效容积应足够大,以避免器壁的影响)、测头支架、有机溶剂、白绸、卷筒纸等。

5.4　**测量步骤**

5.4.1　**安装**

连接粘度计和测头的电缆线,配上测头支架,使测头垂直向下。

5.4.2　**清洗测头**

取下保护套,用适当溶剂浸泡和清洗,再用白绸或卷筒纸擦干,装上保护套。擦拭振动体时应从根部开始向前进行,切忌造成机械变形。

5.4.3　**装料**

目测试样无杂质和气泡后,按规定准确取样。

5.4.4　**调零**

仪器通电预热0.5 h,把测头垂直向下置于空气中,在最灵敏量程进行零位调整。

5.4.5　**恒温**

把振动体垂直插入试样,使其处于容器中心位置,并全部被试样淹没。试样和振动体在测量温度下恒温0.5 h～1 h。

5.4.6　**测量**

5.4.6.1　从高到低依次转换量程。尽量选择低量程读数。

5.4.6.2　待示值稳定后读数,共测量三次,每两个读数之间使测头和容器相对旋转90°(振动体不拔出)。三次示值与平均值的最大偏差应不超过平均值的±1.5%,否则,应重新测量。取两次平行测量结果的平均值。

5.5　**结果计算**

将测量结果代入公式(12)或公式(13)计算。

$$\eta=\frac{A_1}{\rho} \qquad \cdots\cdots\cdots\cdots (12)$$

$$\nu=\frac{A_1}{\rho_2} \qquad \cdots\cdots\cdots\cdots (13)$$

式中:

A_1——测量结果,单位为毫帕秒克每立方厘米(mPa·s·g·cm^{-3})。

5.6　**精密度**

5.6.1　**重复性**

同一操作者,在同一实验室,用同一台粘度计,对同一试样作两次平行测量,其结果与平均值之差应不超过平均值的±2.5%。

5.6.2　**再现性**

不同操作者,在不同实验室,用相同类型的不同粘度计,对同一试样测量,其结果与平均值之差应不超过所选粘度计固有误差的1.5倍。

注:为了得到可靠的再现性结果,需要在相同试验温度下,对同一试样进行测量。

5.7　**测量报告**

报告运动粘度或动力粘度两者的试验结果,分别对测量值或计算值给出三位有效数字,并注明是依据本标准进行试验。按附录E的规定填写。

附　录　A
（规范性附录）
玻璃毛细管粘度计的规格

A.1　平氏粘度计

平氏粘度计示意图见图 A.1，其尺寸及测量范围见表 A.1。

单位为毫米

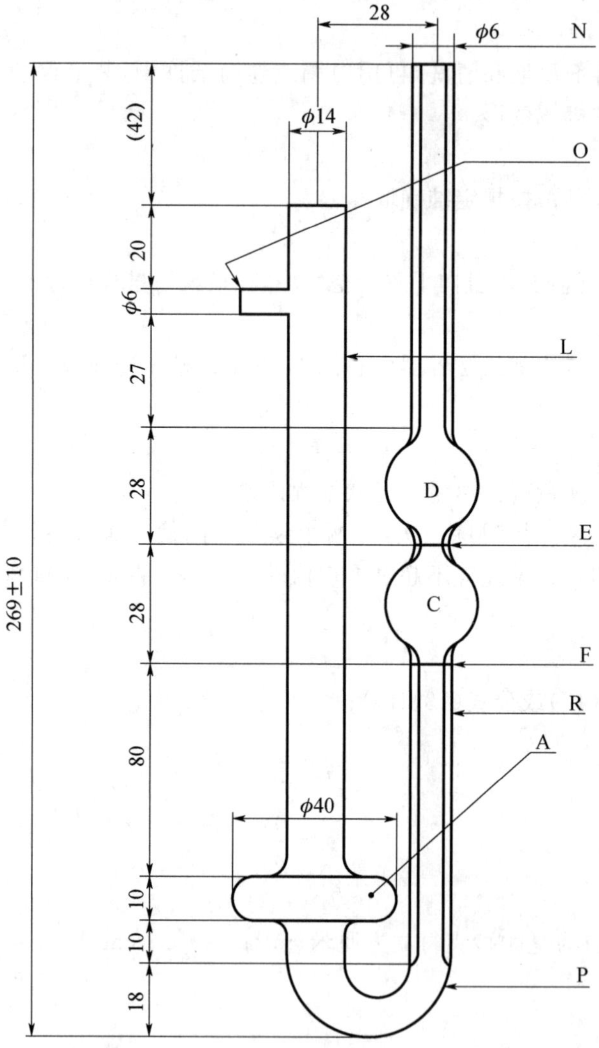

A——下贮器；
C——计时球；
D——上贮器；
E——上计时标线；
F——下计时标线、装液标线；
L——夹持管；
N——通气管；
O——支管；
P——连接管；
R——工作毛细管。

注：未注尺寸公差±10%。

图 A.1　平氏粘度计示意图

表 A.1　平氏粘度计的尺寸及测量范围

尺寸号	标称粘度计常数/(mm^2/s^2)	测量范围/(mm^2/s)	毛细管 R 内径/mm(±2%)	球体积/cm^3(±5%)	
				D	C
0	0.001 7	0.6[a]～1.7	0.40	3.7	3.7
1	0.008 5	1.7～8.5	0.60	3.7	3.7
2	0.027	5.4～27	0.80	3.7	3.7
3	0.065	13～65	1.00	3.7	3.7
4	0.14	28～40	1.20	3.7	3.7
5	0.35	70～350	1.50	3.7	3.7
6	1.0	200～1 000	2.00	3.7	3.7
7	2.6	520～2 600	2.50	3.7	3.7
8	5.3	1 060～5 300	3.00	3.7	3.7
9	9.9	1 980～9 900	3.50	3.7	3.7
10	17	3 400～17 000	4.00	3.7	3.7
[a] 最短流动时间为 350 s,其他均为 200 s。					

A.2　芬氏粘度计

芬氏粘度计示意图见图 A.2,其尺寸及测量范围见表 A.2。

单位为毫米

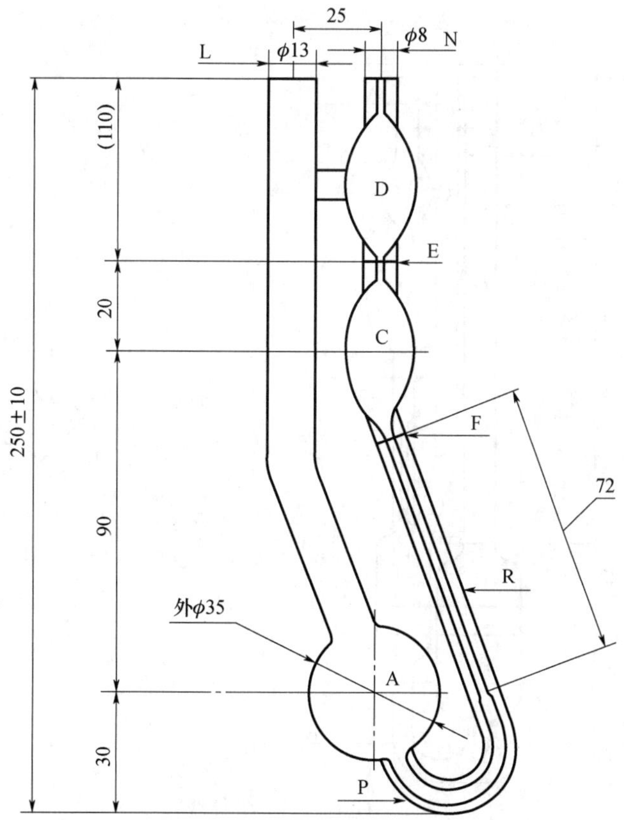

A——下贮器；
C——计时球；
D——上贮器；
E——上计时标线；
F——下计时标线、装液标线；
L——夹持管；
N——上通气管；
P——连接管；
R——工作毛细管。

注:未注尺寸公差±10%。

图 A.2　芬氏粘度计示意图

表 A.2 芬氏粘度计的尺寸及测量范围

尺寸号	标称粘度计常数/(mm^2/s^2)	测量范围/(mm^2/s)	毛细管 R 内径/mm(±2%)	管 N、管 E 和管 P 内径/mm	球体积/cm^3(±5%)	
					D	C
25	0.002	0.5[a]～2	0.30	2.6～3.0	3.1	1.6
50	0.004	0.8～4	0.44	2.6～3.0	3.1	3.1
75	0.006	1.6～8	0.54	2.6～3.2	3.1	3.1
100	0.015	3～15	0.53	2.8～3.6	3.1	3.1
150	0.035	7～35	0.78	2.8～3.6	3.1	3.1
200	0.1	20～100	1.01	2.8～3.6	3.1	3.1
300	0.25	50～250	1.27	2.8～3.6	3.1	3.1
350	0.5	100～500	1.52	3.0～3.8	3.1	3.1
400	1.2	240～1 200	1.92	3.0～3.8	3.1	3.1
450	2.5	500～2 500	2.35	3.5～4.2	3.1	3.1
500	8	1 600～8 000	3.20	3.7～4.2	3.1	3.1
600	20	4 000～20 000	4.20	4.4～5.0	4.3	3.1

[a] 最短流动时间为 250 s，其他均为 200 s。

A.3 乌氏粘度计

乌氏粘度计示意图见图 A.3，其尺寸及测量范围见表 A.3。

单位为毫米

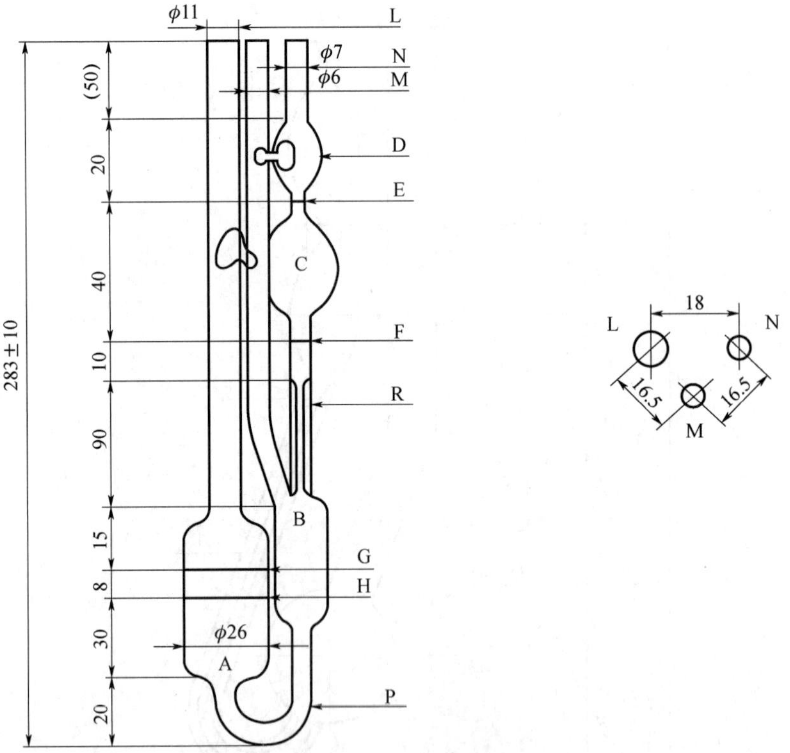

A——下贮器；
B——悬挂水平球；
C——计时球；
D——上贮器；
E——上计时标线；
F——下计时标线；
G、H——装液标线；
L——夹持管；
M——下通气管；
N——上通气管；
P——连接管；
R——工作毛细管。

注：未注尺寸公差±10%。

图 A.3 乌氏粘度计示意图

表 A.3 乌氏粘度计的尺寸及测量范围

尺寸号	标称粘度计常数/(mm^2/s^2)	测量范围/(mm^2/s)	毛细管 R 内径/mm(±2%)	球体积/cm^3(±5%)	管 P 内径/mm(±5%)
0	0.001	0.3[a]～1	0.24	1.0	6.0
0C	0.003	0.6～3	0.36	2.0	6.0
0B	0.005	1～5	0.46	3.0	6.0
1	0.01	2～10	0.58	4.0	6.0
1C	0.03	6～30	0.73	4.0	6.0
1B	0.05	10～50	0.88	4.0	6.0
2	0.1	20～100	1.03	4.0	6.0
2C	0.3	60～300	1.36	4.0	6.0
2B	0.5	100～500	1.55	4.0	6.0
3	1.0	200～1 000	1.83	4.0	6.0
3C	3.0	600～3 000	2.43	4.0	6.0
3B	5.0	1 000～5 000	2.75	4.0	6.5
4	10	2 000～10 000	3.27	4.0	7.0
4C	30	6 000～30 000	4.32	4.0	8.0
4B	50	10 000～50 000	5.20	5.0	8.5
5	100	20 000～100 000	6.25	5.0	10.0

[a] 最短流动时间为 300 s,其他均为 200 s。

A.4 逆流粘度计

逆流粘度计示意图见图 A.4,其尺寸及测量范围见表 A.4。

单位为毫米

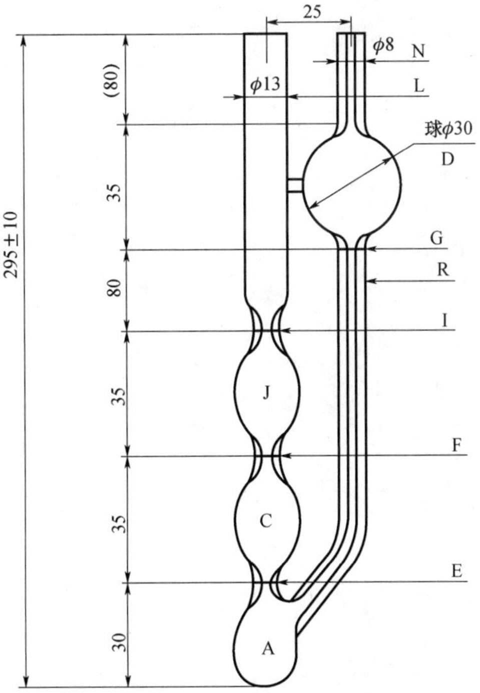

A——下贮器;
C(J)——计时球;
D——上贮器;
E、F(I)——上计时标线、下计时标线、装液标线;
G——装液标线;
L——夹持管;
N——上通气管;
R——工作毛细管。

注:未注尺寸公差±10%。

图 A.4 逆流粘度计示意图

表 A.4 逆流粘度计的尺寸及测量范围

尺寸号	标称粘度计常数/(mm^2/s^2)	测量范围/(mm^2/s)	毛细管 R 内径/mm(±2%)	管 N、管 E 和管 I 内径/mm(±5%)	球 A、球 C 和球 J 体积/cm^3(±5%)	球 D 体积/cm^3(±5%)
25	0.002	0.4～2	0.31	3.0	1.6	11
50	0.004	0.8～4	0.42	3.0	2.1	11
75	0.008	1.6～8	0.54	3.0	2.1	11
100	0.015	3～15	0.63	3.2	2.1	11
150	0.035	7～35	0.78	3.2	2.1	11
200	0.1	20～200	1.02	3.2	2.1	11
300	0.25	50～100	1.26	3.4	2.1	11
350	0.5	100～500	1.48	3.4	2.1	11
400	1.2	240～1 200	1.88	3.4	2.1	11
450	2.5	500～2 500	2.20	3.7	2.1	11
500	8	1 600～8 000	3.10	4.0	2.1	11
600	20	4 000～20 000	4.00	4.7	2.1	13
注：最短流动时间全部为 200 s。						

附 录 B
（规范性附录）
毛细管法粘度测量的误差与修正

B.1 动能修正

公式(2)中(E/t_2)称为动能修正项。设$(E/t^2)/Ct=\varepsilon_E$，表B.1列出ε_E为0.1%和0.2%时各种粘度计的所需最短流动时间(没有列出的均小于200 s)。

表B.1 动能修正

粘度计类型	毛细管内径/mm	ε_E=0.2%的最短流动时间/s	ε_E=0.1%的最短流动时间/s
平氏	0.40	348(取350)	438(取450)
芬氏	0.30	247(取250)	349(取350)
	0.44	228(取250)	287(取300)
乌氏	0.24	266(取300)	335(取350)
	0.36	203(取200)	253(取250)
	0.46	<200(取200)	233(取250)
逆流	0.31	<200(取200)	236(取250)

实测量短流动时间小于表B.1规定者应该按公式(2)进行修正。

B.2 重力加速度修正

对于自重流下式粘度计，流体的流动速度与测定地点的重力加速度有关，如果校准粘度计和使用粘度计的地点不同，就需进行重力加速度修正，修正公式是：

$$C_u=C_c=\frac{g_u}{g_c} \qquad \cdots\cdots\cdots\cdots\cdots\cdots (B.1)$$

式中：

C_c——在校准地点得到的粘度计常数，单位为二次方毫米每二次方秒(mm^2/s^2)；

C_u——在使用地点采用的粘度计常数，单位为二次方毫米每二次方秒(mm^2/s^2)；

g_c——校准地点的重力加速度，单位为厘米每二次方秒(cm/s^2)；

g_u——使用地点的重力加速度，单位为厘米每二次方秒(cm/s^2)。

B.3 流体热膨胀的修正

对于平氏粘度计、芬氏粘度计及逆流粘度计，当装液温度与测量温度不同，因热胀冷缩试样体积发生变化，从而引起液柱高度及流动时间的变化，由于液体热胀冷缩所产生的误差为ε_{TV}。

$$\varepsilon_{TV}=\frac{4V_1}{\pi D_1^2 h}\left(\frac{\rho_2-\rho_1}{\rho_2}\right) \qquad \cdots\cdots\cdots\cdots\cdots\cdots (B.2)$$

式中：

V_1——装液体积(即在装液温度下的试样体积)，单位为立方厘米(cm^3)；

D_1——平氏粘度计与芬氏粘度计的下储器A或逆流粘度计的上储器D与液面对应的直径，单位为厘米(cm)；

ρ_1——装液温度下试样的密度，单位为克每立方厘米(g/cm^3)；

ρ_2——测量温度下试样的密度，单位为克每立方厘米(g/cm^3)。

对于平氏粘度计及芬氏粘度计，把测得的流动时间减去ε_{TV}，对于逆流粘度计则应加上。如果将试样预先在测量的温度下恒温后再装液，则不必进行修正。乌氏粘度计不受液体热膨胀的影响，不须修正。

B.4 表面张力修正

如果在流动时间内液体上下弯月面的平均有效半径不相同，则当标准液与试样的表面张力不同，就有不同的有效液柱高度，所产生的误差为ε_{σ}。

$$\varepsilon_{\sigma}=\frac{2}{gh}\left(\frac{1}{r_{u}}-\frac{1}{r_{l}}\right)\left(\frac{\sigma_{o}}{\rho_{3}}-\frac{\sigma}{\rho_{1}}\right) \quad \cdots\cdots\cdots\cdots\cdots\cdots(B.3)$$

式中：

r_u——上弯月面平均有效半径，单位为厘米(cm)；

r_l——下弯月面平均有效半径，单位为厘米(cm)；

σ_o——标准液的表面张力，单位为毫牛每米(mN/m)；

σ——试样的表面张力，单位为毫牛每米(mN/m)；

ρ_3——标准液的密度，单位为克每立方厘米(g/cm^3)。

当$\frac{\sigma_o}{\rho}$与$\frac{\sigma}{\rho_l}$相差较大时，应选择r_u与r_l相近的粘度计，以减小表面张力影响。

B.5 空气浮力修正

空气浮力将减小自重流下式粘度计的有效液柱高度，所产生的误差为ε_{ρ}。

$$\varepsilon_{\rho}=\frac{\rho_a}{\rho_1}-\frac{\rho_a}{\rho_3} \quad \cdots\cdots\cdots\cdots\cdots\cdots(B.4)$$

式中：

ρ_a——空气密度，单位为克每立方厘米(g/cm^3)。

若标准液ρ_3与试样密度ρ_1相同，$\varepsilon_{\rho}=0$。

设在20 ℃，$\rho_a=0.001\ 2\ g/cm^3$，$\rho_3=1\ g/cm^3$，ρ_1分别为0.8 g/cm^3、2 g/cm^3、3 g/cm^3、5 g/cm^3，则ε_{ρ}为0.03%、0.06%、0.08%、0.1%，所以此影响在一般情况下可以忽略不计。

B.6 倾斜误差

如果平氏粘度计、乌氏粘度计和逆流粘度计的毛细管不垂直，芬氏粘度计的计时球C与下储器A的中心不在同一垂直线上，平均有效液柱高度将发生变化影响流动时间。

对于乌氏粘度计与芬氏粘度计倾斜误差ε_{θ}为：

$$\varepsilon_{\theta}=[1-\cos(\Delta\theta)] \quad \cdots\cdots\cdots\cdots\cdots\cdots(B.5)$$

对于平氏粘度计及逆流粘度计倾斜误差ε_{θ}为：

$$\varepsilon_{\theta}=[1-\cos(\Delta\theta)]\pm\frac{S}{h}\sin(\Delta\theta) \quad \cdots\cdots\cdots\cdots\cdots\cdots(B.6)$$

式中：

$\Delta\theta$——倾斜度，单位为度(°)；

S——上下液面中心的水平距离，单位为厘米(cm)。

对于乌氏粘度计及芬氏粘度计，当$\Delta\theta$为1°及0.1°时，ε_{θ}分别为0.02%和0.002%；对于平氏粘度计及逆流粘度计，当$\Delta\theta$为1°及0.1°时，ε_{θ}最大分别为0.6%和0.06%。可见，平氏粘度计及逆流粘度计的垂直安装极为重要。

B.7 残留误差

对于计时球在毛细管上方的平氏粘度计、芬氏粘度计及乌氏粘度计，在测量时间内，计时球中的液体不可能完全流完，仍有小量附着球壁上，产生残留误差ε_{ν}。

$$\varepsilon_{\nu}=\frac{\Delta V-\Delta V_o}{V_2} \quad \cdots\cdots\cdots\cdots\cdots\cdots(B.7)$$

式中：

ΔV——试样的残留量，单位为立方厘米(cm^3)；

ΔV_0——标准液的残留量，单位为立方厘米(cm^3)；

V_2——计时球的体积，单位为立方厘米(cm^3)。

ΔV 和 ΔV_0 可以由实验确定，ε_ν 随粘度的增加而加大。当 $\nu<1\ 000\ mm^2/s$ 时，$\varepsilon_\nu<0.1\%$；当 $\nu=1\ 000\ mm^2/s\sim100\ 000\ mm^2/s$ 时，$\varepsilon_\nu=0.1\%\sim0.2\%$。一般不作此修正。计时球在毛细管下方的逆流粘度计不存在此误差。

B.8 玻璃热膨胀的误差

当粘度计的校准与使用不在同一温度下进行时，由于玻璃的热胀冷缩，粘度计常数将发生变化，其误差为 ε_{T_c}。

$$\varepsilon_{T_c}=\alpha_2\Delta T \quad \text{(B.8)}$$

式中：

α_2——玻璃的线膨胀系数，单位为每摄氏度(℃$^{-1}$)；

ΔT——粘度计的检定温度与使用温度之差，单位为摄氏度(℃)。

附 录 C
（规范性附录）
落球法所用球的直径、密度及试样管内径及计时标线之间距离的测量

C.1 直落式落球粘度计用绝对法测量粘度时，球的直径、密度及下落距离应按下述方法测量

C.1.1 球直径的测量

a） 用光学比较仪或测微仪以比较法测量。

b） 用液体静力称量法由公式（C.1）求得：

$$d=\sqrt[3]{\frac{6V_2}{\pi}}=\sqrt[3]{\frac{6(m_1-m_2)}{\pi\rho_4}} \quad \cdots\cdots\cdots\cdots\cdots\cdots \text{(C.1)}$$

式中：

m_1——球的质量，单位为克（g）；

m_2——球所排开试样的质量，单位为克（g）；

ρ_4——球所浸入的试样在试验温度下的密度，单位为克每立方厘米（g/cm^3）。

C.1.2 球的密度测量

上式中的球的质量 m_1 与其体积 V_2 之比，即得球的密度 ρ_4。

C.1.3 试样管计时标线之间距离的测量

用万能工具显微镜或阿贝线纹比较仪测量。

C.1.4 试样管内径的测量

用内径百分表测量。

附 录 D
(资料性附录)
常用的旋转粘度计型式

D.1 同轴圆筒型

本型式的旋转粘度计的测量系统如图D.1所示,可以外筒固定内筒旋转(内旋式),也可以内筒固定外筒旋转(外旋式)。粘度、剪切应力和剪切速率分别由公式(D.1)、公式(D.2)、公式(D.3)、公式(D.4)、公式(D.5)和公式(D.6)确定。

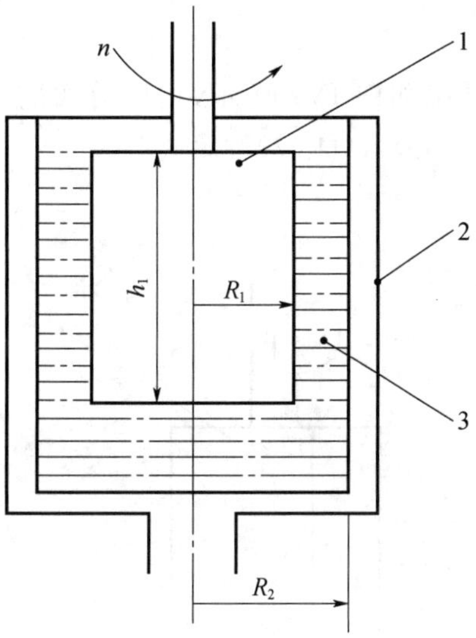

1——内筒;

2——外筒;

3——流体。

图D.1 同轴圆筒型示意图

$$\eta_1=\frac{M}{4\pi h_1\omega}\left(\frac{1}{R_1^2}-\frac{1}{R_2^2}\right)=\left[\frac{0.075M_{\mathrm{m}}}{\pi^2 h_1 n}\left(\frac{1}{R_1^2}-\frac{1}{R_2^2}\right)\right]\alpha=K_1\alpha \quad \cdots\cdots (D.1)$$

$$\tau=\frac{M}{2\pi R_1^2 h_1}=\frac{0.005M_{\mathrm{m}}}{\pi R_1^2 h_1}\alpha=Z\alpha \quad \cdots\cdots (D.2)$$

$$\dot{\gamma}=\frac{2\omega}{1-\left(\frac{R_1}{R_2}\right)^2}=\frac{\pi}{15\left[1-\left(\frac{R_1}{R_2}\right)^2\right]}n=Bn \quad \cdots\cdots (D.3)$$

$$K_1=\frac{0.075M_{\mathrm{m}}}{\pi^2 h_1 n}\left(\frac{1}{R_1^2}-\frac{1}{R_2^2}\right) \quad \cdots\cdots (D.4)$$

$$Z=\frac{0.005M_{\mathrm{m}}}{\pi R_1^2 h_1} \quad \cdots\cdots (D.5)$$

$$B=\frac{\pi}{15\left[1-\left(\frac{R_1}{R_2}\right)^2\right]} \qquad \cdots\cdots\cdots\cdots\cdots\cdots\cdots\cdots \text{(D.6)}$$

式中：

M_m——粘度计设定的满度扭矩，单位为牛米（N·m）；

h_1——内筒的有效高度，单位为米（m）；

R_1——内筒的半径，单位为米（m）；

R_2——外筒的内半径，单位为米（m）；

ω——圆筒旋转的角速度，单位为每秒（s^{-1}）；

n——圆筒的转速，单位为弧度每分（rad/min）；

B——剪切速率常数。

D.2 单圆筒型

本型式的旋转粘度计的测量系统如图 D.2 所示，粘度剪切应力和剪切速率分别由公式（D.7）、公式（D.8）、公式（D.9）、公式（D.10）和公式（D.11）确定。

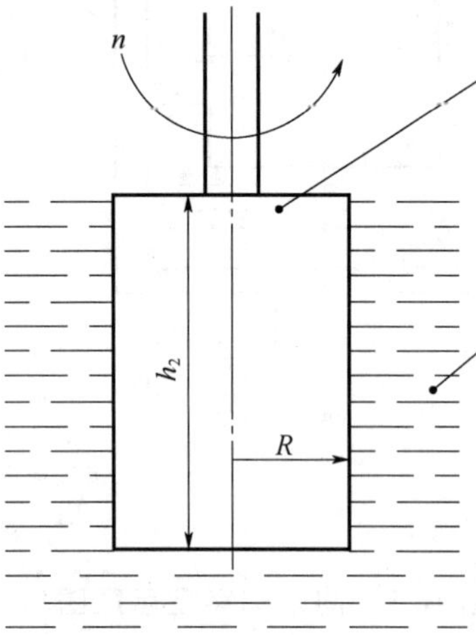

1——转筒；

2——流体。

图 D.2 单圆筒型示意图

$$\eta_1=\frac{M}{4\pi R^2 h_2\omega}=\frac{0.075M_m}{\pi^2 R^2 h_2 n}\alpha=K_1\alpha \qquad \cdots\cdots\cdots\cdots\cdots\cdots\cdots\cdots \text{(D.7)}$$

$$\tau=\frac{M}{2\pi R^2 h_2}=\frac{0.005M_m}{\pi R^2 h_2}\alpha=Z\alpha \qquad \cdots\cdots\cdots\cdots\cdots\cdots\cdots\cdots \text{(D.8)}$$

$$\dot{\gamma}=2\omega=0.209\,4n \qquad \cdots\cdots\cdots\cdots\cdots\cdots\cdots\cdots \text{(D.9)}$$

$$K=\frac{0.075M_m}{\pi^2 R^2 h_2 n} \qquad \cdots\cdots\cdots\cdots\cdots\cdots\cdots\cdots \text{(D.10)}$$

$$Z=\frac{0.005M_{\mathrm{m}}}{\pi R^{2}h_{2}} \qquad \cdots\cdots\cdots\cdots (D.11)$$

式中：

R——转筒半径，单位为米(m)；

h_2——转筒的有效高度，单位为米(m)。

D.3 锥-板型

本型式的旋转粘度计的测量系统如图 D.3 所示，可以板固定、圆锥旋转，也可以圆锥固定、板旋转。粘度剪切应力和剪切速率分别由公式(D.12)、公式(D.13)、公式(D.14)、公式(D.15)、公式(D.16)和公式(D.17)确定。

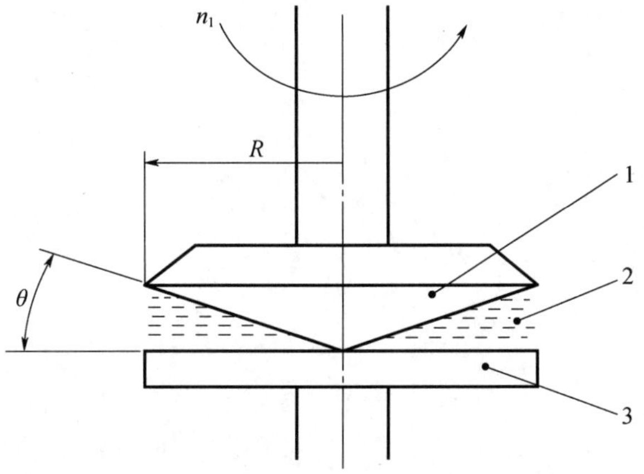

1——圆锥；

2——流体；

3——板。

图 D.3 锥-板型示意图

$$\eta_1=\frac{3\theta M}{2\pi R_3^3\omega_1}=\frac{0.45\theta M_{\mathrm{m}}}{\pi^2 R_3^3 n_2} \qquad \cdots\cdots\cdots\cdots (D.12)$$

$$\tau=\frac{3M}{2\pi R_3^3}=\frac{0.015M_{\mathrm{m}}}{\pi R_3^3}\alpha=Z\alpha \qquad \cdots\cdots\cdots\cdots (D.13)$$

$$\dot{\gamma}=\frac{\omega_1}{\theta}=\frac{\pi}{30\theta}n^2=Bn_2 \qquad \cdots\cdots\cdots\cdots (D.14)$$

$$K=\frac{0.45\theta M_{\mathrm{m}}}{\pi^2 R_3^3 n_2} \qquad \cdots\cdots\cdots\cdots (D.15)$$

$$Z=\frac{0.015M_{\mathrm{m}}}{\pi R_3^3} \qquad \cdots\cdots\cdots\cdots (D.16)$$

$$B=\frac{\pi}{30\theta} \qquad \cdots\cdots\cdots\cdots (D.17)$$

式中：

θ——圆锥母线与板之间的夹角，单位为弧度(rad)；

R_3——圆锥半径，单位为米(m)；

ω_1——圆锥(或板)旋转的角速度，单位为每秒(s^{-1})；

n_2——圆锥(或板)的转速，单位为弧度每分(rad/min)。

附　录　E
（规范性附录）
测量报告

粘度与测量条件关系极大，为了对测量结果进行分析、研究比较，测量应有详细记录。测量报告可采用表格形式。至少应包括下面的内容：

a）　测量所依据的标准。

b）　试样名称。

c）　测量日期。

d）　操作者及测量部门。

e）　环境温度和试验温度。

f）　粘度计的类型、名称、编号及固有误差。此外，毛细管粘度计应注明内径；落球粘度计应注明球的直径；旋转粘度计应注明测量系统名称、代号及试样用量。

g）　测量结果。

h）　其他需要说明的情况。

参考文献

［1］ GB/T 6379.1—2004　测量方法与结果的准确度(正确度与精密度)　第1部分:总则与定义(ISO 5725－1:1994,IDT)

［2］ GB/T 6379.2—2004　测量方法与结果的准确度(正确度与精密度)　第2部分:确定标准测量方法重复性与再现性的基本方法(ISO 5725－2:1994,IDT)

［3］ JJF 1001—1998　通用计量术语及定义

［4］ JJF 1059—1999　测量不确定度评定与表示

［5］ JB/T 9357—1999　实验室旋转粘度计　通用技术条件

UDC 661.183.8：531.756
G 38

中华人民共和国国家标准

GB/T 13354—92

液态胶粘剂密度的测定方法
重量杯法

Test method for density of adhesives in fluid form—Method of weight cup

1992-01-14 发布 1992-12-01 实施

国家技术监督局 发布

液态胶粘剂密度的测定方法　重量杯法

1　主题内容与适用范围

本标准规定了用 37.00 mL 的重量杯测定液态胶粘剂及其组分密度的方法。

本标准适用于液态胶粘剂密度的测定，特别适用于粘度较高或组分的挥发性较大，不宜用比重瓶法测定密度的液态胶粘剂。

2　定义

密度：规定温度下液态胶粘剂单位体积的质量（真空中的重量）。本方法中密度用 20 ℃下容量为 37.00 mL 的重量杯所盛液态胶粘剂的质量除以 37.00 mL 得到。

3　仪器和设备

3.1　重量杯：20 ℃下容量为 37.00 mL 的金属杯。

注：国产的符合本标准的重量杯名为“QBB 比重杯”。

3.2　恒温浴或恒温室：能保持 23⊥1 ℃。

3.3　天平：感量为 0.001 g。

3.4　温度计：0～50 ℃，分度 1 ℃。

4　试验步骤

4.1　准备足以进行三次试验的胶粘剂样品。

4.2　用挥发性溶剂清洗重量杯并干燥之。

4.3　在 25 ℃以下把搅拌均匀的胶粘剂试样装满重量杯，然后将盖子盖紧，并使溢流口保持开启。随即用挥发性溶剂擦去溢出物。

4.4　将盛有胶粘剂试样的重量杯置于恒温浴或恒温室中，使试样恒温至 23±1 ℃。

4.5　用溶剂擦去溢出物，然后用重量杯的配对砝码称重装有试样的重量杯，精确至 0.001 g。

4.6　每个胶粘剂样品测试三次，以三次数据的算术平均作为试验结果。

5　计算方法

液态胶粘剂的密度 ρ 按下式计算。

$$\rho = \frac{m_2 - m_1}{37}$$

式中：

ρ——液态胶粘剂密度，g/cm^3；

m_1——空重量杯的质量，g；

m_2——装满胶粘剂试样的重量杯质量，g；

37——重量杯容量，cm^3。

6　试验报告

试验报告应包括以下内容：

a.　试样来源、种类、制造日期、试验日期；

b. 测试次数；

c. 试验温度；

d. 试验结果。

附加说明：

本标准由中华人民共和国化学工业部提出。

本标准由上海橡胶制品研究所负责起草。

本标准主要起草人忻仁芬、曹慧。

本标准参照采用美国试验与材料协会标准 ASTM D 1875—69(80)《液态胶粘剂密度测试方法》。

UDC 667.63.004.3
G 50

中华人民共和国国家标准

GB/T 13491—92

涂料产品包装通则

General rule for packing of coatings

1992-06-09 发布 1993-06-01 实施

国家技术监督局 发布

涂料产品包装通则

1 主题内容与适用范围

本标准规定了涂料产品包装的基本要求，包括包装分级、包装技术要求、储运及装卸要求等。

本标准适用于涂料产品的包装。

2 引用标准

GB 190 危险货物包装标志

GB 191 包装储运图示标志

GB 4122 包装通用术语

GB 4857.3 运输包装件基本试验 堆码试验方法

GB 4857.5 运输包装件基本试验 垂直冲击跌落试验方法

GB 6544 瓦楞纸板

GB 9750 涂料产品包装标志

GB 13252 包装容器 钢提桶

3 术语

包装用术语应符合 GB 4122 的规定。

4 包装分级

4.1 涂料产品的包装分为两级，一级属于危险品的涂料产品包装，二级属于非危险品的涂料产品包装。

4.2 试验项目和定量值

试验项目		一级	二级
堆码，m/24h	不低于	3.5	3.5
跌落，m	不低于	0.3	0.3
气密，kPa	不低于	20	20
液压，kPa	不低于	100	—

4.3 不同等级产品对包装容器和包装材料的要求。

4.3.1 危险品的涂料产品包装应使用钢桶、罐（或加外包装）。

4.3.2 非危险品的涂料产品包装可使用钢桶、罐、塑料桶、塑料袋（或加外包装）。

4.3.3 允许使用与本标准规定之外的等效包装，但必须满足与本标准有关的试验要求。

5 包装技术要求

5.1 产品包装准备

5.1.1 包装环境

a. 包装场所的地面应平整、无油迹、保持清洁、通风良好。

b. 应有相应的人身安全防护措施，如：口罩、防护眼镜、灭火设备等。

5.1.2 **产品**

涂料产品在装入容器前应经检验，并应符合产品标准的有关规定。

5.1.3 **包装材料**

5.1.3.1 钢板应符合有关国家标准规定。

5.1.3.2 瓦楞纸板应符合 GB 6544 的规定。

5.1.3.3 包装材料不应与盛装产品发生任何影响产品质量的物理和化学作用。

5.1.4 **包装容器**

5.1.4.1 包装容器类型及容量规格(见附录 A)。

5.1.4.2 钢桶表面不应有明显的锈蚀，凹陷面积之和不应大于总面积的 2%。

5.1.4.3 4～24 L 容量的容器应装配有提梁或提环，其强度应是盛装重量的三倍。

5.2 **产品包装标志**

5.2.1 产品销售包装应符合 GB 9750 的规定。

5.2.2 产品运输包装应符合 GB 191 标志 3(向上标志)。

5.2.3 危险品涂料产品运输包装应符合 GB 190 标志 7(易燃液体标志)。

6 包装件运输

6.1 包装件运输应符合运输标准的有关规定。

6.2 包装件应有遮篷盖住，避免阳光直射和雨水淋洒，且通风良好。

6.3 包装件运输中的堆码高度应不高于 3.5 m。

6.4 包装件装卸时不能摔、滚、倒置等。

7 包装件贮存

7.1 包装件应贮存在通风良好的仓库内或有遮篷的露天场地，并备有相应的灭火器材。

7.2 包装件可以单放或以合适的方式堆码贮存。

8 试验方法

8.1 堆码试验应符合 GB 4857.3 的有关规定。

8.2 跌落试验应符合 GB 4857.5 的有关规定。

8.3 气密和液压试验应符合 GB 13252 6.2 和 6.3 的规定。

9 检验规则

9.1 生产厂应保证所生产的包装容器符合本标准的要求，并经检验部门按本标准检验，出具合格证。

9.2 当用户与生产厂对包装容器质量发生争议时，用户有权按本标准的规定对接受的包装容器进行复验。如复验结果不符合本标准规定要求时，用户有权拒收。

附 录 A
包装容器类型及容量规格
（参考件）

A1 内包装

单位为千克每立方米

类型	容量规格，L	备注
钢桶	200	盛装液体涂料
钢制提桶	24、21、20、19、18、17、16、10、8、4、2、1、0.5、0.1	容器的预留容积为4%
方桶	18，4	
塑料桶	50、20、10、5	
塑料袋		

A2 外包装

木箱、瓦楞纸箱、竹筐、柳条筐等。

A3 外包装材料

A3.1 木箱（木板或木条），适于盛装大容量包装容器，也可以几个单件组装成一个组装件。

A3.2 瓦楞纸箱，适于盛装小容量包装容器，以满箱为一件组装件。

A3.3 竹筐、柳条筐，适于盛装大容量包装容器，可以单件或多件组装成一个组装件。

A4 防震材料

A4.1 木箱，在包装容器之间可加一木条，外部以铁皮或铁丝加固。

A4.2 瓦楞纸箱，在包装容器之间以及层次之间均应铺垫或间隔瓦楞纸片或其他合适的衬垫、箱体外部应以捆扎带捆扎牢固。

A4.3 竹筐、柳条筐。根据内装容器重量的多少，单件或多件成组装件，并用捆扎带捆扎牢固。

附加说明：

本标准由化学工业部提出。

本标准由全国涂料和颜料标准化技术委员会归口。

本际准由化学工业部涂料研究所、化学工业部标准化研究所负责起草。

本标准主要起草人费锦浩、李顺平、梅建。

ICS 87.40
Q 17

中华人民共和国国家标准

GB/T 16777—1997

建筑防水涂料试验方法

Test methods for building waterproof coatings

1997-05-06 发布　　1997-11-01 实施

国家技术监督局 发布

前　　言

本标准是由九项性能试验方法组成的建筑防水涂料试验方法标准，各项试验方法尽可能地采用国外先进标准。由于一个国外先进标准不能囊括本标准中规定的所有试验方法，所以除参照采用JIS 6021—1989《屋面涂膜防水材料试验方法》外，还采用了现行国家标准，而这些标准也都是等效采用国际标准和国外先进标准的。

本标准自1997年11月1日起实施。

本标准由国家建筑材料工业局提出。

本标准由中国建筑防水材料公司苏州研究设计所归口。

本标准起草单位：中国建筑防水材料公司苏州研究设计所。

本标准主要起草人：王丽华、朱志远。

本标准首次发布于1997年5月6日。

建筑防水涂料试验方法

1 范围

本标准规定了建筑防水涂料的固体含量、耐热度、粘结性、延伸性、拉伸性、加热伸缩率、低温柔性、干燥时间、不透水性和人工加速老化等性能的试验方法。

本标准适用于聚氨酯类、聚丙烯酸酯类、水性沥青基类涂膜防水材料,其他涂膜防水材料亦可参照使用。

2 引用标准

下列标准所包含的条文,通过在本标准中引用而构成为本标准的条文。本标准出版时,所示版本均为有效。所有标准都会被修订,使用本标准的各方应探讨使用下列标准最新版本的可能性。

GB/T 175—92 硅酸盐水泥、普通硅酸盐水泥

GB/T 328.3—89 沥青防水卷材试验方法 不透水性

GB/T 528—92 硫化橡胶和热塑性橡胶拉伸性能的测定

GB/T 625—89 化学试剂 硫酸

GB/T 629—81 化学试剂 氢氧化钠

GB/T 6751—86 色漆和清漆 挥发物和不挥发物的测定

GB/T 6753.2—86 涂料表面干燥试验 小玻璃球法

3 标准试验条件

试验室标准试验条件为:

温度:(23±2)℃;

相对湿度:45%～70%。

4 固体含量的测定

4.1 试验器具

4.1.1 培养皿:直径 75 mm～80 mm,边高 8mm～10 mm;

4.1.2 干燥器:内放变色硅胶或无水氯化钙;

4.1.3 天平:感量 0.001 g;

4.1.4 电热鼓风干燥箱:控温精度±2 ℃;

4.1.5 坩埚钳;

4.1.6 玻璃棒:长约 100 mm。

4.2 试验程序

4.2.1 A 法

4.2.1.1 将洁净的培养皿放在干燥箱内于(105±2)℃下干燥 30 min,取出放入干燥器中,冷却至室温后称量。

4.2.1.2 将样品搅匀后称取约 2 g 的试样(足以保证最后试样的干固量)置于已称量的培养皿中,使试样均匀地流布于培养皿的底部。然后放入干燥箱内,按表 1 规定的温度干燥 1 h 后取出,放入玻璃干燥器中冷却至室温后称量,再将培养皿放入干燥箱内,干燥 30 min 后放入干燥器中冷却至室温后称量,重复上述操作,直至前后两次称量差不大于 0.01 g 为止(全部称量精确至 0.01 g)。

表1 各类涂料干燥温度表

涂料种类	聚氨酯	聚丙烯酸酯	水性沥青基
干燥温度，℃	120±2	105±2	105±2

4.2.2 B法

按 GB/T 6751 的试验方法进行。

4.3 试验结果计算

4.3.1 固体含量按式(1)计算：

$$X=\frac{m_2-m}{m_1-m}\times 100 \quad \cdots\cdots(1)$$

式中：X——固体含量，%；

m——培养皿质量，g；

m_1——干燥前试样和培养皿质量，g；

m_2——干燥后试样和培养皿质量，g。

4.3.2 挥发物和不挥发物按式(2)和式(3)计算：

$$V=\frac{m_3-m_4}{m_3}\times 100 \quad \cdots\cdots(2)$$

$$V_N=\frac{m_4}{m_3}\times 100 \quad \cdots\cdots(3)$$

式中：V——挥发物含量，%；

V_N——不挥发物含量，%；

m_3——干燥前试样质量，g；

m_4——干燥后试样质量，g。

4.4 结果评定

试验结果取两次平行试验的平均值，每个试样的试验结果计算精确到1%。

4.5 试验报告

试验报告应写明下列内容：

a)试样的类别、名称、批号；

b)试验温度；

c)试样的固体含量或挥发物和不挥发物含量。

5 耐热度的测定

5.1 试验器具

5.1.1 电热鼓风干燥箱：同4.1.4；

5.1.2 铝板：规格为100 mm×50 mm×2 mm；

5.1.3 金属制试样架：如图1所示。

5.2 试验程序

将样品搅均后称取厚质涂料(40±0.1)g或薄质涂料(12.5±0.1)g，分次满涂在洁挣的铝板上，每次涂抹后应将试件水平放置于干燥箱内，于(40±2)℃下干燥4 h～6 h，最后一道涂层应在干燥箱中于(40±2)℃下干燥24 h～30 h，每一样品制备三个试件。

将试件置于干燥箱内金属试样架上，按产品所需温度恒温5 h后取出。

5.3 试验结果评定

记录试件表面有无鼓泡、流淌和滑动现象。

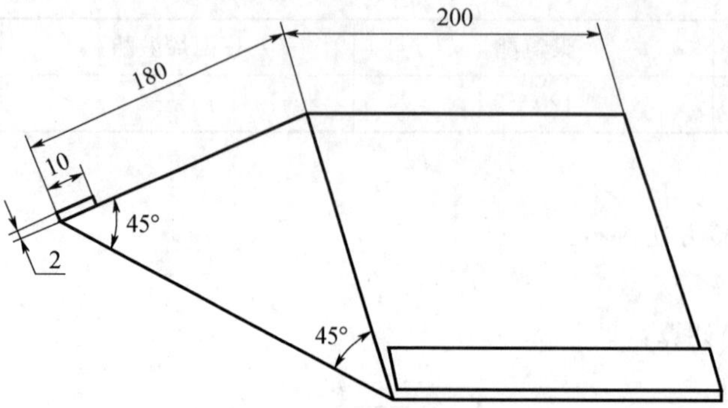

单位:mm

图 1 试样架

5.4 试验报告

试验报告应写明下列内容:

a)试样的名称、类别和批号;

b)试验温度和时间;

c)试样的耐热情况。

6 粘结性的测定

6.1 试验器具

6.1.1 电动抗折仪:单杠杆出力比 1∶10,最大出力 1 000 N,加荷速度 10 N/s;

6.1.2 "8"字形金属模具:如图 2 所示;

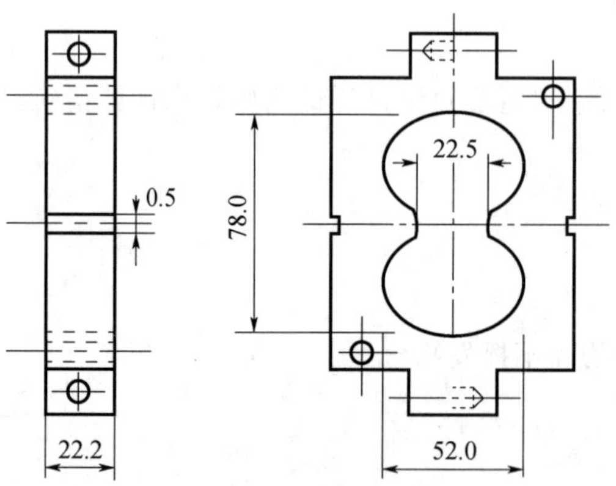

单位:mm

图 2 "8"字形金属模具

6.1.3 粘结基材:"8"字形水泥砂浆块,如图 3 所示;

6.1.4 电热鼓风干燥箱:同 4.1.4;

6.1.5 釉面砖。

6.2 试件的制备

6.2.1 用符合 GB/T 175 的 425 号普通硅酸盐水泥及中砂和水按重量比 1∶2∶0.4 配成砂浆,在图 2 所示的金属模具中,插入一 0.5 mm 厚的金属片后,灌入配好的砂浆捣实抹平,24 h 后脱模,将"8"字砂浆块在水中养护 7 d,风干备用。

6.2.2 将"8"字砂浆块一分为二,清除断面上的浮砂,并涂刷厚 0.5 mm～0.7 mm 试样,根据产品的稠度不同可一次涂刷,也可分几次涂刷,每次间隔 24 h。涂刷后在(40±2)℃下烘干 1 h,最后一道涂刷待

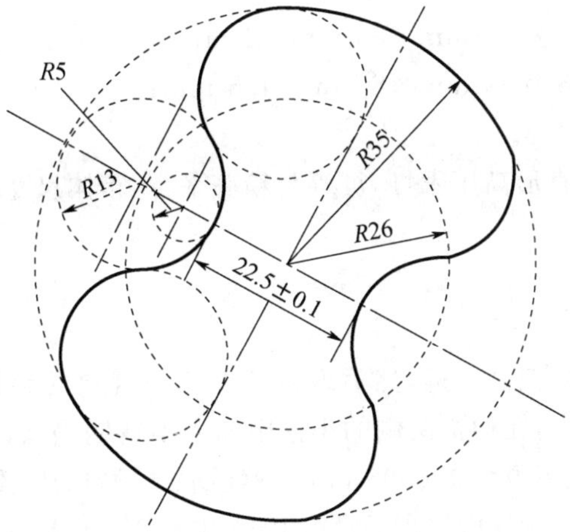

图 3 水泥砂浆块

表面收水后，对接两个半“8”字砂浆块，放在釉面砖上，半小时后移入干燥箱内，于(40±2)℃下干燥24 h，按相同方法同时制备五个试件。

6.3 试验程序

将试件在标准条件下放置 2 h，试验前先将试验机安装成单杠杆式，并调整零点，然后把试件置于试验机的夹具中，启动试验机至试件拉断为止，记下此时的读数。

6.4 试验结果评定

粘结性以粘结强度表示，试验结果取三个试件的算术平均值，精确到 0.01 MPa。

6.5 试验报告

试验报告应写明下列内容：

a)试样的名称、类别和型号；

b)试样平均粘结强度值。

7 延伸性的测定

7.1 试验器具

7.1.1 拉伸试验机：测量范围为 0～500 N，拉伸速度 0～500 mm/min，标尺最小分度值为 1 mm；

7.1.2 不锈钢槽板：12 块如图 4 所示；

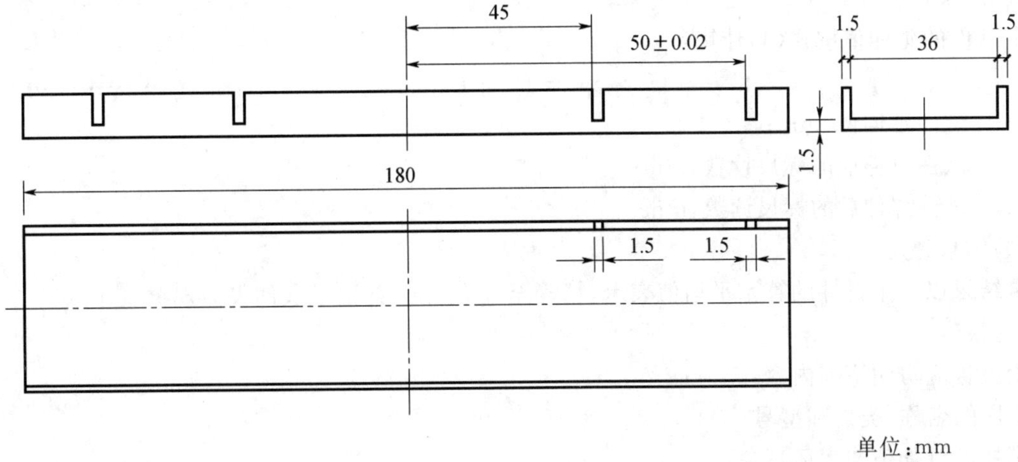

单位：mm

图 4 不锈钢槽板

7.1.3 铝板:24 块,规格为 80 mm×35 mm×2 mm;

7.1.4 石棉水泥板:24 块,规格为 80 mm×35 mm×4 mm;

7.1.5 不锈钢隔条:48 条,规格为 45 mm×8 mm×1.5 mm;

7.1.6 电热鼓风干燥箱:同 4.1.4;

7.1.7 紫外线老化箱:500 W 直形高压汞灯,灯管与箱底平行,箱体尺寸 600 mm×500 mm×800 mm;

7.1.8 釉面砖。

7.2 试验程序

7.2.1 试件的制备

将不锈钢槽板和隔条用隔离剂刷一遍,然后取两块 7.1.3 规定的铝板(厚质涂料)或 7.1.4 规定的石棉水泥板(薄质涂料)放入槽内,在槽板两侧的小槽中插入不锈钢隔条,使铝板或石棉水泥板对接固定在槽板中段,两块板之间的缝隙不得大于 0.05 mm。然后取已搅匀的厚质涂料(26±0.1)g 或薄质涂料(8±0.1)g,分次涂抹在试板上,每次涂抹后放在干燥箱中于(40±2)℃下干燥 4~8 h,最后一道涂抹后应在干燥箱中干燥 24 h,趁热用锋利的小刀割试件四周,使试件与槽板和隔条脱离,每一样品准备 12 个试件。

7.2.2 无处理的延伸性测定

将试件在标准条件下放置 2 h,然后将试件安装在拉力机夹具中,记录拉力机标尺所示数值(L_0),以一定的拉伸速度拉伸试件至出现裂口或剥离等现象为止,记录此时标尺数值(L_1),读数精确到 0.5 mm。

7.2.3 热处理后的延伸性测定

将试件置于釉面砖上,然后一起放在(70±2)℃的干燥箱内,试件与干燥箱壁间距不小于 50 mm,试件中心与温度计的水银球应在同一水平位置上,恒温 168 h 后取出,立即观察试件有无流淌、起泡等不良变化,若有变化则应中止试验,若无变化则按 7.2.2 的规定进行试验。

7.2.4 紫外线处理后的延伸性测定

将试件置于釉面砖上,然后一起放入 500 W 直管高压汞灯紫外线照射箱内,灯管与箱底平行,与试件的距离为 47 mm~50 mm,使距试件表面 50 mm 左右的空间温度为(45±2)℃,恒温照射 240 h 后,按 7.2.2 的规定进行试验。

7.2.5 碱处理后的延伸性测定

将试件用石蜡松香液(石蜡中加入 10%松香)封边和抹涂试样的面,在标准温度下,把试件浸泡在饱和氢氧化钙溶液中,液面高出试件表面 10 mm 以上,连续浸泡 168 h 后取出,充分用水冲洗,并用布擦干,观察试件表面有无鼓泡、溶胀、剥落等异常变化,若有变化则中止试验,若无变化则按 7.2.2 规定进行试验。

7.3 试验结果计算

每个试件的延伸值按式(4)计算:

$$L = L_1 - L_0 \qquad \cdots\cdots(4)$$

式中:L——试件延伸值,mm;

L_0——试件拉伸前的标尺读数,mm;

L_1——试件拉伸后的标尺读数,mm。

7.4 试验结果评定

试验结果以三个试件的算术平均值表示,精确至 0.5 mm;并记录试件表面现象。

7.5 试验报告

试验报告应写明下列内容:

a)试样的名称、类别和型号;

b)试样的延伸值与表面现象;

c)试样的处理方法。

8 拉伸性能的测定

8.1 试验器具

8.1.1 拉伸试验机:同 7.1.1;

8.1.2 切片机:符合 GB/T 528 规定的哑铃状Ⅰ型裁刀。

8.1.3 厚度计:压重(100±10)g,测量面直径(10±0.1)mm,最小分度值 0.01 mm;

8.1.4 涂膜模具:材料及尺寸如图 5 所示。

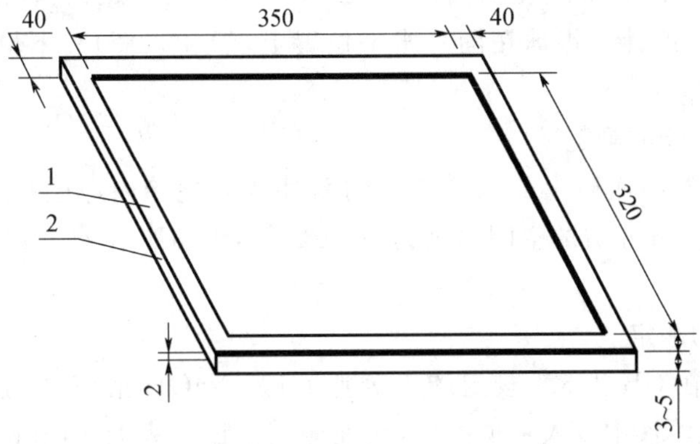

单位:mm

1—模型不锈钢板;2—普通平板玻璃

图 5 涂膜模具

8.1.5 电热鼓风干燥箱:同 4.1.4;

8.1.6 紫外线老化箱:同 7.1.7;

8.1.7 人工加速气候老化箱:光源为 4.5 kW～6.5 kW 管状氙弧灯,样板与光源(中心)距离为 250 mm～400 mm;

8.1.8 釉面砖。

8.2 试验程序

8.2.1 试件制备

8.2.1.1 在试件制备前,所取样品及所用仪器在标准条件下放置 24 h,所取样品重量应保证固化后涂膜厚度为(2.0±0.2)mm。

8.2.1.2 在标准条件下将静置后的样品搅拌均匀,若样品是双组分涂料,则按产品的配合比称取所需的主剂和固化剂,把两组分混合后充分搅拌 5 min,再在不混入气泡的情况下倒入 8.1.4 规定的模具中涂覆,为了便于脱模,在涂覆前模具表面可用硅油或石蜡进行处理,样品分次涂覆,最后一次将表面刮平,并在标准条件下养护 168 h,固化后涂膜厚度为(2.0±0.2)mm,膜模后用 8.1.2 规定的切片机切割涂膜,制得符合 GB/T 528 规定的哑铃状Ⅰ型试件,试验所需试件要求见表 2,其中一个为备用件。

表 2

试验项目	试件	试件数量
无处理拉伸试验	符合 GB/T 528 规定的哑铃形Ⅰ型	6
热处理拉伸试验		6
紫外线处理拉伸试验		6
酸处理拉伸试验		6
碱处理拉伸试验		6
人工老化后拉伸试验		6

8.2.2 无处理拉伸性能的测定

将试件在标准条件下放置至少 2 h，然后用直尺在试件上划好两条间距 25 mm 的平行标线，并用厚度计测出试件标线中间和两端三点的厚度，取其算术平均值作为试样厚度，装在拉伸试验机夹具之间，夹具间标距为 70 mm，以 500 mm/min（聚氨酯类）或 200 mm/min（聚丙烯酸酯类）拉伸速度拉伸试件至断裂，记录试件断裂时的最大荷载，并量取此时试件标线间距离（L_1），精确至 0.1 mm，测试五个试件，若有试件断裂在标线外，其结果无效，应采用备用件补做。

8.2.3 热处理拉伸性能的测定

将按 8.2.2 划好标线的试件平放在釉面砖上，放入电热鼓风干燥箱内，试件与箱壁间距不得少于 50 mm，试件的中心应与温度计水银球在同一水平位置上，于（80±2）℃下恒温 168 h 后取出，然后按 8.2.2 规定进行试验。

8.2.4 紫外线处理拉伸性能的测定

将划好标线的试件平放釉面砖上放入 8.1.6 的紫外线老化箱内，灯管与试件的距离为 47 mm～50 mm，使距试件表面 50 mm 左右的空间温度为（45±2）℃，恒温照射 250 h 后取出，按 8.2.2 规定进行试验。

8.2.5 碱处理拉伸性能的测定

温度为（23±2）℃时，在 GB/T 629 规定的化学纯 0.1% NaOH 溶液中，加入氢氧化钙试剂，使之达到饱和状态，在 600 mL 该溶液中放入六个试件，液面应高出试件表面 10 mm 以上，连续浸泡 168 h 后取出，充分用水冲洗，用干布擦干，并在标准条件下，放置 4 h 以上，然后按 8.2.2 规定进行试验。

8.2.6 酸处理拉伸性能的测定

温度为（23±2）℃时，在 600 mLGB/T 625 规定的化学纯 2%硫酸溶液中，放入六个试件，液面应高出试件表面 10 mm 以上，连续浸泡 168 h 后取出，充分用水冲洗，用干布擦干，并在标准条件下放置 4 h 以上，然后按 8.2.2 规定进行试验。

8.2.7 人工加速气候老化处理拉伸性能的测定

将试件的上下端用细绳固定在不锈钢板上，并使试件标线间位于板的中央位置，然后挂在试验箱内的转动试样架上，黑板温度计同时挂在试样架上，温度计正面朝光源，设定黑板温度计温度为（63±2）℃，喷水压力 0.1 MPa，光照雨淋周期为每光照 120 min，喷水 18 min 并同时受光照，每隔 24 h 试样架上的试件按顺序转换位置，试验 250 h 后取出并在标准条件下放置 4h，然后按 8.2.2 规定进行试验。

8.3 试验结果计算

8.3.1 拉伸强度按式（5）计算：

$$P = \frac{F}{A} \qquad \cdots\cdots (5)$$

式中：P——拉伸强度，MPa；

F——试件最大荷载，N；

A——试件断面面积，mm^2。

$$A = b \cdot d \qquad \cdots\cdots (6)$$

式中：b——试件工作部分宽度，mm；

d——试件实测厚度，mm。

8.3.2 断裂伸长率按式（7）计算：

$$L = \frac{L_1 - 25}{25} \times 100 \qquad \cdots\cdots (7)$$

式中：L——试件断裂时的伸长率，%；

L_1——试件断裂时标线间的距离，mm；

25——拉伸前标线间的距离，mm。

8.4　试验结果判定

试验结果取3位有效数字，并以五个试件的算术平均值表示。

8.5　试验报告

试验报告应写明下列内容：

a)试样的名称、类别和批号；

b)拉伸速度；

c)试样的处理方法；

d)试样的拉伸强度；

e)试样的断裂伸长率。

9　加热伸缩率的测定

9.1　试验器具

9.1.1　电热鼓风干燥箱：同4.1.4；

9.1.2　涂膜模具：同8.1.4；

9.1.3　直尺：精度为0.5 mm；

9.1.4　平板玻璃。

9.2　试验程序

按8.2.1规定制备涂膜，脱模后切取三块30 mm×300 mm的试件，将试件在标准条件下放置24 h以上，并用直尺量出试件长度，然后将试件平放在撒有滑石粉的平板玻璃上一起水平放入电热鼓风干燥箱中，于(80±2)℃下恒温168 h后取出，在标准条件下放置4 h以上，然后再测定试件的长度，精确至0.5 mm。

9.3　试验结果计算

加热伸缩率按式(8)计算：

$$\Delta S=\frac{S_1-S_0}{S_0}\times 100 \qquad \cdots\cdots(8)$$

式中：ΔS——加热伸缩率，%；

S_0——加热处理前的试件长度，mm；

S_1——加热处理后的试件长度，mm。

9.4　试验结果评定

试验结果取2位有效数字，并以三个试件的算术平均值表示。

9.5　试验报告

试验报告应写明下列内容：

a)试样的名称、类别和批号；

b)试件的加热伸缩率。

10　低温柔性的测定

10.1　试验器具

10.1.1　低温冰箱：控温精度±2 ℃；

10.1.2　弯折机：如图6所示；

10.1.3　圆棒：直径10 mm，20 mm；

10.1.4　放大镜：放大倍数8倍；

10.1.5　涂膜模具：同8.1.4；

10.1.6　釉面砖。

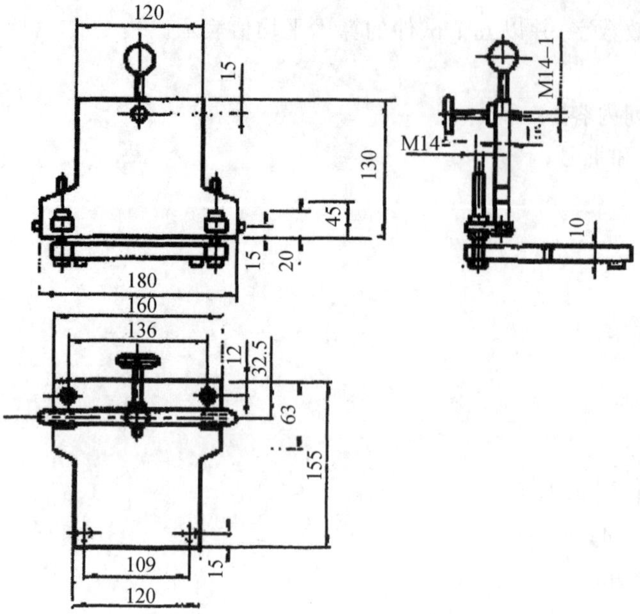

单位：mm

1—手柄；2—上平板；3—转轴；4—下平板；5、6—调距螺丝

图6　弯折机示意图

10.2　试验程序

10.2.1　水性沥青基涂料

10.2.1.1　将牛皮纸放在釉面砖上，然后称取厚质涂料(80.0±0.1)g；或薄质涂料(25.0±0.1)g的试样分次满涂在100 mm×100 mm的牛皮纸上，每次涂抹后放在干燥箱中于(40±2)℃下干燥4 h～6 h，最后一道应在干燥箱中于(40±2)℃下干燥24 h以上，然后将试件取出，冷却后切取三块80 mm×25 mm试件。

10.2.1.2　将试件和圆棒一起放入低温冰箱中，在规定的温度下保持2 h后打开冰箱，迅速捏住试件的两端(涂层面朝上)，在3 s～4 s内绕圆棒弯曲180度，并记录此时的温度，取出试件立即观察其表面有无裂纹、断裂现象。

10.2.2　高分子防水涂料

10.2.2.1　按8.2.1的规定制备涂膜，脱模后切取100 mm×25 mm的试件三块。

10.2.2.2　将试件在标准条件下放置2 h后弯曲180度，使25 mm宽的边缘平齐，用钉书机将边缘处固定，调整弯折机的上平板与下平板间的距离为试件厚度的3倍，然后将试件放在弯折机的下平板上，试件重叠的一边朝向弯折机轴，距转轴中心约25 mm将放有试件的弯折机放入低温冰箱中，在规定温度下保持2 h后打开冰箱，在1 s内将上平板压下，保持1 s，取出试件并用8倍放大镜观察试件。

10.3　试验结果评定

记录试件表面弯曲处有无裂纹或开裂现象。

10.4　试验报告

试验报告应写明下列内容：

a)试样的名称、类别和批号；

b)试验温度；

c)圆棒直径；

d)试件的表面现象。

11 不透水性的测定

11.1 试验器具

11.1.1 不透水试验仪：符合 GB/T 328.3 规定的不透水仪；

11.1.2 铜丝网布：孔径为 0.2 mm；

11.1.3 牛皮纸：70 g/m^2～90 g/m^2；

11.1.4 釉面砖。

11.2 试验程序

11.2.1 试件制备

11.2.1.1 水性沥青基涂料

把牛皮纸放在釉面砖上，然后将试样分次满涂在 150 mm×150 mm 的牛皮纸上，涂刷量为厚质涂料(180±0.1)g/mm，薄质涂料(56±0.1)g/mm^2，每一样品准备三个试件。

11.2.1.2 高分子防水涂料

按 8.2.1 的规定制备涂膜，脱模后切取 150 mm×150 mm 的试件三块。

11.2.2 将试件在标准条件下放置 1 h，并在标准条件下将洁净的自来水注入不透水试验仪中至溢满，开启进水阀，接着加水压，使贮水罐的水流出，清除空气。

11.2.3 将试件涂层面迎水置于不透水仪的圆盘上，再在试件上加一块相同尺寸，孔径为 0.2 mm 的铜丝网布启动压紧，开启进水阀，关闭总水阀，施加压力至规定值，保持该压力 30 min。卸压，取下试件，观察有无渗水现象。

11.3 试验结果评定

记录每个试件有无渗水现象。

11.4 试验报告

试验报告应写明下列内容：

a)试样的名称、类别和批号；

b)试验压力和时间；

c)试件渗水情况。

12 干燥时间的测定

12.1 试验器具

12.1.1 小玻璃球：直径 125 mm～250 mm；

12.1.2 秒表：分度为 0.2 s；

12.1.3 软毛刷；

12.1.4 干燥试验器：如图 7 所示，重 200 g，底面积 100 mm^2；

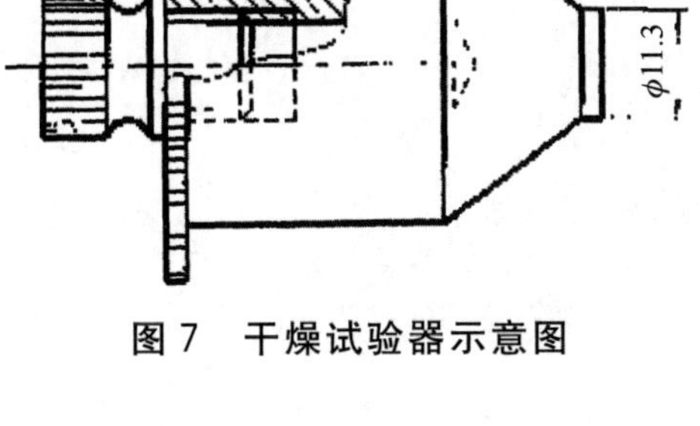

图 7 干燥试验器示意图

12.1.5 铝板：规格为 50 mm×120 mm×1 mm；

12.1.6 单面保险刀片；

12.1.7 定性滤纸。

12.2 试验程序

12.2.1 表干时间的测定

12.2.1.1 在标准条件下将试样搅匀后按产品要求涂刷于铝板上制备涂膜，不允许有空白，记录涂刷结束的时间。

12.2.1.2 A法 按 GB/T 6753.2 的试验方法进行。

12.2.1.3 B法 经过若干时间后，在距膜面边缘不小于 10 mm 的范围以手指轻触涂膜表面如感到有些发粘，但无涂料粘在手指上，即为表干，记下时间。

12.2.2 实干时间的测定

12.2.2.1 按 12.2.1.1 规定制备试件，记录涂刷结束的时间。

12.2.2.2 A法 在表干后的试件涂层上放一张定性滤纸，（光滑面接触涂面），滤纸上再轻轻放置干燥试验器，每若干时间后移去干燥试验器，将试件翻转滤纸能自由落下，或在背面用握板之手的食指轻轻敲几下滤纸能自由落下而滤纸纤维不沾在涂膜上则认为涂膜实干，记下涂膜达到实干所用的时间，即为实干时间。

12.2.2.3 B法 用单面保险刀片切割涂膜，若底层及膜内均无粘着现象，则认为实干，记下涂膜达到实干所用的时间，即为实干时间。

12.3 试验报告

试验报告应写明下列内容：

a）试样的名称、类别和批号；

b）试样的表干时间；

c）试样的实干时间。

ICS 91.120.30
Q 17

中华人民共和国国家标准

GB/T 16777—2008
代替 GB/T 16777—1997

建筑防水涂料试验方法

Test methods for building waterproofing coatings

2008-06-30 发布　　　　2009-04-01 实施

中华人民共和国国家质量监督检验检疫总局
中国国家标准化管理委员会　发布

前　言

本标准与 JIS A6021—2000《建筑用防水涂料》的一致性程度为非等效。

本标准代替 GB/T 16777—1997《建筑防水涂料试验方法》。

本标准与 GB/T 16777—1997 的主要区别是：

——增加涂膜制备，调整了水乳型涂膜的成膜方法，增加了潮湿基面粘结强度、撕裂强度项目（本版的第 4、8、10 章）；

——固体含量、干燥时间试验方法进行了调整（1997 版的第 4、12 章，本版的第 5、16 章）；

——粘结强度增加了 A 法（1997 版的第 6 章，本版的第 7 章）；

——删除了延伸性试验项目（1997 版的第 7 章）；

——拉伸性能试验删除了紫外线处理（1997 版的第 8 章，本版的第 9 章）；

——低温柔性分为低温柔性、低温弯折性项目（1997 版的第 10 章，本版的第 13、14 章）。

本标准由中国建筑材料联合会提出。

本标准由全国轻质与装饰装修建筑材料标准化技术委员会（SAC/TC 195）归口。

本标准负责起草单位：中国化学建筑材料公司苏州防水材料研究设计所。

本标准参加起草单位：上海市建筑科学研究院（集团）有限公司、北京市建筑材料科学研究院、北京东方雨虹防水技术股份有限公司、四川省宏源防水工程有限公司、大连细扬防水工程集团有限公司、上海汇丽涂料有限公司。

本标准委托中国化学建筑材料公司苏州防水材料研究设计所负责解释。

本标准主要起草人：朱志远、檀春丽、将勤逸、陈文洁、朱晓华、许渊、胡蔚儒、樊细扬、王澜、周荣。

本标准委托中国化学建筑材料公司苏州防水材料研究设计所负责解释。

本标准于 1997 年首次发布。

建筑防水涂料试验方法

1 范围

本标准规定了建筑防水涂料的标准试验条件、涂膜制备、固体含量、耐热性、粘结强度、潮湿基面粘结强度、拉伸性能、撕裂强度、定伸时老化、加热伸缩率、低温柔性、不透水性、干燥时间等性能的试验方法。

本标准适用于建筑防水涂料。

2 规范性引用文件

下列文件中的条款通过本标准的引用而成为本标准的条款。凡是注日期的引用文件，其随后所有的修改单(不包括勘误的内容)或修订版均不适用于本标准，然而，鼓励根据本标准达成协议的各方研究是否可使用这些文件的最新版本。凡是不注日期的引用文件，其最新版本适用于本标准。

GB/T328.10—2007 建筑防水卷材试验方法 第10部分:沥青和高分子防水卷材 不透水性

GB/T 528 硫化橡胶或热塑性橡胶拉伸应力应变性能的测定(GB/T 528—1998,ISO 37:1994 eqv)

GB/T 529—1999 硫化橡胶或热塑性橡胶撕裂强度的测定(裤形、直角形和新月形试样)(ISO 34-1:1994 eqv)

GB/T 18244 建筑防水材料老化试验方法

3 标准试验条件

实验室标准试验条件为:温度:(23±2)℃，相对湿度:(50±10)%。

严格条件可选择温度:(23±2)℃，相对湿度:(50±5)%。

4 涂膜制备

4.1 试验器具

4.1.1 涂膜模框:如图1所示。

4.1.2 电热鼓风烘箱:控温精度±2 ℃。

4.2 试验步骤

4.2.1 试验前模框、工具、涂料应在标准试验条件下放置94 h以上。

4.2.2 称取所需的试验样品量，保证最终涂膜厚度(1.5±0.2)mm。

单组分防水涂料应将其混合均匀作为试料，多组分防水涂料应生产厂规定的配比精确称量后，将其混合均匀作为试料。在必要时可以按生产厂家指定的量添加稀释剂，当稀释剂的添加量有范围时，取其中间值。将产品混合后充分搅拌5 min，在不混入气泡的情况下倒入模框中。模框不得翘曲且表面平滑，为便于脱模，涂覆前可用脱模剂处理。样品按生产厂的要求一次或多次涂覆(最多三次，每次间隔不超过24 h)，最后一次将表面刮平，然后按表1进行养护。

表1 涂膜制备的养护条件

分类		脱模前的养护条件	脱模后的养护条件
水性	沥青类	在标准条件120 h	(40±2)℃48 h后，标准条件4 h
	高分子类	在标准条件96 h	(40±2)℃48 h后，标准条件4 h
溶剂型、反应型		标准条件96 h	标准条件72 h

应按要求及时脱模，脱模后将涂膜翻面养护，脱模过程中应避免损伤涂膜。为便于脱模可在低温下进行，但脱模温度不能低于低温柔性的温度。

单位为毫米

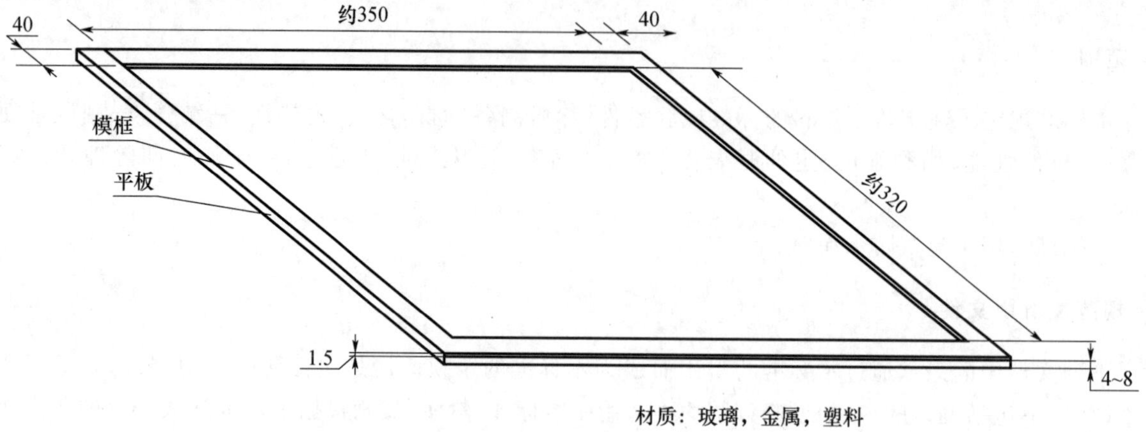

图1　涂膜模框示意图

4.2.3　检查涂膜外观。从表面光滑平整、无明显气泡的涂膜上按表2规定裁取试件。

表2　试件形状(尺寸)及数量

项目		试件形状(尺寸/mm)	数量/个
拉伸性能		符合 GB/T 528 规定的哑铃Ⅰ型	5
撕裂强度		符合 GB/T 529—1999 中 5.1.2 规定的无割口直角形	5
低温弯折性、低温柔性		100×25	3
不透水性		150×150	3
加热伸缩率		300×30	3
定伸时老化	热处理	符合 GB/T 528 规定的哑铃Ⅰ型	3
	人工气候老化		3
热处理	拉伸性能	120×25，处理后取出再裁取符合 GB/T 528 规定的哑铃Ⅰ型	6
	低温弯折性、低温柔性	100×25	3
碱处理	拉伸性能	120×25，处理后取出再裁取符合 GB/T 528 规定的哑铃Ⅰ型	6
	低温弯折性、低温柔性	100×25	3
酸处理	拉伸性能	120×25，处理后取出再裁取符合 GB/T 528 规定的哑铃Ⅰ型	6
	低温弯折性、低温柔性	100×25	3
紫外线处理	拉伸性能	120×25，处理后取出再裁取符合 GB/T 528 规定的哑铃Ⅰ型	6
	低温弯折性、低温柔性	100×25	3
人工气候老化	拉伸性能	120×25，处理后取出再裁取符合 GB/T 528 规定的哑铃Ⅰ型	6
	低温弯折性、低温柔性	100×25	3

5　固体含量

5.1　试验器具

5.1.1　天平：感量 0.001 g。

5.1.2 电热鼓风烘箱：控温精度±2 ℃。

5.1.3 干燥器：内放变色硅胶或无水氯化钙。

5.1.4 培养皿：直径(60～75)mm。

5.2 试验步骤

将样品(对于固体含量试验不能添加稀释剂)搅匀后，取(6±1)g 的样品倒入已干燥称量的培养皿(m_0)中并铺平底部，立即称量(m_1)，再放入到加热到表 3 规定温度的烘箱中，恒温 3 h，取出放入干燥器中，在标准试验条件下冷却 2 h，然后称量(m_2)。对于反应型涂料，应在称量(m_1)后在标准试验条件下放置 24 h，再放入烘箱。

表 3 涂料加热温度

涂料种类	水性	溶剂型、反应型
加热温度/ ℃	105±2	120±2

5.3 结果计算

固体含量按式(1)计算：

$$X=\frac{m_2-m_0}{m_1-m_0}\times 100 \qquad \cdots\cdots(1)$$

式中：

X——固体含量(质量分数)，%；

m_0——培养皿质量，单位为克(g)；

m_1——干燥前试样和培养皿质量，单位为克(g)；

m_2——干燥后试样和培养皿质量，单位为克(g)。

试验结果取两次平行试验的平均值，结果计算精确到 1%。

5.4 试验报告

试验报告包括如下信息：

a) 本标准章节编号；

b) 确定试验产品的所有必要细节；

c) 制备试件信息；

d) 试验温度和时间；

e) 试验结果；

f) 试验过程中采用方法的差异或遇到的异常；

g) 试验日期。

6 耐热性

6.1 试验器具

6.1.1 电热鼓风烘箱：控温精度±2 ℃。

6.1.2 铝板：厚度不小于 2 mm，面积大于 100 mm×50 mm，中间上部有一小孔，便于悬挂。

6.2 试验步骤

将样品搅匀后，将样品按生产厂的要求分 2～3 次涂覆(每次间隔不超过 24 h)在已清洁干净的铝板上，涂覆面积为 100 mm×50 mm，总厚度 1.5 mm，最后一次将表面刮平，按表 1 条件进行养护，不需要脱模。然后将铝板垂直悬挂在已调节到规定温度的电热鼓风干燥箱内，试件与干燥箱壁间的距离不小于 50 mm，试件的中心宜与温度计的探头在同一位置，在规定温度下放置 5 h 后取出，观察表面现象。共试验 3 个试件。

6.3 结果评定

试验后所有试件都不应产生流淌、滑动、滴落，试件表面无密集气泡。

6.4 试验报告

试验报告包括如下信息：

a) 本标准章节编号；

b) 确定试验产品的所有必要细节；

c) 制备试件信息；

d) 试验温度和时间；

e) 试验结果；

f) 试验过程中采用方法的差异或遇到的异常；

g) 试验日期。

7 粘结强度

7.1 A法

7.1.1 试验器具

7.1.1.1 拉伸试验机：测量值在量程的(15～85)%之间，示值精度不低于1%，拉伸速度(5±1) mm/min。

7.1.1.2 电热鼓风烘箱：控温精度±2 ℃。

7.1.1.3 拉伸专用金属夹具：上夹具、下夹具、垫板如图2、图3、图4所示。

单位为毫米

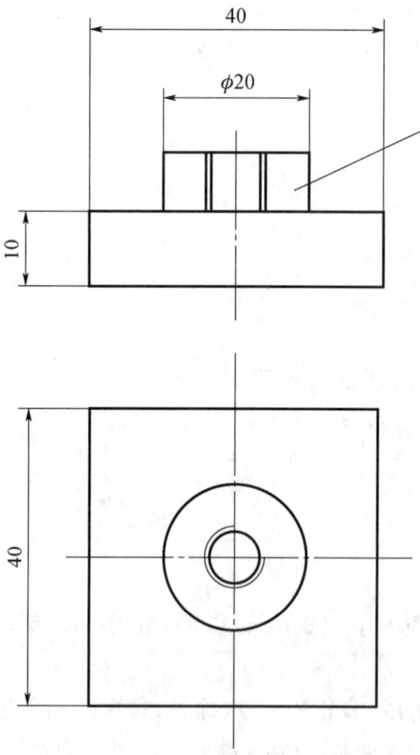

图2 拉伸用上夹具

单位为毫米

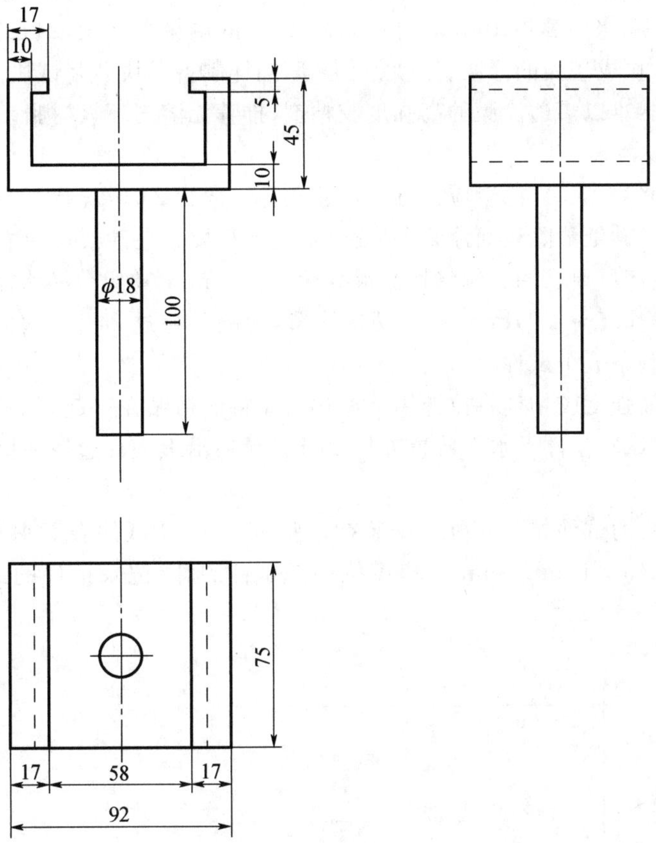

图 3　拉伸用下夹具

单位为毫米

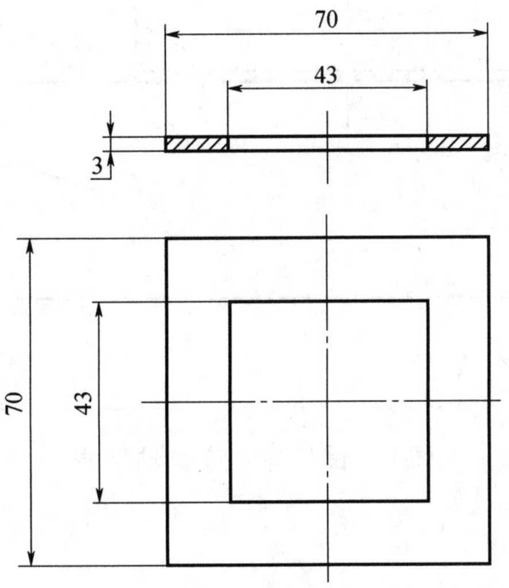

图 4　拉伸用垫板

7.1.1.4　水泥砂浆块：尺寸(70×70×20)mm。采用强度等级 42.5 的普通硅酸盐水泥，将水泥、中砂按照质量比 1∶1 加入砂浆搅拌机中搅拌，加水量以砂浆稠度(70～90)mm 为准，倒入模框中振实抹平，然后移入养护室，1 d 后脱模，水中养护 10 d 后再在(50±2)℃的烘箱中干燥(24±0.5)h，取出在标准条件下放置备用，去除砂浆试块成型面的浮浆、浮砂、灰尘等，同样制备五块砂浆试块。

7.1.1.5　高强度胶粘剂：难以渗透涂膜的高强度胶粘剂，推荐无溶剂环氧树脂。

7.1.2　试验步骤

试验前制备好的砂浆块、工具、涂料应在标准试验条件下放置 24 h 以上。

取五块砂浆块用 2 号砂纸清除表面浮浆，必要时按生产厂要求在砂浆块的成型面[(70×70)mm]上涂刷底涂料，干燥后按生产厂要求的比例将样品混合后搅拌 5 min(单组分防水涂料样品直接使用)涂抹在成型面上，涂膜的厚度(0.5～1.0)mm(可分两次涂覆，间隔不超过 24 h)。然后将制得的试件按表 1 要求养护，不需要脱模，制备五个试件。

将养护后的试件用高强度胶粘剂将拉伸用上夹具与涂料面粘贴在一起，如图 5 所示，小心的除去周围溢出的胶粘剂，在标准试验条件下水平放置养护 24 h。然后沿上夹具边缘一圈用刀切割涂膜至基层，使试验面积为(40×40)mm。

将粘有拉伸用上夹具的试件如图 6 所示安装在试验机上，保持试件表面垂直方向的中线与试验机夹具中心在一条线上，以(5±1)mm/min 的速度拉伸至试件破坏，记录试件的最大拉力。试验温度为(23±2)℃。

单位为毫米

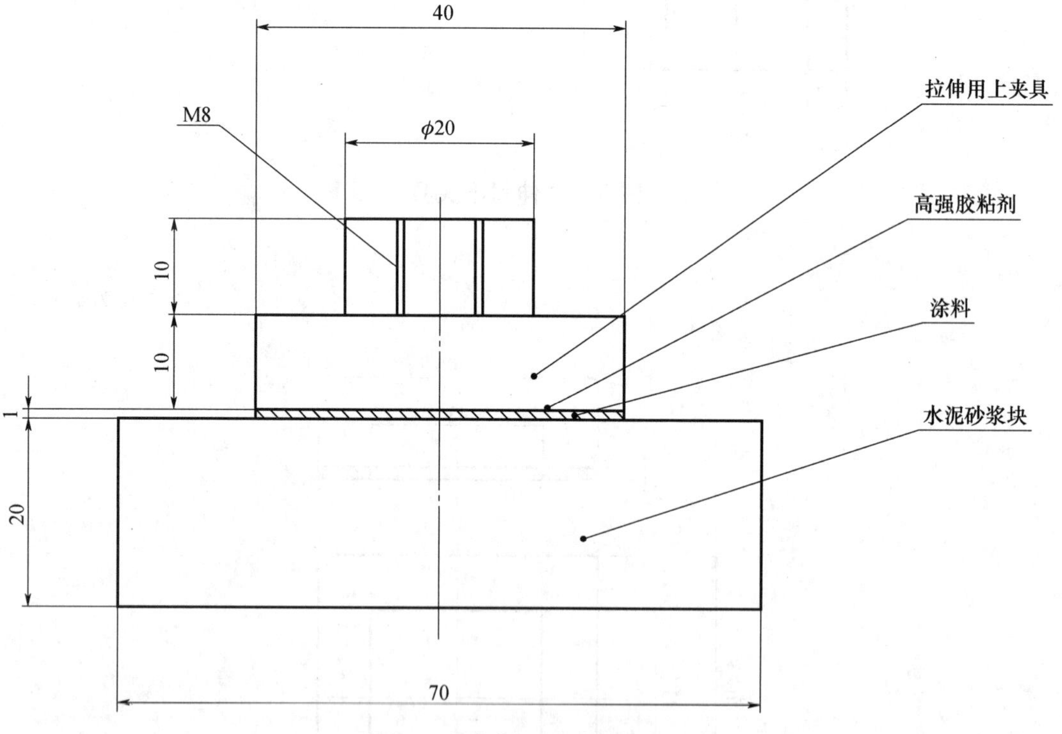

图 5　试件与上夹具粘结图

7.2　B 法

7.2.1　试验器具

7.2.1.1　拉伸试验机：测量值在量程的(15～85)%之间，示值精度不低于 1%，拉伸速度(5±1)mm/min。

7.2.1.2　电热鼓风烘箱：控温精度±2 ℃。

7.2.1.3　“8”字形金属模具：如图 7 所示，中间用插片分成两半。

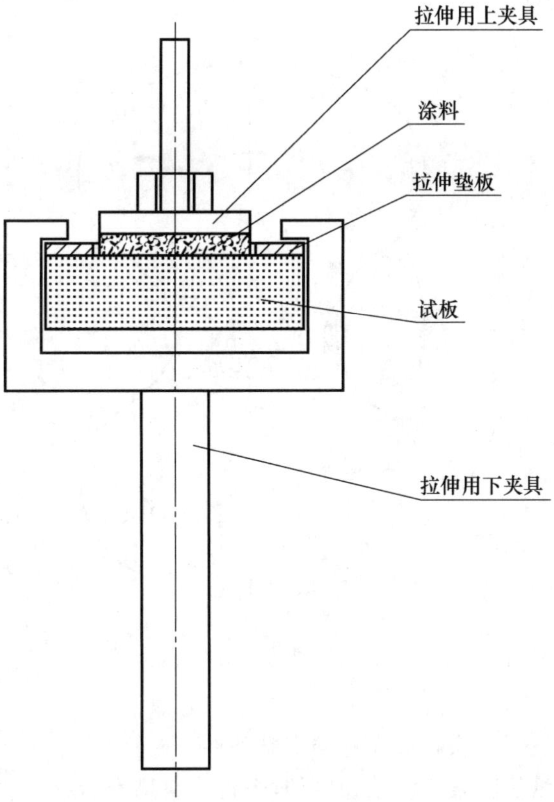

图 6　试件与夹具装配图

单位为毫米

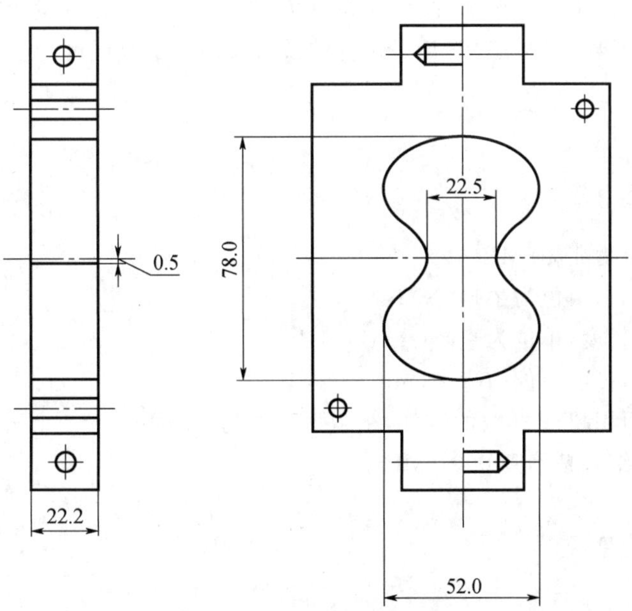

图 7　“8”字形金属模具

7.2.1.4　粘结基材：“8”字形水泥砂浆块，如图 8 所示。采用强度等级 42.5 的普通硅酸盐水泥，将水泥、中砂按照质量比 1∶1 加入砂浆搅拌机中搅拌，加水量以砂浆稠度(70～90)mm 为准，倒入模框中振实抹平，然后移入养护室，1 d 后脱模，水中养护 10 d 后再在(50±2)℃的烘箱中干燥(24±0.5)h，取出在标准条件下放置备用，同样制备五对砂浆试块。

单位为毫米

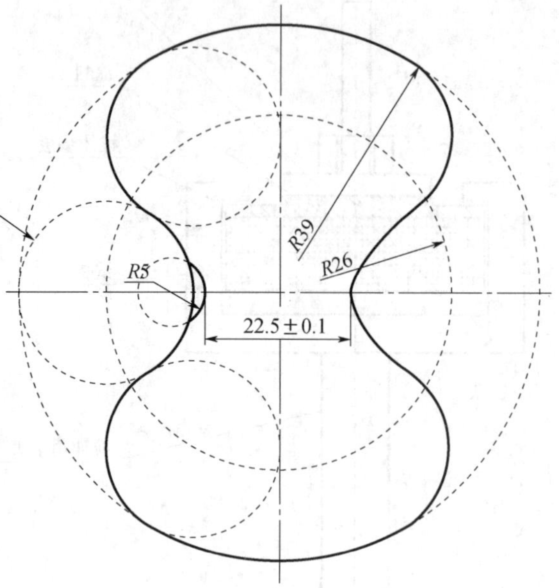

图 8　水泥砂浆块

7.2.2　试验步骤

试验前制备好的砂浆块、工具、涂料应在标准试验条件下放置 24 h 以上。

取五对砂浆块用 2 号砂纸清除表面浮浆，必要时先将涂料稀释后在砂浆块的断面上打底，干燥后按生产厂要求的比例将样品混合后搅拌 5 min(单组分防水涂料样品直接使用)涂抹在成型面上，将两个砂浆块断面对接，压紧，砂浆块间涂料的厚度不超过 0.5 mm。然后将制得的试件按表 1 要求养护，不需要脱模，制备五个试件。

将试件安装在试验机上，保持试件表面垂直方向的中线与试验机夹具中心在一条线上，以(5±1)mm/min 的速度拉伸至试件破坏，记录试件的最大拉力。试验温度为(23±2)℃。

7.3　结果计算

粘结强度按式(2)计算：

$$\sigma = F/(a \times b) \qquad \cdots\cdots (2)$$

式中：

σ——粘结强度，单位为兆帕(MPa)；

F——试件的最大拉力，单位为牛顿(N)；

a——试件粘结面的长度，单位为毫米(mm)；

b——试件粘结面的宽度，单位为毫米(mm)。

去除表面未被粘住面积超过 20% 的试件，粘结强度以剩下的不少于 3 个试件的算术平均值表示，不足三个试件应重新试验，结果精确到 0.01 MPa。

7.4　试验报告

试验报告包括如下信息：

a)　本标准章节编号；

b)　确定试验产品的所有必要细节；

c)　制备试件信息；

d)　采用的方法类型；

e)　试验结果；

f)　试验过程中采用方法的差异或遇到的异常；

g)　试验日期。

8 潮湿基面粘结强度

按7.2制备“8”字形砂浆块。取5对养护好的水泥砂浆块，用2号砂纸清除表面浮浆，将砂浆块浸入(23±2)℃的水中浸泡24 h。将在标准试验条件下已放置24 h的样品按生产厂要求的比例混合后搅拌5 min(单组分防水涂料样品直接使用)。从水中取出砂浆块用湿毛巾揩去水渍，晾置5 min后，在砂浆块的断面上涂抹准备好的涂料，将两个砂浆块断面对接、压紧，砂浆块间涂料的厚度不超过0.5 mm，在标准试验条件下放置4 h。然后将制得的试件进行养护，条件为温度(20±1)℃，相对湿度不小于90%，养护168 h。制备五个试件。

将养护好的试件在标准试验条件下放置2 h，将试件安装在试验机上，保持试件表面垂直方向的中线与试验机夹具中心在一条线上，以(5±1)mm/min的速度拉伸至试件破坏，记录试件的最大拉力。试验温度为(23±2)℃。

结果计算和试验报告按第7章。

9 拉伸性能

9.1 试验器具

9.1.1 拉伸试验机：测量值在量程的(15～85)%之间，示值精度不低于1%，伸长范围大于500 mm。

9.1.2 电热鼓风干燥箱：控温精度±2 ℃。

9.1.3 冲片机及符合GB/T 528要求的哑铃Ⅰ型裁刀。

9.1.4 紫外线箱：500 W直管汞灯，灯管与箱底平行，与试件表面的距离为(47～50) cm。

9.1.5 厚度计：接触面直径6 mm，单位面积压力0.02 MPa，分度值0.01 mm。

9.1.6 氙弧灯老化试验箱：符合GB/T 18244要求的氙弧灯老化试验箱。

9.2 试验步骤

9.2.1 无处理拉伸性能

将涂膜按表2要求，裁取符合GB/T 528要求的哑铃Ⅰ型试件，并划好间距25 mm的平行标线，用厚度计测量试件标线中间和两端三点的厚度，取其算术平均值作为试件厚度。调整拉伸试验机夹具间距约70 mm，将试件夹在试验机上，保持试件长度方向的中线与试验机夹具中心在一条线上，按表4的拉伸速度进行拉伸至断裂，记录试件断裂时的最大荷载(P)，断裂时标线间距离(L_1)，精确到0.1 mm，测试五个试件，若有试件断裂在标线外，应舍弃用备用件补测。

表4 拉伸速度

产品类型	拉伸速度/(mm/min)
高延伸率涂料	500
低延伸率涂料	200

9.2.2 热处理拉伸性能

将涂膜按表2要求裁取六个(120×25)mm矩形试件平放在隔离材料上，水平放入已达到规定温度的电热鼓风烘箱中，加热温度沥青类涂料为(70±2)℃，其他涂料为(80±2)℃。试件与箱壁间距不得少于50 mm，试件宜与温度计的探头在同一水平位置，在规定温度的电热鼓风烘箱中恒温(168±1)h取出，然后在标准试验条件下放置4 h，裁取符合GB/T 528要求的哑铃Ⅰ型试件，按9.2.1进行拉伸试验。

9.2.3 碱处理拉伸性能

在(23±2)℃时，在0.1%化学纯氢氧化钠(NaOH)溶液中，加入$Ca(OH)_2$试剂，并达到过饱和状态。

在600 mL该溶液中放入按表2裁取的六个(120×25)mm矩形试件，液面应高出试件表面10 mm

以上，连续浸泡(168±1)h 取出，充分用水冲洗，擦干，在标准试验条件下放置 4 h，裁取符合 GB/T 528 要求的哑铃Ⅰ型试件，按 9.2.1 进行拉伸试验。

对于水性涂料，浸泡取出擦干后，再在(60±2)℃的电热鼓风烘箱中放置 6 h±15 min，取出在标准试验条件下放置(18±2)h，裁取符合 GB/T 528 要求的哑铃Ⅰ型试件，按 9.2.1 进行拉伸试验。

9.2.4 酸处理拉伸性能

在(23±2)℃时，在 600 mL 的 2%化学纯硫酸(H_2SO_4)溶液中，放入按表 2 裁取的六个(120×25)mm 矩形试件，液面应高出试件表面 10 mm 以上，连续浸泡(168±1)h 取出，充分用水冲洗，擦干，在标准试验条件下放置 4 h，裁取符合 GB/T 528 要求的哑铃Ⅰ型试件，按 9.2.1 进行拉伸试验。

对于水性涂料，浸泡取出擦干后，再在(60±2)℃的电热鼓风烘箱中放置 6 h±15 min，取出在标准试验条件下放置(18±2)h，裁取符合 GB/T 528 要求的哑铃Ⅰ型试件，按 9.2.1 进行拉伸试验。

9.2.5 紫外线处理拉伸性能

按表 2 裁取的六个(120×25)mm 矩形试件，将试件平放在釉面砖上，为了防粘，可在釉面砖表面撒滑石粉。将试件放入紫外线箱中，距试件表面 50 mm 左右的空间温度为(45±2)℃，恒温照射 240 h。取出在标准试验条件下放置 4h，裁取符合 GB/T 528 要求的哑铃Ⅰ型试件，按 9.2.1 进行拉伸试验。

9.2.6 人工气候老化材料拉伸性能

按表 2 裁取的六个(120×25)mm 矩形试件放入符合 GB/T 18244 要求的氙弧灯老化试验箱中，试验累计辐照能量为 1 500 MJ^2/m^2(约 720 h)后取出，擦干，在标准试验条件下放置 4 h，裁取符合 GB/T 528 要求的哑铃Ⅰ型试件，按 9.2.1 进行拉伸试验。

对于水性涂料，取出擦干后，再在(60±2)℃的电热鼓风烘箱中放置 6 h±15 min，取出在标准试验条件下放置(18±2)h，裁取符合 GB/T 528 要求的哑铃Ⅰ型试件，按 9.2.1 进行拉伸试验。

9.3 结果计算

9.3.1 拉伸强度

试件的拉伸强度按式(3)计算：

$$T_L = P/(B \times D) \qquad (3)$$

式中：

T_L——拉伸强度，单位为兆帕(MPa)；

P——最大拉力，单位为牛顿(N)；

B——试件中间部位宽度，单位为毫米(mm)；

D——试件厚度，单位为毫米(mm)。

取五个试件的算术平均值作为试验结果，结果精确到 0.01 MPa。

9.3.2 断裂伸长率

试件的断裂伸长率按式(4)计算：

$$E = (L_1 - L_0)/L_0 \times 100 \qquad (4)$$

式中：

E——断裂伸长率，%；

L_0——试件起始标线间距离 25 mm；

L_1——试件断裂时标线间距离，单位为毫米(mm)。

取五个试件的算术平均值作为试验结果，结果精确到 1%。

9.3.3 保持率

拉伸性能保持率按式(5)计算：

$$R_t = (T_1/T) \times 100 \qquad (5)$$

式中：

R_t——样品处理后拉伸性能保持率，%；

T——样品处理前平均拉伸强度；

T_1——样品处理后平均拉伸强度。

结果精确到1%。

9.4 试验报告

试验报告包括如下信息：

a) 本标准章节编号；

b) 确定试验产品的所有必要细节；

c) 制备试件信息；

d) 采用处理条件；

e) 拉伸速度；

f) 试验结果；

g) 试验过程中采用方法的差异或遇到的异常；

h) 试验日期。

10 撕裂强度

10.1 试验器具

10.1.1 拉伸试验机：测量值在量程的(15～85)%之间，示值精度不低于1%，伸长范围大于500 mm。

10.1.2 电热鼓风干燥箱：控温精度±2 ℃。

10.1.3 冲片机及符合GB/T 529—1999中5.1.2要求的直角撕裂裁刀。

10.1.4 厚度计：接触面直径6 mm，单位面积压力0.02 MPa，分度值0.01 mm。

10.2 试验步骤

将涂膜按表2要求，裁取符合GB/T 529—1999要求的无割口直角撕裂试件，用厚度计测量试件直角撕裂区域三点的厚度，取其算术平均值作为试件厚度。将试件夹在试验机上，保持试件长度方向的中线与试验机夹具中心在一条线上，按表4的拉伸速度进行拉伸至断裂，记录试件断裂时的最大荷载(P)，测试五个试件。

10.3 结果计算

试件的撕裂强度按式(6)计算：

$$T_s = P/d \qquad \cdots\cdots (6)$$

式中：

T_s——撕裂强度，单位为千牛每米(kN/m)；

P——最大拉力，单位为牛顿(N)；

d——试件厚度，单位为毫米(mm)。

取五个试件的算术平均值作为试验结果，结果精确到0.1 kN/m。

10.4 试验报告

试验报告包括如下信息：

a) 本标准章节编号；

b) 确定试验产品的所有必要细节；

c) 制备试件信息；

d) 拉伸速度；

e) 试验结果；

f) 试验过程中采用方法的差异或遇到的异常；

g) 试验日期。

11 定伸时老化

11.1 试验器具

11.1.1 电热鼓风干燥箱：控温精度±2 ℃。

11.1.2 氙弧灯老化试验箱：符合 GB/T 18244 要求的氙弧灯老化试验箱。

11.1.3 冲片机及符合 GB/T 528 要求的哑铃Ⅰ型裁刀。

11.1.4 定伸保持器：能使标线间距离拉伸 100%以上。

11.2 试验步骤

11.2.1 加热老化

将涂膜按表 2 要求，裁取符合 GB/T 528 要求的哑铃Ⅰ型试件，并划好间距 25 mm 的平行标线，并使试件的标线间距离从 25 mm 拉伸至 50 mm，在标准试验条件下放置 24 h。然后将夹有试件的定伸保持器放入烘箱，加热温度沥青类涂料为(70±2)℃，其他涂料为(80±2)℃，水平放置 168 h 后取出。再在标准试验条件下放置 4 h，观测定伸保持器上的试件有无变形，并用 8 倍放大镜检查试件有无裂纹。同时试验三个试件，分别记录每个试件有无变形、裂纹。

11.2.2 人工气候老化

将涂膜按表 2 要求，裁取符合 GB/T 528 要求的哑铃Ⅰ型试件，并划好间距 25 mm 的平行标线，并使试件的标线间距离从 25 mm 拉伸至 37.5 mm，在标准试验条件下放置 24 h。然后将夹有试件的定伸保持器放入符合 GB/T 18244 要求的氙弧灯老化试验箱中，试验 250 h 后取出。再在标准试验条件下放置 4 h，观测定伸保持器上的试件有无变形，并用 8 倍放大镜检查试件有无裂纹。同时试验三个试件，分别记录每个试件有无变形、裂纹。

11.3 结果评定

每个试件应无裂纹、无变形。

11.4 试验报告

试验报告包括如下信息：

a) 本标准章节编号；

b) 确定试验产品的所有必要细节；

c) 制备试件信息；

d) 试验条件和时间；

e) 试验结果；

f) 试验过程中采用方法的差异或遇到的异常；

g) 试验日期。

12 加热伸缩率

12.1 试验器具

12.1.1 电热鼓风干燥箱：控温精度±2 ℃。

12.1.2 测长装置：精度至少 0.5 mm。

12.2 试验步骤

将涂膜按表 2 要求裁取(300×30)mm 试件三块，将试件在标准试验条件下水平放置 24 h，用测长装置测定每个试件长度(L_0)。将试件平放在撒有滑石粉的隔离纸上，水平放入已加热到规定温度的烘箱中，加热温度沥青类涂料为(70±2)℃，其他涂料为(80±2)℃，恒温(168±1)h 取出，在标准试验条件下放置 4 h，然后用测长装置在同一位置测定试件的长度(L_1)，若试件有弯曲，用直尺压住后测量。

12.3 结果计算

加热伸缩率按式(7)计算：

$$S=(L_1-L_0)/L_0\times 100 \quad \cdots\cdots (7)$$

式中：

S——加热伸缩率，%；

L_0——加热处理前长度，单位为毫米（mm）；

L_1——加热处理后长度，单位为毫米（mm）。

取三个试件的算术平均值作为试验结果，结果精确到 0.1%。

12.4 试验报告

试验报告包括如下信息：

a) 本标准章节编号；

b) 确定试验产品的所有必要细节；制备试件信息；

c) 试验温度和时间；

d) 试验结果；

e) 试验过程中采用方法的差异或遇到的异常；

f) 试验日期。

13 低温柔性

13.1 试验器具

13.1.1 低温冰柜：控温精度±2 ℃。

13.1.2 圆棒或弯板：直径 10 mm、20 mm、30 mm。

13.2 试验步骤

13.2.1 无处理

将涂膜按表 2 要求裁取（100×25）mm 试件三块进行试验，将试件和弯板或圆棒放入已调节到规定温度的低温冰柜的冷冻液中，温度计探头应与试件在同一水平位置，在规定温度下保持 1 h，然后在冷冻液中将试件绕圆棒或弯板在 3 s 内弯曲 180°，弯曲三个试件（无上、下表面区分），立即取出试件用肉眼观察试件表面有无裂纹、断裂。

13.2.2 热处理

将涂膜按表 2 要求裁取三个（100×25）mm 矩形试件平放在隔离材料上，水平放入已达到规定温度的电热鼓风烘箱中，加热温度沥青类涂料为（70±2）℃，其他涂料为（80±2）℃。试件与箱壁间距不得少于 50 mm，试件宜与温度计的探头在同一水平位置，在规定温度的电热鼓风烘箱中恒温（168±1）h 取出，然后在标准试验条件下放置 4 h，按 13.2.1 进行试验。

13.2.3 碱处理

在（23±2）℃时，在 0.1%化学纯 NaOH 溶液中，加入 $Ca(OH)_2$ 试剂，并达到过饱和状态。

在 400 mL 该溶液中放入按表 2 裁取的三个（100×25）mm 试件，液面应高出试件表面 10 mm 以上，连续浸泡（168±1）h 取出，充分用水冲洗，擦干，在标准试验条件下放置 4 h，按 13.2.1 进行试验。

对于水性涂料，浸泡取出擦干后，再在（60±2）℃的电热鼓风烘箱中放置 6 h±15 min，取出在标准试验条件下放置（18±2）h，按 13.2.1 进行试验。

13.2.4 酸处理

在（23±2）℃时，在 400 mL 的 2%化学纯 H_2SO_4 溶液中，放入按表 2 裁取的三个（100×25）mm 试件，液面应高出试件表面 10 mm 以上，连续浸泡（168±1）h 取出，充分用水冲洗，擦干，在标准试验条件下放置 4 h，按 13.2.1 进行试验。

对于水性涂料，浸泡取出擦干后，再在（60±2）℃的电热鼓风烘箱中放置 6 h±15 min，取出在标准试验条件下放置（18±2）h，按 13.2.1 进行试验。

13.2.5 紫外线处理

按表 2 裁取的三个（100×25）mm 试件，将试件平放在釉面砖上，为了防粘，可在釉面砖表面撒滑石粉。将试件放入紫外线箱中，距试件表面 50 mm 左右的空间温度为(45±2)℃，恒温照射 240 h。取出在标准试验条件下放置 4 h，按 13.2.1 进行试验。

13.2.6 人工气候老化处理

按表 2 裁取的三个(100×25)mm 试件放入符合 GB/T 18244 要求的氙弧灯老化试验箱中，试验累计辐照能量为 1 500 MJ^2/m^2(约 720 h)后取出，擦干，在标准试验条件下放置 4 h，按 13.2.1 进行试验。

对于水性涂料，取出擦干后，再在(60±2)℃的电热鼓风烘箱中放置 6h±15 min，取出在标准试验条件下放置(18±2)h，按 13.2.1 进行试验。

13.3 结果评定

所有试件应无裂纹。

13.4 试验报告

试验报告包括如下信息：

a) 本标准章节编号；
b) 确定试验产品的所有必要细节；
c) 制备试件信息；
d) 试验温度和圆棒直径；
e) 试验结果；
f) 试验过程中采用方法的差异或遇到的异常；
g) 试验日期。

14 低温弯折性

14.1 试验器具

14.1.1 低温冰柜：控温精度±2 ℃。

14.1.2 弯折仪：如图 9 所示。

14.1.3 6 倍放大镜。

14.2 试验步骤

14.2.1 无处理

按表 2 裁取的三个(100×25)mm 试件，沿长度方向弯曲试件，将端部固定在一起，例如用胶粘带，见图 9，如此弯曲三个试件。调节弯折仪的两个平板间的距离为试件厚度的 3 倍。检测平板间 4 点的距离如图 9 所示。

放置弯曲试件在试验机上，胶带端对着平行于弯板的转轴如图 9 所示。放置翻开的弯折试验机和试件于调好规定温度的低温箱中。在规定温度放置 1 h 后，在规定温度弯折试验机从超过 90°的垂直位置到水平位置，1 s 内合上，保持该位置 1 s，整个操作过程在低温箱中进行。从试验机中取出试件，恢复到(23±5)℃，用 6 倍放大镜检查试件弯折区域的裂纹或断裂。

14.2.2 热处理

按 13.2.2 处理后，按 14.2.1 试验。

14.2.3 碱处理

按 13.2.3 处理后，按 14.2.1 试验。

14.2.4 酸处理

按 13.2.4 处理后，按 14.2.1 试验。

14.2.5 紫外线处理

按 13.2.5 处理后，按 14.2.1 试验。

14.2.6 人工气候老化处理

按 13.2.6 处理，按 14.2.1 试验。

14.3 结果评定

所有试件应无裂纹。

14.4 试验报告

单位为毫米

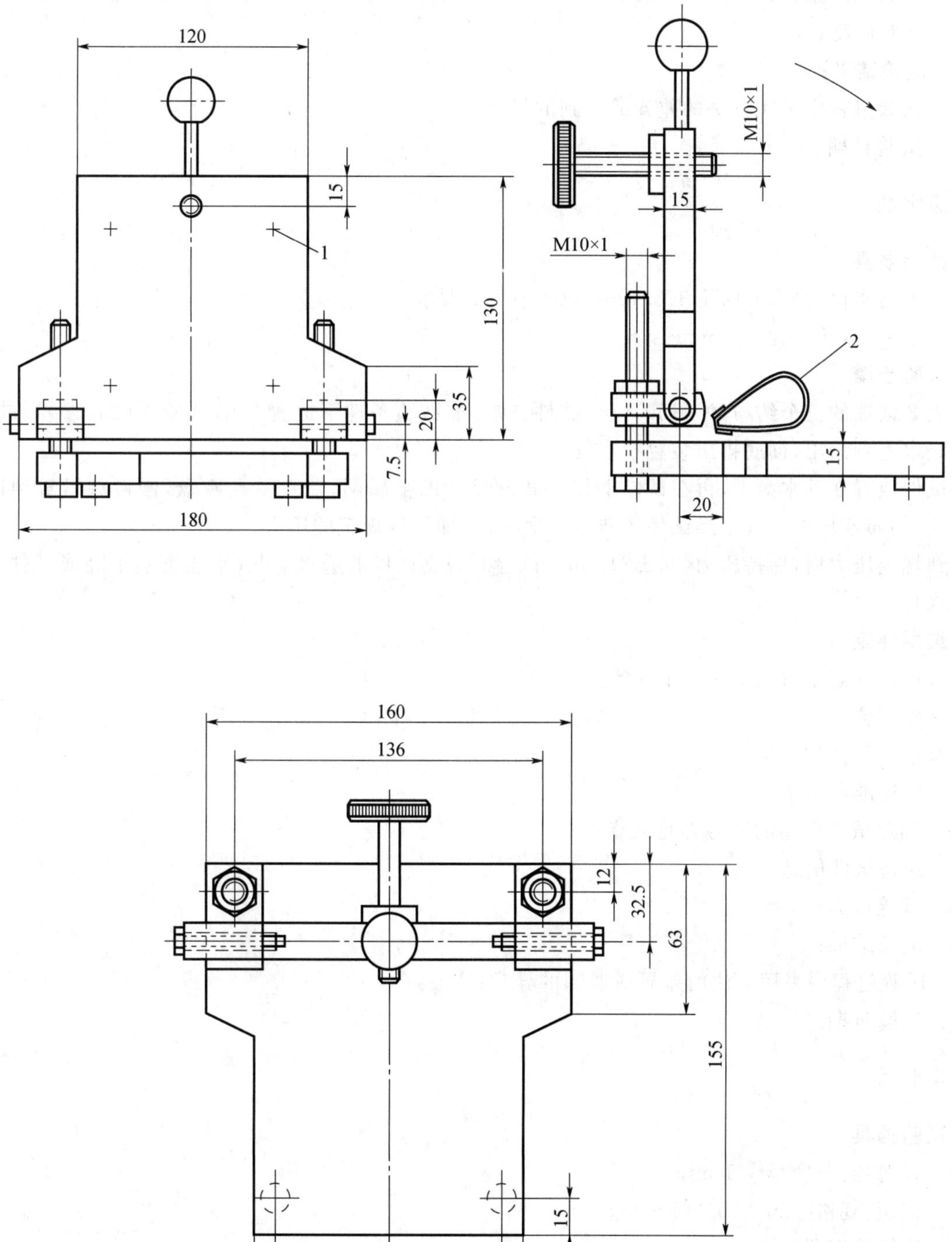

1——测量点；

2——试件。

图9 弯折仪示意图

试验报告包括如下信息：

a) 本标准章节编号；

b) 确定试验产品的所有必要细节；

c) 制备试件信息；

d) 试验处理条件；

e) 试验温度；

f) 试验结果；

g) 试验过程中采用方法的差异或遇到的异常；

h) 试验日期。

15 不透水性

15.1 试验器具

15.1.1 不透水仪：符合 GB/T 328.10—2007 中 5.2 要求。

15.1.2 金属网：孔径为 0.2 mm。

15.2 试验步骤

按表 2 裁取的三个约(150×150)mm 试件，在标准试验条件下放置 2 h，试验在(23±5)℃进行，将装置中充水直到满出，彻底排出装置中空气。

将试件放置在透水盘上，再在试件上加一相同尺寸的金属网，盖上 7 孔圆盘，慢慢夹紧直到试件夹紧在盘上，用布或压缩空气干燥试件的非迎水面，慢慢加压到规定的压力。

达到规定压力后，保持压力(30±2)min。试验时观察试件的透水情况(水压突然下降或试件的非迎水面有水)。

15.3 结果评定

所有试件在规定时间应无透水现象。

15.4 试验报告

试验报告包括如下信息：

a) 本标准章节编号；

b) 确定试验产品的所有必要细节；

c) 制备试件信息；

d) 试验压力；

e) 试验结果；

f) 试验过程中采用方法的差异或遇到的异常；

g) 试验日期。

16 干燥时间

16.1 试验器具

16.1.1 计时器：分度至少 1 min。

16.1.2 铝板：规格[120×50×(1～3)]mm。

16.1.3 线棒涂布器：200 μm。

16.2 试验步骤

16.2.1 表干时间

试验前铝板、工具、涂料应在标准试验条件下放置 24 h 以上。

在标准试验条件下，用线棒涂布器将按生产厂要求混合搅拌均匀的样品涂布在铝板上制备涂膜，涂布面积为(100×50)mm，记录涂布结束时间，对于多组分涂料从混合开始记录时间。

静置一段时间后，用无水乙醇擦净手指，在距试件边缘不小于 10 mm 范围内用手指轻触涂膜表面，若无涂料粘附在手指上即为表干，记录时间，试验开始到结束的时间即为表干时间。

16.2.2 实干时间

按 16.2.1 制备试件，静置一段时间后，用刀片在距试件边缘不小于 10 mm 范围内切割涂膜，若底层及膜内均无粘附手指现象，则为实干，记录时间，试验开始到结束的时间即为实干时间。

16.3 结果评定

平行试验两次，以两次结果的平均值作为最终结果，有效数字应精确到实际时间的 10%。

16.4 试验报告

试验报告包括如下信息：

a) 本标准章节编号；

b) 确定试验产品的所有必要细节；

c) 制备试件信息；

d) 试验结果；

e) 试验过程中采用方法的差异或遇到的异常；

f) 试验日期。

ICS 91.100.10
Q 11

中华人民共和国国家标准

GB/T 17671—1999
idt ISO 679:1989

水泥胶砂强度检验方法(ISO法)

Method of testing cements—Determination of strength

1999-02-08 发布　　1999-05-01 实施

国家质量技术监督局　发布

前　言

本标准是根据 ISO 679:1989《水泥试验方法——强度测定》制定的，主要内容与 ISO 679 完全一致，某些地方根据中国情况作了修订。其抗压强度检验结果与 ISO 679:1989 等同。

本标准采用中国产的 ISO 标准砂；其鉴定，质量验证与质量控制以德国标准砂公司的 ISO 基准砂为基准材料。

本标准规定可用全波振幅 0.75 mm，频率 2 800～3 000 次/min 的振动台为代用振实设备，其振实操作细则列入第 7 章中。本标准测定结果有异议时以基准法为准。

本标准在以下三个方面较 ISO 679:1989 作了更具体的规定：

1. 在“1 范围”中增加“本标准适用于硅酸盐水泥、普通硅酸盐水泥、矿渣硅酸盐水泥、粉煤灰硅酸盐水泥、复合硅酸盐水泥、石灰石硅酸盐水泥的抗折与抗压强度的检验。其他水泥采用本标准时必须研究本标准规定的适用性”。

2. 在“8.1 脱模前的处理和养护”中增加“两个龄期以上的试体，在编号时应将同一试模中的三条试体分在两个以上龄期内”。

3. 在“10.2 试验结果的确定”中增加“10.2.1 抗折强度，以一组三个棱柱体抗折结果的平均值作为试验结果。当三个强度值中有超出平均值±10%时，应剔除后再取平均值作为抗折强度试验结果”。

本标准由国家建筑材料工业局提出。

本标准由全国水泥标准化技术委员会归口。

本标准由中国建筑材料科学研究院水泥科学与新型建筑材料研究所负责起草。

本标准主要起草人：张大同、王文义、白显明、杨基典、肖忠明、颜碧兰、王昕、陈萍、刁志坚、江丽珍、赵双全。

ISO 前言

ISO(国际标准化组织)是世界性国家标准部门(ISO 成员单位)的联合会。国际标准起草工作通常是由 ISO 技术委员会完成的。对技术委员会已确定课题感兴趣的每一个成员单位有权向委员会提出建议,与 ISO 联络的政府和非政府国际组织也可参加工作。对于所有电工材料标准化工作,ISO 和国际电工委员会(IEC)进行共同研究。

由技术委员会起草的国际标准草案在 ISO 接受为国际标准之前应得到其成员的认可。按 ISO 程序要求至少有 75%的成员单位表示同意。

国际标准 ISO 679 是由 ISO/TC 74 水泥和石灰技术委员会起草的。

水泥胶砂强度检验方法(ISO 法)

1 范围

本标准规定了水泥胶砂强度检验基准方法的仪器、材料、胶砂组成、试验条件、操作步骤和结果计算等。其抗压强度测定结果与 ISO 679 结果等同。同时也列入可代用的标准砂和振实台,当代用后结果有异议时以基准方法为准。

本标准适用于硅酸盐水泥、普通硅酸盐水泥、矿渣硅酸盐水泥、粉煤灰硅酸盐水泥、复合硅酸盐水泥、石灰石硅酸盐水泥的抗折与抗压强度的检验。其他水泥采用本标准时必须研究本标准规定的适用性。

2 引用标准

下列标准所包含的条文,通过在本标准中引用而构成为本标准的条文。本标准出版时,所示版本均为有效。所有标准都会被修订,使用本标准的各方应探讨使用下列标准最新版本的可能性。

GB/T 6003—1985　试验筛

JC/T 681—1997　行星式水泥胶砂搅拌机

JC/T 682—1997　水泥胶砂试体成型振实台

JC/T 683—1997　40 mm×40 mm 水泥抗压夹具

JC/T 723—1982(1996)　水泥物理检验仪器　胶砂振动台

JC/T 724—1982(1996)　水泥物理检验仪器　电动抗折试验机

JC/T 726—1997　水泥胶砂试模

3 方法概要

本方法为 40 mm×40 mm×160 mm 棱柱试体的水泥抗压强度和抗折强度测定。

试体是由按质量计的一份水泥、三份中国 ISO 标准砂,用 0.5 的水灰比拌制的一组塑性胶砂制成。中国 ISO 标准砂的水泥抗压强度结果必须与 ISO 基准砂的相一致(见第 11 章)。

胶砂用行星搅拌机搅拌,在振实台上成型。也可使用频率 2 800～3 000 次/min,振幅 0.75 mm 振动台成型(见第 11 章)。

试体连模一起在湿气中养护 24 h,然后脱模在水中养护至强度试验。

到试验龄期时将试体从水中取出,先进行抗折强度试验,折断后每截再进行抗压强度试验。

4 试验室和设备

4.1 试验室

试体成型试验室的温度应保持在 20 ℃±2 ℃,相对湿度应不低于 50%。

试体带模养护的养护箱或雾室温度保持在 20 ℃±1 ℃,相对湿度不低于 90%。

试体养护池水温度应在 20 ℃±1 ℃范围内。

试验室空气温度和相对湿度及养护池水温在工作期间每天至少记录一次。

养护箱或雾室的温度与相对湿度至少每 4 h 记录一次,在自动控制的情况下记录次数可以酌减至一天记录二次。在温度给定范围内,控制所设定的温度应为此范围中值。

4.2 设备

4.2.1 总则

设备中规定的公差，试验时对设备的正确操作很重要。当定期控制检测发现公差不符时，该设备应替换，或及时进行调整和修理。控制检测记录应予保存。

对新设备的接收检测应包括本标准规定的质量、体积和尺寸范围，对于公差规定的临界尺寸要特别注意。

有的设备材质会影响试验结果，这些材质也必须符合要求。

4.2.2 试验筛

金属丝网试验筛应符合 GB/T 6003 要求，其筛网孔尺寸如表 1(R20 系列)。

表 1 试验筛

系列	网眼尺寸 mm
R20	2.0 1.6 1.0 0.50 0.16 0.080

4.2.3 搅拌机

搅拌机(见图 1)属行星式，应符合 JC/T 681 要求。

用多台搅拌机工作时，搅拌锅和搅拌叶片应保持配对使用。叶片与锅之间的间隙，是指叶片与锅壁最近的距离，应每月检查一次。

4.2.4 试模

试模由三个水平的模槽组成(见图 2)，可同时成型三条截面为 40 mm×40 mm，长 160 mm 的棱形试体，其材质和制造尺寸应符合 JC/T 726 要求。

当试模的任何一个公差超过规定的要求时，就应更换。在组装备用的干净模型时，应用黄干油等密封材料涂覆模型的外接缝。试模的内表面应涂上一薄层模型油或机油。

成型操作时，应在试模上面加有一个壁高 20 mm 的金属模套，当从上往下看时，模套壁与模型内壁应该重叠，超出内壁不应大于 1 mm。

为了控制料层厚度和刮平胶砂，应备有图 3 所示的二个播料器和一金属刮平直尺。

4.2.5 振实台

振实台(见图 4)应符合 JC/T 682 要求。振实台应安装在高度约 400 mm 的混凝土基座上。混凝土体积约为 0.25 m^3，重约 600 kg。需防外部振动影响振实效果时，可在整个混凝土基座下放一层厚约 5 mm 天然橡胶弹性衬垫。

将仪器用地脚螺丝固定在基座上，安装后设备成水平状态，仪器底座与基座之间要铺一层砂浆以保证它们的完全接触。

注：振实台的代用设备振动台见 11.7。

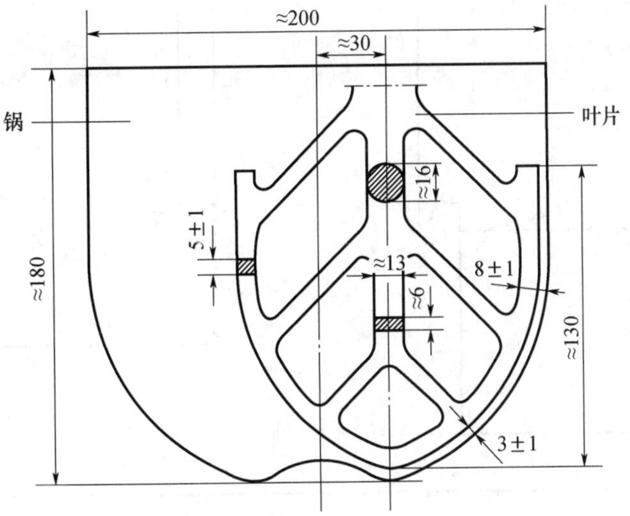

图1　搅拌机

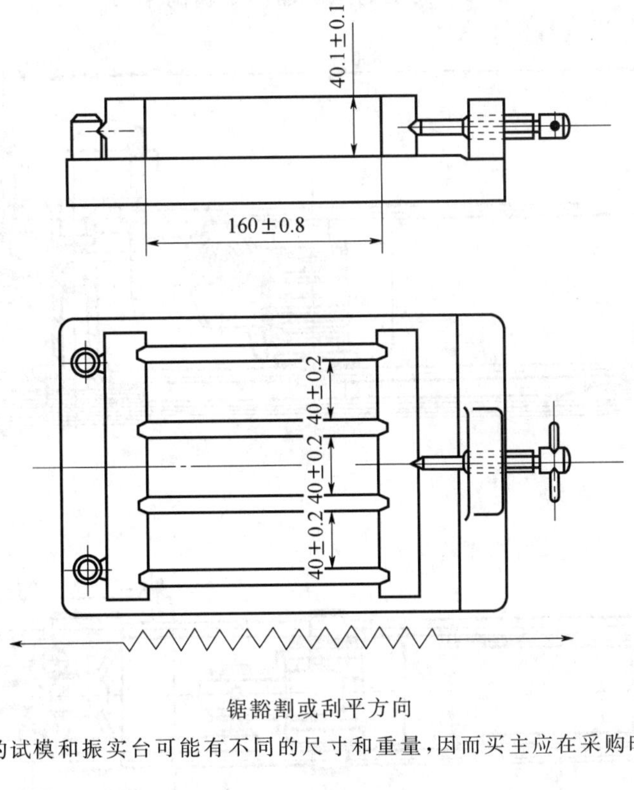

注：不同生产厂家生产的试模和振实台可能有不同的尺寸和重量，因而买主应在采购时考虑其与振实台设备的匹配性。

图2　典型的试模

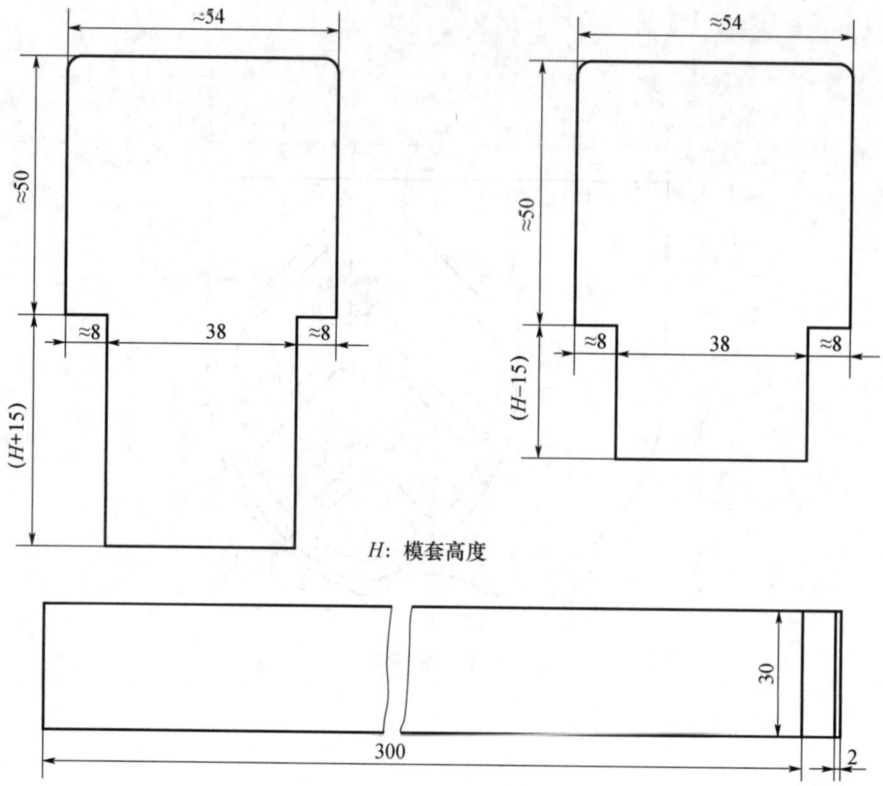

图 3　典型的播料器和金属刮平尺

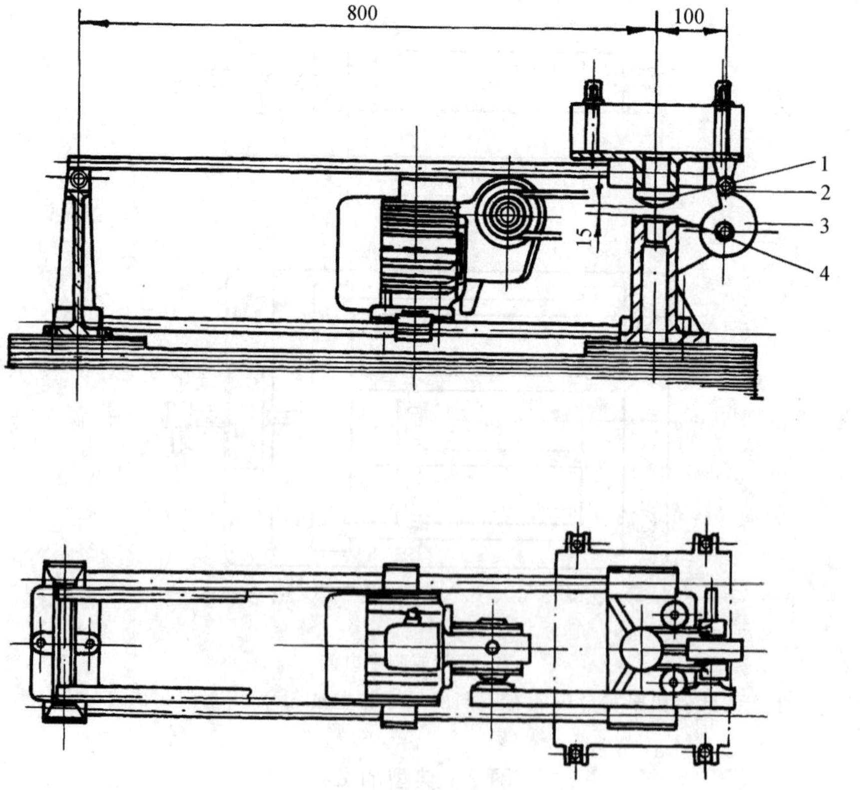

1—突头;2—凸轮;3—止动器;4—随动轮

图 4　典型的振实台

4.2.6 抗折强度试验机

抗折强度试验机应符合 JC/T 724 的要求。试件在夹具中受力状态如图 5。

通过三根圆柱轴的三个竖向平面应该平行,并在试验时继续保持平行和等距离垂直试体的方向,其中一根支撑圆柱和加荷圆柱能轻微地倾斜使圆柱与试体完全接触,以便荷载沿试体宽度方向均匀分布,同时不产生任何扭转应力。

抗折强度也可用抗压强度试验机(见 4.2.7)来测定,此时应使用符合上述规定的夹具。

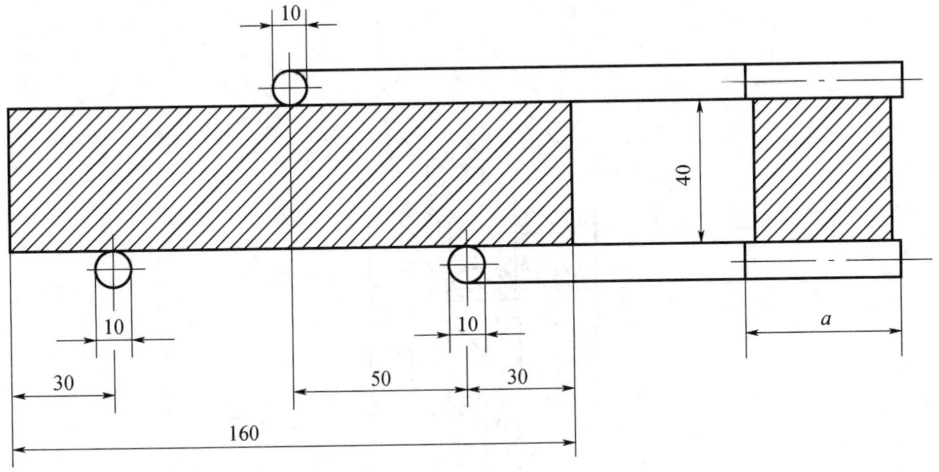

图 5 抗折强度测定加荷图

4.2.7 抗压强度试验机

抗压强度试验机,在较大的五分之四量程范围内使用时记录的荷载应有±1%精度,并具有按 2 400 N/s±200 N/s 速率的加荷能力,应有一个能指示试件破坏时荷载并把它保持到试验机卸荷以后的指示器,可以用表盘里的峰值指针或显示器来达到。人工操纵的试验机应配有一个速度动态装置以便于控制荷载增加。

压力机的活塞竖向轴应与压力机的竖向轴重合,在加荷时也不例外,而且活塞作用的合力要通过试件中心。压力机的下压板表面应与该机的轴线垂直并在加荷过程中一直保持不变。

压力机上压板球座中心应在该机竖向轴线与上压板下表面相交点上,其公差为±1 mm。上压板在与试体接触时能自动调整,但在加荷期间上下压板的位置应固定不变。

试验机压板应由维氏硬度不低于 HV 600 硬质钢制成,最好为碳化钨,厚度不小于 10 mm,宽为 40 mm±0.1 mm,长不小于 40 mm。压板和试件接触的表面平面度公差应为 0.01 mm,表面粗糙度(R_a)应在 0.1~0.8 之间。

当试验机没有球座,或球座已不灵活或直径大于 120 mm 时,应采用 4.2.8 规定的夹具。

注

1 试验机的最大荷载以 200~300 kN 为佳,可以有二个以上的荷载范围,其中最低荷载范围的最高值大致为最高范围里的最大值的五分之一。

2 采用具有加荷速度自动调节方法和具有记录结果装置的压力机是合适的。

3 可以润滑球座以便使其与试件接触更好,但在加荷期间不致因此而发生压板的位移。在高压下有效的润滑剂不适宜使用,以免导致压板的移动。

4 “竖向”、“上”、“下”等术语是对传统的试验机而言。此外,轴线不呈竖向的压力机也可以使用,只要按 11.7 规定和其他要求接受为代用试验方法时。

4.2.8 抗压强度试验机用夹具

当需要使用夹具时,应把它放在压力机的上下压板之间并与压力机处于同一轴线,以便将压力机的荷载传递至胶砂试件表面。夹具应符合 JC/T 683 的要求,受压面积为 40 mm×40 mm。夹具在压力机上位置见图 6,夹具要保持清洁,球座应能转动以使其上压板能从一开始就适应试体的形状并在试验中保持不变。使用中夹具应满足 JC/T 683 的全部要求。

注

1 可以润滑夹具的球座，但在加荷期间不会使压板发生位移。不能用高压下有效的润滑剂。

2 试件破坏后，滑块能自动回复到原来的位置。

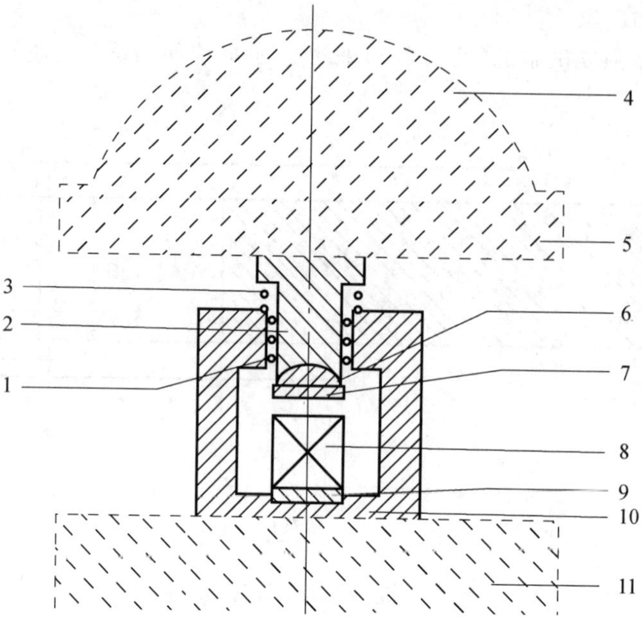

1—滚珠轴承；2—滑块；3—复位弹簧；4—压力机球座；5—压力机上压板；6—夹具球座；
7—夹具上压板；8—试体；9—底板；10—夹具下垫板；11—压力机下压板

图 6 典型的抗压强度试验夹具

5 胶砂组成

5.1 砂

5.1.1 总则

各国生产的 ISO 标准砂都可以用来按本标准测定水泥强度。中国 ISO 标准砂符合 ISO 679 中 5.1.3 要求。中国 ISO 标准砂的质量控制按本标准第 11 章进行。对标准砂作全面地和明确地规定是困难的，因此在鉴定和质量控制时使砂子与 ISO 基准砂比对标准化是必要的。ISO 基准砂在 5.1.2 中叙述。

5.1.2 ISO 基准砂

ISO 基准砂(reference sand)是由德国标准砂公司制备的 SiO_2 含量不低于 98％的天然的圆形硅质砂组成，其颗粒分布在表 2 规定的范围内。

表 2 ISO 基准砂颗粒分布

方孔边长，mm	累计筛余，％
2.0	0
1.6	7±5
1.0	33±5
0.5	67±5
0.16	87±5
0.08	99±1

砂的筛析试验应用有代表性的样品来进行，每个筛子的筛析试验应进行至每分钟通过量小于 0.5 g 为止。

砂的湿含量是在105～110 ℃下用代表性砂样烘2 h的质量损失来测定，以干基的质量百分数表示，应小于0.2%。

5.1.3 中国ISO标准砂

中国ISO标准砂完全符合5.1.2颗粒分布和湿含量的规定。生产期间这种测定每天应至少进行一次。这些要求不足以保证标准砂与基准砂等同。这种等效性是通过标准砂和基准砂比对检验程序来保持的。这种程序和相关的计算在11.6中叙述。

中国ISO标准砂可以单级分包装，也可以各级预配合以1 350 g±5 g量的塑料袋混合包装，但所用塑料袋材料不得影响强度试验结果。

5.2 水泥

当试验水泥从取样至试验要保持24 h以上时，应把它贮存在基本装满和气密的容器里，这个容器应不与水泥起反应。

5.3 水

仲裁试验或其他重要试验用蒸馏水，其他试验可用饮用水。

6 胶砂的制备

6.1 配合比

胶砂的质量配合比应为一份水泥(见5.2)三份标准砂(见5.1)和半份水(见5.3)(水灰比为0.5)。一锅胶砂成三条试体，每锅材料需要量如表3。

表3 每锅胶砂的材料数量 g

材料量 / 水泥品种	水泥	标准砂	水
硅酸盐水泥	450±2	1 350±5	225±1
普通硅酸盐水泥			
矿渣硅酸盐水泥			
粉煤灰硅酸盐水泥			
复合硅酸盐水泥			
石灰石硅酸盐水泥			

6.2 配料

水泥、砂、水和试验用具的温度与试验室相同(见4.1)，称量用的天平精度应为±1 g。当用自动滴管加225 mL水时，滴管精度应达到±1 mL。

6.3 搅拌

每锅胶砂用搅拌机(见4.2.3)进行机械搅拌。先使搅拌机处于待工作状态，然后按以下的程序进行操作：

把水加入锅里，再加入水泥，把锅放在固定架上，上升至固定位置。

然后立即开动机器，低速搅拌30 s后，在第二个30 s开始的同时均匀地将砂子加入。当各级砂是分装时，从最粗粒级开始，依次将所需的每级砂量加完。把机器转至高速再拌30 s。

停拌90 s，在第1个15 s内用一胶皮刮具将叶片和锅壁上的胶砂，刮入锅中间。在高速下继续搅拌60 s。各个搅拌阶段，时间误差应在±1 s以内。

7 试件的制备

7.1 尺寸应是40 mm×40 mm×160 mm的棱柱体。

7.2 成型

7.2.1 用振实台成型

胶砂制备后立即进行成型。将空试模和模套固定在振实台上，用一个适当勺子直接从搅拌锅里将胶砂分二层装入试模，装第一层时，每个槽里约放 300 g 胶砂，用大播料器（见图 3）垂直架在模套顶部沿每个模槽来回一次将料层播平，接着振实 60 次。再装入第二层胶砂，用小播料器播平，再振实 60 次。移走模套，从振实台上取下试模，用一金属直尺（见图 3）以近似 90°的角度架在试模模顶的一端，然后沿试模长度方向以横向锯割动作慢慢向另一端移动，一次将超过试模部分的胶砂刮去，并用同一直尺以近乎水平的情况下将试体表面抹平。

在试模上作标记或加字条标明试件编号和试件相对于振实台的位置。

7.2.2 用振动台成型

当使用代用的振动台成型时，操作如下：

在搅拌胶砂的同时将试模和下料漏斗卡紧在振动台的中心。将搅拌好的全部胶砂均匀地装入下料漏斗中，开动振动台，胶砂通过漏斗流入试模。振动 120 s±5 s 停车。振动完毕，取下试模，用刮平尺以 7.2.1 规定的刮平手法刮去其高出试模的胶砂并抹平。接着在试模上作标记或用字条表明试件编号。

8 试件的养护

8.1 脱模前的处理和养护

去掉留在模子四周的胶砂。立即将做好标记的试模放入雾室或湿箱的水平架子上养护，湿空气应能与试模各边接触，养护时不应将试模放在其他试模上。一直养护到规定的脱模时间时取出脱模。脱模前，用防水墨汁或颜料笔对试体进行编号和做其他标记。二个龄期以上的试体，在编号时应将同一试模中的三条试体分在二个以上龄期内。

8.2 脱模

脱模应非常小心①。对于 24 h 龄期的，应在破型试验前 20 min 内脱模②。对于 24 h 以上龄期的，应在成型后 20～24 h 之间脱模②。

注：如经 24 h 养护，会因脱模对强度造成损害时，可以延迟至 24 h 以后脱模，但在试验报告中应予说明。

已确定作为 24 h 龄期试验（或其他不下水直接做试验）的已脱模试体，应用湿布覆盖至做试验时为止。

8.3 水中养护

将做好标记的试件立即水平或竖直放在 20 ℃±1 ℃水中养护，水平放置时刮平面应朝上。

试件放在不易腐烂的篦子上，并彼此间保持一定间距，以让水与试件的六个面接触。养护期间试件之间间隔或试体上表面的水深不得小于 5 mm。

注：不宜用木篦子。

每个养护池只养护同类型的水泥试件。

最初用自来水装满养护池（或容器），随后随时加水保持适当的恒定水位，不允许在养护期间全部换水。

除 24 h 龄期或延迟至 48 h 脱模的试体外，任何到龄期的试体应在试验（破型）前 15 min 从水中取出。揩去试体表面沉积物，并用湿布覆盖至试验为止。

8.4 强度试验试体的龄期

试体龄期是从水泥加水搅拌开始试验时算起。不同龄期强度试验在下列时间里进行。

——24 h±15 min；

——48 h±30 min；

——72 h±45 min；

---

① 脱模时可用塑料锤或橡皮榔头或专门的脱模器。

② 对于胶砂搅拌或振实操作，或胶砂含气量试验的对比，建议称量每个模型中试体的重量。

——7 d±2 h；

——>28 d±8 h。

9 试验程序

9.1 总则

用 4.2.6 规定的设备以中心加荷法测定抗折强度。

在折断后的棱柱体上进行抗压试验，受压面是试体成型时的两个侧面，面积为 40 mm×40 mm。

当不需要抗折强度数值时，抗折强度试验可以省去。但抗压强度试验应在不使试件受有害应力情况下折断的两截棱柱体上进行。

9.2 抗折强度测定

将试体一个侧面放在试验机（见 4.2.6）支撑圆柱上，试体长轴垂直于支撑圆柱，通过加荷圆柱以 50 N/s±10 N/s 的速率均匀地将荷载垂直地加在棱柱体相对侧面上，直至折断。

保持两个半截棱柱体处于潮湿状态直至抗压试验。

抗折强度 R_f 以牛顿每平方毫米（MPa）表示，按式(1)进行计算：

$$R_f = \frac{1.5F_f L}{b^3} \qquad \cdots\cdots (1)$$

式中：F_f——折断时施加于棱柱体中部的荷载，N；

L——支撑圆柱之间的距离，mm；

b——棱柱体正方形截面的边长，mm。

9.3 抗压强度测定

抗压强度试验通过 4.2.7 和 4.2.8 规定的仪器，在半截棱柱体的侧面上进行。

半截棱柱体中心与压力机压板受压中心差应在±0.5 mm 内，棱柱体露在压板外的部分约有 10 mm。

在整个加荷过程中以 2 400 N/s±200 N/s 的速率均匀地加荷直至破坏。

抗压强度 R_c 以牛顿每平方毫米（MPa）为单位，按式(2)进行计算：

$$R_c = \frac{F_c}{A} \qquad \cdots\cdots (2)$$

式中：F_c——破坏时的最大荷载，N；

A——受压部分面积，mm^2（40 mm×40 mm=1 600 mm^2）。

10 水泥的合格检验

10.1 总则

强度测定方法有两种主要用途，即合格检验和验收检验。本条叙述了合格检验，即用它确定水泥是否符合规定的强度要求。验收检验在第 11 章叙述。

10.2 试验结果的确定

10.2.1 抗折强度

以一组三个棱柱体抗折结果的平均值作为试验结果。当三个强度值中有超出平均值±10%时，应剔除后再取平均值作为抗折强度试验结果。

10.2.2 抗压强度

以一组三个棱柱体上得到的六个抗压强度测定值的算术平均值为试验结果。

如六个测定值中有一个超出六个平均值的±10%，就应剔除这个结果，而以剩下五个的平均数为结果。如果五个测定值中再有超过它们平均数±10%的，则此组结果作废。

10.3 试验结果的计算

各试体的抗折强度记录至0.1 MPa,按10.2.1规定计算平均值。计算精确至0.1 MPa。

各个半棱柱体得到的单个抗压强度结果计算至0.1 MPa,按10.2.2规定计算平均值,计算精确至0.1 MPa。

10.4 试验报告

报告应包括所有各单个强度结果(包括按10.2规定舍去的试验结果)和计算出的平均值。

10.5 检验方法的精确性

检验方法的精确性通过其重复性(11.5)和再现性(见10.6)来测量。

合格检验方法的精确性是通过它的再现性来测量的。

验收检验方法和以生产控制为目的检验方法的精确性是通过它的重复性来测量的。

10.6 再现性

抗压强度测量方法的再现性,是同一个水泥样品在不同试验室工作的不同操作人员,在不同的时间,用不同来源的标准砂和不同套设备所获得试验结果误差的定量表达。

对于28 d抗压强度的测定,在合格试验室之间的再现性,用变异系数表示,可要求不超过6%。

这意味着不同试验室之间获得的两个相应试验结果的差可要求(概率95%)小于约15%。

11 中国ISO标准砂和振实台代用设备的验收检验

11.1 总则

按ISO 679进行水泥试验不能基于一种普遍可得的试验砂。因此有几种被视同为ISO标准砂的试验砂是必要的,也是可行的。

同样,国际标准不能要求试验室使用一种规定类型的振实设备,因此使用了"代用材料和设备"的术语。显然这种自由选择不可避免要与国际标准的要求相联系,因而不得不对代用物作某些限制。因此ISO 679标准的重要特点之一是代用物必须通过一个试验程序以保证按验收检验得到的强度结果不会因用代用物代替"基准"材料或设备而受到明显影响。

验收检验程序应包含对一个新提出代用物符合本标准要求的鉴定试验和保证通过鉴定的代用物继续符合ISO 679标准的验证试验。

由于砂子和振实设备是两种最重要的代用物,对其检验分别在11.6和11.7中叙述,作为验收检验总的原则说明。

11.2 试验结果的确定

在一组三条棱柱体上测得的六个抗压强度算术平均值作为该组试验结果。

11.3 试验结果的计算

同10.3。

11.4 试验方法的精确度

对于验收检验和生产控制为目的的试验方法的精确度是通过它的重复性来评定的(对于再现性,见10.6)。

11.5 重复性

抗压强度试验方法的重复性是由同一个试验室在基本相同的情况下(相同的操作人员,相同的设备,相同的标准砂,较短时间间隔内等)用同一水泥样品所得试验结果的误差来定量表达。

对于28 d抗压强度的测定,一个合格的试验室在上述条件下的重复性以变异系数表示,可要求在1%~3%之间。

11.6 中国ISO标准砂

11.6.1 中国ISO标准砂的鉴定试验

作为中国ISO标准砂应通过规定的鉴定。

鉴定试验以 28 d 抗压强度为依据，并由鉴定试验室来承担，按本标准规定的程序进行。

鉴定试验室应进行国际合作，并参加合作试验计划以保证中国生产的标准砂长期与基准砂质量的一致性。

11.6.2 砂子的验证试验

验证试验程序是中国 ISO 标准砂生产更换年度证书所要求的。它包括鉴定机构对一个随机砂样的年度试验和该机构对砂子生产质量控制检验记录的检查。

验证试验项目和鉴定试验相同。

砂子生产质量控制检验由厂家试验室或鉴定试验室定期进行（在连续生产情况下每月一次）。作为验证程序的一个部分，应提供至少三年的质量控制试验结果记录供鉴定机构检查。

11.6.3 中国 ISO 标准砂的鉴定试验方法

11.6.3.1 总则

在初生产的至少三个月期间，由鉴定机构对要作为中国 ISO 标准砂的推荐砂取三个独立的砂样进行鉴定试验。

与 ISO 基准砂进行对比试验，应将这三个砂样中的每一个砂样用鉴定机构为对比目的选取的三个水泥中的每一个来进行。

在 28 d 龄期，这些对比试验的每一个，使相应砂样可以验收时，此推荐的砂子可接受作为一种 ISO 标准砂。

11.6.3.2 验收指标

用推荐砂最终测得的水泥 28 d 抗压强度与用 ISO 基准砂获得的强度结果相差在 5%以内为合格。

11.6.3.3 每个对比试验步骤

每个中国 ISO 标准砂推荐砂样和 ISO 基准砂各制备一批胶砂试体，共用 20 对试模制备。这两批胶砂中的每一对为一组，每组应按本标准一个接着另一个进行试体成型，各组顺序可以打乱。经 28 d 养护后，对两批各对的全部六条试体进行抗压强度试验，并按 10.3 计算每种砂子的试验结果，推荐 ISO 标准砂结果为 x，ISO 基准砂结果为 y。

11.6.3.4 每个比对试验的评定

计算下列参数：

a)20 组中由 ISO 基准砂制备的所有 20 个的抗压强度平均值 $\bar{y}$；

b)20 组中由推荐中国 ISO 标准砂制备的所有 20 个的抗压强度平均值 $\bar{x}$；

计算 $D=100(\bar{x}-\bar{y}))\bar{y}$，精确至 0.1，不计正负。

11.6.3.5 离差处理

如果出现超差，计算下列参数：

a)每对试验结果的代数差 $\Delta=x-y$；

b)结果平均差 $\bar{\Delta}=\bar{x}-\bar{y}$；

c)差值的标准偏差 S；

d)$3S$ 的值；

e)如 Δ 最高值即 Δ_{max} 和 $\bar{\Delta}$ 之间，Δ 最低值即 Δ_{min} 和 $\bar{\Delta}$ 之间的差中有一个大于 3 S，应剔除有关值（Δ_{max} 或 Δ_{min}），并重复计算剩下的 19 个差值。

11.6.3.6 验收要求

按 11.6.3.4 计算的三个 D 中的每一个都小于 5 时，此推荐中国 ISO 标准砂通过鉴定，该砂可作为中国 ISO 标准砂。当计算 D 值有一个或多个等于或大于 5 时该砂不能通过鉴定，该砂不能作为中国 ISO 标准砂。必须对原砂或工艺过程进行调整，并重新鉴定。

11.6.4 中国 ISO 标准砂的验证试验方法

11.6.4.1 鉴定机构的年度检验

由鉴定机构从生产厂抽取一个单独的随机砂样，并按11.6.3.3叙述的总的操作步骤用检验机构为验证专门选取的一种水泥试样进行试验。

按11.6.3.4计算 D 值小于5时，该砂样被认为符合验证试验要求。如果 D 值等于或大于5时，应按11.6.1全部鉴定检验操作步骤再试验三个随机砂样。

11.6.4.2　砂子生产的月检

砂生产者应按11.6.4.1验证检验办法进行月检，以鉴定机构为月检而选的一种水泥，用这个月生产的一个随机砂样与已鉴定合格的ISO标准砂至少进行10个样品的比对。

如果按11.6.3.4计算的 D 值，在连续12个月比对检验中大于2.5的超过2次，就应通知鉴定机构，并应按11.6.1进行三个随机样品的全部鉴定试验程序。

11.7　振实台代用设备的检验

中国的振实台代用设备为全波振幅0.75 mm±0.02 mm，频率为2 800～3 000次/min的振动台，其结构和配套漏斗如图7、图8。它的制造应符合JC/T 723的有关要求。

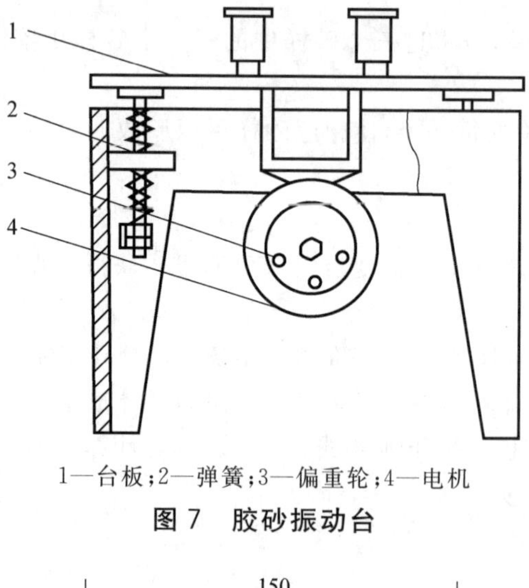

1—台板；2—弹簧；3—偏重轮；4—电机

图7　胶砂振动台

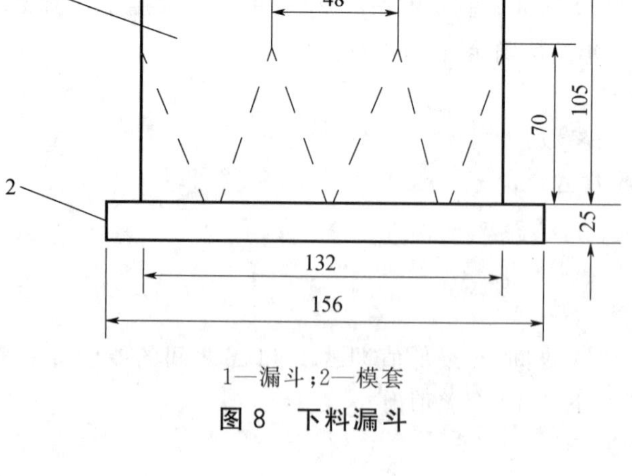

1—漏斗；2—模套

图8　下料漏斗

11.7.1　总则

当要求进行代用振实设备验收时，检验机构应选择三套能从市场买到的设备，并排放在检定机构试验室内符合4.2.5要求标准设备的旁边。

试验设备应附有：

——详细的设计和结构技术说明书；

——操作说明书；

——保证正常运行的检测项目；

——推荐振实操作的详细说明。

检验机构应对设备在试验条件下的技术性能和所提供的技术说明书进行仔细比较。然后应进行三组比对试验，即每台用检验机构为此目的选取三个水泥中每一个水泥样和ISO基准砂来进行。

当三组试验的每一个都可以通过代用设备的验收试验时，该推荐振实设备被认为是可接受的代用品。

11.7.2 代用设备

11.7.2.1 验收指标

用该设备的振实方法最终所得的28 d抗压强度与按ISO 679规定方法所得强度之差在5%以内为合格。

11.7.2.2 每个比对试验步骤

用为此目的选取的水泥试样，制备两组20对胶砂，一组用推荐的代用振实设备振实成型试件，另一组用标准振实设备振实。

两组中每一对应一个接一个地制备，各对次序可以打乱，振实后的棱柱体（试件）的处理按本标准的规定进行。

养护28 d后，对两组的所有六个棱柱体进行抗压强度试验，每种振实试验方法的结果应按11.3进行计算，推荐的代用设备振实的为x，标准振实台的为y。

11.7.2.3 每个比对试验的评定

计算下列参数：

a)20组中用标准设备振实的所有20个的抗压强度平均值$\bar{y}$；

b)20组中用推荐代用设备振实的所有20个的抗压强度平均值$\bar{x}$。

计算$D=100(\bar{x}-\bar{y})/\bar{y}$，精确至0.1，正负不计。

11.7.2.4 超差处理

见11.6.3.5。

11.7.2.5 推荐代用设备的验收要求

当按11.7.2.3计算的三个D值的每一个都小于5时，应认为这个代用设备可以接受。

在这种情况下该种设备的技术说明应附在4.2.5所述设备的后面，其振实操作说明应附在7.2操作程序的后面。

当其中一个或多个计算的D值等于或大于5时，这个代用设备不能通过鉴定。

ICS 83.140.01
G 47

中华人民共和国国家标准

GB/T 18173.3—2002

高分子防水材料 第3部分 遇水膨胀橡胶

Polymer water-proof materials—Part 3—Hydrophilic expasion rubber

2002-01-14 发布

2002-08-01 实施

中华人民共和国
国家质量监督检验检疫总局 发布

前　言

本标准的第4、5、7章为强制性条款，其余为推荐性条款。

随着我国经济建设的发展、市场的需要，遇水膨胀橡胶已广泛应用于各种隧道、顶管、人防等地下工程、基础工程接缝的防水密封，用于船舶、机车等工业设备的防水密封。但是遇水膨胀橡胶产品没有现行的行业标准及国家标准。

本标准根据我国遇水膨胀橡胶的生产情况和实际施工使用要求及相关的国外资料制定，从而对该产品的检验和质量控制提供了技术指标依据。

本标准为《高分子防水材料》标准的第3部分，第1部分为片材，第2部分为止水带。

本标准的附录A、附录B、附录C都是标准的附录。

本标准由国家石油和化学工业局提出。

本标准由全国橡标委橡胶杂品分技术委员会归口。

本标准由北京市橡胶制品设计研究院负责起草；上海隧桥特种橡胶厂、衡水宝力工程橡胶有限公司、上海彭浦橡胶制品总厂、中国水利水电科学研究院结构材料研究所、上海长宁橡胶制品厂、衡水黄河工程橡塑有限公司、衡水桥闸工程橡胶有限公司、上海工程橡胶厂、河北省衡水桥梁工程橡胶厂、衡水百威橡胶厂、上海紫江集团公司、常州华安建材有限公司、石家庄耀峰橡塑厂、北京化学工业集团橡胶塑料制品厂等单位参加起草。

本标准主要起草人：刘冰、劳复兴、陈广进、郝巨涛、丁金新、蒋兆芬、崔云。

高分子防水材料
第3部分　遇水膨胀橡胶

1　范围

本标准规定了高分子防水材料——遇水膨胀橡胶的分类、产品标记、技术要求、试验方法、检验规则、标志、包装、运输与贮存。

本标准适用于以水溶性聚氨酯预聚体、丙烯酸钠高分子吸水性树脂等吸水性材料与天然橡胶、氯丁橡胶等合成橡胶制得的遇水膨胀性防水橡胶。主要用于各种隧道、顶管、人防等地下工程、基础工程的接缝、防水密封和船舶、机车等工业设备的防水密封。

2　引用标准

下列标准所包含的条文，通过在本标准中引用而构成为本标准的条文。本标准出版时，所示版本均为有效。所有标准都会被修订，使用本标准的各方应探讨使用下列标准最新版本的可能性。

GB/T 528—1998　硫化橡胶或热塑性橡胶拉伸应力应变性能的测定(eqv ISO 37:1994)

GB/T 531—1999　橡胶袖珍硬度计压入硬度试验方法(idt ISO 7619:1986)

GB/T 1690—1992　硫化橡胶耐液体试验方法(neq ISO 1817:1985)

GB 2941—1991　橡胶试样环境调节和试验的标准温度、湿度及时间(eqv ISO 471:1983,eqv ISO 1826:1981)

GB/T 9865.1—1996　硫化橡胶或热塑性橡胶样品和试样的制备　第一部分:物理试验(idt ISO 4661-1:1993)

3　定义、分类与产品标记

3.1　定义

体积膨胀倍率是浸泡后的试样质量与浸泡前的试样质量的比率。

3.2　分类

3.2.1　产品按工艺可分为制品型(PZ)和腻子型(PN)。

3.2.2　产品按其在静态蒸馏水中的体积膨胀倍率(%)可分别分为制品型:≥150%～<250%,≥250%～<400%,≥400%～<600%,≥600%等几类;腻子型:≥150%,≥220%,≥300%等几类。

3.3　产品标记

3.3.1　产品应按下列顺序标记:类型、体积膨胀倍率、规格(宽度×厚度),复合型膨胀橡胶止水带因其主体为“止水带”,故其标记方法应在遵守GB/T 18173.2《高分子防水材料　第2部分　止水带》的前提下,同时按上述遇水膨胀橡胶的标记方法标记。

3.3.2　标记示例

宽度为30 mm、厚度为20 mm的制品型膨胀橡胶,体积膨胀倍率≥400%,标记为:

P2-400型30 mm×20 mm

长轴30 mm、短轴20 mm的椭圆形膨胀橡胶,体积膨胀倍率≥250%,标记为:

P2-250型 R15 mm×R10 mm

复合型膨胀橡胶

宽度为200 mm,厚度为6 mm施工缝(S)用止水带,复合两条体积膨胀倍率为≥400%的制品型膨胀橡胶,标记为:

S-200 mm×6 mm/PZ－400×2 型

4 技术要求

4.1 制品型尺寸公差

膨胀橡胶的断面结构示意图如图1所示；制品型尺寸公差应符合表1规定。

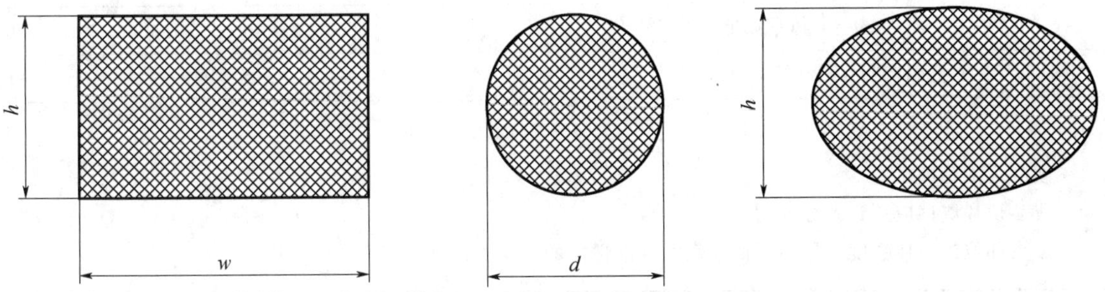

图1 断面结构示意图

表1 尺寸公差

mm

项目	厚度/h			直径/d			椭圆(以短径 h 为主)				宽度/w	
	≤10	>10～30	>30	≤30	>30～60	>60	<20	20～30	>30	≤50	>50～100	>100
极限偏差	±1.0	+1.5 −1.0	+2 −1	±1	±1.5	±2	±1	±1.5	±2	+2 −1	+3 −1	+4 −1
注：其他规格及异形制品尺寸公差由供需双方商定，异形制品的厚度为其最大工作面厚度。												

4.2 制品型外观质量

4.2.1 膨胀橡胶表面不允许有开裂、缺胶等影响使用的缺陷。

4.2.2 每m膨胀橡胶表面不允许有深度大于2 mm、面积大于16 mm^2 的凹痕、气泡、杂质、明疤等缺陷超过4处。

4.2.3 有特殊要求者，由供需双方商定。

4.3 物理性能

膨胀橡胶的物理性能如表2及表3所示，如有体积膨胀倍率大于600%要求者，由供需双方商定。

表2 制品型膨胀橡胶胶料物理性能

序号	项目		指标			
			PZ-150	PZ-250	PZ-400	PZ-600
1	硬度(邵尔A)/度		42±7		45±7	48±7
2	拉伸强度/MPa	≥	3.5		3	
3	扯断伸长率/%	≥	450		350	
4	体积膨胀倍率/%	≥	150	250	400	600

表 2(续)

序号	项目			指标			
				PZ-150	PZ-250	PZ-400	PZ-600
5	反复浸水试验	拉伸强度/MPa	≥	3		2	
		扯断伸长率/%	≥	350		250	
		体积膨胀倍率/%	≥	150	250	300	500
6	低温弯折(−20 ℃×2 h)			无裂纹			

注

1 硬度为推荐项目。

2 成品切片测试应达到本标准的 80%。

3 接头部位的拉伸强度指标不得低于表 2 标准性能的 50%。

表 3 腻子型膨胀橡胶物理性能

序号	项目	指标		
		PN-150	PN-220	PN-300
1	体积膨胀倍率1)/%	150	220	300
2	高温流淌性(80 ℃×5 h)	无流淌	无流淌	无流淌
3	低温试验(−20 ℃×2 h)	无脆裂	无脆裂	无脆裂

1)检验结果应注明试验方法。

5 试验方法

5.1 规格尺寸用精确为 0.1 mm 的量具测量,取任意三点进行测量,均应符合表 1 的规定。

5.2 外观质量用目测及量具检查。

5.3 物理性能的测定

5.3.1 样品的制备:制品型试样应采用与制品相当的硫化条件,沿压延方向制取标准试样,成品测试从经规格尺寸检验合格的制品上裁取试验所需的足够长度,按 GB/T 9865.1 的规定制备试样,经(70±2)℃恒温 3 h 后,在标准状态下停放 4 h,按表 2 的要求进行试验;腻子型试样直接取自产品,按试验方法规定尺寸制备。

5.3.2 硬度试验按 GB/T 531 的规定进行。

5.3.3 拉伸强度,扯断伸长率试验按 GB/T 528 的规定进行,用Ⅱ型试样。

5.3.4 体积膨胀倍率按附录 A(标准的附录)的规定执行;浸泡后不能用称量法检测的试样,按附录 B(标准的附录)的规定执行。

5.3.5 反复浸水试验:将试样在常温(23±5)℃蒸馏水中浸泡 16 h,取出后在 70 ℃下烘干 8 h,再放到水中浸泡 16 h,再烘干 8 h……;如此反复浸水、烘干 4 个循环周期之后,测其硬度、拉伸强度和伸长率,并按 5.3.4 规定测试体积膨胀倍率。

5.3.6 低温弯折试验:将试样裁成 20 mm×100 mm×2 mm 的长方体,按附录 C(标准的附录)的规定进行试验。

5.3.7 高温流淌性:将三个 20 mm×20 mm×4 mm 的试样分别置于 75°倾角的带凹槽木架上,使试样厚度的 2 mm 在槽内,2 mm 在槽外;一并放入(80±2)℃的干燥箱内,5 h 后取出,观察试样有无明显流淌,以不超过凹槽边线 1 mm 为无流淌。

5.3.8 腻子型试样的低温试验:将 50 mm×100 mm×2 mm 的试样在(−20±2)℃低温箱中停放 2 h,取出后立即在 ϕ10 mm 的棒上缠绕 1 圈,观察其是否脆裂。

6 检验规则

6.1 检验分类

6.1.1 出厂检验

6.1.1.1 组批与抽样

以每月同标记的膨胀橡胶产量为一批,每批抽取两根进行外观质量检验,并在每根产品的任意 1 m 处随机取三点进行规格尺寸检验(腻子型除外);在上述检验合格的样品中随机抽取足够的试样,进行物理性能检验。

6.1.1.2 检验项目

按 6.1.1.1 的规定对膨胀橡胶的尺寸公差、外观质量、拉伸强度、扯断伸长率、体积膨胀倍率进行出厂检验。

6.1.2 型式检验

本标准所列的全部技术指标项目为型式检验项目,通常在下列情况之一时应进行型式检验:

a)新产品的试制定型鉴定;

b)产品的结构、设计、工艺、材料、生产设备、管理等方面有重大改变;

c)转产、转厂、停产后复产;

d)合同规定;

e)出厂检验结果与上次型式检验有较大差异;

f)国家质量监督检验机构提出进行该项试验的要求。

在正常情况下,全部项目每半年进行一次检验。

6.2 判定规则

尺寸公差、外观质量及物理性能各项指标全部符合技术要求,则为合格品,若有一项指标不符合技术要求,应另取双倍试样进行该项复试,复试结果如仍不合格,则该批产品为不合格。

7 标志、包装、运输、贮存

7.1 膨胀橡胶必须用塑料袋密封包装,为防止塑料袋损坏,再用编织袋或纸箱包装。

7.2 每一包装应有合格证,并注明产品名称、产品标记、商标、制造厂名、厂址、生产日期、产品标准编号等。

7.3 膨胀橡胶在运输与贮存时,必须注意勿使包装损坏,放置于通风、干燥处,并须避免阳光直射,禁止与水、酸、碱、油类及有机溶剂等接触,且远离热源;应保存于室内,并不得重压。

7.4 在遵守 7.3 规定的条件下,自生产日期起一年内产品性能应符合本标准的规定。逾期的产品经检验符合本标准第 4 条的规定,仍可继续使用。

附 录 A
（标准的附录）
体积膨胀倍率试验方法Ⅰ

A1 试验准备

A1.1 试验室温度应符合 GB 2941—1991 的规定。

A1.2 试验仪器为 0.001 g 精度的天平。

A1.3 将试样制成长、宽各为（20.0±0.2）mm，厚为（2.0±0.2）mm，数量为 3 个。用成品制做试样时，应尽可能去掉表层。

A2 试验步骤

A2.1 将制做好的试样先用 0.001 g 精度的天平称出在空气中的质量，然后再称出试样悬挂在蒸馏水中的质量。

A2.2 将试样浸泡在（23±5）℃的 300 mL 蒸馏水中，试验过程中，应避免试样重叠及水分的挥发。

A2.3 试样浸泡 72 h 后，先用 0.001 g 精度的天平称出其在蒸馏水中的质量，然后用滤纸轻轻吸干试样表面的水分，称出试样在空气中的质量。

A3 计算公式

$$\Delta V=\frac{m_3-m_4+m_5}{m_1-m_2+m_5}\times 100\% \qquad \text{(A1)}$$

式中：ΔV——体积膨胀倍率，%；

m_1——浸泡前试样在空气中的质量，g；

m_2——浸泡前试样在蒸馏水中的质量，g；

m_3——浸泡后试样在空气中的质量，g；

m_4——浸泡后试样在蒸馏水中的质量，g；

m_5——坠子在蒸馏水中的质量，g（如无坠子用发丝等特轻细丝悬挂可忽略不计）。

A4 计算方法

体积膨胀倍率取三个试样的平均值。

附 录 B
(标准的附录)
体积膨胀倍率试验方法Ⅱ

B1 试验准备

B1.1 试验室温度应符合 GB 2941—1991 的规定。

B1.2 试验仪器为 0.001 g 精度的天平和 50 mL 的量筒。

B1.3 取试样质量为 2.5 g,制成直径约为 12 mm,高度约为 12 mm 的圆柱体,数量为 3 个。

B2 试验步骤

B2.1 将制做好的试样先用 0.001 g 精度的天平称出其在空气中的质量,然后再称出试样悬挂在蒸馏水中的质量(必须用发丝等特轻细丝悬挂试样)。

B2.2 先在量筒中注入 20 mL 左右的(23±5)℃的蒸馏水,放入试样后,加蒸馏水至 50 mL。然后,在 B1.1 的条件下放置 120 h(试样表面和蒸馏水必须充分接触)。

B2.3 读出量筒中试样占水体积的 mL 数(即试样的高度),把 mL 数换算为 g(水的体积是 1 mL 时,质量为 1 g)。

B3 计算公式

$$\Delta V = \frac{m_3}{m_1 - m_2} \times 100\% \qquad \text{(B1)}$$

式中:ΔV——体积膨胀倍率,%;

m_1——浸泡前试样在空气中的质量,g;

m_2——浸泡前试样在蒸馏水中的质量,g;

m_3——试样占水体积的 mL 数,换算为质量,g。

B4 计算方法

体积膨胀倍率取三个试样的平均值。

附 录 C
（标准的附录）
低温弯折试验

C1 试验仪器

低温弯折仪应由低温箱和弯折板两部分组成。低温箱应能在 0～－40 ℃之间自动调节，误差为±2 ℃，且能使试样在被操作过程中保持恒定温度；弯折板由金属平板、转轴和调距螺丝组成，平板间距可任意调节。示意图如图 C1。

C2 试验条件

试样的停放时间和试验温度应按下列要求：

C2.1 从试样制备到试验，时间为 24 h。

C2.2 试验室温度控制在(23±2)℃范围内。

C3 试验程序

C3.1 将按 5.3.6 制备的试样弯曲 180°，使试样边缘重合、齐平，并用定位夹或 10 mm 宽的胶布将边缘固定以保证其在试验中不发生错位；并将弯折板的两平板间距调到试样厚度的三倍。

C3.2 将弯折板上平板打开，把厚度相同的两块试样平放在底板上，重合的一边朝向转轴，且距转轴 20 mm；在规定温度下保持 2 h，之后迅速压下上平板，达到所调间距位置，保持 1 s 后将试样取出。待恢复到室温后观察试样弯折处是否断裂，或用放大镜观察试样弯折处受拉面有无裂纹。

C4 判定

用 8 倍放大镜观察试样表面，以两个试样均无裂纹为合格。

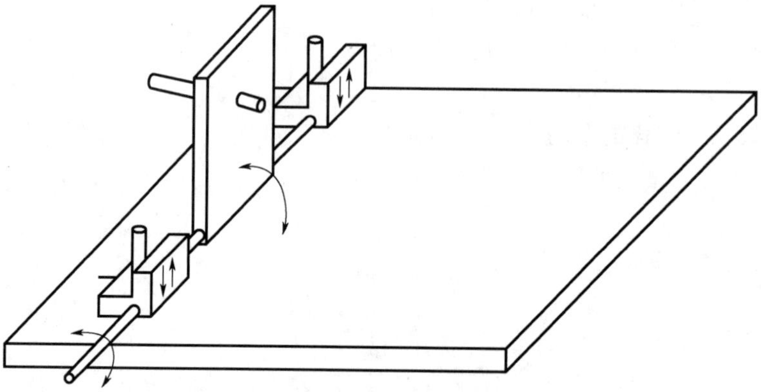

图 C1 弯折板示意图

ICS 83.140.99
G 47

中华人民共和国国家标准

GB/T 18173.3—2014
代替 GB/T 18173.3—2002

高分子防水材料 第3部分：遇水膨胀橡胶

Polymer water-proof materials—
Part 3: Hydrophilic expasion rubber

2014-12-31 发布　　2015-07-01 实施

中华人民共和国国家质量监督检验检疫总局
中国国家标准化管理委员会 发布

前　言

GB/T 18173《高分子防水材料》分为以下 4 个部分：

——第 1 部分：片材；

——第 2 部分：止水带；

——第 3 部分：遇水膨胀橡胶；

——第 4 部分：盾构法隧道管片用橡胶密封垫。

本部分为 GB/T 18173 的第 3 部分。

本部分按照 GB/T 1.1—2009 给出的规则起草。

本部分代替 GB/T 18173.3—2002《高分子防水材料　第 3 部分：遇水膨胀橡胶》，与 GB/T 18173.3—2002 相比主要技术变化如下：

——修改了体积膨胀倍率的定义(见 3.1,2002 年版 3.1)；

——修改了制品型遇水膨胀橡胶按体积膨胀倍率的分类(见 4.1.2,2002 年版 3.2.2)；

——增加了产品按截面形状的分类(见 4.1.3)；

——修改了产品的标记方法，删除了复合型膨胀橡胶的标记方法(见 4.2.1,2002 年版 3.3.1)；

——修改了遇水膨胀橡胶的断面结构示意图，修改了制品型遇水膨胀橡胶的尺寸公差(见 5.1,2002 年版 4.1)；

——修改了制品型遇水膨胀橡胶外观质量的要求(见 5.2,2002 年版 4.2)；

——调整了制品型遇水膨胀橡胶胶料物理性能指标(见 5.3,2002 年版 4.3)；

——修改了尺寸公差的测量方法(见 6.1,2002 年版 6.1)；

——修改了遇水膨胀橡胶的组批与抽样(见 7.1.1.1,2002 年版 6.1.1.1)；

——修改了遇水膨胀橡胶的判定规则(见 7.2,2002 年版 6.2)；

——增加了遇水膨胀橡胶的贮存温度(见 8.3)；

——调整了遇水膨胀橡胶的贮存时间(见 8.4,2002 年版 7.4)；

——修改了体积膨胀倍率试验方法Ⅱ的计算公式(见附录 B,2002 年版附录 B)。

本部分由中国石油和化学工业联合会提出。

本部分由全国橡胶与橡胶制品标准化技术委员会橡胶杂品分技术委员会(SAC/TC 35/SC 7)归口。

本部分起草单位：上海隧桥特种橡胶厂、衡水橡胶股份有限公司、衡水宝力工程橡胶有限公司、衡水中铁建工程橡胶有限责任公司、丰泽工程橡胶科技开发股份有限公司、江阴海达橡塑股份有限公司、衡水贵平工程橡塑有限公司、常州华安建材有限公司、衡水百金复合材料科技有限公司、衡水大禹工程橡塑科技开发有限公司。

本部分主要起草人：倪骏、刘保权、王希慧、宫小能、张培基、刘丽伟、姬志田、姚美华、陈健、张全新。

本部分所代替标准的历次版本发布情况为：

——GB/T 18173.3—2002。

高分子防水材料
第3部分:遇水膨胀橡胶

1 范围

GB/T 18173的本部分规定了高分子防水材料遇水膨胀橡胶的术语和定义、分类与产品标记、要求、试验方法、检验规则、标志、包装、运输与贮存。

本部分适用于以水溶性聚氨酯预聚体、丙烯酸钠高分子吸水性树脂等吸水性材料与天然、氯丁等橡胶制得的遇水膨胀性防水橡胶。主要用于各种隧道、顶管、人防等地下工程、基础工程的接缝、防水密封和船舶、机车等工业设备的防水密封。

2 规范性引用文件

下列文件对于本文件的应用是必不可少的。凡是注日期的引用文件,仅注日期的版本适用于本文件。凡是不注日期的引用文件,其最新版本(包括所有的修改单)适用于本文件。

GB/T 528 硫化橡胶或热塑性橡胶 拉伸应力应变性能的测定

GB/T 531.1 硫化橡胶或热塑性橡胶 压入硬度试验方法 第1部分:邵氏硬度计法(邵尔硬度)

GB/T 2941 橡胶物理试验方法试样制备和调节通用程序

3 术语和定义

下列术语和定义适用于本文件。

3.1

体积膨胀倍率 volume expansion ratio

体积膨胀倍率是浸泡后的试样体积与浸泡前的试样体积的比率。

4 分类与产品标记

4.1 分类

4.1.1 产品按工艺可分为两种类型:

——制品型,用PZ表示;

——腻子型,用PN表示。

4.1.2 产品按其在静态蒸馏水中的体积膨胀倍率(%)可分别分为:

——制品型有≥150%、≥250%、≥400%、≥600%等几类;

——腻子型有≥150%、≥220%、≥300%等几类。

4.1.3 产品按截面形状分为四类:

——圆形,用Y表示;

——矩形,用J表示;

——椭圆形,用T表示;

——其他形状,用Q表示。

4.2 产品标记

4.2.1 标记方法

产品应按下列顺序标记:类型-体积膨胀倍率、截面形状-规格、标准号。

4.2.2 标记示例

示例：

1. 宽度为 30 mm、厚度为 20 mm 的矩形制品型遇水膨胀橡胶，体积膨胀倍率≥400%，标记为：P2-400 J-30 mm ×20 mm GB/T 18173.3—2014。
2. 直径为 30 mm 的圆形制品型遇水膨胀橡胶，体积膨胀倍率≥250%，标记为：P2-250 Y-30 mm GB/T 18173.3—2014。
3. 长轴为 30 mm、短轴为 20 mm 的椭圆形制品型遇水膨胀橡胶，体积膨胀倍率≥250%，标记为：P2-250 T-30 mm×20 mm GB/T 18173.3—2014。

5 要求

5.1 制品型尺寸公差

遇水膨胀橡胶的断面结构示意图如图 1 所示，制品型遇水膨胀橡胶尺寸公差应符合表 1 的规定。

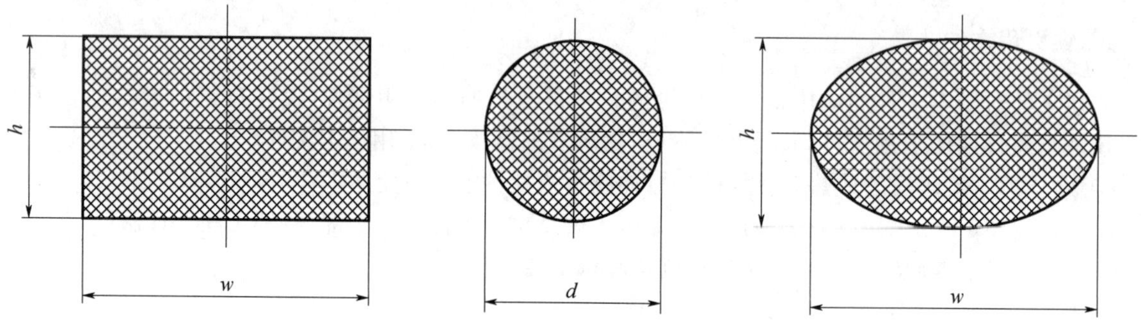

图 1 断面结构示意图

表 1 尺寸公差

单位为毫米

规格尺寸	≤5	>5～10	>10～30	>30～60	>60～150	>150
极限偏差	±0.5	±1.0	+1.5 −1.0	+3.0 −2.0	+4.0 −3.0	+4% −3%
注：其他规格制品尺寸公差由供需双方协商确定。						

5.2 制品型外观质量

每米遇水膨胀橡胶表面允许有深度不大于 2 mm、面积不大于 16 mm^2 的凹痕、气泡、杂质、明疤等缺陷不超过 4 处。

5.3 物理性能

5.3.1 制品型遇水膨胀橡胶胶料物理性能及相应的试验方法应符合表 2 的规定。

表 2 制品型遇水膨胀橡胶胶料物理性能

项目		指标				适应试验条目
		PZ-150	PZ-250	PZ-400	PZ-600	
硬度(邵尔 A)/度		42±10		45±10	48±10	6.3.2
拉伸强度/MPa	≥	3.5		3		6.3.3
拉断伸长率/%	≥	450		350		
体积膨胀倍率/%	≥	150	250	400	600	6.3.4

表 2(续)

项目		指标				适应试验条目
		PZ-150	PZ-250	PZ-400	PZ-600	
反复浸水试验	拉伸强度/MPa ≥	3		2		6.3.5
	拉断伸长率/% ≥	350		250		
	体积膨胀倍率/% ≥	150	250	300	500	
低温弯折(−20 ℃×2 h)		无裂纹				6.3.6
注:成品切片测试拉伸强度、拉断伸长率应达到本标准的 80%;接头部位的拉伸强度、拉断伸长率应达到本标准的 50%。						

5.3.2 腻子型遇水膨胀橡胶物理性能及相应的试验方法应符合表 3 的规定。

表 3 腻子型遇水膨胀橡胶物理性能

项目	指标			适用试验条目
	PN-150	PN-220	PN-300	
体积膨胀倍率[a]/% ≥	150	220	300	6.3.4
高温流淌性(80 ℃×5 h)	无流敞	无流敞	无流敞	6.3.7
低温试验(−20 ℃×2 h)	无脆裂	无脆裂	无脆裂	6.3.8
[a]检验结果应注明试验方法。				

6 试验方法

6.1 尺寸公差

当规格尺寸小于或等于 150 mm 时,用精度不低于 0.02 mm 的量具测量;当规格尺寸大于 150 mm 时,用精度不低于 0.1 mm 的量具测量,取任意 3 点进行测量,结果取算术平均值。

6.2 外观质量

外观质量用目测及量具检查。

6.3 物理性能

6.3.1 试样制备

制品型试样应采用与制品相当的硫化条件,沿压延方向制取标准试样,成品测试从经规格尺寸和外观质量检验合格的制品上裁取试验所需的足够长度,按 GB/T 2941 的规定制备试样,经(70±2)℃恒温 8 h 后,在标准状态下停放 4 h,按表 2 的要求进行试验;腻子型试样直接取自产品,按试验方法规定尺寸制备。

6.3.2 硬度

硬度的测定按 GB/T 531.1 的规定进行。

6.3.3 拉伸强度、拉断伸长率

拉伸强度、拉断伸长率的测定按 GB/T 528 的规定进行,采用 2 型试样。

6.3.4 体积膨胀倍率

体积膨胀倍率的测定按附录 A 的规定执行;浸泡后不能用称量法检测的试样,按附录 B 的规定执行。

6.3.5 反复浸水试验

将试样在常温(23±5)℃蒸馏水中浸泡 16 h,取出后在(70±2)℃下烘干 8 h,再放到水中浸泡 16 h,

再烘干 8 h……;如此反复浸水、烘干 4 个循环周期之后,测其拉伸强度和拉断伸长率,并按 6.3.4 的规定测试体积膨胀倍率。

6.3.6 低温弯折

将试样裁成 20 mm×100 mm×2 mm 的长方体,按附录 C 的规定执行。

6.3.7 高温流淌性

将 3 个 20 mm×20 mm×4 mm 的试样分别置于水平夹角 15°的带凹槽木架上,使试样厚度的 2 mm 在槽内,2 mm 在槽外;一并放入(80±2)℃的干燥箱内,5 h 后取出,观察试样有无明显流淌,以不超过凹槽边线 1 mm 为无流淌。

6.3.8 低温试验

将 3 个 50 mm×100 mm×2 mm 的试样在(−20±2)℃低温箱中停放 2h,取出后立即在 ϕ 10 mm 的棒上缠绕一圈,观察其是否脆裂。

7 检验规则

7.1 检验分类

7.1.1 出厂检验

7.1.1.1 组批与抽样

以 1 000 m 或 5 t 同标记的遇水膨胀橡胶为一批,抽取 1%进行外观质量检验,并在任意 1 m 处随机取 3 点进行规格尺寸检验(腻了型除外);在上述检验合格的样品中随机抽取足够的试样,进行物理性能检验。

7.1.1.2 检验项目

对制品型遇水膨胀橡胶的尺寸公差、外观质量、硬度、拉伸强度、拉断伸长率、体积膨胀倍率按批进行出厂检验;对腻子型遇水膨胀橡胶的体积膨胀倍率按批进行出厂检验。

7.1.2 型式检验

本部分所列全部技术要求为型式检验项目,通常在下列情况之一时应进行型式检验:

a) 新产品或老产品转产生产的试制定型鉴定;

b) 正式生产时,每年进行一次检验;

c) 正式生产后,产品的结构、设计、工艺、材料、生产设备、管理等方面有重大改变;

d) 产品停产超过半年,恢复生产时;

e) 出厂检验结果与上次型式检验有较大差异时;

f) 国家质量监督机构提出进行该项试验的要求。

7.1.3 周期性检验

在正常情况下,对制品型遇水膨胀橡胶的反复浸水试验、低温弯折性能和腻子型遇水膨胀橡胶的高温流淌性、低温试验每半年进行一次检验。

7.2 判定规则

7.2.1 尺寸公差、外观质量及物理性能各项指标全部符合技术要求,则为合格品。

7.2.2 规格尺寸或外观质量若有一项不符合要求,则另外抽取 100 m 进行复试,复试结果如仍有不合格项,则应对该批产品进行 100%检验,剔除不合格品。

7.2.3 物理性能若有一项指标不符合技术要求,应另取双倍试样进行该项复试,复试结果如仍不合格,则该批产品为不合格品。

8 标志、包装、运输、贮存

8.1 遇水膨胀橡胶应用塑料袋密封包装,再用编织袋或纸箱包装。

8.2 每一包装应有产品合格证,并注明产品名称、产品标记、商标、制造厂名、厂址、生产日期等。

8.3 遇水膨胀橡胶在运输与贮存时，应注意勿使包装损坏；放置于通风、干燥处、温度在 −15 ℃～30 ℃的室内，避免阳光直射，禁止与水、酸、碱、油类及有机溶剂等接触，且远离热源，并不得重压。

8.4 在遵守 8.3 规定的条件下，自生产之日起半年内，产品性能应符合本部分的规定。逾期的产品经检验符合第 5 章的规定，仍可继续使用。

附 录 A
（规范性附录）
体积膨胀率试验方法Ⅰ

A.1 试样制备

A.1.1 试验室温度应符合 GB/T 2941 的规定。

A.1.2 试验仪器为精度不低于 0.001 g 的天平。

A.1.3 试样尺寸：长、宽各为(20.0±0.2)mm，厚度为(2.0±0.2)mm，试样数量为 3 个。用成品制作试样时，应去掉表层。

A.2 试验步骤

A.2.1 将制作好的试样先用天平称出在空气中的质量，然后再称出试样悬挂在蒸馏水中的质量。

A.2.2 将试样浸泡在(23±5)℃的 300 mL 蒸馏水中，试验过程中，应避免试样重叠及水分的挥发。

A.2.3 试样浸泡 72 h 后，先用天平称出其在蒸馏水中的质量，然后用滤纸轻轻吸干试样表面的水分，称出试样在空气中的质量。

A.2.4 如试样密度小于蒸馏水密度，试样应悬挂坠子使试样完全浸没于蒸馏水中。

A.3 计算公式

体积膨胀倍率按照式(A.1)计算。

$$\Delta V=\frac{m_3-m_4+m_5}{m_1-m_2+m_5}\times 100\% \qquad \cdots\cdots\cdots\cdots\cdots\cdots (A.1)$$

式中：

ΔV——体积膨胀倍率，%；

m_1——浸泡前试样在空气中的质量，单位为克(g)；

m_2——浸泡前试样在蒸馏水中的质量，单位为克(g)；

m_3——浸泡后试样在空气中的质量，单位为克(g)；

m_4——浸泡后试样在蒸馏水中的质量，单位为克(g)；

m_5——坠子在蒸馏水中的质量，单位为克(g)(如无坠子用发丝等特轻细丝悬挂可忽略不计)。

A.4 试验结果

试验结果取 3 个试样的算术平均值。

附 录 B
（规范性附录）
体积膨胀倍率试验方法Ⅱ

B.1 试样制备

B.1.1 试验室温度应符合 GB/T 2941 的规定。

B.1.2 试验仪器为精度不低于 0.001 g 的天平和 50 mL 的量筒。

B.1.3 取试样质量为 2.5 g，制成直径约为 12 mm，高度约为 12 mm 的圆柱体，数量为 3 个。用成品制作试样时，应去掉表层。

B.2 试验步骤

B.2.1 将制作好的试样先用 0.001 g 精度的天平称出其在空气中的质量，然后再称出试样悬挂在蒸馏水中的质量（必须用发丝等特轻细丝悬挂试样）。

B.2.2 先在量筒中注入 20 mL 左右的(23±5)℃的蒸馏水，放入试样后，加蒸馏水至 50 mL。然后在 B.1.1 的条件下放置 120 h（试样表面和蒸馏水必须充分接触）。

B.2.3 读出量筒中试样占水的体积数 V（即试样的高度）。

B.3 计算公式

体积膨胀倍率按照公式 B.1 计算。

$$\Delta V=\frac{V\cdot\rho}{m_1-m_2}\times100\% \qquad \text{(B.1)}$$

式中：

ΔV——体积膨胀倍率，%；

m_1——浸泡前试样在空气中的质量，单位为克(g)；

m_2——浸泡前试样在蒸馏水中的质量，单位为克(g)；

V——浸泡后试样占水的体积，单位为毫升(mL)；

ρ——水的密度，取 1 g/mL。

B.4 试验结果

试验结果取 3 个试样的算术平均值。

附 录 C
(规范性附录)
低温弯折试验

C.1 试验仪器

低温弯折仪应由低温箱和弯折板两部分组成。低温箱应能在 0 ℃～－40 ℃之间自动调节，误差为±2 ℃。弯折板由金属平板、转轴和调距螺丝组成，平板间距可任意调节。示意图见图 C.1。

C.2 试验条件

C.2.1 从试样制备到试验，试样的停放时间为 24 h；

C.2.2 试验温度为(23±2)℃。

C.3 试验步骤

C.3.1 将按 6.3.6 制备的试样弯曲 180°，使试样边缘重合、齐平，并用定位夹或 10 mm 宽的胶布将边缘固定以保证其在试验中不发生错位；并将弯折板的两平板间距调到试样厚度的 3 倍。

C.3.2 将弯折板上平板打开，把厚度相同的两块试样平放在底板上，重合的一边朝向转轴，且距转轴 20 mm；在规定温度下保持 2 h，之后迅速压下上平板，达到所调间距位置，保持 1 s 后将试样取出。待恢复到室温后观察试样弯折处是否断裂，或用放大镜观察试样弯折处受拉面有无裂纹。

C.4 判定

用 8 倍放大镜观察试样表面，以两个试样均无裂纹为合格。

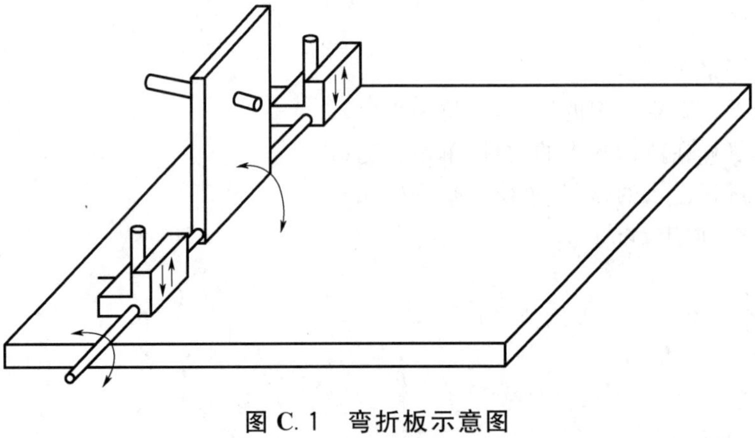

图 C.1 弯折板示意图

ICS 91.060.30
Q 17

中华人民共和国国家标准

GB 18445—2001

水泥基渗透结晶型防水材料

Cementitious capillary crystalline waterproofing materials

2001-09-04 发布　　　　2002-03-01 实施

中华人民共和国
国家质量监督检验检疫总局　发布

前　言

本标准的第5章表2中6～8项、表3中3、7、8项为强制性的，其余为推荐性的。

国外无同类产品标准可参照采用。制定本标准时，在试验研究与验证的基础上，参考JC 474—1999《砂浆、混凝土防水剂》、GB 8076—1997《混凝土外加剂》等标准规定了产品的匀质性指标与物理力学性能。以“第二次抗渗压力”表示该种材料抗渗试验透水自愈后的抗渗能力。

本标准由国家建筑材料工业局提出。

本标准由全国轻质与装饰装修建筑材料标准化技术委员会归口。

本标准负责起草单位：国家建筑材料工业局标准化研究所、同济大学材料科学与工程学院。

本标准参加起草单位：上海基成达申防水材料有限公司、北京城荣防水材料有限公司、昆山凯顿百森高效防水材料有限公司、上海汇奇实业发展有限公司、香港东伟企业有限公司、乌鲁木齐固斯特防水材料有限公司、上海惠邦特种涂料有限公司、北京金禹华科贸有限责任公司。

本标准主要起草人：杨斌、张永明、薛绍祖、方一苍、白彬、金能春、李美琳、曹建德、李明、陈嘉林、高剑秋。

本标准首次发布。

水泥基渗透结晶型防水材料

1 范围

本标准规定了水泥基渗透结晶型防水材料(简称:CCCW)的定义、分类、技术要求、试验方法、检验规则、包装、运输与贮存等。

本标准适用于以硅酸盐水泥或普通硅酸盐水泥、石英砂等为基材,掺入活性化学物质制成的水泥基渗透结晶型防水材料。

2 引用标准

下列标准所包含的条文,通过在本标准中引用而构成为本标准的条文。本标准出版时,所示版本均为有效。所有标准都会被修订,使用本标准的各方应探讨使用下列标准最新版本的可能性。

GB/T 1346—2001 水泥标准稠度用水量、凝结时间、安定性检验方法

GB 8076—1997 混凝土外加剂

GB/T 8077—2000 混凝土外加剂匀质性试验方法

GB/T 17671—1999 水泥胶砂强度检验方法(ISO 方法)(idt ISO 679:1989)

GBJ 81—1985 普通混凝土力学性能试验方法

GBJ 82—1985 普通混凝土长期性能与耐久性能试验方法

JC 474—1999 砂浆、混凝土防水剂

JTJ 270—1998 水运工程混凝土试验规程

3 定义

本标准采用下列定义:

3.1 水泥基渗透结晶型防水材料

水泥基渗透结晶型防水材料是一种刚性防水材料。与水作用后,材料中含有的活性化学物质通过载体向混凝土内部渗透,在混凝土中形成不溶于水的结晶体,填塞毛细孔道,从而使混凝土致密、防水。

3.1.1 水泥基渗透结晶型防水涂料

水泥基渗透结晶型防水涂料是一种粉状材料,经与水拌合可调配成刷涂或喷涂在水泥混凝土表面的浆料;亦可将其以干粉撒覆并压入未完全凝固的水泥混凝土表面。

3.1.2 水泥基渗透结晶型防水剂

水泥基渗透结晶型防水利是一种掺入混凝土内部的粉状材料。

3.2 第二次抗渗压力

第二次抗渗压力系指第一次抗渗试验透水后的试件置于水中继续养护 28 d,再进行第二次抗渗试验所测得的抗渗压力。

4 分类

4.1 按照使用方法分:

4.1.1 水泥基渗透结晶型防水涂料(C)

4.1.2 水泥基渗透结晶型防水剂(A)

4.2 水泥基渗透结晶型防水涂料按物理力学性能分为Ⅰ型、Ⅱ型两种类型。

4.3 标记

按照产品名称、类型、型号、标准号顺序排列。

标记示例：Ⅰ型水泥基渗透结晶型防水涂料标记为：

CCCW C 1 GB 18445

5 技术要求

5.1 匀质性指标

匀质性指标应符合表1的规定。

表1 匀质性指标

序号	试验项目	指标
1	含水量	应在生产厂控制值相对量的5%之内
2	总碱量($Na_2O+0.65K_2O$)	
3	氯离子含量	
4	细度(0.315 mm 筛)	应在生产厂控制值相对量的10%之内
注：生产厂控制值应在产品说明书中告知用户。		

5.2 水泥基渗透结晶型防水涂料的物理力学性能

受检涂料的性能应符合表2的规定。

表2 受检涂料的物理力学性能

序号	试验项目			性能指标 Ⅰ	性能指标 Ⅱ
1	安定性			合格	
2	凝结时间	初凝时间，min	≥	20	
		终凝时间，h	≤	24	
3	抗折强度，MPa	≥	7 d	2.80	
			28 d	3.50	
4	抗压强度，MPa	≥	7 d	12.0	
			28 d	18.0	
5	湿基面粘结强度，MPa		≥	1.0	
6	抗渗压力(28 d)，MPa		≥	0.8	1.2
7	第二次抗渗压力(56 d)，MPa		≥	0.6	0.8
8	渗透压力比(28 d)，%		≥	200	300

5.3 水泥基渗透结晶型防水剂的物理力学性能

掺防水剂的混凝土性能应符合表3的规定。

表3 掺防水剂混凝土的物理力学性能

序号	试验项目			性能指标
1	减水率,%		≥	10
2	泌水率比,%		≤	70
3	抗压强度比	7 d,%	≥	120
		28 d,%	≥	120
4	含气量,%		≤	4.0
5	凝结时间差	初凝,min		>−90
		终凝,min		—
6	收缩率比(28 d),%		≤	125
7	渗透压力比(28 d),%		≥	200
8	第二次抗渗压力(56 d),MPa		≥	0.6
9	对钢筋的锈蚀作用			对钢筋无锈蚀危害

6 试验方法

6.1 匀质性

匀质性试验按照GB/T 8077进行。碱含量按GB 8076—1997附录D进行。

6.2 受检涂料性能

6.2.1 试验用原材料

水泥、用于混凝土的砂石,拌合水应符合GB 8076的规定,用于砂浆的砂应符合GB/T 17671规定的ISO标准砂。

6.2.2 配合比

6.2.2.1 基准混凝土以28 d抗渗压力为0.3 MPa～0.4 MPa确定其配合比,其水泥用量不宜低于250 kg/m^3。

6.2.2.2 涂层用量采用生产厂推荐的用量。

6.2.3 混凝土搅拌

采用60 L自落式或能满足拌料要求的混凝土搅拌机。全部材料一次投入,拌合量应不少于搅拌机额定搅拌量的1/4,搅拌3 min,出料后在铁板上用人工翻拌2～3次再行试验。

各种混凝土材料及试验环境温度均应保持在(20±5)℃。

6.2.4 试件制作及试验所需试件数量

6.2.4.1 混凝土试件制作及养护按GBJ 81进行,但混凝土预养温度为(20±3)℃。

6.2.4.2 涂层试件养护;涂层混凝土浸在深度为试件高度3/4的水中养护(涂层面不浸水),水温为(20±3)℃。

6.2.4.3 试验项目及所需数量见表4。

表 4　试验项目及试件数量

试验项目	试验类别	试验所需数量					
		混凝土(砂浆)拌和批数	涂层本体拌和批数	每批取样数目	涂层本体总取样数目	涂层混凝土总取样数目	基准混凝土总取样数目
安定性	涂层本体拌合物	—	1	1次	1次	—	—
凝结时间	涂层本体拌合物	—	1	1次	1次	—	—
抗折/抗压强度	涂层本体硬化物	—	2	3条	6条	—	—
粘结强度	涂层本体硬化物	1	1	6个	6个	—	—
抗渗性能	涂层混凝土硬化物	2	1	6块	—	6块	6块

6.2.5　凝结时间、安定性

按照 GB 1346 规定进行试验,其中凝结时间的需水量按生产企业推荐用水量。

6.2.6　抗压强度、抗折强度

按照 GB/T 17671 规定进行。试样用量、用水量按生产厂推荐用量。可采用机械或人工搅拌,但搅拌必须均匀。成型试模采用 40 mm×40 mm×160 mm 的三联模,每次成型 2 组。试件成型后移入标准养护室养护,1 d 后脱模,继续在标准条件下养护,但不能浸水。试验龄期为 7 d、28 d,试验结果按照 GB/T 17671 规定进行计算。

6.2.7　粘结强度

按照 JTJ 270—1998 附录 A7 规定进行试验,基准砂浆配比按水泥：砂：水＝1：2：0.5。成型时,在 8 字模中间预埋一块铁片,使其硬化后自然分成两块 O 型试件。基准砂浆试件成型养护 1 d 后脱模,然后置于(20±3)℃水中养护 3 d 后备用。基准砂浆 O 型试件置于周壁涂有脱模剂的抗拉试模中的一半内,然后拌制涂层材料置于“8”字模另一半内,用捣棒插捣 6 次,在其初凝前,用刮刀将多余的浆体刮去。刮平后移入标准养护箱内养护 1 d,脱模后置于标准养护室养护,粘结强度试验龄期为 28 d。

6.2.8　抗渗性能

6.2.8.1　按 GBJ 82 规定成型基准混凝土试件,静置 1 d 脱模,用钢丝刷将试件两端面刷毛,清除油污,清洗干净并除去结水,使表面处于饱和面干状态,按照各生产厂推荐的用量和涂层配比拌制浆料分两次涂刷。一般采用人工搅拌,搅拌均匀后,用刷子涂刷于已处理之混凝土试件表面。当第一次涂刷后,待涂层手触干时进行第二次涂刷。待第二次涂刷后,移入标准养护室养护 3 d 后按 6.2.4.2 规定进行浸水养护。

6.2.8.2　基准试件和涂层试件同条件养护。

6.2.8.3　按照 GBJ 82 规定进行,试验面为混凝土背水面,涂层试件初始压力为 0.4 MPa。

6.2.8.4　混凝土的最大抗渗压力为每组 6 个试件中 4 个试件未出现渗水时的最大水压力,渗透压力比计算式如下。

$$S=\frac{S_1}{S_0}\times 100\% \qquad \cdots\cdots (1)$$

式中：S——渗透压力比,%;

S_1——涂层混凝土最大抗渗压力,MPa;

S_0——基准混凝土最大抗渗压力,MPa。

6.2.8.5 第二次抗渗压力是将第一次抗渗试验6个试件进行到全部透水。脱模后,按6.2.4.2规定继续浸水养护至28 d。随后按6.2.8.3进行试验,至第3个试件透水时为止。记录此时压力减去0.1 MPa后即为第二次抗渗压力。

6.3 防水剂的性能

6.3.1 试验用原材料应符合GB 8076规定。

6.3.2 试验项目及数量见表5。

表5 试验项目及试件数量

试验项目	试验类别	试验所需数量			
		混凝土拌合批数	每批取样数目	掺防水剂混凝土总取样数目	基准混凝土总取样数目
泌水率比	混凝土拌合物	3	1次	3次	3次
减水率	混凝土拌合物	3	1次	3次	3次
凝结时间差	混凝土拌合物	3	1个	3个	3个
抗压强度比	硬化混凝土	3	6块	18块	18块
渗透压力比	硬化混凝土	3	2块	6块	6块
含气量	混凝土拌合物	3	1个	3个	3个
收缩率比	硬化混凝土	3	1块	3块	3块
钢筋锈蚀	新拌或硬化砂浆	3	1块	3块	3块

6.3.3 基准混凝土与受检混凝土的配合比设计、搅拌应符合JC 474与GB 8076的规定,防水剂掺量根据各生产厂的推荐掺量,抗渗试验的混凝土采用坍落度为(180±10)mm的配合比。

6.3.4 减水率比、泌水率比、凝结时间、抗压强度比、含气量、收缩率比,按照GB 8076规定进行。

6.3.5 抗渗性能按GBJ 82规定进行。渗透压力比按6.2.8.4计算。第二次抗渗压力按6.2.8.5规定进行。

6.3.6 钢筋锈蚀按GB 8076—1997附录C进行。

7 检验规则

7.1 批量与取样

7.1.1 批量

同一类型、型号的50 t为一批量,不足50 t的亦可按一批量计。一个批量为一个编号。

7.1.2 取样

可以在产品包装时,按一定的时间间隔,分10次随机取样;也可在包装后10个不同的部位随机取样。水泥基渗透结晶型防水涂料每次取样10 kg;水泥基渗透结晶型防水剂每次取样量不少于0.2 t水泥所需的外加剂量。取样后应充分拌合均匀,一分为二,一份按标准进行试验;另一份密封保存一年,以备复验或仲裁用。

7.2 检验分类

7.2.1 出厂检验

CCCW C:检验表1及表2中抗渗压力。

CCCW A:检验表1及表3中渗透压力比。

7.2.2 型式检验

包括第5章技术要求中的所有项目。有下列情况之一者,应进行型式检验:

a)新产品试制定型鉴定;

b)正式生产后,如材料、工艺有较大改变,可能影响产品性能时;

c)正常生产时,一年至少进行一次检验;

d)产品停产一年后,恢复生产时;

e)出厂检验结果与上次型式检验有较大差异时;

f)国家质量监督机构提出进行型式检验要求时。

7.3 判定规则

产品经检验,各项性能均符合本标准技术要求,则判定该批产品为合格品;若有一项性能指标不符合标准要求,允许在同一批量中重新取样检验。若检验结果均符合标准要求,则判该批产品合格;否则,判该批产品为不合格品。

8 包装、标志、运输与贮存

8.1 包装

产品可以袋装或桶装。袋装时须用防潮的包装袋。

8.2 标志

包装容器上应在明显位置注明以下内容:产品名称、标记、净质量、生产厂名、生产日期、批量编号等。

8.3 产品出厂

产品出厂必须有合格证。当用户需要时,在产品发出之日起7 d内,寄发匀质性指标试验报告,抗渗压力或渗透压力比试验报告,应在40 d内补报。产品应附有说明书。产品说明书内容应包括产品性能及成分、适用范围、推荐用量与推荐掺量、使用注意事项与施工、养护方法等。

8.4 运输与贮存

8.4.1 产品运输与贮存时,应按产品类型、型号分别堆放,不得混杂,防止受潮。

8.4.2 产品在符合8.4.1运输与贮存条件下,自生产之日起计算,贮存期为一年。过期产品应重新检验符合标准才能使用。

ICS 91.120.30
Q 17

中华人民共和国国家标准

GB 18445—2012
代替 GB 18445—2001

水泥基渗透结晶型防水材料

Cementitious capillary crystalline waterproofing materials

2012-12-31 发布　　2013-11-01 实施

中华人民共和国国家质量监督检验检疫总局
中国国家标准化管理委员会　发布

前　言

本标准表1中序号4、8、9和10中的抗渗压力比、带涂层混凝土的第二次抗渗压力，表2中序号4、9、10和11中的抗渗压力比和第二次抗渗压力比为强制性的，其余为推荐性的。

本标准按照GB/T 1.1—2009给出的规则起草。

本标准代替GB 18445—2001《水泥基渗透结晶型防水材料》。本标准与GB 18445—2001相比，主要技术变化如下：

——修改了术语和定义(见第3章，2001年版的第3章)；

——取消了Ⅰ型和Ⅱ型分类(见4.1，2001版的4.2)；

——增加了一般要求(见第5章)；

——删除了均质性指标，在技术要求中对其规定了具体值(见6.1、6.2，2001版的5.1)；

——删除了防水涂料中“凝结时间”，修改为“施工性”；删除了7 d抗折和抗压强度，并对28 d技术指标作了适当调整；增加了“外观”、“砂浆抗渗性能”，并在抗渗性能中增加了“去除涂层的抗渗压力”(见6.1，2001年版的5.2)；

——删除了防水剂的泌水率比，修改了减水率、含气量以及抗压强度比的指标，增加了外观、第二次抗渗压力比(见6.2，2001年版的5.3)；

——增加了“去除涂层砂浆与混凝土抗渗压力”的试验方法(见7.1.10)；

——修改了粘结强度的试验方法(见7.2.7，2001年版的6.2.7)；

——增加了附录A(资料性附录)基准砂浆和基准混凝土的配合比(见本标准附录A)。

本标准由中国建筑材料联合会提出。

本标准由全国轻质与装饰装修建筑材料标准化技术委员会(SAC/TC 195)归口。

本标准负责起草单位：建筑材料工业技术监督研究中心、同济大学材料科学与工程学院。

本标准参加起草单位：中国建筑材料检验认证中心有限公司、中国建筑材料科学研究总院苏州防水研究院、深圳市建筑科学研究院有限公司、北京城荣防水材料有限公司、北京海川锦成科技有限公司、上海惠邦特种涂料有限公司、南京科瑞玛科技有限公司、上海凯顿百森建筑材料科技发展有限公司、北京金禹华科技发展有限公司、北京固斯特国际化工有限公司、深圳市先泰实业有限公司、上海基成达申防水材料有限公司、上海汇奇实业发展有限公司、东伟技术工程有限公司、大连细扬防水工程集团有限公司、北京东方雨虹防水技术股份有限公司、盘锦禹王防水建材集团有限公司、潍坊市宏源防水材料有限公司、广东科顺化工实业有限公司。

本标准主要起草人：杨斌、张永明、薛绍祖、方一苍、李春亮、朱志远、王莹、乔君慧、陈斌、陈嘉林、王戈、余同欢、高剑秋、杨建平、邓腾、金能春、李美琳、曹建德、樊细杨、董楠、熊卫锋、詹福民、陈伟忠、郑家玉。

本标准于2001年9月首次发布。

水泥基渗透结晶型防水材料

1 范围

本标准规定了水泥基渗透结晶型防水材料(简称 CCCW)的术语和定义、分类和标记、一般要求、技术要求、试验方法、检验规则、标志、包装、贮存和运输。

本标准适用于以硅酸盐水泥为主要成分,掺入一定量的活性化学物质制成的粉状水泥基渗透结晶型防水材料,用于水泥混凝土结构防水工程。

2 规范性引用文件

下列文件对于本文件的应用是必不可少的。凡是注日期的引用文件,仅注日期的版本适用于本文件。凡是不注日期的引用文件,其最新版本(包括所有的修改单)适用于本文件。

GB 175—2007 通用硅酸盐水泥

GB/T 176 水泥化学分析方法

GB 8076 混凝土外加剂

GB/T 8077—2000 混凝土外加剂匀质性试验方法

GB/T 14684 建设用砂

GB/T 14685 建设用卵石、碎石

GB/T 17671 水泥胶砂强度检验方法(ISO 法)

GB/T 50082 普通混凝土长期性能与耐久性能试验方法标准

JC 474—2008 砂浆、混凝土防水剂

JC 475—2004 混凝土防冻剂

JC/T 547—2005 陶瓷墙地砖胶粘剂

JC/T 681—2005 行星式水泥胶砂搅拌机

JC/T 726—2005 水泥胶砂试模

JC/T 841—2007 耐碱玻璃纤维网布

JG/T 26—2002 外墙无机建筑涂料

JGJ 63 混凝土用水标准

JGJ/T 70—2009 建筑砂浆基本性能试验方法标准

3 术语和定义

下列术语和定义适用于本文件。

3.1

水泥基渗透结晶型防水材料 cementitious capillary crystalline waterproofing materials

一种用于水泥混凝土的刚性防水材料。其与水作用后,材料中含有的活性化学物质以水为载体在混凝土中渗透,与水泥水化产物生成不溶于水的针状结晶体,填塞毛细孔道和微细缝隙,从而提高混凝土致密性与防水性。水泥基渗透结晶型防水材料按使用方法分为水泥基渗透结晶型防水涂料和水泥基渗透结晶型防水剂。

3.2

水泥基渗透结晶型防水涂料 cementitious capillary crystalline waterproofing coating

以硅酸盐水泥、石英砂为主要成分,掺入一定量活性化学物质制成的粉状材料,经与水拌合后调配

成可刷涂或喷涂在水泥混凝土表面的浆料；亦可采用干撒压入未完全凝固的水泥混凝土表面。

3.3

水泥基渗透结晶型防水剂 cementitious capillary crystalline waterproofing admixture

以硅酸盐水泥和活性化学物质为主要成分制成的粉状材料，掺入水泥混凝土拌合物中使用。

3.4

活性化学物质 activated chemical additive

由碱金属盐或碱土金属盐、络合化合物等复配而成，具有较强的渗透性，能与水泥的水化产物发生反应生成针状晶体的化学物质。

3.5

去除涂层的抗渗压力 permeability after removal of sample coat

将基准试件表面涂刷水泥基渗透结晶型防水涂料后，在规定养护条件下养护至28 d，去除涂层后进行试验所测定的抗渗压力。

3.6

第二次抗渗压力 the second permeability

水泥基渗透结晶型防水材料的抗渗试件经第一次抗渗试验透水后，在标准养护条件下，带模在水中继续养护至56 d，进行第二次抗渗试验所测定的抗渗压力。

4 分类和标记

4.1 分类

按使用方法水泥基渗透结晶型防水材料分为水泥基渗透结晶型防水涂料(代号C)和水泥基渗透结晶型防水剂(代号A)。

4.2 标记

产品按产品名称和标准编号的顺序标记。

示例：水泥基渗透结晶型防水涂料标记为：

CCCW C GB 18445—2012

5 一般要求

本标准包括的产品不应对人体、生物、环境与水泥混凝土性能(尤其是耐久性)造成有害的影响，所涉及与使用有关的安全与环保问题，应符合我国相关标准和规范的规定。

6 技术要求

6.1 水泥基渗透结晶型防水涂料

水泥基渗透结晶型防水涂料应符合表1的规定。

表1 水泥基渗透结晶型防水涂料

序号	试验项目			性能指标
1	外观			均匀、无结块
2	含水率/%		≤	1.5
3	细度，0.63 mm 筛余/%		≤	5
4	**氯离子含量/%**		≤	0.10
5	施工性	加水搅拌后		刮涂无障碍
		20 min		刮涂无障碍

表 1(续)

序号	试验项目			性能指标
6	抗折强度/MPa,28 d		≥	2.8
7	抗压强度/MPa,28 d		≥	15.0
8	**湿基面粘结强度/MPa,28 d**		≥	1.0
9	**砂浆抗渗性能**	带涂层砂浆的抗渗压力[a]/MPa,28 d		报告实测值
		抗渗压力比(带涂层)/%,28 d	≥	250
		去除涂层砂浆的抗渗压力[a]/MPa,28 d		报告实测值
		抗渗压力比(去除涂层)/%,28 d	≥	175
10	**混凝土抗渗性能**	带涂层混凝土的抗渗压力[a]/MPa,28 d		报告实测值
		抗渗压力比(带涂层)/%,28 d	≥	250
		去除涂层混凝土的抗渗压力[a]/MPa,28 d		报告实测值
		抗渗压力比(去除涂层)/%,28 d	≥	175
		带涂层混凝土的第二次抗渗压力/MPa,56 d	≥	0.8
[a] 基准砂浆和基准混凝土 28 d 抗渗压力应为 $0.4^{+0.0}_{-0.1}$ MPa,并在产品质量检验报告中列出。				

6.2 水泥基渗透结晶型防水剂

水泥基渗透结晶型防水剂应符合表 2 的规定。

表 2 水泥基渗透结晶型防水剂

序号	试验项目			性能指标
1	外观			均匀、无结块
2	含水率/%		≤	1.5
3	细度,0.63 mm 筛余/%		≤	5
4	**氯离子含量/%**		≤	0.10
5	总碱量/%			报告实测值
6	减水率/%		<	8
7	含气量/%		≤	3.0
8	凝结时间差	初凝/min	>	−90
		终凝/h		—
9	**抗压强度比/%**	**7 d**	≥	100
		28 d	≥	100
10	**收缩率比/%,28 d**		≤	125
11	**混凝土抗渗性能**	掺防水剂混凝土的抗渗压力[a]/MPa,28 d		报告实测值
		抗渗压力比/%,28 d	≥	200
		掺防水剂混凝土的第二次抗渗压力/MPa,56 d		报告实测值
		第二次抗渗压力比/%,56 d	≥	150
[a] 基准混凝土 28 d 抗渗压力应为 $0.4^{+0.0}_{-0.1}$ MPa,并在产品质量检验报告中列出。				

7 试验方法

7.1 一般规定

7.1.1 试验用原材料

7.1.1.1 水泥：符合 GB 175—2007 的 P·O 42.5 水泥。

7.1.1.2 拌合水：符合 JGJ 63 的规定。

7.1.1.3 砂浆试验用的砂：符合 GB/T 17671 规定的 ISO 标准砂。

7.1.1.4 混凝土试验用的细集料：符合 GB/T 14684 的中砂，细度模数为 2.6～2.8。

7.1.1.5 混凝土试验用的粗集料：符合 GB/T 14685 的(5～20)mm 连续级配的碎石。

7.1.1.6 标准混凝土板：符合 JC/T 547—2005 附录 A 的要求。

7.1.1.7 耐碱玻璃纤维网格布：符合 JC/T 841—2007 中(2×2)mm 孔、标称单位面积质量为(151～160)g/m^2。

7.1.2 配合比

7.1.2.1 制备水泥基渗透结晶型防水涂料试验用的基准砂浆和基准混凝土的配合比参见附录 A，应根据原材料情况调整配合比。基准砂浆和基准混凝土 28 d 抗渗压力应为 $0.4^{+0.0}_{-0.1}$ MPa。基准混凝土配合比中水泥用量不得低于 250 kg/m^3。

7.1.2.2 水泥基渗透结晶型防水涂料所有试验项目的用水量采用工程实际使用推荐的用水量。试验涂层防水涂料的用量为 1.5 kg/m^2。

7.1.2.3 制备水泥基渗透结晶型防水剂试验用的基准混凝土与受检混凝土的配合比设计、搅拌方式除抗渗性能外应符合 GB 8076 的要求。防水剂掺量根据各生产厂的推荐掺量。抗渗性能基准混凝土的制备可参照附录 A 的配合比，基准混凝土 28 d 抗渗压力应为 $0.4^{+0.0}_{-0.1}$ MPa，并且所用配合比中水泥用量不得低于 250 kg/m^3。

7.1.3 砂浆或混凝土搅拌

砂浆搅拌采用符合 JC/T 681—2005 的行星式水泥胶砂搅拌机，按 GB/T 17671 规定搅拌砂浆。混凝土搅拌采用单卧轴式强制搅拌机或其他类型的强制式搅拌机，应保证混凝土搅拌均匀，并且每次搅拌用量不少于搅拌机额定搅拌量的四分之一，也不超过四分之三。先加入砂石等粗细集料，再加入水泥，搅拌均匀后加入水再次搅拌。防水剂的加入方式可由生产企业推荐，将防水剂加入水泥或水中搅拌均匀后再加入砂石拌合。总搅拌时间为(3～5)min。

7.1.4 试件制备及养护

7.1.4.1 砂浆试件制备及养护

砂浆试件制备按 JGJ/T 70—2009 进行，砂浆试件预养护温度为(20±2)℃，预养护时间为 1 d。

7.1.4.2 混凝土试件制备及养护

混凝土试件制备按 GB/T 50082 进行，混凝土试件预养护温度为(20±3)℃，预养护时间为 1 d。

7.1.4.3 标准养护条件

环境温度(20±2)℃，湿度大于 95%。

7.1.4.4 基准试件和涂层试件养护

基准试件和涂层试件浸在深度为试件高度四分之三的水中养护(涂层面不浸水)，水温为(20±2)℃。环境湿度大于 95%。

7.2 水泥基渗透结晶型防水涂料

7.2.1 外观

目测。

7.2.2 含水率

按 JC 475—2004 附录 A 进行。

7.2.3 细度

按 GB/T 8077—2000 第 6 章进行，采用 0.63 mm 的筛进行。

7.2.4 氯离子含量

按 GB/T 176 进行。

7.2.5 施工性

按 JG/T 26—2002 规定进行。从干粉加水搅拌开始计时，按 GB/T 17671 标准搅拌程序搅拌后，用刷子在标准混凝土板或石棉水泥板上涂刷。如果涂刷顺利，则表明刮涂无障碍；将余料用湿布覆盖搅拌锅，20 min 后在搅拌机中用高速搅拌 30 s 后，再次用刷子进行涂刷。如涂刷顺利，则表明刮涂无障碍。

7.2.6 抗折、抗压强度

按 GB/T 17671 规定进行。试模采用(40×40×160)mm 的三联模，成型一组。试件成型后移入标准养护室养护，1 d 后脱模，继续在标准条件下养护，但不能浸水。试验龄期为 28 d，试验步骤与结果计算按照 GB/T 17671 规定进行。

7.2.7 湿基面粘结强度

7.2.7.1 试验仪器

7.2.7.1.1 拉伸强度试验仪

拉伸粘结强度使用的试验仪器应有足够的灵敏度及量程，应能通过适宜的连接方式并不产生任何弯曲应力，仪器精度 1%。

7.2.7.1.2 成型框

拉伸粘结强度成型框由硅橡胶或硅酮密封材料制成(如图 1)，表面平整光滑，并保证砂浆不从成型框与混凝土板之间流出。孔尺寸为(50×50)mm，厚度为 3 mm，精确至±0.2 mm。

单位为毫米

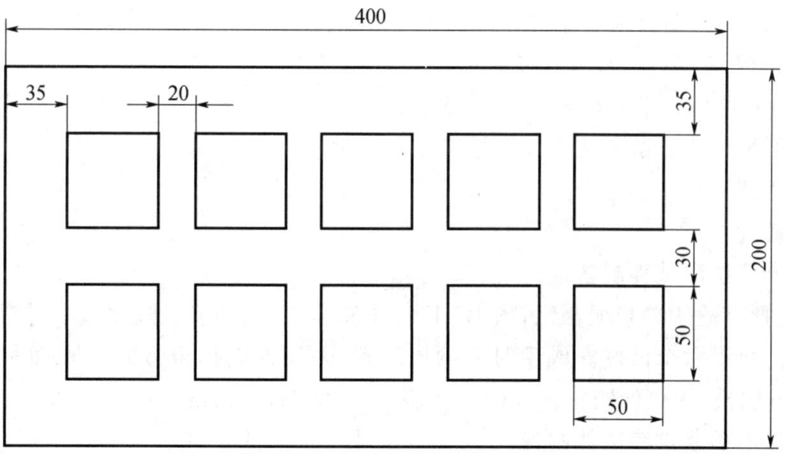

图 1 拉伸粘结强度成型框

7.2.7.1.3 拉拔接头

尺寸为(50±1)mm×(50±1)mm 并有足够强度的正方形钢板，最小厚度 10 mm，有与测试仪器相连接的部件。

7.2.7.2 试件制备

先将标准混凝土板浸泡 24 h，并清洗表面，取出后用湿毛巾擦干表面，无明水。将成型框放在混凝土板成型面上，将制备好的试样倒入成型框中，抹平，放置 24 h 后脱模，10 个试件为一组(如图 2)，整个成型过程 20 min 内完成。

单位为毫米

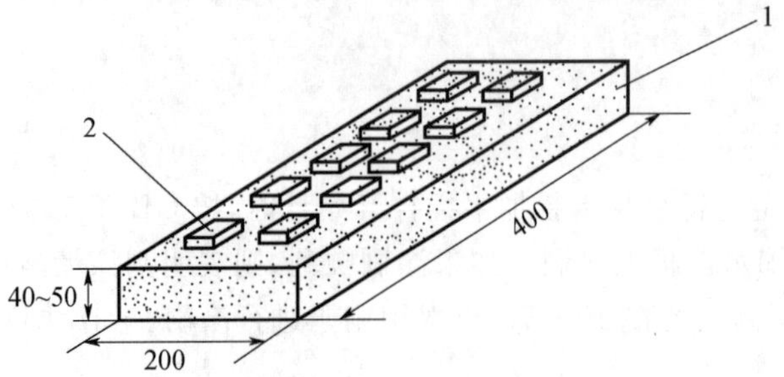

说明：

1——混凝土板；

2——砂浆试件。

图2 拉伸粘结强度试件成型示意图

7.2.7.3 试件养护

试件脱模后的试件在标准条件下浸水养护(水浸到标准混凝土板，不要浸到涂层试件)到27 d龄期后，用砂纸打磨掉表面的浮浆，然后用适宜的高强粘结剂将拉拔接头粘结在试件成型面上，在标准养护条件下放置24 h后试验。

7.2.7.4 试验步骤

用拉伸强度试验仪测定试件拉伸粘结强度，加荷速度(250±50)N/s。

7.2.7.5 试验结果计算

粘结强度按式(1)计算：

$$P = F/S \tag{1}$$

式中：

P——拉伸粘结强度，单位为兆帕(MPa)；

F——最大破坏荷载，单位为牛顿(N)；

S——粘结面积，单位为平方毫米(mm^2)($S=2\,500$)。

取10个试件的平均值。试验结果计算精确至0.1 MPa。

7.2.8 砂浆抗渗性能

7.2.8.1 试件制备

7.2.8.1.1 基准砂浆抗渗试件制备

根据7.1.2选择合适的砂浆配合比，按JC 474—2008中5.2.6成型基准砂浆抗渗试件。每次试验同时成型三组试件，每组六个试件。成型时分两层装料，采用人工插捣方式。表面用铁板刮平，放在标准养护室，静置1 d脱模，用钢丝刷将试件两端面刷毛，清除油污，清洗干净并除去明水。

7.2.8.1.2 带涂层的砂浆抗渗试件制备

按7.2.8.1.1制备的三组试件中随机选取一组试件。防水涂料用量1.5 kg/m^2，用水量为工程实际使用推荐的用水量。采用人工搅拌，搅拌均匀后，分两层涂刷，用刷子涂刷于已处理试件的背水面。当第一次涂刷后，待涂层手触干时进行第二次涂刷。第二次涂刷后，移入标准养护室养护。

7.2.8.1.3 去除涂层的砂浆抗渗试件制备

按7.2.8.1.1制备的三组试件中随机选取另外一组试件，用符合7.1.1.7的网格布裁剪成比试件背水面尺寸略大的覆面材料，将其覆盖在试件背水面，按7.2.8.1.2涂刷两遍于所测试件，注意涂刷过程中不要移动网格布。当第一次涂刷后，待涂层手触干时进行第二次涂刷。第二次涂刷后，移入标准养护室养护。

7.2.8.2 试件养护

基准砂浆、带涂层砂浆和去除涂层砂浆的抗渗试件在标准养护室养护1 d，尔后按7.1.4.4进行浸水养护 27 d。

7.2.8.3 试验步骤

7.2.8.3.1 养护到龄期 27 d 三组试件一起取出。将基准砂浆和带涂层砂浆两组抗渗试件擦拭干净后晾干待测。将去除涂层一组砂浆抗渗试件，采用角向磨光机或其他的打磨设备，将网格布表面的涂层去除，并去除网格布。注意在打磨过程中不要破坏网格布覆盖下的抗渗试件，将试件清洗干净后晾干待测。

7.2.8.3.2 28 d 基准砂浆、带涂层砂浆和去除涂层砂浆试件的抗渗压力按 JC 474—2008 中 5.2.6 进行。

7.2.8.4 试验结果

7.2.8.4.1 砂浆抗渗试验时，六个试件出现第三个渗水时停止试验，将该试件出现渗水时的压力减去 0.1 MPa 记为砂浆抗渗压力。

7.2.8.4.2 基准砂浆抗渗压力应为 $0.4^{+0.0}_{-0.1}$ MPa。若不符合要求，则本批三组砂浆抗渗试验无效，应重新成型试件进行试验。

7.2.8.4.3 抗渗压力比为同龄期的带涂层和去除涂层砂浆试件的抗渗压力与基准砂浆试件的抗渗压力之比。

7.2.9 混凝土抗渗性能

7.2.9.1 试件制备

7.2.9.1.1 基准混凝土抗渗试件制备

根据 7.1.2 选择合适的混凝土配合比，按 GB/T 50082 成型基准混凝土抗渗试件。每次试验同时成型三组混凝土抗渗试件，每组六个试件。成型时分两层装料，采用人工插捣方式。表面用铁板刮平，放在标准养护室，静置 1 d 脱模，用钢丝刷将试件两端面刷毛，清除油污，清洗干净并除去明水。

7.2.9.1.2 带涂层的混凝土抗渗试件制备

按 7.2.9.1.1 制备的三组试件中随机选取一组试件。防水涂料用量 1.5 kg/m^2，用水量为工程实际使用推荐的用水量。采用人工搅拌，搅拌均匀后，分两层涂刷，用刷子涂刷于已处理试件的背水面。当第一次涂刷后，待涂层手触干时进行第二次涂刷。第二次涂刷后，移入标准养护室养护。

7.2.9.1.3 去除涂层的混凝土抗渗试件制备

按 7.2.9.1.1 制备的三组试件中随机选取另外一组试件，用符合 7.1.1.7 的网格布裁剪成比试件背水面尺寸略大的覆面材料，将其覆盖在试件背水面，按 7.2.9.1.2 涂刷两遍于所测试样，注意涂刷过程中不要移动网格布。当第一次涂刷后，待涂层手触干时进行第二次涂刷。第二次涂刷后，移入标准养护室养护。

7.2.9.2 试件养护

基准混凝土、带涂层混凝土和去除涂层混凝土的抗渗试件在标准养护室养护 1 d，尔后按 7.1.4.4 进行浸水养护 27 d。

7.2.9.3 试验步骤

7.2.9.3.1 养护到龄期 27 d 三组试件一起取出。将基准混凝土和带涂层混凝土两组抗渗试件擦拭干净后晾干待测。将去除涂层一组混凝土抗渗试件，采用角向磨光机或其他的打磨设备，将网格布表面的涂层去除，并去除网格布，注意在打磨过程中不要破坏网格布覆盖下的抗渗试件，将试件清洗干净后晾干待测。

7.2.9.3.2 28 d 基准混凝土、带涂层混凝土和去除涂层混凝土试件的抗渗压力按 GB/T 50082 进行。

7.2.9.3.3 将第一次抗渗试验后的带涂层混凝土试件(该组试件第一次抗渗试验必须将六个试件全部进行到渗水)在标准养护条件下，水中带模养护至 56 d，测定其第二次抗渗压力。

7.2.9.4 试验结果

7.2.9.4.1 混凝土抗渗试验时，六个试件出现第三个渗水时停止试验，将该试件出现渗水时的压力减去 0.1 MPa 记为混凝土抗渗压力。带涂层混凝土抗渗试验六个试件全部出现渗水时方可停止试验。抗渗压力同样为出现第三个渗水时的试件的压力减去 0.1 MPa。

7.2.9.4.2 基准混凝土抗渗压力应为 $0.4^{+0.0}_{-0.1}$ MPa。若不符合要求，则本批三组混凝土抗渗试验无效，应重新成型试件进行试验。

7.2.9.4.3 抗渗压力比为同龄期的带涂层和去除涂层混凝土试件的抗渗压力与基准混凝土试件的抗渗压力之比。

7.3 水泥基渗透结晶型防水剂

7.3.1 外观

目测。

7.3.2 含水率

按 JC 475—2004 附录 A 进行。

7.3.3 细度

按 GB/T 8077—2000 第 6 章进行，采用 0.63 mm 筛。

7.3.4 氯离子和总碱量

氯离子含量以及总碱量按 GB/T 176—2008 进行。

7.3.5 减水率、含气量、凝结时间差、抗压强度比和收缩率比

按 GB 8076 的规定进行。

7.3.6 混凝土抗渗性能

7.3.6.1 按照 GB/T 50082 成型基准混凝土与掺防水剂混凝土的抗渗试件两组，每组六个试件。防水剂掺量由生产厂推荐。浸水养护，28 d 进行抗渗试验，即得到基准混凝土与掺防水剂混凝土的抗渗压力。第一次抗渗试验需要将所有六个试件均出现渗水为止。随后带模，在标准养护条件下继续养护至 56 d，进行抗渗试验，得到基准混凝土与掺防水剂混凝土的第二次抗渗压力。

7.3.6.2 每组六个试件中至第三个试件出现透水时，记录此时的压力减去 0.1 MPa 后的数值为该组混凝土试件的抗渗压力。

7.3.6.3 基准混凝土抗渗压力应为 $0.4^{+0.0}_{-0.1}$ MPa。若不符合要求，则本批两组混凝土抗渗试验无效，应重新成型试件进行试验。

7.3.6.4 抗渗压力比为同龄期掺防水剂混凝土试件的抗渗压力与基准混凝土试件的抗渗压力之比。

8 检验规则

8.1 检验分类

按检验类型分为出厂检验和型式检验。

8.1.1 出厂检验

CCCW C 的出厂检验项目为表 1 中的含水率、细度、施工性、湿基面粘结强度和 28 d 砂浆抗渗性能。

CCCW A 的出厂检验项目为表 2 中的含水率、细度、总碱量、减水率、抗压强度比和 28 d 混凝土抗渗性能。

8.1.2 型式检验

型式检验项目包括第 6 章的全部要求。在下列情况下进行型式检验：

a) 新产品投产或产品定型鉴定时；

b) 当原材料和生产工艺发生变化时；

c) 正常生产时，每一年进行一次；

d) 出厂检验结果与上次型式检验结果有较大差异时；

e) 产品停产六个月以上恢复生产时。

8.2 组批

连续生产，同一配料工艺条件制得的同一类型产品 50 t 为一批，不足 50 t 亦按一批计。

8.3 抽样

每批产品随机抽样，抽取 10 kg 样品，充分混匀。取样后，将样品一分为二。一份检验，一份留样备用。

8.4 判定规则

按标准规定的方法试验，若全部试验结果符合标准规定时，则判该批产品合格；若有两项或两项以上不符合标准要求，则判该批产品不合格。若结果中仅有一项不符合标准要求，可用留样对该项目复检。若该复检项目符合标准规定，则判该批产品合格；否则，则判该批产品不合格。

9 标志、包装、贮存和运输

9.1 标志

产品外包装应包括：

——生产厂名、地址；

——商标；

——产品标记；

——活性化学物质来源(原产地)；

——产品用水量或掺量；

——产品净质量；

——生产日期或批号；

——贮存期；

——贮存与运输注意事项；

——安全使用注意事项。

9.2 包装

9.2.1 产品可以袋装或桶装。袋装时须用防潮的包装袋。

9.2.2 产品出厂应附有产品质量检验报告和产品说明书。产品说明书中应对产品的适用范围、性能、使用与施工注意事项等作出说明。

9.3 贮存和运输

贮存与运输时，不同类型的产品应分别堆放，不应混杂。避免日晒雨淋，防止受潮。产品应规定贮存期，贮存期自生产之日起开始计算，并应在产品包装和说明书中明示用户。

附 录 A
(资料性附录)
基准砂浆和基准混凝土试件的配合比

A.1 原材料

基准砂浆和基准混凝土的原材料包括：

——水泥：符合 GB 175 的 P·O 42.5 水泥；

——砂浆用砂：符合 GB/T 17671 规定的 ISO 标准砂；

——混凝土用集料：集料颗粒尺寸分布服从图 A.1 的连续级配曲线。可以用不同级配的砂和细石复配；

——保水剂：黏度大于 20 000 mPa·s 的纤维素醚。

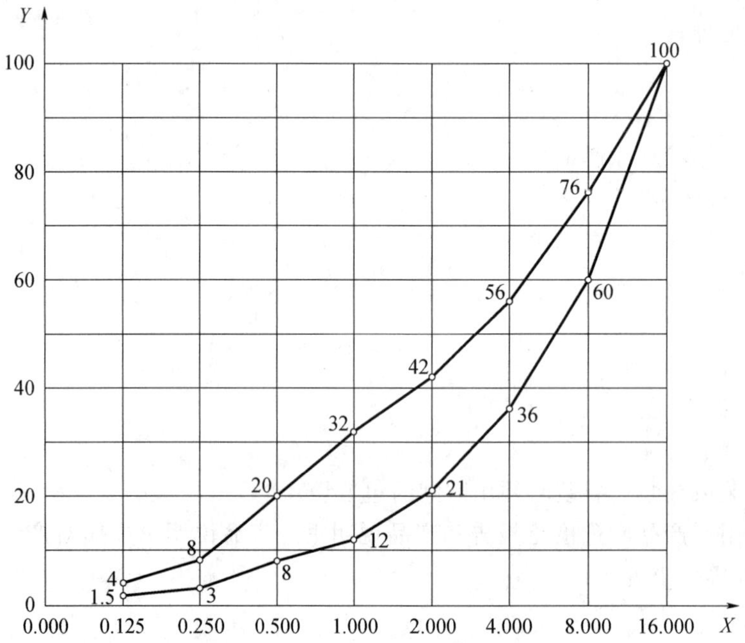

说明：

X——表观孔径尺寸；

Y——通过率的质量分数，%。

图 A.1 集料颗粒尺寸分布连续级配曲线

A.2 基准砂浆配合比

基准砂浆配合比如下：

——水泥：320 g～340 g；

——ISO 标准砂：1 350 g；

——水：260 g；

——纤维素醚：0.5 g。

注：水泥用量根据水泥品种和强度等级的不同自行调整。纤维素醚根据需要决定是否添加。

A.3 基准混凝土配合比

基准混凝土配合比如下：

——水泥：250 kg/m^3；

——标准级配的集料：1 750 kg/m^3；

——水：250 kg/m^3。

注：该配合比仅供参考，根据水泥以及原材料的不同，可自行调整，但水泥用量不得低于 250 kg/m^3。

ICS 83.180
Q 38

中华人民共和国国家标准

GB 18583—2008
代替 GB 18583—2001

室内装饰装修材料
胶粘剂中有害物质限量

Indoor decorating and refurbishing materials—
Limit of harmful substances of adhesives

2008-09-24 发布　　2009-09-01 实施

中华人民共和国国家质量监督检验检疫总局
中国国家标准化管理委员会　发布

前　言

本标准的第3章为强制性的，其余为推荐性的。

本标准代替GB 18583—2001《室内装饰装修材料　胶粘剂中有害物质限量》。

本标准与GB 18583—2001相比主要变化如下：

——增加胶粘剂分类中本体型胶粘剂(本版3.1)；

——增加和修订溶剂型胶粘剂有害物质种类和限量要求(本版3.2,2001版3.1)；

——修订水基型胶粘剂有害物质限量要求(本版3.3,2001版3.2)；

——增加本体型胶粘剂有害物质限量要求(本版3.4)；

——修订有害物质检验方法(本版附录A、附录B、附录C、附录D和附录F,2001版附录A、附录B、附录C、附录D和附录E)；

——增加有害物质检验方法(本版附录E)。

本标准的附录A、附录B、附录C、附录D、附录E、附录F为规范性附录。

本标准由中国石油和化学工业协会提出。

本标准由全国胶粘剂标准化技术委员会归口。

本标准负责起草单位：上海橡胶制品研究所、中化化工标准化研究所、中国胶粘剂工业协会、国家环保产品质量监督检验中心。

本标准参加起草单位：抚顺哥俩好化学有限公司、汉高粘合剂有限公司、深圳固强粘合剂有限公司、上海东和胶粘剂有限公司、江苏黑松林粘合剂厂、贵州水晶化工股份有限公司。

本标准起草人：金卫星、沈忆华、张欣慰、李宪权、龚辈凡、强恩源、许宁、关爱君。

本标准所代替标准的历次版本发布情况为：

——GB 18583—2001。

室内装饰装修材料
胶粘剂中有害物质限量

1 范围

本标准规定了室内建筑装饰装修用胶粘剂中有害物质限量及其试验方法。

本标准适用于室内建筑装饰装修用胶粘剂。

2 规范性引用文件

下列文件中的条款通过本标准的引用而成为本标准的条款。凡是注日期的引用文件，其随后所有的修改单(不包括勘误的内容)或修订版均不适用于本标准，然而，鼓励根据本标准达成协议的各方研究是否可使用这些文件的最新版本。凡是不注日期的引用文件，其最新版本适用于本标准。

GB/T 601 化学试剂 标准滴定溶液的制备

GB/T 606—2003 化学试剂 水分测定通用方法 卡尔·费休法(ISO 6353-1:1982,NEQ)

GB/T 2793—1995 胶粘剂不挥发物含量测定

GB/T 13354—1992 液态胶粘剂密度的测定方法 重量杯法

3 要求

3.1 室内建筑装饰装修用胶粘剂分类

室内建筑装饰装修用胶粘剂分为溶剂型、水基型、本体型三大类。

3.2 溶剂型胶粘剂中有害物质限量

溶剂型胶粘剂中有害物质限量值应符合表1的规定。

表1 溶剂型胶粘剂中有害物质限量值

<table>
<tr><th rowspan="2">项目</th><th colspan="4">指标</th></tr>
<tr><th>氯丁橡胶胶粘剂</th><th>SBS胶粘剂</th><th>聚氨酯类胶粘剂</th><th>其他胶粘剂</th></tr>
<tr><td>游离甲醛/(g/kg)</td><td colspan="2">≤0.50</td><td>—</td><td>—</td></tr>
<tr><td>苯/(g/kg)</td><td colspan="4">≤5.0</td></tr>
<tr><td>甲苯+二甲苯/(g/kg)</td><td>≤200</td><td>≤150</td><td>≤150</td><td>≤150</td></tr>
<tr><td>甲苯二异氰酸酯/(g/kg)</td><td colspan="2">—</td><td>≤10</td><td>—</td></tr>
<tr><td>二氯甲烷/(g/kg)</td><td rowspan="4">总量≤5.0</td><td>≤50</td><td rowspan="4">—</td><td rowspan="4">≤50</td></tr>
<tr><td>1,2-二氯乙烷/(g/kg)</td><td rowspan="3">总量≤5.0</td></tr>
<tr><td>1,1,2-三氯乙烷/(g/kg)</td></tr>
<tr><td>三氯乙烯/(g/kg)</td></tr>
<tr><td>总挥发性有机物/(g/L)</td><td>≤700</td><td>≤650</td><td>≤700</td><td>≤700</td></tr>
<tr><td colspan="5">注：如产品规定了稀释比例或产品有双组分或多组分组成时，应分别测定稀释剂和各组分中的含量，再按产品规定的配比计算混合后的总量。如稀释剂的使用量为某一范围时，应按照推荐的最大稀释量进行计算。</td></tr>
</table>

3.3 水基型胶粘剂中有害物质限量值

水基型胶粘剂中有害物质限量值应符合表2的规定。

表 2　水基型胶粘剂中有害物质限量值

项目	指标				
	缩甲醛类胶粘剂	聚乙酸乙烯酯胶粘剂	橡胶类胶粘剂	聚氨酯类胶粘剂	其他胶粘剂
游离甲醛/(g/kg)	≤1.0	≤1.0	≤1.0	—	≤1.0
苯/(g/kg)	≤0.20				
甲苯＋二甲苯/(g/kg)	≤10				
总挥发性有机物/(g/L)	≤350	≤110	≤250	≤100	≤350

3.4　本体型胶粘剂中有害物质限量值

本体型胶粘剂中有害物质限量值应符合表 3 的规定。

表 3　本体型胶粘剂中有害物质限量值

项目	指标
总挥发性有机物/(g/L)	≤100

4　试验方法

4.1　游离甲醛含量的测定按附录 A 进行。

4.2　苯含量的测定按附录 B 进行。

4.3　甲苯及二甲苯含量的测定按附录 C 进行。

4.4　游离甲苯二异氰酸酯含量的测定按附录 D 进行。

4.5　二氯甲烷、1,2-二氯乙烷、1,1,2-三氯乙烷和三氯乙烯含量的测定按本标准附录 E 进行。

4.6　总挥发性有机物含量的测定按附录 F 进行。

5　检验规则

5.1　型式检验

本标准所列的全部技术要求均为型式检验项目。在正常生产情况下，每年至少进行一次型式检验。生产配方、工艺及原材料有较大改变时或停产三个月后又恢复生产时应进行型式检验。

5.2　取样方法

在同一批产品中随机抽取三份样品，每份不小于 0.5 kg。

5.3　检验结果的判定

在抽取的三份样品中，取一份样品按本标准的规定进行测定。如果所有项目的检验结果符合本标准规定的要求，则判定为合格。如果有一项检验结果未达到本标准要求时，应对保存样品进行复验，如复验结果仍未达到本标准要求时，则判定为不合格。

6　包装标志

用于室内装饰装修的胶粘剂产品，必须在包装上标明本标准规定的有害物质的名称及其最高含量。

附 录 A
(规范性附录)
胶粘剂中游离甲醛含量的测定 乙酰丙酮分光光度法

A.1 范围

本方法适用于室内建筑装饰装修用胶粘剂中游离甲醛含量的测定。

本方法适用于游离甲醛含量大于0.05 g/kg的室内建筑装饰装修用胶粘剂。

A.2 原理

水基型胶粘剂用水溶解，而溶剂型胶粘剂先用乙酸乙酯溶解后，再加水溶解。将溶解于水中的游离甲醛随水蒸出。在pH=6的乙酸-乙酸铵缓冲溶液中，馏出液中甲醛与乙酰丙酮作用，在沸水浴条件下迅速生成稳定的黄色化合物，冷却后在415 nm处测其吸光度。根据标准曲线，计算试样中游离甲醛含量。

A.3 试剂

除非另有说明，在分析中仅使用确认为分析纯的试剂和蒸馏水或去离子水或相当纯度的水。

A.3.1 乙酸铵。

A.3.2 冰乙酸：ρ=1.055 g/mL。

A.3.3 乙酰丙酮：ρ=0.975 g/mL。

A.3.3.1 乙酰丙酮溶液：0.25%(体积分数)，称取25 g乙酸胺(A.3.1)，加少量水溶解，加3 mL冰乙酸(A.3.2)及0.25 mL乙酰丙酮(A.3.3)，混匀后再加水至100 mL，调整pH=6.0，此溶液于2 ℃～5 ℃贮存，可稳定一个月。

A.3.4 盐酸溶液：1+5(V+V)。

A.3.5 氢氧化钠溶液：30 g/100 mL。

A.3.6 碘。

A.3.6.1 碘标准溶液：$c(1/2I_2)$=0.1 mol/L，按GB/T 601进行配制。

A.3.7 硫代硫酸钠溶液：$c(Na_2S_2O_3)$=0.1 mol/L，按GB/T 601进行配制。

A.3.8 淀粉溶液：1 g/100 mL，称1 g淀粉，用少量水调成糊状，倒入100 mL沸水中，呈透明溶液，临用时配制。

A.3.9 甲醛：质量分数为36%～38%。

A.3.9.1 甲醛标准贮备液：取10 mL甲醛溶液(A.3.9)置于500 mL容量瓶中，用水稀释至刻度。

A.3.9.2 甲醛标准贮备液的标定：吸取5.0 mL甲醛标准贮备液(A.3.9.1)置于250 mL碘量瓶中，加碘标准溶液(A.3.6.1)30.0 mL，立即逐滴地加入氢氧化钠溶液(A.3.5)至颜色退到淡黄色为止(大约0.7 mL)。静置10 min，加入盐酸溶液(A.3.4)15 mL，在暗处静置10 min，加入100 mL新煮沸但已冷却的水，用标定好的硫代硫酸钠溶液(A.3.7)滴定至淡黄色，加入新配制的淀粉指示剂(A.3.8)1 mL，继续滴定至蓝色刚刚消失为终点。同时进行空白试验。按式(A.1)计算甲醛标准贮备液质量浓度$\rho_{甲醛}$。

$$\rho_{甲醛}=\frac{(V_1-V_2)\times c\times 15.0}{5.0} \qquad \text{(A.1)}$$

式中：

$\rho_{甲醛}$——甲醛标准贮备液质量浓度，单位为毫克每毫升(mg/mL)；

V_1——空白消耗硫代硫酸钠溶液的体积，单位为毫升(mL)；

V_2——标定甲醛消耗硫代硫酸钠溶液的体积，单位为毫升(mL)；

c——硫代硫酸钠溶液的浓度，单位为摩尔每升(mol/L)；

15.0——甲醛(1/2HCHO)摩尔质量；

5.0——甲醛标准贮备液取样体积，单位为毫升(mL)。

A.3.9.3 甲醛标准溶液：用水将甲醛标准贮备液(A.3.9.1)稀释成10.0 μg/mL甲醛标准溶液。在2 ℃～5 ℃贮存，可稳定一周。

注：可直接选用甲醛溶液标准样品(GSB 07-1179—2000)。

A.3.10 乙酸乙酯。

A.4 仪器

A.4.1 单口蒸馏烧瓶：500 mL。

A.4.2 直形冷凝管。

A.4.3 容量瓶：250 mL、200 mL、25 mL。

A.4.4 水浴锅。

A.4.5 分光光度计。

A.5 分析步骤

A.5.1 标准曲线的绘制

按表A.1所列甲醛标准贮备液的体积，分别加入六只25 mL容量瓶(A.4.3)，加乙酰丙酮溶液(A.3.3.1)5 mL，用水稀释至刻度，混匀，置于沸水浴中加热3 min，取出冷却至室温，用1 cm的吸收池，以空白溶液为参比，于波长415 nm处测定吸光度，以吸光度A为纵坐标，以甲醛质量浓度ρ(μg/mL)为横坐标，绘制标准曲线，或用最小二乘法计算其回归方程。

表A.1 标准溶液的体积与对应的甲醛质量浓度

甲醛标准溶液(A.3.9.3)/mL	对应的甲醛质量浓度/(μg/mL)
10.00	4.0
7.50	3.0
5.00	2.0
2.50	1.0
1.25	0.5
0[1]	0[1]

1) 空白溶液。

A.5.2 样品测定

A.5.2.1 水基型胶粘剂

称取2.0 g～3.0 g试样(精确到0.1 mg)，置于500 mL的蒸馏烧瓶中，加250 mL水将其溶解，摇匀。装好蒸馏装置，加热蒸馏，蒸至馏出液为200 mL，停止蒸馏。如蒸馏过程中发生沸溢现象，应减少称样量，重新试验。将馏出液转移至250 mL的容量瓶中，用水稀释至刻度。取10 mL馏出液于25 mL容量瓶中，加5 mL的乙酰丙酮溶液(A.3.3.1)，用水稀释至刻度，摇匀。将其置于沸水浴中加热3 min，取出冷却至室温。然后测其吸光度。

A.5.2.2 溶剂型胶粘剂

称取5.0 g试样(精确到0.1 mg)，置于500 mL的蒸馏烧瓶中，加入20 mL乙酸乙酯(A.3.10)溶解样品，然后再加250 mL水将其溶解，摇匀。

装好蒸馏装置，加热蒸馏，蒸至馏出液为200 mL，停止蒸馏。将馏出液转移至250 mL的容量瓶中，用水稀释至刻度。取10 mL馏出滴于25 mL容量瓶中，加5 mL的乙酰丙酮溶液(A.3.3.1)，用水稀释至刻度，摇匀。将其置于沸水浴中加热3 min，取出冷却至室温。然后测其吸光度。

A.6 结果表述

直接从标准曲线上读出试样溶液甲醛的质量浓度。

试样中游离甲醛含量 w，计算公式(A.2)如下：

$$w=\frac{(\rho_t-\rho_b)\cdot V\cdot f}{1\,000m} \quad \cdots\cdots\cdots\cdots (A.2)$$

式中：

w——试样中游离甲醛含量，单位为克每千克(g/kg)；

ρ_t——从标准曲线上读取的试样溶液中甲醛质量浓度，单位为微克每毫升(μg/mL)；

ρ_b——从标准曲线上读取的空白溶液中甲醛质量浓度，单位为微克每毫升(μg/mL)；

V——馏出液定容后的体积，单位为毫升(mL)；

m——试样的质量，单位为克(g)；

f——试样溶液的稀释因子。

附 录 B
（规范性附录）
胶粘剂中苯含量的测定 气相色谱法

B.1 范围

本方法规定了室内建筑装饰装修用胶粘剂中苯含量的测定方法。

本方法适用于苯含量在0.02 g/kg以上的室内建筑装饰装修用胶粘剂。

B.2 原理

试样用适当的溶剂稀释后，直接用微量注射器将稀释后的试样溶液注入进样装置，并被载气带入色谱柱，在色谱柱内被分离成相应的组分，用氢火焰离子化检测器检测并记录色谱图，用外标法计算试样溶液中苯的含量。

B.3 试剂

B.3.1 苯：色谱纯。

B.3.2 乙酸乙酯：分析纯。

B.4 仪器

B.4.1 进样器：微量注射器。

B.4.2 色谱仪：带氢火焰离子化检测器。

B.4.3 色谱柱：毛细管柱：固定液为二甲基聚硅氧烷。

注：当有其他组分与被测组分的峰难以分开时，此时需换用不同极性柱子在合适条件下进行试验。

B.4.4 记录装置：积分仪或色谱工作站。

B.4.5 测定条件

注：可选用其他达到分离效果的测定条件。

B.4.5.1 汽化室温度：200 ℃。

B.4.5.2 检测室温度：250 ℃。

B.4.5.3 氮气：纯度大于99.99%。

B.4.5.4 氢气：纯度大于99.99%。

B.4.5.5 空气：硅胶除水。

B.4.5.6 程序升温：初始温度35 ℃，保持时间25 min，升温速率8 ℃/min，终止温度150 ℃，保持时间10 min。

B.5 分析步骤

称取0.2 g～0.3 g（精确至0.1 mg）的试样，置于50 mL的容量瓶中，用乙酸乙酯溶解并稀释至刻度，摇匀。用微量注射器取1 μL进样，测其峰面积。若试样溶液的峰面积大于表B.1中最大浓度的峰面积，用移液管准确移取V体积的试样溶液于50 mL容量瓶中，用乙酸乙酯稀释至刻度，摇匀后再测。

B.6 标准溶液的配制

B.6.1 苯标准溶液：1.0 mg/mL。

称取0.1 g（精确到0.1 mg）苯，置于100 mL的容量瓶中，用乙酸乙酯稀释至刻度，摇匀。

B.6.2 系列苯标准溶液的配置

按表B.1中所列苯标准溶液（B.6.1）的体积，分别加到六个25 mL的容量瓶中，用乙酸乙酯稀释至刻度，摇匀。

表 B.1 系列标准溶液的体积与相应苯的质量浓度

移取的体积/mL	相应苯的质量浓度/(μg/mL)
15.00	600
10.00	400
5.00	200
2.50	100
1.00	40
0.50	20

B.6.3 系列标准溶液峰面积的测定

开启气相色谱仪，对色谱条件进行设定，待基线稳定后，用微量注射器取 1 μL 标准溶液进样，测定峰面积，每一标准溶液进样五次，取其平均值。

B.6.4 标准曲线的绘制

以峰面积 A 为纵坐标，相应质量浓度 ρ(μg/mL)为横坐标，即得标准曲线。

B.7 结果表述

直接从标准曲线上读取试样溶液中苯的浓度。

试样中苯含量 w，计算公式(B.1)如下：

$$w=\frac{\rho_t \cdot V \cdot f}{1\,000m} \qquad \text{(B.1)}$$

式中：

w——试样中苯含量，单位为克每千克(g/kg)；

ρ_t——从标准曲线上读取的试样溶液中苯的质量浓度，单位为微克每毫升(μg/mL)；

V——试样溶液的体积，单位为毫升(mL)；

m——试样的质量，单位为克(g)；

f——稀释因子。

附　录　C
（规范性附录）
胶粘剂中甲苯、二甲苯含量的测定　气相色谱法

C.1　范围

本方法规定了室内建筑装饰装修用胶粘剂中甲苯、二甲苯含量的测定方法。

本方法适用于甲苯含量在 0.02 g/kg 以上的室内建筑装饰装修用胶粘剂。

本方法适用于二甲苯含量在 0.02 g/kg 以上的室内建筑装饰装修用胶粘剂。

C.2　原理

试样用适当的溶剂稀释后，直接用微量注射器将稀释后的试样溶液注入进样装置，并被载气带入色谱柱，在色谱柱内被分离成相应的组分，用氢火焰离子化检测器检测并记录色谱图，用外标法计算试样溶液中的甲苯和二甲苯的含量。

C.3　试剂

C.3.1　甲苯：色谱纯。

C.3.2　间二甲苯和对二甲苯：色谱纯。

C.3.3　邻二甲苯：色谱纯。

C.3.4　乙酸乙酯：分析纯。

C.4　仪器

C.4.1　进样装置：微量注射器。

C.4.2　色谱仪：带氢火焰离子化检测器。

C.4.3　色谱柱：毛细管柱，固定液为二甲基聚硅氧烷。

注：当有其他组分与被测组分的峰难以分开时，此时需换用不同极性柱子在合适条件下进行试验。

C.4.4　记录装置：积分仪或色谱工作站。

C.4.5　测定条件

注：可选用其他达到分离效果的测定条件。

C.4.5.1　汽化室温度：200 ℃。

C.4.5.2　检测室温度：250 ℃。

C.4.5.3　氮气：纯度大于 99.99%。

C.4.5.4　氢气：纯度大于 99.99%。

C.4.5.5　空气：硅胶除水。

C.4.5.6　程序升温：初始温度 35 ℃，保持时间 25 min，升温速率 8 ℃/min，终止温度 150 ℃，保持时间 10 min。

C.5　分析步骤

称取 0.2 g～0.3 g（精确至 0.1 mg）的试样，置于 50 mL 的容量瓶中，用乙酸乙酯溶解并稀释至刻度，摇匀。用微量注射器取 1 μL 进样，测其峰面积。若试样溶液的峰面积大于表中最大浓度的峰面积，用移液管准确移取 V 体积的试样溶液于 50 mL 容量瓶中，用乙酸乙酯稀释至刻度，摇匀后再测。

C.6　标准溶液的配制

C.6.1　甲苯、间二甲苯和对二甲苯、邻二甲苯标准溶液：1.0 mg/mL、1.0 mg/mL、1.0 mg/mL

分别称取 0.100 0 g 甲苯、0.100 0 g 间二甲苯和对二甲苯、0.1 g（精确到 0.1 mg）邻二甲苯，置于 100 mL 的容量瓶中，用乙酸乙酯稀释至刻度，摇匀。

C.6.2　系列标准溶液的配置

按表 C.1 中所列标准溶液（C.6.1）体积，分别加入六个 25 mL 的容量瓶中，用乙酸乙酯稀释至刻

度，摇匀。

表 C.1　标准溶液(C.6.1)的体积与对应的质量浓度

移取的体积/mL	对应甲苯的质量浓度/(μg/mL)	对应间二甲苯和对二甲苯的质量浓度/(μg/mL)	对应邻二甲苯的质量浓度/(μg/mL)
15.00	600	600	600
10.00	400	400	400
5.00	200	200	200
2.50	100	100	100
1.00	40	40	40
0.50	20	20	20

C.6.3　系列标准溶液峰面积的测定

开启气相色谱仪，对色谱条件进行设定，待基线稳定后，用微量注射器取 1 μL 标准溶液进样，测定峰面积，每一标准溶液进样五次，取其平均值。

C.6.4　标准曲线的绘制

以峰面积 A 为纵坐标，相应质量浓度 ρ(μg/mL)为横坐标，即得标准曲线。

C.7　结果表述

直接从标准曲线上读取试样溶液中甲苯或二甲苯的质量浓度。

试样中甲苯或二甲苯含量 w，计算公式(C.1)如下：

$$w=\frac{\rho_t \cdot V \cdot f}{1000m} \quad \cdots\cdots\cdots\cdots (C.1)$$

式中：

w——试样中甲苯或二甲苯含量，单位为克每千克(g/kg)；

ρ_t——从标准曲线上读取的试样溶液中甲苯或二甲苯质量浓度，单位为微克每毫升(μg/mL)；

V——试样溶液的体积，单位为毫升(mL)；

m——试样的质量，单位为克(g)；

f——稀释因子。

附　录　D
（规范性附录）
聚氨酯胶粘剂中游离甲苯二异氰酸酯含量的测定　气相色谱法

D.1　范围

本方法适用于室内建筑装饰装修用聚氨酯胶粘剂中游离甲苯二异氰酸酯含量的测定。

本方法能测定游离甲苯二异氰酸酯含量在 0.1 g/kg 以上的室内建筑装饰装修用聚氨酯胶粘剂。

D.2　原理

试样用适当的溶剂稀释后，加入正十四烷作内标物。将稀释后的试样溶液注入进样装置，并被载气带入色谱柱，在色谱柱内被分离成相应的组分，用氢火焰离子化检测器检测并记录色谱图，用内标法计算试样溶液中甲苯二异氰酸酯的含量。

D.3　试剂

D.3.1　乙酸乙酯：加入 100 g 5A 分子筛(D.3.4)，放置 24 h 后过滤。

D.3.2　甲苯二异氰酸酯。

D.3.3　正十四烷：色谱纯。

D.3.4　5A 分子筛：在 500 ℃的高温炉中加热 2 h，置于干燥器中冷却备用。

D.4　仪器

D.4.1　进样装置：微量注射器。

D.4.2　色谱仪：带氢火焰离子化检测器。

D.4.3　色谱柱：固定液为二甲基聚硅氧烷。

D.4.4　记录装置：积分仪或色谱工作站。

D.4.5　测定条件

注：可选用其他达到分离效果的测定条件。

D.4.5.1　汽化室温度：200 ℃。

D.4.5.2　检测室温度：250 ℃。

D.4.5.3　柱箱温度：160 ℃。

D.4.5.4　氮气：纯度大于 99.99%。

D.4.5.5　氢气：纯度大于 99.99%。

D.4.5.6　空气：硅胶除水。

D.5　分析步骤

D.5.1　内标溶液的制备

称取 0.2 g(精确到 0.1 mg)正十四烷于 25 mL 的容量瓶中，用除水的乙酸乙酯稀释至刻度，摇匀。

D.5.2　相对质量校正因子的测定

称取 0.2 g～0.3 g(精确到 0.1 mg)甲苯二异氰酸酯于 50 mL 的容量瓶中，加入 5 mL 内标物，用适量的乙酸乙酯稀释，取 1 μL 进样，测定甲苯二异氰酸酯和正十四烷的色谱峰面积。根据公式计算相对质量校正因子，相对质量校正因子 f' 的计算公式(D.1)如下：

$$f' = \frac{m_i}{m_s} \cdot \frac{A_s}{A_i} \quad \cdots\cdots\cdots\cdots (D.1)$$

式中：

m_i——甲苯二异氰酸酯的质量，单位为克(g)；

m_s——所加内标物质量，单位为克(g)；

A_i——甲苯二异氰酸酯的峰面积；

A_s——所加内标物的峰面积。

D.5.3 试样溶液的制备及测定

称取2.0 g~3.0 g(精确到0.1 mg)样品于50 mL容量瓶中,加入5 mL内标物,用适量的乙酸乙酯稀释,取1 μL进样,测定试样溶液中甲苯二异氰酸酯和正十四烷的色谱峰面积。

D.6 结果表述

试样中游离甲苯二异氰酸酯含量 w,计算公式(D.2)如下:

$$w = f' \frac{A_i}{A_s} \cdot \frac{m_s}{m_i} \times 1\,000 \quad \cdots\cdots\cdots\cdots\cdots\cdots (D.2)$$

式中:

w——试样中游离甲苯二异氰酸酯含量,单位为克每千克(g/kg);

f'——相对质量校正因子;

m_i——待测试样的质量,单位为克(g);

m_s——所加内标物质量,单位为克(g);

A_i——待测试样的峰面积;

A_s——所加内标物的峰面积。

附　录　E

(规范性附录)

胶粘剂中卤代烃含量测定　气相色谱法

E.1　范围

本方法规定了室内建筑装饰装修用胶粘剂中有害物质二氯甲烷、1,2-二氯乙烷、1,1,2-三氯乙烷、三氯乙烯含量测定方法。

本方法适用于二氯甲烷、1,2-二氯乙烷、1,1,2-三氯乙烷、三氯乙烯含量在0.1 g/kg以上的室内建筑装饰装修用胶粘剂的测定。

E.2　原理

试样用适当的溶剂稀释后，直接用微量注射器将稀释后的试样溶液注入进样装置，并被载气带入色谱柱，在色谱柱内被分离成相应的组分，用氢火焰离子化检测器检测并记录色谱图，用外标法计算试样溶液中待测组分的含量。

E.3　试剂

E.3.1　二氯甲烷、1,2-二氯乙烷、1,1,2-三氯乙烷、三氯乙烯均为色谱纯。

E.3.2　乙酸乙酯：分析纯。

E.4　仪器

E.4.1　进样器：微量注射器。

E.4.2　色谱仪：带氢火焰离子化检测器。

E.4.3　色谱柱：毛细管柱，固定液为二甲基聚硅氧烷。

注：当有其他组分与被测组分的峰难以分开时，此时需换用不同极性柱子在合适条件下进行试验。

E.4.4　记录装置：积分仪或色谱工作站。

E.4.5　测定条件

注：可选用其他达到分离效果的测定条件。

E.4.5.1　汽化室温度：200 ℃。

E.4.5.2　检测室温度：250 ℃。

E.4.5.3　氮气：纯度大于99.99%。

E.4.5.4　氢气：纯度大于99.99%。

E.4.5.5　空气：硅胶除水。

E.4.5.6　分流：分流比为20∶1。

E.4.5.7　尾吹：30 mL/min。

E.4.5.8　二氯甲烷恒温：80 ℃。

E.4.5.9　1,2-二氯乙烷、1,1,2-三氯乙烷、三氯乙烯程序升温：

初始温度35 ℃，保持时间25 min，升温速率8 ℃/min，终止温度150 ℃，保持时间10 min。

E.5　分析步骤

称取0.2 g～0.3 g(精确至0.1 mg)的试样，置于50 mL的容量瓶中，用乙酸乙酯溶解并稀释至刻度，摇匀。用微量注射器取1 μL进样，测其峰面积。若试样溶液的峰面积大于表E.1中最大浓度的峰面积，用移液管准确移取V体积的试样溶液于50 mL容量瓶中，用乙酸乙酯稀释至刻度，摇匀后再测。

E.6　标准溶液的配制

E.6.1　标准溶液：10 mg/mL

分别称取约1 g准确至0.000 1 g的二氯甲烷、1,2-二氯乙烷、1,1,2-三氯乙烷和三氯乙烯，分别置于100 mL的容量瓶中，用乙酸乙酯稀释至刻度，摇匀。

E.6.2　标准溶液:500 μg/mL

分别取适当体积的二氯甲烷、1,2-二氯乙烷、1,1,2-三氯乙烷和三氯乙烯溶液(E.6.1),置于一个100 mL的容量瓶中,用乙酸乙酯稀释至刻度,摇匀即得二氯甲烷、1,2-二氯乙烷、1,1,2-三氯乙烷和三氯乙烯浓度为500 μg/mL的标准溶液。

E.6.3　系列标准溶液的配置

按表E.1中所列标准溶液(E.6.2)的体积,分别置于六个25 mL的容量瓶中,用乙酸乙酯稀释至刻度,摇匀。

表E.1　系列标准溶液的体积与相应的质量浓度

移取的体积/mL	二氯甲烷的质量浓度/(μg/mL)	1,2-二氯乙烷的质量浓度/(μg/mL)	1,1,2-三氯乙烷的质量浓度/(μg/mL)	三氯乙烯的质量浓度/(μg/mL)
25.00	500.0	500.0	500.0	500.0
10.00	200.0	200.0	200.0	200.0
5.00	100.0	100.0	100.0	100.0
2.50	50.0	50.0	50.0	50.0
1.00	20.0	20.0	20.0	20.0
0.50	10.0	10.0	10.0	10.0

E.6.4　系列标准溶液峰面积的测定

开启气相色谱仪,对色谱条件进行设定,待基线稳定后,用微量注射器取1 μL标准溶液进样,测定峰面积,每一标准溶液进样五次,取其平均值。

E.6.5　标准曲线的绘制

以峰面积A为纵坐标,相应标准溶液质量浓度ρ(μg/mL)为横坐标,即得标准曲线。

E.7　结果表述

直接从标准曲线上读取或根据回归方程计算出试样溶液中待测组分的质量浓度。

试样中待测组分含量w,计算公式(E.1)如下:

$$w=\frac{\rho_t \cdot V \cdot f}{1\,000m} \quad \cdots\cdots\cdots\cdots (E.1)$$

式中:

w——试样中待测组分含量,单位为克每千克(g/kg);

ρ_t——试样溶液中待测组分的质量浓度,单位为微克每毫升(μg/mL);

V——试样溶液的体积,单位为毫升(mL);

m——试样的质量,单位为克(g);

f——试样溶液的稀释倍数。

附 录 F
(规范性附录)
胶粘剂中总挥发性有机物含量的测定方法

F.1 范围

本方法适用于室内建筑装饰装修用胶粘剂中总挥发性有机物含量的测定。

F.2 原理

将适量的胶粘剂置于恒定温度的鼓风干燥箱中,在规定的时间内,测定胶粘剂总挥发物含量。用卡尔·费休法或气相色谱法测定其中水分的含量。胶粘剂总挥发物含量扣除其中水分的量,计算得胶粘剂中总挥发性有机物的含量。

F.3 试剂

除非另有说明,在分析中仅使用确认为分析纯的试剂和蒸馏水或去离子水或相当纯度的水。

F.3.1 卡尔·费休试剂。

F.4 仪器

F.4.1 鼓风干燥箱:温度能控制在 105 ℃±1 ℃。

F.4.2 卡尔·费休滴定仪。

F.4.3 气相色谱仪:配有热导检测器。

F.5 分析步骤

F.5.1 总挥发分含量的测定

按 GB/T 2793—1995 规定的方法进行测定。

F.5.2 胶粘剂中水分含量的测定

F.5.2.1 卡尔·费休法

按 GB/T 606—2003 规定的方法进行测定。

F.5.2.2 气相色谱法

F.5.2.2.1 试剂

F.5.2.2.1.1 蒸馏水。

F.5.2.2.1.2 无水 N,N-二甲基甲酰胺(DMF),分析纯。

F.5.2.2.1.3 无水异丙醇,分析纯。

F.5.2.2.2 仪器

F.5.2.2.2.1 气相色谱仪:配有热导检测器。

F.5.2.2.2.2 色谱柱:柱长 1 m,外径 3.2 mm,填装 177 μm~250 μm 的高分子多孔微球的不锈钢柱。(对于程序升温,柱温的初始温度 80 ℃,保持时间 5 min,升温速率 30 ℃/min,终止温度 170 ℃,保持时间 5 min;对于恒温,柱温为 140 ℃,在异丙醇完全出完后,把柱温调到 170 ℃,待 DMF 峰出完。若继续测试,再把柱温降到 140 ℃)。

F.5.2.2.2.3 记录仪。

F.5.2.2.2.4 微量注射器。

F.5.2.2.2.5 具塞玻璃瓶:10 mL。

F.5.2.2.3 试验步骤

F.5.2.2.3.1 测定水的响应因子 R

在同一具塞玻璃瓶中称 0.2 g 左右的蒸馏水和 0.2 g 左右的异丙醇(精确至 0.1 mg),加入 2 mL 的

N,N-二甲基甲酰胺,混匀。用微量注射器进 1 μL 的标准混样,记录其色谱图。

按式(F.1)计算水的响应因子 R:

$$R=\frac{m_iA_{H_2O}}{m_{H_2O}A_i} \quad \cdots\cdots (F.1)$$

式中:

R——水的响应因子;

m_i——异丙醇质量,单位为克(g);

m_{H_2O}——水的质量,单位为克(g);

A_{H_2O}——水峰面积;

A_i——异丙醇峰面积。

若异丙醇和二甲基甲酰胺不是无水试剂,则以同样量的异丙醇和二甲基甲酰胺(混合液),但不加水作为空白,记录空白的水峰面积。

按式(F.2)计算水的响应因子:

$$R=\frac{m_i(A_{H_2O}-B)}{m_{H_2O}A_i} \quad \cdots\cdots (F.2)$$

式中:

R——水的响应因子;

m_i——异丙醇质量,单位为克(g);

m_{H_2O}——水的质量,单位为克(g);

A_{H_2O}——水峰面积;

A_i——异丙醇峰面积;

B——空白中水的峰面积。

F.5.2.2.3.2 样品分析

称取搅拌均匀后的试样 0.6 g 和 0.2 g 的异丙醇(精确至 0.1 mg),加入到具塞玻璃瓶中,再加入 2 mL N,N-二甲基甲酰胺,盖上瓶塞,同时准备一个不加试样的异丙醇和 N,N-二甲基甲酰胺作为空白样。用力摇动装有试样的小瓶 15 min,放置 5 min 使其沉淀,也可使用低速离心机使其沉淀。吸取 1 μL 试样瓶中的上清液,注入色谱仪中,并记录其色谱图。

按式(F.3)计算试样中水的质量分数 $w_{水}$:

$$w_{水}=\frac{100\times(A_{H_2O}-B)m_i}{A_im_pR} \quad \cdots\cdots (F.3)$$

式中:

A_{H_2O}——水峰面积;

B——空白中水峰面积;

A_i——异丙醇峰面积;

m_i——异丙醇质量,单位为克(g);

m_p——试样质量,单位为克(g);

R——响应因子。

F.5.3 胶粘剂密度的测定

按 GB/T 13354—1992 规定的方法进行测定。

F.6 结果的表述

试样中总有机挥发物含量 w,计算公式(F.4)如下:

$$w = [(w_{总} - w_{水})/(1 - w_{水})] \times \rho \times 1\,000 \qquad \text{(F.4)}$$

式中：

w——试样中总有机挥发物含量，单位为克/升(g/L)；

$w_{总}$——总挥发分含量质量分数；

$w_{水}$——水分含量质量分数；

ρ——试样的密度，单位为克每毫升(g/mL)。

GB/T 50123—1999　土工试验方法标准(部分)

3.1.4　原状土试样制备,应按下列步骤进行:

1　将土样筒按标明的上下方向放置,剥去蜡封和胶带,开启土样筒取出土样。检查土样结构,当确定土样已受扰动或取土质量不符合规定时,不应制备力学性质试验的试样。

2　根据试验要求用环刀切取试样时,应在环刀内壁涂一薄层凡士林,刃口向下放在土样上,将环刀垂直下压,并用切土刀沿环刀外侧切削土样,边压边削至土样高出环刀,根据试样的软硬采用钢丝锯或切土刀整平环刀两端土样,擦净环刀外壁,称环刀和土的总质量。

3　从余土中取代表性试样测定含水率。比重、颗粒分析、界限含水率等项试验的取样应按本标准第3.1.5条2款步骤的规定进行。

4　切削试样时,应对土样的层次、气味、颜色、夹杂物、裂缝和均匀性进行描述,对低塑性和高灵敏度的软土,制样时不得扰动。

3.1.6　扰动土试样的制样,应按下列步骤进行:

1　试样的数量视试验项目而定,应有备用试样1～2个。

2　将碾散的风干土样通过孔径2mm或5mm的筛,取筛下足够试验用的土样,充分拌匀,测定风干含水率,装入保湿缸或塑料袋内备用。

3　根据试验所需的土量与含水率,制备试样所需的加水量应按下式计算:

$$m_w=\frac{m_0}{1+0.01w_0}\times 0.01(w_1-w_0) \qquad \cdots\cdots\cdots\cdots\cdots (3.1.6\text{-}1)$$

式中　m_w——制备试样所需要的加水量(g);

m_0——湿土(或风干土)质量(g);

w_0——湿土(或风干土)含水率(%);

w_1——制样要求的含水率(%)。

4　称取过筛的风干土样平铺于搪瓷盘内,将水均匀喷洒于土样上,充分拌匀后装入盛土容器内盖紧,润湿一昼夜,砂土的润湿时间可酌减。

5　测定润湿土样不同位置处的含水率,不应少于两点,含水率差值应符合本标准第3.1.2条的规定。

6　根据环刀容积及所需的干密度,制样所需的湿土量应按下式计算:

$$m_0=(1+0.01w_0)\rho_d V \qquad \cdots\cdots\cdots\cdots\cdots (3.1.6\text{-}2)$$

式中　ρ_d——试样的干密度(g/cm^3);

V——试样体积环刀容积(cm^3)。

7　扰动土制样可采用击样法和压样法。

1)击样法:将根据环刀容积和要求干密度所需质量的湿土倒入装有环刀的击样器内,击实到所需密度。

2)压样法:将根据环刀容积和要求干密度所需质量的湿土倒入装有环刀的压样器内,以静压力通过活塞将土样压紧到所需密度。

8　取出带有试样的环刀,称环刀和试样总质量,对不需要饱和,且不立即进行试验的试样,应存放在保湿器内备用。

3.2.4　抽气饱和法,应按下列步骤进行:

1　选用叠式或框式饱和器(图3.2.4-1)和真空饱和装置(图3.2.4-1)。在叠式饱和器下夹板的正中,依次放置透水板、滤纸、带试样的环刀、滤纸、透水板,如此顺序重复,由下向上重叠到拉杆高度,将饱和器上夹板盖好后，拧紧拉杆上端的螺母，将各个环刀在上、下夹板间夹紧。

2　将装有试样的饱和器放入真空缸内，真空缸和盖之间涂一薄层凡士林，盖紧。将真空缸与抽气机接通，启动抽气机，当真空压力表读数接近当地一个大气压力值时(抽气时间不少于1h)，微开管夹，使清水徐徐注入真空缸，在注水过程中，真空压力表读数宜保持不变。

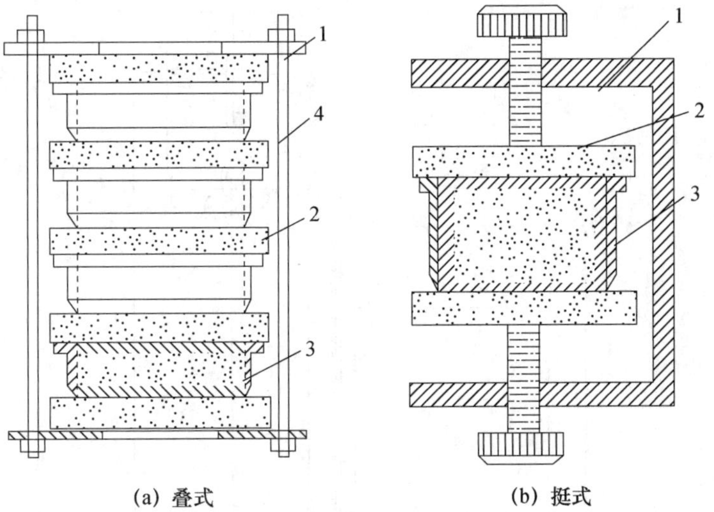

图 3.2.4-1　饱和器

1—夹板；2—透水板；3—环刀；4—拉杆

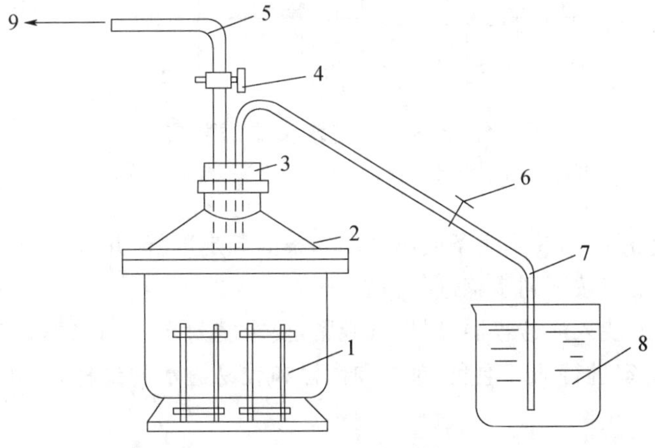

图 3.2.4-2　真空饱和装置

1—饱和器；2—真空缸；3—橡皮塞；4—二通阀；5—排气管；6—管夹；
7—引水管；8—盛水器；9—接抽气机

3　待水淹没饱和器后停止抽气。开管夹使空气进入真空缸，静止一段时间，细粒土宜为10h，使试样充分饱和。

4　打开真空缸，从饱和器内取出带环刀的试样，称环刀和试样总质量，并按本标准式(3.2.3)计算饱和度。当饱和度低于95%时，应继续抽气饱和。

13.3　变水头渗透试验

13.3.1　本试验所用的主要仪器设备，应符合下列规定：

1　渗透容器：由环刀、透水石、套环、上盖和下盖组成。环刀内径61.8cm，高40mm；透水石的渗透系数应大于10^{-3}cm/s。

2 变水头装置：由渗透容器、变水头管、供水瓶、进水管等组成（图 13.3.1）。变水头管的内径应均匀，管径不大于 1cm，管外壁应有最小分度为 1.0mm 的刻度，长度宜为 2m 左右。

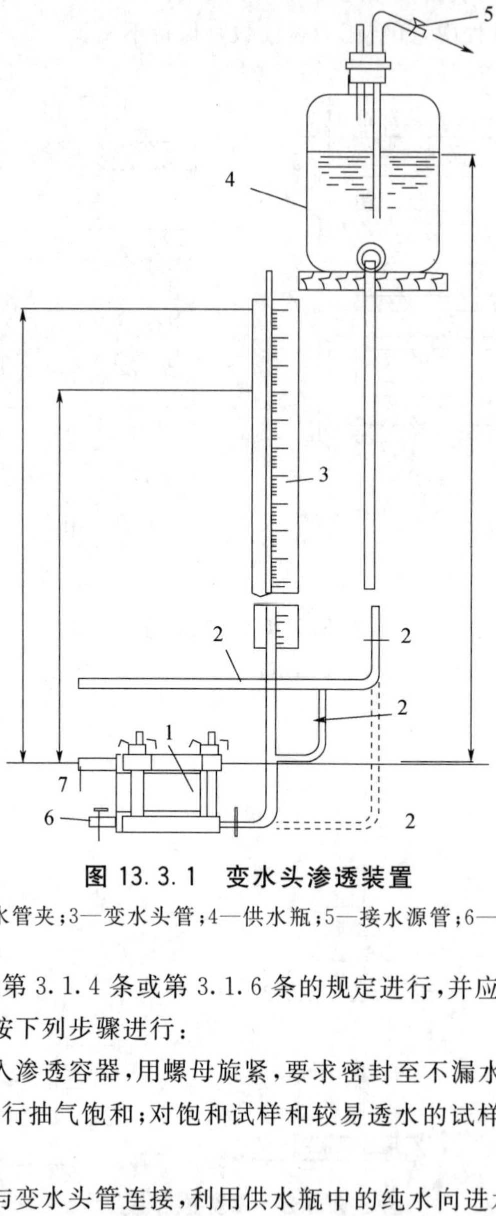

图 13.3.1 变水头渗透装置

1—渗透容器；2—进水管夹；3—变水头管；4—供水瓶；5—接水源管；6—排气水管；7—出水管

13.3.2 试样制备应按本标准第 3.1.4 条或第 3.1.6 条的规定进行，并应测定试样的含水率和密度。

13.3.3 变水头渗透试验，应按下列步骤进行：

1 将装有试样的环刀装入渗透容器，用螺母旋紧，要求密封至不漏水不漏气。对不易透水的试样。按本标准第 3.2.4 条的规定进行抽气饱和；对饱和试样和较易透水的试样，直接用变水头装置的水头进行试样饱和。

2 将渗透容器的进水口与变水头管连接，利用供水瓶中的纯水向进水管注满水，并渗入渗透容器，开排气阀，排除渗透容器底部的空气，直至溢出水中无气泡，关排水阀，放平渗透容器，关进水管夹。

3 向变水头管注纯水。使水升至预定高度，水头高度根据试样结构的疏松程度确定，一般不应大于 2m，待水位稳定后切断水源，开进水管夹，使水通过试样，当出水口有水溢出时开始测记变水头管中起始水头高度和起始时间，按预定时间间隔测记水头和时间的变化，并测记出水口的水温。

4 将变水头管中的水位变换高度，待水位稳定再进行测记水头和时间变化，重复试验 5～6 次。当不同开始水头下测定的渗透系数在允许差值范围内时，结束试验。

13.3.4 变水头渗透系数应按下式计算：

$$k_{\mathrm{T}}=2.3\frac{aL}{A(t_2-t_1)}\log\frac{H_1}{H_2} \quad\cdots\cdots\cdots\cdots\cdots\cdots\cdots\cdots (13.3.4)$$

式中 a——变水头管的断面积（cm^2）；

2.3——ln 和 log 的变换因数；

L——渗径，即试样高度(cm)；

t_1, t_2——分别为测读水头的起始和终止时间(s)；

H_1, H_2——起始和终止水头。

13.3.5 标准温度下的渗透系数应按式(13.1.3)计算。

13.3.6 变水头渗透试验的记录格式见附录 D 表 D-22。

表 D-22 变水头渗透试验记录

工程名称________ 试样面积(A)________ 试验者________

试样编号________ 试样高度(L)________ 计算者________

仪器编号________ 测压管断面积(a)________ 校核者________

试验日期________ 孔隙比(e)________

开始时间 t_1(s)	终了时间 t_2(s)	经过时间 t(s)	开始水头 H_1 (cm)	终了水头 H_2 (cm)	$2.3\dfrac{a\times L}{A\times(3)}$	$\lg\dfrac{H_1}{H_2}$	T℃时间渗透系数 (cm/s)	水温 (℃)	校准系数	水温 20℃ 的渗透系数 (cm/s)	平均渗透系数 (cm/s)
(1)	(2)	(3)=(2)−(1)	(4)	(5)	(6)	(7)	(8)=(6)×(7)	(9)	(10)=	(11)=(8)×(10)	(12)

DL/T 5150—2001　水工混凝土试验规程(部分)

3.1　混凝土拌和物室内拌和方法

3.1.1　目的及适用范围

为室内试验提供混凝土拌和物。

3.1.2　仪器设备

1　混凝土搅拌机：容量 50L～100L，转速 18r/min～22r/min；

2　拌和钢板：平面尺寸不小于 1.5m×2.0m，厚 5mm 左右；

3　磅秤：称量 50kg～100kg，感量 50g；

4　台秤：称量 10kg，感量 5g；

5　架盘天平：称量 1kg，感量 0.5g；

6　盛料容器和铁铲等。

3.1.3　操作步骤

1　人工拌和

1)人工拌和在钢板上进行，拌和前应将钢板及铁铲清洗干净，并保持表面润湿。

2)将称好的砂料、胶凝材料(水泥和掺合料预先拌均匀)倒在钢板上，用铁铲翻拌至颜色均匀，再放入称好的石料与之拌和，至少翻拌三次，然后堆成锥形。将中间扒成凹坑，加入拌和用水(外加剂一般先溶于水)，小心拌和，至少翻拌六次，每翻拌一次后，用铁铲将全部拌和物铲切一次。拌和从加水完毕时算起，应在 10min 内完成。

2　机械拌和

1)机械拌和在搅拌机中进行。拌和前应将搅拌机冲洗干净，并预拌少量同种混凝土拌和物或水胶比相同的砂浆，使搅拌机内壁挂浆，后将剩余料卸出。

2)将称好的石料、胶凝材料、砂料、水(外加剂一般先溶于水)依次加入搅拌机，开动搅拌机搅拌 2min～3min。

3)将拌好的混凝土拌和物卸在钢板上，刮出黏结在搅拌机上的拌和物，用人工翻拌 2～3 次，使之均匀。

3　材料用量以质量计。称量精度：水泥、掺合料、水和外加剂为±0.3%；骨料为±0.5%。

注　1　在拌和混凝土时，拌和间温度宜保持在 20℃±5℃。对所拌制的混凝土拌和物应避免阳光照射及电风扇对着吹风。

2　用以拌制混凝土的各种材料，其温度应与拌和间温度相同。

3　砂、石骨料用量均以饱和面干状态下的质量为准。

4　人工拌和一般用于拌和较少量的混凝土。采用机械拌和时，一次拌和量不宜少于搅拌机容量的 20%；不宜大于搅拌机容量的 80%。

4.2　混凝土立方体抗压强度试验

4.2.1　目的及适用范围

测定混凝土立方体试件的抗压强度。

4.2.2　仪器设备

1　压力机或万能试验机：试件的预计破坏荷载宜在试验机全量程的 20%～80%。试验机应定期(一年)校正，示值误差不应大于标准值的±2%；

2　钢制垫板：其尺寸比试件承压面稍大，平整度误差不应大于边长的 0.02%；

3　试模：规格视骨料最大粒径按表 4.2.2 确定。

表 4.2.2 骨料最大粒径与试模规格表 mm

骨料最大粒径	试模规格	骨料最大粒径	试模规格
≤30	100×100×100	80	300×300×300
40	150×150×150	150(120)	450×450×450

4.2.3 试验步骤

1 按 3.1“混凝土拌和物室内拌和方法”及 4.1“混凝土试件的成型与养护方法”的有关规定制作试件。

2 到达试验龄期时，从养护室取出试件，并尽快试验。试验前需用湿布覆盖试件，防止试件干燥。

3 试验前将试件擦拭干净，测量尺寸，并检查其外观，当试件有严重缺陷时，应废弃。试件尺寸测量精确至 1m，并据此计算试件的承压面积。如实测尺寸与公称尺寸之差不超过 1mm，可按公称尺寸进行计算。试件承压面的不平整度误差不得超过边长的 0.05%，承压面与相邻面的不垂直度不应超过±1°。

4 将试件放在试验机下压板正中间，上下压板与试件之间宜垫以垫板，试件的承压面应与成型时的顶面相垂直。开动试验机，当上垫板与上压板即将接触时如有明显偏斜，应调整球座，使试件受压均匀。

5 以 0.3MPa/s～0.5MPa/s 的速度连续而均匀地加载，当试件接近破坏而开始迅速变形时，停止调整油门，直至试件破坏，记录破坏荷载。

4.2.4 试验结果处理

1 混凝土立方体抗压强度按式(4.2.4)计算(准至 0.1MPa)：

$$f_{cc}=\frac{P}{A} \qquad (4.2.4)$$

式中 f_{cc}——抗压强度，MPa；

P——破坏荷载，N；

A——试件承压面积，mm^2。

2 以三个试件测值的平均值作为该组试件的抗压强度试验结果。当三个试件强度中的最大值或最小值之一，与中间值之差超过中间值的 15%时，取中间值。当三个试件强度中的最大值和最小值，与中间值之差均超过中间值的 15%时，该组试验应重做。

3 混凝土的立方体抗压强度以边长为 150mm 的立方体试件的试验结果为标准，其他尺寸试件的试验结果均应换算成标准值。对边长为 100m 的立方体试件，试验结果应乘以换算系数 0.95；边长为 300mm、450mm 的立方体试件，试验结果应分别乘以换算系数 1.15、1.36。

7.1 水泥砂浆室内拌和方法

7.1.1 目的及适用范围

为室内试验提供砂浆拌和物。

7.1.2 一般规定

1 在拌和砂浆时，拌和间温度宜在 20℃±5℃。对所拌制的砂浆拌和物应避免阳光直射。

2 砂浆拌和用料的温度应与拌和间的温度相同。

3 砂料应翻拌均匀。水泥如有结块，应用 0.9mm 筛将结块筛除。

4 材料用量以质量计。称量精度：水泥、水和外加剂为 0.3%；砂料为±0.5%。

5 砂料用量以饱和面干质量为准。多余水分经测定后在拌和用水中扣除，在称量砂料时加上相应的水的质量。

7.1.3 仪器设备

1 搅拌机砂浆搅拌机；

2 其余所需设备与 3.1“混凝土拌和物室内拌和方法”有关规定相同。

7.1.4 拌和方法

1 人工拌和

1)将拌和用具清洗干并保持润湿。

2)将称好的砂料、水泥倒在铁板上,用铁铲拌和至颜色均匀,集中成,在堆中挖凹坑,倒入约三分之二的拌和用水,然后将料与水起小心拌和至基本均匀,重新将材料集中成堆,作一凹坑,倒入剩余的水,仔细拌和均匀即可。拌和用水不得流失。拌和时间自加水时算起5min内完成。

2 机械拌和

1)将机内清洗干净并保持润湿。先拌制少量与试验砂浆同配比的砂浆,使搅拌机内壁挂浆,后将剩余料卸出。

2)将称好的砂料、水泥、水倒入机内,立即开动搅拌机,拌和2min～3min。

3)采用机械拌和时,一次拌和量不宜少于搅拌机容量的20%;不宜大于搅拌机容量的80%。

7.5 水泥浆抗压强度试验

7.5.1 目的及适用范围

测定砂浆抗压强度。

7.5.2 仪器设备

1 压力机:与4.2"混凝土立方体抗压强度试验"规定相同。

2 试模:边长70.7mm的立方体金属试模。试模应具有足够的刚度并拆装方便。试模的内表面应机械加工,其平整度误差不得超过边长的0.05%。组装后各相邻面的垂直度误差不应超过±0.5°。

3 直径12mm、长250mm,一端为弹头形的金属捣棒。

7.5.3 试验步骤

1 按7.1"水泥砂浆室内拌和方法"制备砂浆(检验施工砂浆强度,则从现场取样)。

2 在试模内涂一薄层矿物油,装入砂浆并高出模口,用捣棒插捣25次。如采用振动台成型时,可振动15s;如采用跳桌成型时,跳动120次。试验以三个试件为一组。

3 砂浆成型后经1h～2h,用镘刀刮去多余砂浆,并抹平试件表面,编号,在20℃±5℃温度环境下停置一昼夜(24h±2h),必要时,可适当延长时间,但不应超过两昼夜。试件拆模后,应在标准养护室养护。

4 养护至规定龄期,取出试件并擦净表面,立即进行抗压试验。待压试件需用湿布覆盖,以防止试件干燥。

5 测量尺寸,并检查其外观。试件尺寸测量准至1mm,并据此计算试件的承压面积。如实测尺寸与公称尺寸之差不超过1mm,可按公称尺寸进行计算。

6 将试件放在试验机下压板正中间,上、下压板与试件之间宜垫以钢垫板。加压方向应与试件捣实方向垂直。开动试验机,当上压板与上垫板行将接触时,如有明显偏斜,应调整球座,使试件均匀受压。

7 以0.3～0.5MPa/s速度连续而均匀地加荷。当试件接近破坏而开始迅速变形时,停止调整试验机油门,直至试件破坏,记录破坏荷载。

7.5.4 试验结果处理

砂浆抗压强度按式(7.5.4)计算(准至0.1MPa):

$$f_{cc}=\frac{P}{A} \qquad \cdots\cdots\cdots\cdots\cdots\cdots (7.5.4)$$

式中 f_{cc}——抗压强度,MPa;

P——破坏荷载,N;

A——试件受压面积,mm^2。

2 以三个试件测值的平均值作为该组试件的抗压强度试验结果。当最大值或最小值与中间值之差大于中间值的15%时,取中间值。当最大值和最小值与中间值之差均超过中间值15%时,该组试验应重做。

备案号:15207—2005

JC

中华人民共和国建材行业标准

JC/T 726—2005
代替 JC/T 726—1997

水泥胶砂试模

Mould for cement mortars

2005-02-14 发布　　2005-07-01 实施

中华人民共和国国家发展和改革委员会　发布

前　言

本标准是对 JC/T 726—1997《水泥胶砂试模》进行的修订。

本标准自实施之日起代替 JC/T 726—1997。

本标准与 JC/T 726—1997 相比，主要变化如下：

——试模材质的要求，改为“隔板和端板经采用调质后布氏硬度不小于 HB150 的钢材”（1997 年版的 3.1，本版的 4.2.1）；

——试模组装后模腔基本尺寸，改为“长（A）为 160 mm±0.8 mm，宽（B）为 40 mm±0.2 mm，深（C）为 40.1 mm±0.1 mm”（1997 年版的 3.2，本版的 4.1.1）；

——试模座底外型尺寸的范围要求，改为“长 245 mm±2mm，宽 165 mm±1 mm，高 65 mm±2mm”（1997 年版的 3.3，本版的 4.1.2）；

——试模底面的要求，改为“试模底座底面应与上平面平行，其四角高度极差应小于 0.1 mm。”（1997 年版的 3.9，本版的 4.2.4）；

——对试模垂直公差的检测，将宽度角尺改为专用标准检具（1997 年版的 4.4，本版的 5.2）；

明确了试模的外观要求（1997 年版的 3.10，本版的 4.4）。

本标准由中国建筑材料工业协会提出。

本标准由全国水泥标准化技术委员会（SAC/TC184）归口。

本标准负责起草单位：中国建筑材料科学研究院。

本标准参加起草单位：河北北方建筑仪器制造公司、沧州三星建材试验仪器厂。

本标准主要起草人：王昕、霍春明、郭秀江、郭秀臣。

本标准于 1982 年首次发布，1997 年第一次修订，本次为第二次修订。

水泥胶砂试模

1 范围

本标准规定了水泥胶砂试模(以下简称试模)的基本结构、技术要求、检验方法、检验规则以及标志和包装等。

本标准适用于GB/T 17671—1999水泥胶砂强度试验方法中成型用试模。

2 规范性引用文件

下列文件中的条款通过本标准的引用而成为本标准的条款。凡是注日期的引用文件,其随后所有的修改单(不包括勘误的内容)或修订版均不适用于本标准,然而,鼓励根据本标准达成协议的各方研究是否可使用这些文件的最新版本。凡是不注日期的引用文件,其最新版本适用于本标准。

GB/T 17671—1999 水泥胶砂强度检验方法(ISO法)(idt ISO 679:1989)

3 基本结构

试模由隔板、端板、底板、紧固装置及定位销组成,能同时成型三条40 mm×40 mm×160 mm棱柱体且可拆卸,基本结构如图1所示。

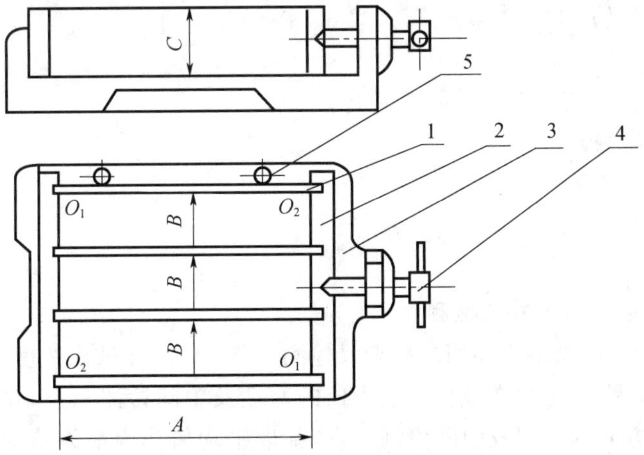

1——隔板;2——端板;3——底座;4——紧固装置;5——定位销。

图1 水泥胶砂试模基本结构

4 技术要求

4.1 整体要求

4.1.1 试模组装后模腔基本尺寸:长(A)为160 mm±0.8 mm,宽(B)为40 mm±0.2 mm,深(C)为40.1 mm±0.1 mm。

4.1.2 试模底座外型尺寸:长245 mm±2 mm,宽165 mm±1 mm,高65 mm±2 mm。

4.1.3 试模质量:6.25 kg±0.25 kg。

4.2 试模组件

4.2.1 隔板和端板采用经调质后布氏硬度不小于HB150的钢材。

4.2.2 试模底座表面应光滑、无气孔、整洁、无粗糙不平现象,上平面粗糙度 Ra 不大于1.6、平面公差不大于0.03 mm。底座非加工面无毛刺,经涂漆处理不留痕迹。

4.2.3 端板与隔板工作面的平面公差不大于 0.03 mm，工作而粗糙度 Ra 不大于 1.6。

4.2.4 试模底座底面应与上平面平行，其四角高度极差应小于 0.1 mm。

4.2.5 试模的每个组件应有标记，以便组装并保证符合公差要求。

4.3 试模组件的装配

4.3.1 试模安装紧固后，隔板与端板的上表面应平齐。

4.3.2 试模安装紧固后，内壁各接触面应相互垂直，垂直公差不大于 0.2 mm。

4.3.3 试模组件应装卸方便，紧固装置灵活，紧固时隔板不应左右倾斜及晃动，紧固后隔板与底座的间隙应小于 0.05 mm。

4.4 外观

试模加工表面应光滑、无气孔、整洁、无粗糙不平现象；非加工表面宜刷漆防锈，无毛刺、经涂漆处理不留痕迹。

5 检验方法

5.1 检验室条件

检验室内无腐蚀气体，试模应保持清洁。

5.2 检验用仪器设备

检验仪器设备包括：

a) 深度游标卡尺，分度值不大于 0.02 mm；

b) 钢直尺，分度值不大于 1 mm；

c) 垂直公差专用检具；

d) 塞尺；

e) 台秤或电子秤，分度值不大于 5 g；

f) 表面粗糙度标准样板；

g) 刀口尺，0 级；

h) 硬度计。

5.3 检验项目

5.3.1 对 4.1.1 试模模腔基本尺寸的检测

试模模腔长度(A)、宽(B)及深(C)用游标卡尺检测。长(A)应在试模宽度方向的两端检测两点，并取平均值作为最终检测结果；宽(B)在试模长度方向的两端及中间检测三点，并取平均值作为最终检测结果；深(C)在试模长度方向的两端及中间检测三点，并取平均值作为最终检测结果。上述任何一处测量点的检测，其结果不能超过技术要求的允许范围。

5.3.2 对 4.1.2 外型最大尺寸的检测

用钢直尺检测。

5.3.3 对 4.1.3 试模净重的检测

用台秤或电子秤检测。

5.3.4 对 4.2.1 硬度检测

用硬度计检测。

5.3.5 对 4.2.2、4.2.3 平面公差和粗糙度的检测

平面公差用刀口尺和塞尺检测：检测全部端板和隔板。检测时先将刀口尺长边垂直立于被测平面上，然后用塞尺检查直尺与平面上的间隙。

粗糙度用粗糙度标准样板进行检查。

5.3.6 对 4.2.4 试模底面与上平面平行度的检测

用游标卡尺检测。用卡尺测量试模底座平面四角的厚度值，并计算四角厚度值的极差。

5.3.7 对4.2.5、4.3.1、4.4试模组件标记、上表面及外观检查

目测检查。

5.3.8 对4.3.2垂直公差的检测

用专用检具和塞尺分别检测底座上平面与端板、上平面与隔板、隔板与端板各一点。检测时先将专有检具放入模腔内，一面靠紧形成夹角的一个平面，另一面与形成夹角的另一平面接触，然后用塞尺进行检测。

5.3.9 对4.3.3试模装配后隔板的检测

用塞尺检测。

6 检验规则

6.1 出厂检验

出厂检验为第4章中除4.2.1外的全部内容，主要实测数据记录在随机文件中。

6.2 型式检验

型式检验为第4章的全部内容，有下列情况之一时，应进行型式检验：

a) 新产品试制或老产品转厂生产的试制定型检定；

b) 产品正式生产后，其结构设计、材料、工艺以及关键的配套元器件有较大改变可能影响产品性能时；

c) 正常生产时，定期或积累一定产量后，应周期性进行一次检验；

d) 产品长期停产后，恢复生产时；

e) 国家质量监督机构提出进行型式检验要求时。

6.3 判定规则

6.3.1 出厂检验

每件试模均符合出厂检验要求时判为出厂检验合格。其中任何一项不符合要求时，判为出厂检验不合格。

6.3.2 型式检验

当批量不大于50件时，抽样两件，若检验后有一件不合格，则判定该批产品为不合格批；当批量大于50件时，抽样五件，若检验后出现两件或两件以上的不合格品，则判定该批产品为不合格批。

7 标志和包装

7.1 标志

每个试模上应有牢固的铭牌，表面和标志宜明亮、清晰并能防锈，其内容包括：名称、型号、生产编号、生产日期、制造厂名。

7.2 包装

7.2.1 装箱前试模内表面应涂油防锈。

7.2.2 试模装箱时应用有防潮纸的包装盒包装。成批运输外加包装箱，每箱最多六个，箱内衬防潮纸，箱内空隙用柔软材料(如纸屑、泡沫塑料等)填实。盒装或包装箱都应包扎牢固。

7.2.3 产品合格证、检验报告、装箱单等随机文件应与试模一起装箱。

7.2.4 包装箱上字样和标志宜清楚，内容包括：

a) 产品名称、制造厂名及生产编号；

b) 收货单位和地址；

c) “注意防潮”、“小心轻放”等。

ICS 91.120.90
Q 17
备案号:22936—2008

JC

中华人民共和国建材行业标准

JC 1066—2008

建筑防水涂料中有害物质限量

Limit of harmful substances of building waterproof coatings

2008-02-01 发布 2008-07-01 实施

中华人民共和国国家发展和改革委员会 发布

前　　言

本标准第4章为强制性的，其余为推荐性的。

本标准的附录A、B、C、D为规范性附录。

本标准由中国建筑材料联合会提出。

本标准由全国轻质与装饰装修建筑材料标准化技术委员会(SAC/TC 195)归口。

本标准负责起草单位：中国化学建筑材料公司苏州防水材料研究设计所、建筑材料工业技术监督研究中心、北京市建筑材料科学研究总院、上海市建筑科学研究院(集团)有限公司。

本标准参加起草单位：中国建筑材料检验认证中心、深圳市建筑科学研究院、盘锦禹王防水建材集团有限公司、巴斯夫(中国)有限公司、大连细扬防水工程集团有限公司、北京东海防腐防水工程技术有限责任公司、上海市隧道工程公司防水材料厂、上海湿克威建筑材料有限公司、吴江市月星建筑防水材料有限公司、广东科顺化工实业有限公司、北京东方雨虹防水技术股份有限公司、扬州市志高建筑防水材料有限公司、北京普石建筑材料有限责任公司、北京占海防水装饰有限公司。

本标准主要起草人：朱志远、杨斌、檀春丽、赵炳南、蒋勤逸、王莹、詹福民、王胜先、樊细扬、朱晔。

本标准为首次发布。

建筑防水涂料中有害物质限量

1 范围

本标准规定了建筑防水涂料中有害物质限量的分类、要求、试验方法、检验规则与包装标志。

本标准适用于建筑防水用各类涂料和防水材料配套用的液体材料。

2 规范性引用文件

下列文件中的条款通过本标准的引用而成为本标准的条款。凡是注日期的引用文件，其随后所有的修改单(不包括勘误的内容)或修订版均不适用于本标准，然而，鼓励根据本标准达成协议的各方研究是否可使用这些文件的最新版本。凡是不注日期的引用文件，其最新版本适用于本标准。

GB/T 1033 塑料密度和相对密度试验方法

GB/T 6750 色漆和清漆 密度的测定

GB/T 6751 色漆和清漆 挥发物和不挥发物的测定

GB/T 6682—1992 分析实验室用水规格和试验方法

GB 18582 室内装饰装修材料 内墙涂料中有害物质限量

3 分类

3.1 建筑防水涂料按有害物质含量分为A级、B级。

3.2 建筑防水涂料按性质分为水性、反应型、溶剂型，表1给出了现有产品的分类示例。

表1 防水涂料性质分类示例

分类	产品示例
水性	水乳型沥青基防水涂料、水性有机硅防水剂、水性防水剂、聚合物水泥防水涂料、聚合物乳液防水涂料(含丙烯酸、乙烯醋酸乙烯等)、水乳型硅橡胶防水涂料、聚合物水泥防水砂浆等
反应型	聚氨酯防水涂料(含单组分、水固化、双组分等)、聚脲防水涂料、环氧树脂改性防水涂料、反应型聚合物水泥防水涂料等
溶剂型	溶剂型沥青基防水涂料、溶剂型防水剂、溶剂型基层处理剂等

4 要求

4.1 水性建筑防水涂料

水性建筑防水涂料中有害物质含量应符合表2要求。

表2 水性建筑防水涂料中有害物质含量

序号	项目	含量	
		A	B
1	挥发性有机化合物(VOC)/g/L ≤	80	120
2	游离甲醛/mg/kg ≤	100	200
3	苯、甲苯、乙苯和二甲苯总和/mg/kg ≤	300	
4	氨/mg/kg ≤	500	1000

表 2(续)

序号	项目		含量	
			A	B
5	可溶性重金属[a)]/mg/kg ≤	铅 Pb	90	
		镉 Cd	75	
		铬 Cr	60	
		汞 Hg	60	
a) 无色、白色、黑色防水涂料不需测定可溶性重金属。				

4.2 反应型建筑防水涂料

反应型建筑防水涂料中有害物质含量应符合表 3 的要求。

表 3 反应型建筑防水涂料中有害物质含量

序号	项目		含量	
			A	B
1	挥发性有机化合物(VOC)/g/L ≤		50	200
2	苯/mg/kg ≤		200	
3	甲苯+乙苯+二甲苯/g/kg ≤		1.0	5.0
4	苯酚/mg/kg ≤		200	500
5	蒽/mg/kg ≤		10	100
6	萘/mg/kg ≤		200	500
7	游离 TDI[a)]/g/kg ≤		3	7
8	可溶性重金属[b)]/mg/kg ≤	铅 Pb	90	
		镉 Cd	75	
		铬 Cr	60	
		汞 Hg	60	
a) 仅适用于聚氨酯类防水涂料。 b) 无色、白色、黑色防水涂料不需测定可溶性重金属。				

4.3 溶剂型建筑防水涂料

溶剂型建筑防水涂料中有害物质含量应符合表 4 的要求。

表 4 溶剂型建筑防水涂料有害物质含量

序号	项目	含量
		B
1	挥发性有机化合物(VOC)/g/L ≤	750
2	苯/g/kg ≤	2.0
3	甲苯+乙苯+二甲苯/g/kg ≤	400
4	苯酚/mg/kg ≤	500
5	蒽/mg/kg ≤	100

表 4(续)

序号	项目		含量
			B
6	萘/mg/kg ≤		500
7	可溶性重金属[a)]/mg/kg ≤	铅 Pb	90
		镉 Cd	75
		铬 Cr	60
		汞 Hg	60
a) 无色、白色、黑色防水涂料不需测定可溶性重金属。			

5 试验方法

若产品需要稀释时，TVOC、苯系物、苯酚、蒽、萘按推荐的最大稀释量，TDI应按推荐的最小稀释量稀释后进行测定。

对于由液体和固体组分混合成的水性建筑防水涂料(如：聚合物水泥防水涂料、聚合物水泥防水砂浆)，除可溶性重金属检验项目外，其他检验项目仅检测液体组分，结果评定也仅对液体组分。

反应型材料取混合反应后的样品进行试验时，每次混合的样品不宜低于200 g，采用刮刀手工搅拌混合，时间约3 min。对于采用顶空装置进行试验的，应在混合5 min内取样放入顶空瓶内测量。

5.1 挥发性有机化合物含量(VOC)

挥发性有机化合物含量(VOC)按附录A进行。

5.2 游离甲醛含量

游离甲醛含量按GB 18582进行。

5.3 苯、甲苯、乙苯、二甲苯、苯酚、蒽、萘含量

苯、甲苯、乙苯、二甲苯、苯酚、蒽、萘含量的测定按附录B进行。

5.4 氨含量

氨含量的测定按附录C进行。

5.5 甲苯二异氰酸酯单体(TDI)含量

甲苯二异氰酸酯单体(TDI)含量的测定按附录D进行。

5.6 可溶性重金属含量

制备(0.2～0.3)mm厚的涂膜，涂覆后在(23±2)℃、相对湿度(30～70)%条件下养护72 h，将其剪成(5×5)mm的小块，共称取2.0 g样品(精确至0.000 1g)。然后按GB 18582进行试验，测定可溶性重金属含量。

6 检验规则

6.1 型式检验

本标准检验项目为型式检验，型式检验包括本标准的全部要求。

有下列情况之一，需进行型式检验：

——新产品投产、生产配方、工艺及原材料有重大改变，或停产六个月后又恢复生产时应进行型式检验；

——在正常情况下，每年至少进行一次型式检验。

6.2 抽样

按产品标准规定的组批要求在同一检验批的产品中，随机抽取三份样品，每份不少于1 kg，并立即

用不与样品反应的容器密闭包装。

6.3 判定规则

在抽取的三份样品中，取一份样品按本标准的规定进行测定，如果所有项目的检验结果符合本标准规定的要求，则判定为合格。

若有两项及以上检验结果不符合标准规定的要求，则判定为不合格。

若仅有一项检验结果不符合标准规定的要求时，应对另外两份样品进行单项复验，两份样品都符合标准规定，则判为合格，否则判定为不合格。

7 包装标志

在产品说明书与最小包装上应标明符合本标准的类型及级别。

附 录 A
（规范性附录）
挥发性有机化合物含量(VOC)的测定方法

A.1 原理

防水涂料中挥发物含量扣除水分含量，即为防水涂料中挥发性有机化合物（VOC）含量。

A.2 水性建筑防水涂料挥发性有机化合物含量(VOC)的测定

水性建筑防水涂料挥发性有机化合物含量（VOC）按 GB 18582 进行测定。

A.3 反应型、溶剂型建筑防水涂料挥发性有机化合物含量(VOC)的测定

A.3.1 挥发物含量(V)的测定

A.3.1.1 对于溶剂型建筑防水涂料将样品搅拌均匀后，按 GB/T 6751 测定防水涂料中挥发性物质分数（V），试验条件：(105±2)℃，保持 3 h。

A.3.1.2 对于反应型建筑防水涂料，将样品混合搅拌均匀后，立即取样称量，然后将样品在(23±2)℃、相对湿度(60+15)%的条件下放置 24 h，按 GB/T 6751，再放入(105+2)℃的烘箱中 3 h，测定防水涂料中挥发性物质分数（V）。

A.3.2 密度(ρ)的测定

将样品搅拌均匀后，按 GB/T 6750 测定涂料密度（ρ），试验温度为(23±2)℃。对于反应型建筑防水涂料，若固化时间较长，马上测量混合均匀后的液体密度；若固化很快，按 GB/T 1033 测量固体的密度。

A.3.2.1 挥发性有机化合物含量（VOC）结果计算

挥发性有机化合物含量（VOC）按式（A.1）计算：

$$VOC = V \times \rho_{样} \times 1\,000 \qquad \cdots\cdots\cdots\cdots\cdots\cdots \text{(A.1)}$$

式中：

VOC——防水涂料中挥发性有机化合物含量，单位为克每升（g/L）；

V——防水涂料中挥发物的质量分数；

$\rho_{样}$——防水涂料在(23±2)℃时的密度，单位为克每毫升（g/mL）。

试验结果取两次平行试验的平均值，精确到 1 g/L。

附 录 B
(规范性附录)
苯、甲苯、乙苯、二甲苯、苯酚、蒽、萘含量的测定

B.1 原理

称取适量的防水涂料于顶空瓶中，在规定的温度下平衡一定的时间，进样，用气相色谱仪进行分离及测定，以保留时间定性，峰面积定量。

B.2 试剂

B.2.1 苯、甲苯、乙苯、对(间)二甲苯、邻二甲苯、苯酚、萘、蒽等，纯度至少 99%(质量百分数)，或已知纯度。

B.2.2 乙酸乙酯，分析纯。

B.3 仪器

B.3.1 微量注射器：200 μL、50 μL、1 mL；

B.3.2 容量瓶：50 mL；

B.3.3 电热鼓风干燥箱：精度(90±2)℃；

B.3.4 气相色谱仪：带程序升温及 FID 检测器；

B.3.5 毛细管色谱柱：推荐 SE-30、长 50 m、内径 0.32 mm、膜厚 1 μm；

B.3.6 顶空瓶：20 mL；

B.3.7 天平：精度 0.1 mg；

B.3.8 载气：氮气，纯度≥99.995%；

B.3.9 燃气：氢气，纯度≥99.995%；

B.3.10 助燃气：空气；

B.3.11 辅助气体(隔垫吹气和尾吹气)：与载气具有相同性质的氮气。

B.4 推荐气相色谱条件

进样口温度：240 ℃；

检测器：FID，温度：250 ℃；

柱温：程序升温，60 ℃保持 1 min，然后以 10 ℃/min，升至 220 ℃保持 15 min。

也可根据所用气相色谱仪的性能和待测试样的实际情况选择最佳的气相色谱测试条件。

B.5 试验步骤

B.5.1 标准溶液配制，分别称取 0.01 g、0.05 g、0.1 g、0.2 g 的苯用乙酸乙酯分别溶解在 50 mL 的容量瓶中，并定容至刻度，摇匀。甲苯、乙苯、对(间)二甲苯、邻二甲苯、蒽、萘也按上述方法进行。苯酚称取 0.05 g、0.1 g、0.2 g、0.5 g，用乙酸乙酯分别溶解在 50 mL 的容量瓶中，并定容至刻度，摇匀。

B.5.2 用微量注射器称取 0.02 mL 配置好的标准溶液注入至 20 mL 的顶空瓶中，在(90±2)℃平衡 1 h，取 1 mL 进样。以保留时间定性，峰面积定量。

B.5.3 以峰面积 A 为纵坐标，相应浓度 c(mg/mL)为横坐标，即得标准曲线。标准曲线每三个月测定一次。

B.5.4 称取 0.5 g 样品到有滤纸条的顶空瓶中，在(90±2)℃平衡 1 h，取 1 mL 进样。以保留时间定性，峰面积定量。对于反应型材料按比例混合后马上称取样品。

B.6 结果计算：

各组分含量按式(B.1)计算

$$X_i = \frac{C_i VF}{1000M} \qquad \cdots\cdots\cdots\cdots (B.1)$$

式中：

X_i——试样中各组分含量，单位为克每千克(g/kg)；

C_i——从标准曲线上读取得试样溶液中各组分浓度，单位为微克每毫升(μg/mL)；

V——试样溶液的体积，单位为毫升(mL)；

M——试样的质量，单位为克(g)；

F——稀释因子。

附　录　C
（规范性附录）
防水涂料中释放氨的测定　蒸馏后滴定法

C.1　原理

从碱性溶液中蒸馏出氨，用过量硫酸标准溶液吸收，以甲基红-亚甲基兰混合指示剂为指示剂，采用氢氧化钠标准滴定溶液滴定过量的硫酸。

C.2　试剂

C.2.1　本方法所涉及的水为蒸馏水或同等纯度的水。

C.2.2　本方法所涉及的化学试剂除特别注明外，均为分析纯化学试剂。

C.2.3　盐酸：1+1溶液。

C.2.4　硫酸标准溶液：$c(1/2H_2SO_4)=0.1$ mol/L。

C.2.5　氢氧化钠标准溶液：$c(NaOH)=0.1$ mol/L。

C.2.6　甲基红-亚甲基兰混合指示剂：将50 mL甲基红乙醇溶液(2 g/L)和50 mL亚甲基兰乙醇溶液(1 g/L)混合。

C.2.7　广泛pH试纸。

C.2.8　氢氧化钠。

C.3　仪器

C.3.1　分析天平：精度0.001 g。

C.3.2　500 mL玻璃蒸馏瓶。

C.3.3　300 mL烧杯。

C.3.4　500 mL锥形烧瓶。

C.3.5　20 mL移液管。

C.3.6　50 mL碱式滴定管。

C.3.7　电炉。

C.4　试验步骤

C.4.1　试样的处理

液体试样直接称量，固体试样不需测定。

将试样搅拌均匀，分别称取两份各约5 g的试样，精确至0.001 g，放入两个300 mL烧杯中，加水溶解，如试样中有不溶物，采用C.4.1.2步骤。

C.4.1.1　可水溶试样

在盛有试样的300 mL烧杯(C.3.3)中加入水，移入500 mL玻璃蒸馏瓶(C.3.2)中，控制总体积200 mL，备蒸馏。

C.4.1.2　含有可能保留有氨的水不溶物试样

在盛有试样的300 mL烧杯(C.3.3)中加入20 mL水和10 mL盐酸溶液(C.2.3)，搅拌均匀，放置20 min后过滤，收集滤液至500 mL玻璃蒸馏瓶(C.3.2)中，控制总体积200 mL，备蒸馏。

C.4.2　蒸馏

在被蒸馏的溶液中加入数粒氢氧化钠(C.2.8)，用广泛pH试纸(C.2.7)试验，调整pH>12，加入几粒防爆玻璃珠。

准确移取20 mL硫酸标准溶液(C.2.4)于500 mL锥形烧瓶(C.3.4)中，加入3～4滴混合指示剂，将蒸馏器流出液出口玻璃管插入烧瓶底部的硫酸溶液中，加热蒸馏至馏出液体积达到180 mL后停止加热，卸下蒸馏瓶，用蒸馏水洗涤冷凝管，并将洗涤液收集在锥形瓶中。

C.4.3 滴定

用氢氧化钠标准滴定溶液(C.2.5)回滴过量的硫酸标准溶液,直至指示剂由亮紫色变为灰绿色,消耗氢氧化钠标准滴定溶液的体积为 V_1。

C.4.4 空白试验

在测定的同时,按同样的试验步骤、试剂和用量,不加试样进行平行操作,测定空白试验消耗氢氧化钠标准滴定溶液的体积为 V_2。

C.5 结果计算

防水涂料样品中释放氨的量,以氨(NH_3)质量分数表示,按式(C.1)计算:

$$X_{氨} = \frac{(V_2 - V_1) \times c \times 0.017\ 03}{m} \times 1\ 000 \quad \cdots\cdots\cdots\cdots\cdots\cdots (C.1)$$

式中:

$X_{氨}$——防水涂料中释放氨的量,单位为克每千克(g/kg);

c——氢氧化钠标准溶液浓度的准确数值,单位为摩尔每升(mol/L);

V_1——滴定试样溶液消耗氢氧化钠标准溶液的体积数值,单位为毫升(mL);

V_2——空白试验消耗氢氧化钠标准溶液的体积数值,单位为毫升(mL);

0.017 03——与 1.00 mL 氢氧化钠标准溶液[c(NaOH)=1.000 mol/L]相当的以克表示的氨的质量;

m——试样质量,单位为克(g)。

取两次平行测定结果的算术平均值为测定的结果。两次平行测定的结果的绝对差值大于 0.01% 时,需重新测定。

附　录　D
（规范性附录）
甲苯二异氰酸酯单体（TDI）含量的测定

D.1　原理

样品用乙酸乙酯的溶剂溶解后，加入正十四烷作为内标物，将稀释后的溶液称取适量，用气相色谱仪进行分离及测定，用峰面积定量测定试样溶液中游离甲苯二异氰酸酯（TDI）含量。

D.2　试剂

D.2.1　无水乙酸乙酯：500 mL 中加入 100 g5A 分子筛（D.2.4），放置 24 h 后，过滤，待用。

D.2.2　正十四烷：色谱纯

D.2.3　甲苯二异氰酸酯：分析纯

D.2.4　5A 分子筛：在 500 ℃的高温炉中灼烧 2 h，取出置于干燥器中冷却待用。

D.3　仪器

D.3.1　微量注射器　10 μL

D.3.2　气相色谱仪　带 FID 检测器

D.3.3　色谱柱　大口径毛细管柱：DB-1（30 m×0.53 mm×1.5 μm），固定相为聚二甲基硅氧烷。

D.3.4　天平　精度 0.1 mg。

D.4　试验步骤

所有使用的玻璃仪器都必须烘干。

D.4.1　内标溶液配制

称取 1.000 6 g 的正十四烷于 100 mL 的容量瓶中，用除水的乙酸乙酯定容至刻度，摇匀。

D.4.2　相对质量校正因子的测定

称取（0.2～0.3）g 的甲苯二异氰酸酯于 50 mL 的容量瓶中，加入 5 mL 的内标物，用除水的乙酸乙酯定容至刻度，摇匀。取 1 μL 进样，测定甲苯二异氰酸酯和正十四烷的峰面积。根据公式（D.1）计算相对质量校正因子。

D.4.3　样品的测定

称取（2～3）g 的样品于 50 mL 的容量瓶中，加 5 mL 的内标物，用除水的乙酸乙酯定容至刻度，摇匀。取 1 μL 进样，测定甲苯二异氰酸酯和正十四烷的峰面积。

测定多组分聚氨酯涂料混合后的游离 TDI 时，将样品混合 3 min 时溶于乙酸乙酯，在混合 5 min 时进样。

D.5　结果计算

D.5.1　相对质量校正因子 F 的计算按式（D.1）进行

$$F = \frac{W_i \times A_s}{W_s \times A_i} \quad \cdots\cdots\cdots\cdots\cdots\cdots \text{(D.1)}$$

式中：

F——质量校正因子；

W_i——甲苯二异氰酸酯的质量，单位为克（g）；

W_s——所加内标物的质量，单位为克（g）；

A_i——甲苯二异氰酸酯的峰面积；

A_s——所加内标物的峰面积。

D.5.2　试样中游离 TDI 含量的计算按式（D.2）进行

$$X = F \times \frac{A_i}{A_s} \times \frac{W_s}{W_i} \times 1\,000 \quad \cdots\cdots\cdots\cdots\cdots\cdots \text{(D.2)}$$

式中：

X——试样中甲苯二异氰酸酯的含量，单位为克每千克(g/kg)；

F——相对质量校正因子；

W_i——待测试样的质量，单位为克(g)；

W_s——所加内标物的质量，单位为克(g)；

A_i——待测试样的峰面积；

A_s——所加内标物的峰面积。

SL 352—2006　水工混凝土试验规程(部分)

8.1　水泥砂浆拌和方法

8.1.1　目的是为试验提供砂浆拌和物。

8.1.2　仪器设备包括以下几种。

1　搅拌机:砂浆搅拌机。

2　其余所需设备与3.1节的有关规定相同。

8.1.3　操作步骤应按以下规定执行。

1　人工拌和应按以下步骤进行。

1)将拌和用具清洗干净并保持润湿。

2)将称好的砂料、水泥倒在铁板上,用铁铲拌和至颜色均匀,集中成堆,在堆中挖一凹坑,倒入约2/3的拌和用水,然后将干料与水一起小心拌和至基本均匀,重新将材料集中成堆,作一凹坑,倒入剩余的水,仔细拌和均匀即可。拌和用水不得流失。拌和时间自加水时算起5min内完成。

2　机械拌和应按以下步骤进行。

1)将机内清洗干净并保持润湿。先拌制少量与试验砂浆同配比的砂浆,使搅拌机内壁挂浆,后将剩余料卸出。

2)将称好的砂料、水泥、水倒入机内,立即开动搅拌机拌和2～3min。

3)采用机械拌和时,一次拌和量不宜少于搅拌机容量的20%,不宜大于搅拌机容量的80%。

注:拌和间温度保持在20℃±5℃,各种材料温度应与拌和间温度相同。对所拌制的拌和物应避免阳光照射及对着吹风。

8.11　水泥砂浆抗性试验

8.11.1　本试验用于测试砂浆的抗渗性能。

8.11.2　仪器设备包括以下几种:

1　砂浆渗透试验仪。

2　截头圆锥金属试模:上口直径70mm,下口直径80mm,高30mm。

3　捣棒:直径12mm,长250mm,一端为弹头形的金属棒。

4　抹刀等。

8.11.3　试验步骤应按以下规定执行。

1　按8.1节的方法制备砂浆。

2　试件的成型、养护与8.5节相同。每组试件为3个。

3　养护至规定龄期,取出并待表面干燥后,在试体侧面和试模内表面涂一层密封材料(如有机硅橡胶),把试件压入试模使两底面齐平。静置24h后装入渗透仪中,进行透水试验。

4　水压从0.2MPa开始,保持2h,增至0.3MPa,以后每隔1h增加水压0.1MPa,直至所有试件顶面均渗水为止。记录每个试件各压力段的水压力和相应的恒压时间t(h)。如果水压增至1.5MPa,保持1h后试件仍未透水,按4.22节的方法劈开试件并测量渗水高度。

8.11.4　试验结果处理应按以下规定执行:

1　砂浆试件不透水性系数按公式(8.11.4)计算(准确至0.1MPa·h):

$$I=\sum P_i t_i \quad\quad (8.11.4)$$

式中　I——砂浆试件不透水性系数,MPa·h;

P_i——试件在每一压力阶段所受水压,MPa;

t_i——相应压力阶段的恒压时间,h。

以3个试件测值的平均值作为该组试件不透水性系数的试验结果。

2 水压达1.5MPa 1h仍未透水的试件,可按4.22节的方法测量渗水高度,并计算相对渗透性系数。

9.2 pH值测定(电极法或酸度计法)

9.2.1 目的是用电极法测定水中氢离子浓度,以pH值表示,供评定水质用。

9.2.2 仪器设备包括以下几种。

1 酸度计。

2 饱和甘汞电极、pH玻璃电极或复合电极。

9.2.3 用已知pH值的标准缓冲溶液“校正”,然后进行测量(关于酸度计的使用方法、注意事项以及缓冲溶液的配制可参阅仪器说明书)。水样混浊时,需过滤后再进行测定。每个水样作平行测定。

9.2.4 以两次测值的平均值作为试验结果。若两次测值相差大于0.1,试验应重做。

第三部分

企业介绍

● **广东灌浆岛路桥新技术发展有限公司**

法人代表:邓敬森
董事长:邓敬森
地址:广东省阳江市江城区城西镇广湛公路边
邮编:529500
电话:0662-3176008
传真:0662-3176008
网址:www.dcg979.com
邮箱:1019108360@qq.com

主要产品:

1. 高渗透改性环氧化学灌浆材料

1)水库大坝基础的断层破碎带和低渗透性软弱泥化夹层的原位固结灌浆,用于加固、改性,避免开挖回填,效果显著。

2)各种混凝土建筑物的梁、柱、墙、地面的细微裂缝的灌浆,使其整体强度得以恢复,起补强、防水作用。对桥梁、地下建筑、港口码头、机场跑道、水库大坝的裂缝和大坝基岩裂缝补强加固。

3)能对有渗漏水的裂缝进行灌浆堵水补强。

4)不合格混凝土桩和混凝土蜂窝缺陷的修复补强。

2. H069 胶乳型灌浆料

1)固结体具有良好的韧性。

2)可灌性好,适合土体、道路板底灌浆。

3)灌浆加固,耐久性好。

4)可单液灌浆,施工简单。

5)固结体无毒、无污染。

3. 缝宝

1)适用期适中,能瞬时凝固;施工固化过程不受外界振动(如桥梁行车、道路行车)影响。

2)强度高,特别是钢-钢及钢-混凝土粘接抗剪强度高。

3)固化温度广,−10℃可快速固化。

4)粘度低,高渗透,可灌性好。

5)抗老化性和耐久性好,耐海水、耐酸碱。

6)浆材无色透明,外观无“痕”。

7)浆材符合环保要求。

企业业绩:

广东灌浆岛路桥新技术发展有限公司(以下简称“灌浆岛公司”)拥有由董事长兼总经理邓敬森发明的“加固地基和抬升调平沉陷铺面的化学灌浆方法”(被工程学术界命名为“DCG 工法”,即“邓氏化灌工法”)、“破碎砼面板原位综合治理方法”(俗称“五合一”技术)、“高速公路混凝土面板错台快速修补施工方法”“树根桩+化学灌浆加固边坡施工方法”等十多种新工法与新产品,获得了多项国家专利。

灌浆岛公司在广深准高速铁路、京广铁路和湖南、广东、广西等省、自治区数千公里高速路上治理塌方、沉陷、隧道漏水、软基等路桥症害以及加固边坡、抢险救灾等 2300 多起,治理楼房、堤坝、烟囱、高塔等建筑“裂、漏、沉、斜”数百例,被誉为“工程界的益友,建筑物的良医”。

2005 年 11 月,中国化学灌浆领域的“首届中国化学灌浆论坛”,由灌浆岛公司承办,并在公司基地内举办。“中国化学灌浆论坛”的地址、“中国化学灌浆技术培训(阳江)中心”“中国化学灌浆陈列馆”“《中国灌浆网》工作站”均设在本公司。

● **中国水利水电第三工程局有限公司**

法人代表：张育林

地址：陕西省西安市浐灞区世博大道 4069 号

邮编：710024

电话：029-86178686

传真：029-86252476

网址：www. cteb. com

主要产品：

环氧树脂灌浆材料、丙烯酸盐灌浆材料、聚氨酯灌浆材料、水玻璃灌浆材料。

企业业绩：

中国水利水电第三工程局有限公司（以下简称：水电三局）是建筑业中集科研、勘测设计、工程承包为一体的国家大型骨干企业，从事化学灌浆施工业务起始于 20 世纪 60 年代初。60 多年来，从事了包括小浪底工程、三峡工程在内的数百项涉及化学灌浆的项目。在丙烯酸盐浆材应用方面：1999 年在三峡大坝帷幕灌浆施工中，选用国内第一代丙烯酸盐灌浆材料，并参与了材料的研发、配制和施工试验、全面施工的全过程，取得了良好的防渗效果，后在湖南筱溪帷幕补强灌浆、云南土卡河帷幕补强灌浆的施工中得到了发展和应用。在聚氨酯浆材应用方面：利用聚氨酯灌浆技术成功处理安康电站复杂地基，后陆续在石门、三峡、小浪底、丹江口等近百个水电工程，成功处理了各种混凝土渗漏水，并在龙口大坝横缝处理和地下洞室等方面得到了拓展，取得了良好的效果。在环氧树脂浆材应用方面：从 20 世纪 60 年代初就开始了应用研究，在安康、石门、筱溪等水电站地基破碎带以及三峡、小浪底、丹江口大坝加高等工程涉及裂缝处理中使用环氧树脂灌浆材料进行有效处理，均取得良好效果。在水玻璃灌浆材料应用方面：将其和水泥浆复合使用在了全国数百个水电站的固结灌浆、帷幕灌浆中。

水电三局已完成了一批有应用价值的科研成果，自行研制生产的“轻型化灌泵”获 1987 年水电部科技进步三等奖；完成了“水工建筑物缺陷综合处理技术”“丙烯酸盐在复杂地质条件下帷幕灌浆技术研究”“无衬砌围岩涌水封堵技术”“化学灌浆法修补大坝横缝止水”等有较高应用价值的科研成果，多项科技成果荣获集团公司、行业协会科技进步奖，制定了相关工法，其中一些获得国家专利，参与编制了建材行业标准《丙烯酸盐化学灌浆材料》，《围堰基础大流量涌水封堵方案制定》等成果荣获行业协会 QC 小组成果。

以质量求发展，以技术求生存。水电三局将继续坚持贯彻绿色工程理念，致力材料无公害、施工无污染、浆液全固化、固化物能耐久并对环境不造成危害的清洁缺陷修补材料与工艺技术研究，广泛采用原位处理技术，以人为本，节约资源，保护环境，用精湛的技术和优质的服务，竭诚与各方合作共赢。

● **中国水电基础局有限公司**

法人代表：刘建发

地址：天津市武清区雍阳西道 86 号

邮编：301700

电话：022-29349688

传真：022-29345523

网址：www. chinafec. com

主要产品：

1. JX 系列改性环氧树脂灌浆材料

JX 系列改性环氧树脂灌浆材料是国家科技攻关课题《断层破碎带及软弱夹层加固灌浆处理及效果的研究》的科研成果，曾在龙羊峡水电站 F120 断层破碎带及 G4 伟晶岩劈理带处理中取得良好的效果。之后经过多年施工应用对浆液的配比又做了较大改进，使其各项物理力学性能指标得到进一步提高，解决了许多工程疑难问题，形成了JX系列改性环氧树脂灌浆材料。

主要用途：对大坝和其他工程构筑物基础的防渗、补强、加固处理，尤其是对基岩的断层破碎带或软弱夹层的加固处理，效果尤为显著；各类水工建筑物及其他工程构筑物混凝土细微裂缝的补强加固处理；各类水工建筑物混凝土内部缺陷的修复补强。

2. JK-S_{II}硅溶胶灌浆材料

JK-S_{II}硅溶胶灌浆材料是一种双组份单液型或双液型环保灌浆材料，其黏度低，与水接近。与混凝土、岩层、砂层、泥土层均有亲和力，并表现出良好的渗透性，是一种可灌性很好的环保型化学灌浆材料，可以解决微细裂隙地层防渗堵漏问题。

JK-S_{II}硅溶胶灌浆材料具有优异的抗渗耐久性，且兼具灌浆堵漏与加固的功能，适用于地下基础的防渗堵漏灌浆，特别是岩土体和砂层的防渗堵漏。

主要用途：水利水电工程基础防渗加固工程；地下工程与隧道工程防渗及加固；大坝混凝土防渗加固工程；地下水保护防渗帷幕（污水防渗、重金属污染防治）；核设施后处理工程；采矿业采空区回填工程。

企业业绩：

中国水电基础局有限公司是国内较早从事化学灌浆材料和工艺研究的单位之一。50年来，公司紧密结合密云水库工程、三峡工程、南水北调工程以及国家的大中型水利水电工程建设的需要，开展了与化学灌浆材料、灌浆技术有关的科技攻关和科技创新，解决了工程建设中基础加固、防渗堵漏等有关的一些重大技术问题。

在几代人的共同努力下，在灌浆材料、灌浆工艺、灌浆设备等方面的研究取得了丰硕的成果，创立了JX、JK等品牌。近些年来，公司自主研发新型环保型JK-S_{II}硅溶胶灌浆材料科研成果达到国内较高水平。

近年来，由公司主编和参编的与化学灌浆有关的国家和行业规范（标准）10余部，主编或参编的与化学灌浆有关著作、大型丛书、论文集等正式出版物共10余部。

中国水电基础局有限公司现在是中国水利学会化学灌浆分会会员单位、中国水利学会地基与基础工程专业委员会副主任委员单位。

● 上海路得建材国际贸易有限公司

法人代表：简凤仙

地址：上海市闵行区吴中路1189号702室

邮编：201103

电话：021-63040008

传真：021-64033334

网址：www.cnruth.com

邮箱：green@shanghairuth.com

主要产品：

用于高压注浆施工的高压灌注机及配件，各种规格的止水针头。

用于地下结构漏水堵漏的水溶性聚氨酯堵漏剂、油溶性聚氨酯堵漏剂和具有二次发泡效果的高弹性聚氨酯堵漏剂。

用于结构补强和裂缝修补的高渗透环氧树脂、高分子改性加固树脂。

用于装配式建筑和家装的改性硅烷密封胶等。

企业业绩：

上海路得建材国际贸易有限公司（以下简称“上海路得公司”）成立于2001年3月15日，由外商投资设立，主营防水堵漏高压注浆设备、聚氨酯堵漏剂、环氧树脂等业务。上海路得公司2001年从国外引进的高压注浆堵漏技术，代替了传统堵漏工艺，获得了防水堵漏行业的认可，发展成为防水堵漏行业的主流施工工艺。公司成立二十余年来秉承品质至上、诚信似海的经营理念，坚持只做品质优异的产品，不偷工减料，成为灌浆堵漏行业品牌，产品质量获得了客户的一致认可，是中国建筑防水协会的理事单位，荣获中国建筑防水协会颁发AA级诚信企业与防水行业的技术进步奖，参加了《聚氨酯灌浆材料》行业标准起草和修订，拥有多项实用新型专利和产品外观专利。

上海路得公司总部位于上海，目前在全国主要省会城市和重要城市设有20余家分公司和直营连锁门店及分销商，形成了在行业内具有影响力的销售网络，公司业务遍及包括新疆、西藏在内的全国所有省份。上海路得公司产品成功应用于上海浦东机场、虹桥交通枢纽中心、迪士尼，国内各大城市的在建地铁项目，隧道工程与房地产等项目。

上海路得公司从2001年成立之初就设立了外贸部门，除了致力于引进国外先进材料和工艺外，也积极把中国产品销往国外。目前产品已销往美国、加拿大、东南亚、阿联酋、卡塔尔、印度等国家和地区。

上海路得公司立志成为防水堵漏行业的品牌企业，承担高压注浆堵漏行业开拓者和先行者的责任和使命，坚持诚信经营。因市场上存在外观和名称仿冒上海路得公司的产品，请广大客户在购买我公司产品时，认准 RUTH® 注册商标！

上海路得建材国际贸易有限公司，感谢所有客户的一贯支持，公司将继续秉持我们的诚信似海、品质至上的价值观，用产品和服务，为客户提供系统的防水堵漏解决方案。

● 四川友邦水工建筑物维护有限公司

法人代表：孙刚

地址：四川省成都市武侯区高升桥路9号罗浮广场9楼907室

邮编：610000

电话：028-85052038

传真：028-85053051

网址：www.ybtzgc.com

邮箱：283364268@qq.com

企业业绩：

四川友邦水工建筑物维护有限公司（原青海友邦特种工程有限责任公司），是专门从事大型水电站大坝、厂房、泄水道等水工建筑物结构补强、渗漏及基础处理的专业施工企业。先后通过了ISO 9001质量管理体系、ISO 14001环境体系、ISO 45001职业安全健康管理体系认证。

公司成立至今，常年服务于中国长江三峡集团公司、中国华能集团公司、中国国家电力投资集团公司下属的水电站。先后完成长江三峡、金沙江向家坝、溪洛渡、鲁地拉、龙开口、澜沧江景洪、糯扎渡、小湾、功果桥、大华桥、黄登、黄河沙坡头、青铜峡、盐锅峡、积石峡、公伯峡、李家峡、拉西瓦、龙羊峡、班多等水电站的水工建筑物补强加固施工任务，施工质量得到业主单位和监理单位的一致好评。

百舸争流千帆竞，借海扬帆奋者先。公司将以专业、诚信、自律、进取的管理理念，继续为客户提供快捷、满意的服务。

● 北京东方雨虹防水技术股份有限公司

法人代表：李卫国

总裁：许利民

地址：北京市朝阳区高碑店北路康家园小区4号楼

邮编：100123

电话：010-59031800

传真:010-85785519

网址:www. yuhong. com. cn

邮箱:yuhong@yuhong. com. cn

主要产品:

1. 防水卷材:高密度聚乙烯防水卷材、高聚物改性沥青防水卷材、自粘防水卷材等。

2. 防水涂料:聚氨酯防水涂料、聚合物水泥防水涂料、水泥基渗透结晶型防水涂料、丙烯酸防水涂料等。

3. 灌浆材料:油性聚氨酯灌浆材料、水性聚氨酯灌浆材料、丙烯酸盐灌浆材料、环氧树脂灌浆材料、无机灌浆材料以及复合水泥基灌浆材料等。

企业业绩:

北京东方雨虹防水技术股份有限公司(以下简称"东方雨虹")成立于1995年,二十余年来,为数以万计的重大基础设施建设、工业建筑和民用、商用建筑提供高品质的系统解决方案,已成为建筑建材系统的品牌服务商。2008年公司上市,2019年营业收入突破181亿元,2008—2019年业绩增长近25倍。公司相继通过欧盟CE认证、德国EC1认证、美国FM认证、美国能源署(EPA)能源之星认证等国际认证,并获得第十七届"全国质量奖"、2017年"全国质量标杆"、"国家技术创新示范企业"等荣誉认定。自公司成立以来参与了国家体育场(鸟巢)、国家游泳中心(水立方)、上海世博会中国馆、中央电视台新台址、亚投行、中国尊、北京新机场、港珠澳大桥、京沪高速铁路、上海虹桥国际机场等重大项目的防水工程。

公司追求高质量稳健发展,以主营防水业务为核心延伸上下游及相关产业链,业务领域涉及建筑防水、节能保温、民用建材、非织造布、建筑涂料、建筑修缮、特种砂浆、建筑粉料等;控股上海东方雨虹、香港东方雨虹、东方雨虹北美有限责任公司等50余家分子公司,在全国建设了28个生产研发物流基地,拥有80余条先进生产线。

公司获批建立了特种功能防水材料国家重点实验室,拥有国家认定企业技术中心、院士专家工作站、博士后科研工作站等;研发体系日益完备,形成了产品研发、生产工艺装备、应用技术、工程施工技术四大研发中心。公司还成立职业技术学院,旨在提升标准化施工服务技能及培养具有竞争力的产业工人。为使研发与国际并轨,公司在美国建立防水涂料研究中心。

东方雨虹地下工程板块下设工程技术研究中心、工程施工事业部、城市运维事业部,立足于城市地下工程建设与运营维护,并积极拓展矿山工程、水利工程(引水输水隧洞)等业务领域,致力于成为地基与基础工程建设和地下空间运维领域的系统服务商,从地下工程施工过程中的地层改良及地下突涌水封堵、工程渗漏水治理、地基处理与加固、既有结构运维及改造等方向进行相关技术研发和推广。

先后参与了南水北调中线工程、青海引大济湟工程、甘肃引洮调水工程、陕西引洪济石工程、贵州安紫高速石龙湾大桥桥连隧1号桥台桩基础、成都地铁朝天门车站及区间项目、广深港客运专线狮子洋海底隧道、大阳泉煤矿以及保安煤矿等岩土改良注浆工程;受邀参与新疆XE、KS项目隧洞衬砌结构保护及减噪等国家重点工程科研项目。

东方雨虹地下工程板块依托东方雨虹研发中心的科研人才与技术优势,凭借齐全的检测设备与检测能力、准确的分析诊断能力、科学先进的处置方案、优良的机具设备、针对性强的材料、高超的施工技术、有效的施工组织、工程品质优异的性价比、准确的检验评估体系、完善的保障体系形成十大核心竞争力,打造专业技术服务团队,为客户提供"工程诊断、方案优化设计、工程施工、工后评估"等系统性持续完善的解决方案。

● **科顺防水科技股份有限公司**

法人代表:陈伟忠

集团总裁:方勇

企业介绍

地址：广东省佛山市顺德区容桂红旗中路工业区38号之一

邮编：528305

电话：0757-28503333

网址：www.keshun.com.cn

主要产品：

1. 改性沥青类防水卷材、高分子类防水卷材、耐根穿刺类防水卷材。

2. 聚氨酯防水涂料、聚合物水泥类防水涂料、丙烯酸类防水涂料和改性沥青类防水涂料。

3. 干粉砂浆类防水材料、密封胶和金属屋面防水材料。

耐根穿刺防水卷材又分为：

1)适用于绿色种植屋面、停车屋面、上人屋面、广场车库顶板等的热塑性聚烯烃(TPO)耐根穿刺防水卷材；

2)专门应用于屋顶花园、种植屋面、种植顶板、市政绿化等各种绿化防水工程的聚氯乙烯(PVC)耐根穿刺防水卷材；

3)适用于需要绿化的建筑屋面、露台、市政桥梁、广场地坪面、地下室顶板等的APF-800自粘耐根穿刺防水卷材；

4)用于各类种植屋面、种植顶板的防水及阻根层的CKS高聚物改性沥青耐根穿刺防水卷材。

企业业绩：

科顺防水科技股份有限公司(简称“科顺股份”，股票代码：300737)成立于1996年，历经二十余年的稳健经营和发展，现已成长为以提供防水综合解决方案为主业，集工程建材、民用建材业务板块于一体，业务范围涵盖海内外的综合建材公司。

科顺股份在广东高明、江苏昆山、江苏南通、辽宁鞍山、山东德州、重庆长寿、陕西渭南、湖北荆门、福建三明共布局9个生产及研发基地，拥有行业先进的环保处理与进口生产设备，覆盖全国的生产战略布局，能够及时地为顾客提供满意的产品和服务。目前，德州、荆门、高明分别规划起建第二、第三期工厂，为各基地扩大产能。

科顺股份旗下拥有广东依来德建材有限公司、深圳市科顺一零五六技术有限公司等22家全资子公司，并分别于广州、北京、上海、重庆、南宁、深圳、佛山、成都、苏州、青岛设立10家销售分公司，于各大省会及重点城市设置37个办事处，全国拥有约1000家经销及服务网点。

科顺股份研发中心是行业三大研发中心之一，近百人的研发团队包括院士、博士后、博士、硕士等高学历科研人才。公司与中国科学院院士合作建有院士专家工作站、全国博士后科研工作站，另与清华大学、中国科技大学、中国建筑材料科学研究总院苏州防水研究院等均已签订研发合作协议。目前，公司拥有和正在申请的专利超过250项，通过省部级鉴定的科研成果19项，参编国家标准和行业标准36项，参编行业技术规范45项，先后获得国家火炬计划重点高新技术企业、中国建筑防水行业标准化实验室、知识产权管理体系认证等荣誉和认证。

科顺股份拥有专业应用技术人员超过90人，年均提供1000多份专业防水解决方案，为800多个施工现场提供技术咨询和施工指导；拥有工程管理人员超过300人，年均服务项目近3000个；启动“蓝·领袖”职业防水人才培养计划，规划于广东高明开设独立的建筑防水人才培训学校，并建成由中国建筑防水行业协会颁发认证的职业技能培训基地，年均培训超过1000人次。

科顺股份以奋斗者为本，力求每位员工都能在公司提供的广阔平台上得到充分的成长和人文关怀。“科顺学院”每年开展逾百场理论及拓展培训课程，为企业培育了大批人才。公司有着丰富多彩的企业文化活动，企业内刊《科顺人》是公司上下的精神食粮。

2020年1月，科顺股份发布企业文化理念体系，以“延展建筑生命，守护美好生活”为使命，以“与人类美好建筑共百年”为愿景，以“与长期同行者共创共享”为核心价值观。企业文化为科顺股份的可持续发展提供正确的指引与不竭的动力。

随着“技术科顺、诚信科顺、服务科顺”发展战略的推进，科顺股份将继续拓展运营思路、优化组织架构，聚焦渠道建设，以产品和服务回报社会，实现“延展建筑生命，守护美好生活”的使命！

● **北新禹王防水科技集团有限公司**

法人代表：丁尚华

总裁：丁尚华

地址：辽宁省盘锦市兴隆台区兴油街南、经二路西

邮编：124022

电话：0427-6517153

网址：www.yuwang.com.cn

邮箱：wyyw@bnbm.com.cn

主要产品：

企业产品有改性沥青类防水卷材、高分子类防水卷材、防水涂料、家装防水材料、密封材料等五大系统、近二百个品种，广泛应用于建筑屋面、地下工程、种植工程、地铁、隧道、桥梁、水渠、水池等工程。

1. 改性沥青类防水卷材：包括SBS改性沥青防水卷材、自粘聚合物改性沥青防水卷材、改性沥青聚乙烯胎防水卷材、反应粘湿铺防水卷材、聚酯胎预铺防水卷材、耐根穿刺类防水卷材等。

2. 高分子类防水卷材：包括高分子自粘胶膜防水卷材、预铺高分子防水卷材、PVC防水卷材、TPO防水卷材、高分子防水板等。

3. 防水涂料：包括聚氨酯防水涂料、聚合物水泥防水涂料、水泥基渗透结晶防水涂料、非固化橡胶防水涂料、喷涂速凝橡胶防水涂料等。

4. 家装防水涂料：包括厨卫专用防水涂料、填缝剂等。

企业业绩：

北新禹王防水科技集团有限公司是防水材料的专业生产厂家，始建于1985年，是国内较早引进国外先进技术的企业。集团现拥有辽宁、湖北、安徽、四川、广东五个防水材料生产基地及禹王化纤及橡胶制品等原材料生产基地，是目前国内集生产、科研、施工为一体的综合实力较强的现代化企业集团，技术实力雄厚，具有专业的研发团队、先进的科研设备。

30多年来，企业开发了上百项新产品、新技术，拥有国家专利59项，主编和参编国家标准43项，行业标准27项，地方和团体标准16项。按标准类别包括：产品标准36项，试验方法标准22项，施工技术21项及其他标准7项，为防水行业标准化工作做出了积极贡献。

集团自成立以来，充分发挥行业龙头企业的作用，为带动防水行业的高质量发展起到了重要的作用，产品得到市场的广泛认可，并先后应用于国家体育馆、鸟巢、首都机场、江苏大剧院、南京地铁、南京大屠杀纪念馆、天安门广场修缮、海南大厦、海口塔、港珠澳大桥、沈阳市府广场、武汉火神山等重大项目。

未来，集团将依托北新建材国家CNAS认证重点实验室、防水新材料国家重点实验室，联合国家级防水研究院中国建筑材料科学研究总院苏州防水研究院，发挥央企优势，加大科技创新和技术装备投入，提高防水材料质量性能，加强施工技术人员、工法、设施的研发和培训，打造高品质防水系统，彻底解决“漏水”痛点，推动防水材料行业的供给侧结构性改革和高质量发展。

● **宏源防水科技集团有限公司**

法人代表：郑风礼

总裁：郑贤国

地址：山东省寿光市台头镇政府西2000米

邮编：262700

电话：0536-5526901

传真：0536-5526901

网址：www.hongyuan.cn

邮箱：hy-jtzl@hongyuan.cn

主要产品：

公司产品涵盖铁路、道桥、市政、民建、工业、军工等所有防水领域，计 8 大系列、100 多个品种，实现了品种全覆盖、功能全满足的产品链，主要产品有高聚物改性沥青卷材、自粘型卷材系列、耐根穿刺系列防水卷材、高分子卷材系列、防水涂料系列、道桥专用系列等。

企业业绩：

宏源防水科技集团有限公司（以下简称“宏源防水”）始建于 1996 年，坐落于“中国建筑防水之乡”——山东省寿光市台头镇。公司先后被认定为高新技术企业、国家装配式建筑产业基地，是中国建筑防水行业领军企业、山东省建筑防水行业龙头企业。

宏源防水拥有防水材料生产线 62 条，其中防水卷材年生产能力达 3.2 亿平方米，涂料年生产能力达 32 万吨，产品涵盖铁路、道桥、市政、民建、工业、军工等防水领域。产品应用于北京国际机场、南京奥体中心、大亚湾核电站、山东省博物馆新馆、青岛胶东国际机场、京沪高铁、北京地铁、哈尔滨地铁、南京南站、沈阳南站等国内工程项目及朝鲜柳京大厦、斯里兰卡大剧院、刚果（布）布拉柴维尔体育场等海外项目工程，其中山东省博物馆新馆工程、潍坊万达广场、潍坊文化艺术中心、寿光文化中心等多个项目被评为“中国建筑防水工程金禹奖——金奖”。

宏源防水一直坚持走自主创新与产学研合作相结合的创新发展模式，不断加强创新平台建设，目前建有省级企业技术中心、省级工程技术研究中心、省级工业设计中心、山东省“一企一技术”研发中心、潍坊市重点实验室、潍坊市工程实验室、CNAS 实验室、中国建筑防水标准化实验室等创新平台，并与苏州防水研究院、中国科学院广州化学研究所、广东省科学院等国内研究院所建立了长期合作关系，为公司科研开发、技术创新、品牌建设等提供了坚实的技术支持。

公司始终把科技创新作为企业发展的源动力，不断加强知识产权建设及技术创新、成果转化工作，不断提升公司的整体科研水平及核心竞争力。公司先后承担国家火炬计划项目 1 项、山东省产业关键共性技术攻关重点项目 1 项、山东省技术创新项目计划 44 项；2 项成果通过住房城乡建设部科技成果评估，33 项成果通过了省级新产品新技术鉴定；累计申请国家专利 120 项，其中发明专利 80 项，获得授权国家专利 82 项，其中发明专利 42 项；共获得市级以上科技进步奖等 31 项；参与制定国家、行业标准 40 余项，发表高水平论文 60 余篇。

宏源防水经过 20 多年的发展已蜚声国内外，在业界树立了良好的口碑，公司先后被授予“中国建筑防水行业领军企业”“国家知识产权优势企业”“行业科技进步一等奖”“全国房地产总工优选品牌产品”及“山东省技术创新示范企业”“山东省百年品牌重点培育企业”“潍坊市市长质量奖”等多项荣誉称号。

● 中科冠华新材料（广东）有限公司

法人代表：华容海

董事长：薛炜

办公地址：广东省广州市天河区兴科路 368 号

邮编：512400

电话：020-85231135

传真：020-87684071

网址：www.casgh.cn

邮箱：office@casgh.cn

主要产品:

公司产品涵盖化学灌浆材料和防水材料两大类,30多个品种,包括防水卷材系列、防水涂料系列、环氧树脂灌浆材料系列、聚氨酯灌浆材料系列、丙烯酸盐灌浆材料、无机材料系列、复合新材料系列。

企业业绩:

中科冠华新材料(广东)有限公司是中科院广州化灌工程有限公司下属的以功能性工程材料研发、生产和应用为主的专业化材料公司,主要产品涵盖化学灌浆材料和防水材料两大类,包括环氧树脂灌浆材料系列、聚氨酯灌浆材料系列、丙烯酸盐灌浆材料以及防水卷材系列、防水涂料系列、高渗透无机防护材料系列和复合新材料系列等30多个品种。

改革开放之初,为了满足经济建设需要,更好地将科技成果服务于社会,中国科学院广州化学研究所于1981年成立了专业从事化学灌浆技术研究、开发与应用的公司——中国科学院广州化学研究所化学灌浆公司,四十年来化灌公司依托于中国科学院强大的科研实力,始终坚持服务国家战略需求和经济社会发展需要,传承了中国科学院广州化学研究所在化学灌浆材料领域的优良品质,在化学灌浆的应用领域坚持不懈、发扬光大,在继承的基础上,先后开发出耐高寒的环氧树脂灌浆料、可快速固结的堵水环氧树脂灌浆料、用于地铁盾构管片防护的高渗透防水防腐环氧树脂以及渗透结晶型无机防水防腐涂料,已广泛应用在建筑、地铁、桥梁等工程中。

为了更好地服务社会,促进企业发展,化灌公司整合公司的材料业务板块成立了中科冠华新材料(广东)有限公司,专注于广州化学、化灌公司在灌浆材料领域的研发、生产和应用,致力于在功能性工程防护材料方面提供更专业、更全面、更优质的服务。中科冠华在保持原有灌浆材料的同时,又拓展了高分子防水卷材、JS聚合物水泥防水涂料、非固化橡胶改性沥青防水涂料等防水材料,旗下已拥有"新特""化灌"和"冠华"三个注册品牌。

中科冠华将继续秉承广州化学和化灌公司的优良传统,以"客户需求、产品优异、服务满意、安全环保"为宗旨,以"诚实守信,合作共赢"为经营理念,全面践行中国科学院"面向世界科技前沿,面向国家重大需求,面向国民经济主战场"的光辉使命,助力美好生活,努力成为国内优异的功能性防护建材服务商。

● **佛山市泰迪斯材料有限公司**

法人代表:邱小佩

地址:佛山市南海区里水河村雄星村山孖山工业区(福亚钢管厂后)

邮编:528244

电话:020-81691277

传真:020-81691694

邮箱:taidisi@126.com

主要产品:

自主研发了自有专利产品,适用于混凝土结构和桩基不良地基加固补强、混凝土防腐潮湿基面补强、混凝土修复的EAA高渗透性亲水环氧系列材料,改性水泥基渗透结晶修补材料。同时,本公司与相关单位合作研发适用于盾构机掘进中保压开仓平衡的泥浆,多次解决地铁建设期的应急安全问题,并长期配合广州市泰利斯固结补强工程有限公司根据工程需要进行材料和工艺研究,使施工获得良好的效果。

企业业绩:

1990年,本公司早期的研究成果《AA添加剂在环氧-丙酮体系中的作用研究》获省化工学会论文类奖项二等奖,获广东省自然科学学科论文类奖项三等奖。

1994年,该成果应用"动态饱和水低渗透性复杂地基处理——故县大坝坝基软化、泥化性F5断层化灌技术"获水利部科学技术进步三等奖,并收录于《建设部科技文库》。

1995年,《AA添加剂在环氧-丙酮体系中的作用研究》收录于《中国实用科技成果大辞典》。

1997年,《EAA浆材及其试用》收录于美国化学学会化学文摘社出版的《化学文摘世界化学文献库》。

1999年至今,EAA环氧系列浆材及其修补材料,在运行地铁中的应用及时有效地解决冒水、冒泥道床的加固稳定,有效地解决了以往拆轨、清凿道床、重铺的修复时间带来的运营影响,确保地铁的安全正常运行。采用的EAA高渗透性亲水环氧材料及其施工技术形成独特的复合注浆工艺,已成功处理冒水、冒泥的病害道床超过30000延米,至今效果稳定。

2005年,基于EAA环氧系列浆材的施工技术《隧道结构止水补强加固施工方法》获国家知识产权发明专利证书。

EAA高渗透性亲水环氧材料还可应用于水利大坝的坝基软化、泥化性不良断层和止水补强加固、高应力围岩、大坝坝体,裂缝的止水补强加固及混凝土缺陷的修复,地铁工程混凝土及基土的止水补强加固、市政工程、桥梁、隧道的梁柱板、结构补强加固及止水补强修复、自来水池及盐池的防水、防腐补强止水处理、陈旧性混凝土的补强修复,延长结构的使用寿命。

采用EAA高渗透性亲水环氧系列材料处理的工程案例至今已有30年,其处理效果至今稳定,产品具有一定的施工稳定性、耐久性、无毒环保性和易操作性。

● **杭州国电大坝安全工程有限公司**

法人代表:戴杨春

执行董事、总经理:戴杨春

地址:浙江省杭州市潮王路22号

邮编:310014

电话:0571-56738881

网址:www.hzgdfs.com

主要产品:

各类"电光牌"聚氨酯及环氧化学灌浆材料、SR系列止水材料、抗冲磨材料、补强加固/防腐/弹塑性密封材料等新型材料的研发、生产、销售及技术服务。

水工及其他混凝土构筑物的防渗堵漏、补强加固、抗冲磨护面工程的设计、施工及总承包。

水下混凝土缺陷处理的检测、设计、施工及总承包。

地铁、桥梁、隧道及建筑物地下室等民用工程防水、防潮的设计与施工。

面板坝止水结构模型试验等。

企业业绩:

公司前身为华东勘测设计研究院科研所,成立于1954年,迄今已近70年历史传承,是一家集工程施工、材料研发与产品生产销售于一体的工程公司。公司拥有防水防腐保温专业承包一级、特种工程专业承包资质,潜水作业三级资质,并拥有企业进出口经营权,公司系全国化学灌浆学会、水力发电学会面板坝专业委员会、中国潜水打捞行业协会的会员单位。公司业务涵盖水利水电、工业及民用建筑、市政交通、城市轨道交通等工程领域。

公司系国家高新技术企业、杭州市企业高新技术研发中心、专利试点企业,产品多次荣获国家、原水利部、杭州市科技进步奖,公司现拥有各类专利40余项,其中国家发明专利10项。

● **深圳市亿居建筑材料有限公司**

法人代表:易举

地址:深圳市福田区上梅林中康路29号西侧

邮编:518049

电话:0755-83108777

传真:0755-83106777

邮箱:Ju6001@163.com

主要产品:

研发生产水性、油性、环氧类、丙烯酸盐类灌浆堵漏产品,主要用于各类建筑物的防水堵漏灌浆处理。

研发生产丙烯酸类防水涂料,主要用于混凝土屋面,金属屋面、外墙、厨卫间等防水,耐紫外线光性能指数高,可外露使用。

研发生产高渗透环氧类防水防腐涂料,主要用于混凝土基面渗透密封防水处理。

研发生产 901 瓷釉防霉防菌涂料,主要用于生活水池防护工程。

企业业绩:

深圳市亿居建筑材料有限公司是一家集研发、生产、销售为一体的新型建筑材料企业,始终坚持以市场为导向,不断推出新产品,以满足社会各行业的需要。

公司一直秉承"诚信、高效、务实、创新"的精神,"实现两个双赢的经营方针,努力打造公司的品牌形象"的目标;"以众多产品为依托,以严格的企业管理、经验丰富的销售队伍、热情周到的服务精神为摇篮",给广大用户提供有力的信心保证。"利用绿色原料,研发功能绿色产品"一直是公司的信念。我们深信:只有提供品质稳定可靠的产品才是对客户的负责,也是服务客户基本的诚信和发展的根本。

公司参加了环氧树脂防水涂料、高渗透环氧防水涂料等标准的制定工作,为防水行业做出了贡献;渗透型环氧封闭涂料应用广泛,使用此材料的代表工程:深圳、天津、烟台等地地铁的混凝土防护;丙烯酸类防水涂料,用量达上百万平方米,使用此材料的代表工程:虎门大桥;东部华侨城、招商地产、沙头角体育馆等项目;灌浆堵漏产品,在深圳各大工程维修堵漏中广泛使用,尤其是近一年在常州、江西、苏州等地灌浆堵漏用量也非常大。

● 上海崇镇建材有限公司

法人代表:宋菊英

董事长:孔令雲

地址:上海市松江区九亭九泾路 1000 号办公楼南 A1-1

邮编:201615

电话:021-54790160

传真:021-54790169

网址:www.champion-cz.com

邮箱:czchampion@163.com

主要产品:

公司生产、销售化学灌注堵漏材料和防水机具设备,包括亲水性聚氨酯和疏水性聚氨酯系列、改性环氧树脂加固防腐系列、加强型密封胶系列、丙烯酸盐系列、碳纤维系列。

企业业绩:

上海崇镇建材有限公司于 2015 年成立,是集研发、生产、售后服务于一体的高科技新型建材有限公司,拥有两个工商商标注册证:崇镇 CZ 中文注册证,主要服务国内客户的品牌产品;CZChampion 英文注册证,近年来通过电商平台出口国外专用品牌产品。

公司门店覆盖全国十几个省市,及时服务施工单位作业需求,指导堵漏抢险施救,产品被广泛用于地铁及隧道外围防水、水利大坝加固维护、地下民防结构补强、地基保固、涵管防渗等领域。

化学灌浆材料是主体结构保护伞,滴水不漏的崇镇产品,"安全、稳定、高效、准确"是我们的宗旨,崇法诚信是我们的经营理念,为每一位施工者提供解决方案、防水有效的产品是我们的职责。

● **北京恒建博京防水材料有限公司**

法人代表:位国喜
地址:北京市通州区宋庄镇高辛庄村委会北 10 米
邮编:101118
电话:010-89578318,18811023737
传真:010-89578636
网址:www.hjbjfs.com
邮箱:hjbj99@163.com

主要产品:

公司主要产品包括聚氨酯灌浆材料、丙烯酸盐灌浆材料、环氧树脂灌浆材料、无机灌浆材料;高压灌浆机、止水针头等高压灌浆系统辅材。

企业业绩:

北京恒建博京防水材料有限公司总部位于北京市通州区宋庄镇高辛庄村委会北,生产基地位于河北省霸州市杨芬港镇津港工业园。公司专注于高压灌浆防水堵漏材料产品与设备的技术研发、生产、销售、施工为一体的专业化公司。

本公司具备完善的质量管理体系,通过了 ISO 9001 质量管理体系、ISO 14001 环境管理体系认证,并不断提升产品质量。公司产品广泛应用于国内外军事坑道、国家博物馆屋面修缮、住房城乡建设部屋面修缮、民生银行总部基地、航空指挥中心大厦等标志性工程。公司产品先后获得过"建筑防水堵漏信得过产品""防水堵漏十强企业"等多项荣誉称号。

● **深圳市朗迈新材料科技有限公司**

法人代表:杜卫国
董事长:杜卫国
地址:广东省深圳市南山区学苑大道 1001 号南山智园 B1 栋 17 楼
邮编:518000
电话:0755-88308336
传真:0755-88308339
网址:www.lmgf98.com
邮箱:2923155256@qq.com

主要产品:

公司产品涵盖重大基础建设、轨道交通、核电、道桥、市政、民用及商业建筑、工业建筑等防水防腐领域,主要产品有高聚物改性沥青卷材、自粘型卷材系列、耐根穿刺系列防水卷材、高分子卷材系列、防水涂料系列、环氧地坪涂料系列、防腐涂料系列等。

企业业绩:

深圳市朗迈新材料科技有限公司(以下简称"朗迈公司")是一家集防水材料、环氧地坪材料、防腐材料、节能保温材料研发、生产、销售、施工为一体的大型高新技术企业,其下属的控股公司深圳市朗迈建材工程有限公司具有住房城乡建设部颁发的专业防水防腐保温一级资质,建筑装修装饰二级资质,拥有"朗迈"品牌产品,总部设立于深圳市。

朗迈公司拥有武汉、惠州两大生产基地。其中武汉生产基地拥有多功能进口改性沥青防水卷材生产线、自粘沥青防水卷材生产线、高分子卷材生产线与环保防水涂料生产线,实验、检测设备齐全。其产能超过 3600 万 m^2 防水卷材、30000t 防水涂料、32000t 防腐、环氧地坪涂料。

朗迈公司秉承"立足中国,科技兴企"的理念,先后与中国建筑材料科学研究总院苏州防水研究院、清华大学研究院、航天研究院产业研发战略合作，为公司探索适合中国的防水、防腐产品创新技术，建立新型产学研结合模式奠定科技基础。

近二十年发展历程中，朗迈公司通过了 ISO 9001，ISO 14001，IS0 18001 质量、环境、健康体系认证，防水、防腐、环氧地坪三类产品获得多项专利证书，被列为国家专利产品、中国建筑防水材料行业知名品牌产品、绿色环保与节能节水建材产品等，肩负起保护生态的社会责任。

● 盛隆防水科技(上海)有限公司

法人代表：林言锦

总经理：林言锦

地址：上海市松江区荣乐东路 28 号 10 号楼

邮编：201612

电话：021-51860079

网址：www. shengchong. cc

邮箱：shengchong@shengchong. cc

主要产品：

公司产品涵盖铁路、道桥、市政、民建、工业、等所有防水领域，主要产品有电动高压堵漏灌注机、止水针头、高渗透环氧树脂裂缝加固灌缝胶、丙烯酸盐灌浆材料、地铁专用速凝堵漏加固灌浆料、纳米水固化注浆料、水性压克力弹性防水剂、柔韧型厨卫防水宝、纳米堵漏王、单液型外墙瓷砖防水透明胶、柔性防水透明胶、聚氨酯灌浆材料等。

企业业绩：

台湾盛隆于 1998 年在台湾成立，(“SL”商标)是中国早期从事专业研发、生产、施工、销售建筑防水、堵漏、加固、环氧地坪、隔热、保温等系列产品的企业，并先后于 1998 年成立了台湾盛隆工程行，1999 年成立了台湾盛吉营造股份有限公司，2002 年成立了台湾盛隆建材股份有限公司，2017 年成立了台湾盛隆国际工程事业有限公司及台湾盛峰开发建设有限公司，因产品性能优异，得到了建筑界的一致认可。

2003 年在中国大陆成立了上海盛崇防水材料有限公司，也是早期进入中国大陆的防水注浆企业，使“SL”盛隆品牌插上了腾飞的双翅，迈入中国知名品牌的行列，“SL”盛隆敢于创新、彰显非凡、进取不息，其影响力和使用者稳居行业前列，2017 年又在中国大陆成立了盛隆防水科技(上海)有限公司。截至 2017 年，在中国大陆成立 20 多家分公司 80 多家代理商，是一个具有活力与前景的多元化、集团化的大型企业，“SL”产品遍及全国各地，深得用户的依赖与信任。

公司秉承专业品质、深耕经营的从业理念，凭着先进的技术、卓越的品质、完善的服务，以市场为导向、以科研为龙头、以创新为手段，积极开拓国内外市场。

● 天津天大天海新材料有限公司

法人代表：艾文才

董事长：艾文才

地址：天津市滨海高新区华苑产业区榕苑路 15 号 7-A-701

邮编：300384

电话：022-27408798

网址：www. tj-ttchem. com

邮箱：yajunth@163. com

企业介绍

主要产品：

公司主要产品有氰凝TPT系列疏水性、亲水性化学灌浆堵漏材料、氰凝TP防水防腐涂料、PEP环氧树脂化学灌浆堵漏补强材料、THEP抗渗防腐涂料、黑胶木工用胶粘剂。

企业业绩：

天津天大天海新材料有限公司(以下简称“天大天海”)是高分子防水堵漏补强加固材料和技术服务商，办公地点位于天津市滨海高新区华苑产业区榕苑路15号7-A-701，材料生产基地位于天津市滨海新区汉沽现代产业区。

天大天海是天津滨海新区高新技术企业，公司坚守为客户创造价值的使命，加强技术创新，专注于为客户提供混凝土结构修复系统解决方案：

1. 结构渗漏治理解决方案：地铁车站，盾构、暗挖区间，铁路隧道渗漏水治理，参与建设天津、北京、上海、成都、沈阳、哈尔滨、青岛、大连、新疆、云南、合肥等地的地铁堵漏防水工程，涵盖全国近20个省份。

2. 结构加固解决方案：地铁、高铁道床板裂缝离缝处理，隧道衬砌脱空补强处理，混凝土冻融破坏修复处理。例如，京津铁路高架桥结构缺陷修复及色差修补。

3. 防腐防护解决方案：酸碱盐及冻融环境下的混凝土结构耐久性防腐与防护。例如，津滨轻轨桥墩结构修复补强及防水防腐工程。

4. 历史建筑防水、防潮、修缮系统解决方案：历史建筑的防水防潮，结构加固，例如天津意大利风情街历史风貌建筑修缮工程。

5. 木工胶：高档实木家具胶粘剂，适用于红木等各类实木、板材家具生产拼板、榫接及缺陷修复。

公司追求可持续发展，承担社会责任，充满人文关怀，和谐温馨。全体员工务实进取、诚信创新，秉持“团结、坚持、勤勉、快乐”的企业精神，共担风雨，共享阳光，共创奇迹。